環境生物学序論【改訂版】

南 基泰・上野 薫・山木昭平 ……… 編

風媒社

はじめに

　環境とは、ある主体を取り巻き、直接もしくは間接的にその主体と関係性を持つ事象と言える。従って、環境生物学は主体を生物として、その生物を取り巻く事象である環境との関係性を読み解く分野となる。主体である生物のみを研究課題とする場合もあれば、その生物を取り巻く生物的もしくは非生物的な事象のみを研究課題とする場合もある。研究対象が生物であっても、非生物的なものであっても、最終的な研究成果は主体である生物と、それを取り巻く環境との関係性に収斂していく。つまり、その成果とは生物の本質を読み解いたり、環境や生物多様性の保全だけではない。更に一歩踏み込んで、今日的な表現をすると、**人間生存に不可欠な生物多様性を担保とした、持続可能な開発と利用**ということになると思う。そのため、人間生存に対する要求の多様化と共に、環境生物学で取組むべき課題も多様化していっている。これは、環境生物学が厚みを増していくことにもなるが、同時に細分化していくことにもなる。つまりは、目的地の違う研究者同士が、同じ船に乗り合ってしまうことになる。

　環境生物学は、研究対象とする**空間と時間のスケール**が、研究者の取組む分野によって大きく異なってくる。主体そのものである生物を集団レベルで帰納的に捉える場合もあれば、分子レベルで実証的に解明していく場合もある。主体を取り巻く環境についても、細胞レベルでの関係性を捉えるものから、地球規模でダイナミックに捉えていく場合もある。また、生物とそれを取り巻く環境との関係性の因果を追求し、時の流れを過去へと遡る場合もある。つまり、環境生物学とは異なる空間と時間のスケールを保持する研究者が交錯している分野と言える。
　あえて、今日の環境生物学の流れを二項対立的に比較すると、分子生物学のように「大腸菌からヒト」まで普遍的な生命現象を研究課題とする分野と、自然界の多様性をカタログ化するナチュラル・ヒストリー的な分野がある。つまり**普遍性と多様性**の価値観があるため、共通の思考、技術はそこに存在しないと誤解し、時に取組む研究者間で言葉が通じない場合がある。
　また、取組む際の技術も遺伝子操作や高感度分析技術のような高度化したものだけではなく、時には踏査や長期観察のような技術よりも労力の方が重要になる場合もある。つまり、**ハイテクからローテク**なものまで駆使しなくてはいけない。また、生物そのものを対象とし、生物学的要素を解明していくのか、生物を取り巻く非生物的要素を化学・物理学的に捉えていくかで、当然必要な知識や方法論も異なってくる。
　本来は解決すべき課題が唯一の共通軸として、環境生物学内の各分野を貫いていて、多次元的に捉え、解決していくべきである。共通の思想や技術を持つものが寄せ集まるのではなく、共通の課題を解決していくための様々な思想や技術をもつものが集まる必要がある。つまり**技術対応型ではなく課題対応型**ではなくては、本質を解決することはできない**学際領域**であるといえる。そのため、生物学だけでなく、広く自然科学分野に及び、更に多くの今日的問題は社会科学をも貫いている。異なる研究分野の中に内在する共通課題をあぶり出し、横断的に取組む必要がある。しかし、高度に専門化してしまった自然科学分野において、各自の専門分野と関連あるはずの他分野が見えてこない。

環境生物学で取組むべき問題の因果は、すべてヒトという生物種にあると言っても過言ではない。そのため、環境生物学とは自ずとヒトを主体とした学問分野ということになる。つまり、環境生物学はヒトという生物種を主体として、主体であるヒト以外の生物種と非生物的要素を、主体を取り巻く事象つまり環境と定義して、学際的に取組んでいく学問である。従って、環境生物学は、地球環境のダイナミクスを俯瞰し、生物種としてのヒトへと近づいていくものではないと思う。なぜなら、地球環境や生物多様性に内在する今日的な課題は、一生物種であったヒトが人間になったために起こった問題と言えるからである。そのため今日的な課題は、そのすべてが究極的には人間生存のための課題と言える。これら課題を人間生存のための中心課題として、人間の立ち位置から捉え、解決していく必要がある。

　環境生物学の基本が人間中心であり、人間生存のための努力を中心課題として、本書をまとめていった。第一章から四章までは、生物多様性の基礎、そして人間を取り巻く環境、とりわけ自然環境を理解していく上で必要と思える基礎領域に重点を置いた。また第五章からは二次的環境、つまり人間が創った人為的な環境を領域とした今日的な課題をトピックス形式で章立てした。本書は、初年度教育で取り扱う内容から、かなり深層部まで掘り下げられた専門的な内容まで掲載されている。本書は入学して先ず手にする教科書としてスタートし、在学中は大学に常に携帯し、卒業研究に取組む頃までつきあえる内容となるように心がけて編集を行ったつもりでいる。編集担当の一人として、本書で取り上げた分野は「多種多様」、悪く捉えれば「雑多」と思っている。これは改訂を繰り返しても、収束するようなものではないと思う。それに、収束させる必要もなく、多種多様なままで良いと思う。言い訳となるかもしれないが、本書の内容そのものが環境生物学という学問分野の様相そのものであると思う。

　教育や研究に従事する者として適正な表現ではないが、**まずは本書で環境生物学に内在するものを具現化し、これまで莫としか捉えていなかった他分野領域をあらためて俯瞰することを目的とした**。そして、本書を新たな地平線を目指す礎とし、発刊するに至った情熱は保守されながらも、発展的に改訂していくという共通理念は発刊後も保持していきたいと思っている。

南　基泰

目次

はじめに 3

序章 生物学から学ぶ生活の知恵 …………………………………………………… 9

第1章 生物多様性 ………………………………………………………………… 19

1. 生物多様性 20
   1.-1 生物多様性の定義 20 ／ 1.-2 生物多様性の価値 23
2. 種 24
   2.-1 種の定義 24 ／ 2.-2 生物の名称 24 ／ 2.-3 生物分類単位 28
3. 生物進化 31
   3.-1 形質 31 ／ 3.-2 進化論の遺伝的背景 32 ／ 3.-3 進化の原動力 32
   3.-4 現代進化学の2つの理論支柱 34
4. 生態系 41
   4.-1 生態系 41 ／ 4.-2 植生 43 ／ 4.-3 植生の種類 46 ／ 4.-4 里山の定義と重要性 50
5. 生物多様性評価 55
   5.-1 種多様性 56 ／ 5.-2 生育調査 57 ／ 5.-3 生息地適性評価 61
   5.-4 遺伝的多様性評価 62 ／ 5.-5 生態系評価 73 ／ 5.-6 生物多様性オフセット 76

第2章 生物を取り巻く環境 ……………………………………………………… 79

1. 地圏・土壌圏 80
   1.-1 地圏の構造 80 ／ 1.-2 土壌圏 81 ／ 1.-3 土壌の生成 81 ／ 1.-4 土壌の分布 82
   1.-5 土壌圏における諸問題 82 ／ 1.-6 土壌の基礎知識 84
2. 大気圏 95
   2.-1 大気の歴史 95 ／ 2.-2 大気組成 96 ／ 2.-3 大気の大循環と放射 96
   2.-4 コリオリ力 97 ／ 2.-5 大気循環 98 ／ 2.-6 モンスーン気候 99
3. 水圏 100
   3.-1 地球の水 100 ／ 3.-2 水質評価のための用語解説 100 ／ 3.-3 海洋の大循環 101

第3章 生物環境中の物質循環 …………………………………………………… 105

1. 炭素の物質循環 106
2. 窒素の循環 108

3. リンの循環　112
4. 森から海に繋がる流域圏の生態系　113
　　4.-1 土岐川・庄内川流域圏　113 ／ 4.-2 森が海を養う —上流域—　114
　　4.-3 自浄機能を超えたライフスタイル—中・下流域—　116
　　4.-4 巨大な水質浄化システム・藤前干潟—河口域—　118

第4章　地球規模の環境変動　123

1. 地質年代　124
　　1.-1 中世代　124 ／ 1.-2 新生代　128
2. 日本の陸地形成　132
3. 現在の東海地域の生物分布に強い影響を与えている地質変動　133
　　3.-1 濃尾傾動運動　133 ／ 3.-2 縄文海進　133

第5章　生物の環境適応戦略　137

1. 動物の環境適応戦略とバイオミミクリー　138
　　1.-1 動物の適応　138 ／ 1.-2 適応と進化と自然淘汰の理論　138
　　1.-3 行動学の発展と4つの「なぜ」　139
　　1.-4 生物の適応現象に学ぶ：バイオミミクリー（生物着想学）のすすめ　147
　　1.-5 まとめ　151
2. 動物の環境ストレス応答　154
　　2.-1 はじめに　154 ／ 2.-2 環境ストレス応答とは？　154 ／ 2.-3 ストレス耐性　156
　　2.-4 HSPsの分子シャペロンとしての機能　158 ／ 2.-5 まとめ　159
3. 植物の環境適応のしくみ　162
　　3.-1 環境ストレスへの対応策　163 ／ 3.-2 植物の非生物学的ストレスに対する生存戦略　163
　　3.-3 植物の生物学的ストレスに対する生存戦略　170
4. エピジェネティクス　173
　　4.-1 エピジェネティックな変化をもたらす分子的変化　173
　　4.-2 動物の環境適応とエピジェネティクス　175
　　4.-3 植物の環境適応とエピジェネティクス　177

第6章　生活環境との関わり　181

1. 微生物による水の浄化　182
　　1.-1 廃水処理施設　182 ／ 1.-2 好気性生物処理法　184
　　1.-3 嫌気性生物処理法　188 ／ 1.-4 廃水の高度処理　190
2. 生活環境と森林病害　193
　　2.-1 はじめに　193 ／ 2.-2 マツ枯れ病の歴史—病原体の発見　193

2.-3 線虫とはどんな生物か　194／2.-4 マツ枯れ病の感染・拡大メカニズム　195

　　2.-5 マツノザイセンチュウはどこからきてどこへゆくのか　197

　　2.-6 マツ枯れ病発病メカニズム　198／2.-7 世界のマツ枯れ病　199

　　2.-8 おわりに　200

3. 化学物質と環境汚染　202

　　3.-1 生活を豊かにする化学物質、生活を脅かす化学物質　202

　　3.-2 地球規模の汚染化学物質 POPs　202／3.-3 農薬　203

　　3.-4 生活用品に含まれる化学物質 PPCPs　204

　　3.-5 廃棄物とそのリサイクルで出現する化学物質　206

　　3.-6 　化学物質環境汚染の調査と大学の研究　206

4. 環境と生物と生理活性物質　209

　　4.-1 生物は環境に対応するために生理活性物質を用いている　209

　　4.-2 生物はコミュニケーションをとるために生理活性物質を用いている　210

　　4.-3 フェロモン～生物の行動を制御する生理活性物質～　211

　　4.-4 集団の密度効果　214／4.-5 　まとめ　217

5. 観賞植物と生活環境　218

　　5.-1 鑑賞園芸学　218／5.-2 都市園芸学（urban horticulture）　222

　　5.-3 社会園芸学（socio-horticulture）　223

6. 植物による環境修復　225

　　6.-1 ファイトレメディエーションとは?　225／6.-2 ファイトレメディエーションの歴史　225

　　6.-3 ファイトレメディエーションのメリットとデメリット　226

　　6.-4 ファイトレメディエーションの種類　226／6.-5 ファイトエキストラクション　227

　　6.-6 ファイトレメディエーションにより処理可能な物質と利用できる植物　227

　　6.-7 金属の吸収と無毒化・蓄積　229／6.-8 遺伝子組換え植物の利用　229

7. 遺伝子組換え植物と環境　231

　　7.-1 遺伝子組換え植物の作成　231／7.-2 代表的な実用化遺伝子組換え作物　234

　　7.-3 環境汚染物質の低減と遺伝子組換え植物　237

　　7.-4 環境ストレス耐性植物　238／7.-5 遺伝子組換え植物の安全性の確保　240

第7章　食料生産と環境との関わり　　　　　　　　　　　　　　243

1. 水資源と食料生産　244

　　1.-1 地球規模でみた水資源　244／1.-2 世界の水問題の現状　245

　　1.-3 食料生産と水利用　245／1.-4 地下水の枯渇　246

　　1.-5 仮想水（バーチャルウオーター）　247

2. 地球環境の変化と食料生産　249

　　2.-1 地球温暖化とは　249／2.-2 地球温暖化の現状　250

2.-3 温暖化が生態系や農業に及ぼす影響　252 ／ 2.-4 温暖化と作物生産　254
3. **農業生産活動と環境**　260
　　3.-1 農業の多面的機能　260 ／ 3.-2 農業による環境負荷　260
4. **環境保全型農業**　266
　　4.-1 化学合成農薬の功罪　266 ／ 4.-2 代替農業の展開　266 ／ 4.-3 環境保全型農業　267
5. **植物工場の展開**　272
　　5.-1　植物工場の意義　272 ／ 5.-2　植物工場を支える栽培技術　273
　　5.-3　これからの植物工場　276

第8章　生物資源（バイオマス）の利用と環境保全 ……………………… 279

1. **生物エネルギー**　280
　　1.-1 はじめに　280 ／ 1.-2 化石燃料依存社会からの脱却が必要な二つの理由　280
　　1.-3 バイオマスとバイオ燃料　281
　　1.-4 カーボンニュートラルとバイオエタノール製造に係わる微生物　282
　　1.-5 強力なセルラーゼを生産する微生物　284
　　1.-6 セルロース性バイオマスの将来性　285
　　1.-7 生物エネルギー以外のバイオマス利用　285
2. **バイオプラスチック**　287
　　2.-1 プラスチックに係わる環境問題　287
　　2.-2 バイオプラスチック（bioplastic）　288
　　2.-3 総合的技術政策　295

あとがき　296

用語さくいん　298

執筆者略歴　305

序章

生物学から学ぶ生活の知恵

1. 絆は多様性から生まれる

3・11の東日本大地震は未曽有の規模で起こり、自然生態系と共に多くの人々の命や生活に大きな損害を与えた。この大災害からの復旧や復興に何よりも大きな力となったものの1つとして、わが国の各地に息づいている互助互恵の生活知があり、人々を離れがたい情実で結び付けている「絆」の底力が挙げられた。とりわけ、人々が混乱のさなかにおいても「絆」を大事にして、お互いの生命と生活を見事に守りぬいたことに対して世界からも賞賛された。「絆」とは、「馬、犬、鷹等の動物を繋ぎとめる綱、断つにしのびない恩愛」と広辞苑にある。災害からの復旧・復興には物質やエネルギーの補給に加えて精神的・人道的な支援が大事であり、人々を繋ぎとめ孤立や孤独から守る「絆」が、災害からの復旧を加速させることが教えられた。

絆が絆としてより有効に働くためには、絆を結ぶ相手がお互いに異なる能力や価値観、行動規範を持っていることが大事になる。似た者同志の間での絆はあまり力にならない。絆が大きな力を発揮するためには、その集団や社会が個性的で多様な個人で構成され、それぞれが異なった役割を分担できる能力を持つことが大切である。つまり、多様な個性で構成されている集団ほどより強固なしかも弾力性に富んだ絆を結ぶことになる。社会の多様性を発展させることが絆を強化することであり、社会がどんな危機的な状況に直面しても持続的な発展の基盤であると言える。

2. 多様性が生物社会を作る

物理学的な物質・エネルギーの世界は限られた基本的な要素で構成され、時空を超えて安定した基本原理のもとで成り立っている。生物学的な生命世界は、物理学的な世界を前提条件にしながらも、変化することを基本とし、常に環境への適応とか自らの変異による進化や多様化の中で成り立っている。地球上に生命が誕生して以来38億年、その間、1億種を越える生物種が誕生と絶滅を繰り返し、今日の生物世界が作られているのである。

現在の地球上の生物種は、科学的に同定されたものが約200万種、未同定種を加えると3,000万種とも1億種とも推定されている（図1）。これらはすべてが異なる生活型を開拓し発展させているが、今なお変化の途上にある。この多様な生物種は、深海底から山頂まで、砂漠から氷河まで、この地球上のすべてを生きる場として開拓している。現在、もっとも繁栄している生物種は昆虫種であり、全生物種の60％以上を占めているとされている。

図1．地球上の生物種数の割合
　（　）内の数字の単位は万種

3. 変化が多様性を作る

生物世界は変化の連続であり、変化する環境への適応を前提にして成り立っているので、生物世界の未来の姿を想定することは、生活の場（生息環境）がどのように変化するかを想定しなければならない。地球環境は一定の時間間隔で変化する周期的な変化をすることだけではなく、1回限りの歴史的な変化もあるし、特定

の生物が生息する局所環境の変化も無視できない。個別の生物種にとっての環境は時間的にも空間的にも無数に近い多様な変化をしている。その変化はすべてではないにしても、それぞれの生物種の生活や生存に重大な試練を与えている。一方、生物自体も主体的な変化、例えば突然変異による変異をし、環境の変化に適応できた個体は生存し続け、出来なかった個体は絶滅するという生命進化の篩にかけられている。生物が生存し続けることは、絶え間ない自らの変異と生息環境の変化との相互関係で成り立っており、この絶えることのない相互関係の変化が生物を進化させ多様化させているのである。

4．環境から独立した生活を作り出す

　生息環境は生物の生存と生活のために必要な資源であり空間であるので、生物活動が環境依存的であるのは当然である。しかし、生物は体内で偶然に起こる突然変異等の結果、生息環境の変化に出来るだけ依存しない安定した生活状態を作り出すことにも成功している。つまり、生息環境から独立した生命活動の創造である。

　生息環境の変化からの独立を可能にした生活型としては、①多産によって多死を補う多産多死の戦略であり、多くの微生物、植物、動物で発達している。②移動、渡りによる食物資源の欠乏や生息環境の劣化等による不良環境からの逃避戦略の構築である。多くの昆虫類、鳥類や哺乳動物が獲得した戦略である。③恒常性維持の機構の開発・発展である。鳥類、哺乳類等の恒温動物による体温の維持機構や植物の気孔の開閉による水分調節能の獲得であり、生息環境の物理的条件の変化に対する対抗措置としている。④休眠（冬眠、夏眠）機構の開拓である。一定の時期に計画的に特別な生理・生化学状態を誘導し、すべての生体反応を停止させる状態を作り出すことで、過酷な環境の影響を回避する戦略である。

5．環境を改変する生活を作り出す

　予測が困難な生息環境の変化への飽くなき適応戦略の1つとして、生物は環境の変化を緩和する、あるいは環境を改変する生活戦略も創造した。そのことによって、生物は生息環境への追従型ではなく、自らの生活に適した環境を創造する環境創造型の生活型を作り出すことにも成功した。環境適応型の生物進化の仕組みが一歩前進した段階に達したとも言えよう。

　環境改変の具体的な行動を見てみよう。①巣作り・家づくり戦略である。巣づくりは多くの動物に見られる。ミツバチやアリなどの社会性昆虫や魚類、鳥類、哺乳類等は、外界の気象条件を人為的に調節して一定の生活環境条件を維持すると共に、食料資源の安定確保や安全な繁殖活動の場を作り出すために巣作りをする。この巣作りを可能にするためには、「学習能力」も必要になる。営巣行為にしても帰巣行動にしても一定の学習力を前提として成り立つ戦略である。②農業生産戦略である。農業は衣食住に必要な資源の生産と保存活動であり、そのためには自然環境を人為的に改変管理して、資源の生産を安定化させ生活を継続的に発展させる営為である。この環境制御の論理の展開が都市化へ繋がり、今日の環境問題の起源に繋がっている。これらに加えて、③衛生・医療戦略の開拓や④教育学習システムの開発や展開は人類が開拓した環境改変の環境戦略である。

6．昆虫に学ぶ多様な生活知

1）休眠現象（静的な活動戦略）

　生物が休眠現象を何時の時代に開拓して生活史に取り組んだかは不明であるが、霊長類を除く微生物、植物、動物のすべての生物が、生活史の一定の時期に休眠現象（特異的な代謝変動を伴う計画的な成長、発育、生殖の停止）を発動している。一般的には休眠は不良環境下での

個体の維持機構として理解されている。しかし、休眠は個体レベルの環境対応作用だけではなく、種の保存や他種の生存にも直接あるいは間接的に関与している高次の生命現象と言える。多くの生物は生命活動を動的に展開する仕組みと、静的に維持保存する仕組みの相反する2つの仕組みを兼ね備えており、両者を生活史や生息環境の変化と連動させて発動しているのである。

ここでは主にカイコの休眠を取り上げ、休眠現象の生物学的な意義について紹介する。そして、休眠の生物学的な意義を基にした人間の生活信条についても触れることにする。

図2に1年を通してのカイコの生活史、食料であるクワの生育状況、そして気温の変化を示した。カイコには少なくとの1000種に近い品種があり、休眠性に関しても一様ではないが、この図には代表的な1化性と呼ばれる1年に1世代を過ごす系統の生活史を示した。冬を越した卵から5月の上旬に幼虫が孵化し、クワの葉を食べて大きくなり、5月の下旬には繭（まゆ）を吐き蛹（さなぎ）に変態する。2週間後の6月中旬には成虫（蛾）に変態し、直ちに交尾して産卵する。生まれた卵は2日間だけ発生し、その後は発生を止め休眠に入る。この休眠は約10ヶ月間続き、翌年の5月に幼虫として孵化する。このカイコは1年のうちの約2カ月間を成長、発育、生殖にあて、残りの約10ヶ月間は飲まず食わずの休眠で過ごすのである。

このような長い休眠期間を取り込んだカイコの生活史の特徴を拾ってみよう。カイコはその生息環境が最も好都合な時期、つまり、食料は十分あり温度の最適な時期に休眠に入ることから、カイコにとって休眠は不良環境に対する個体の適応現象だけとは言えない。もっと深い意図があるはずである。その1つは、真夏の酷暑や冬場の酷寒という不良環境が到来する前にすでに休眠に入り、個体の不良環境への適応機能を用意していることは確かであろう。このために、休眠に特化した特殊な代謝生理状況を創り出して、環境の変化に対しての耐性を獲得している。これは休眠の個体維持機構であり、利己作用と呼べる現象である。

休眠の持つもう一つの作用は発育停止を活用

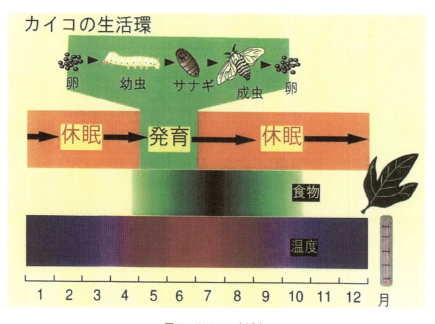

図2．カイコの生活史

した集団の発育の斉一化である。約90％の昆虫種は、その一生を２つの生活相で組み立てている。１つは、幼虫期における食物摂取により成長を支える栄養生理を中心とした生活相であり、もう１つは、成虫期における異性の探索、交尾、産卵等の生殖生理の生活相である。幼虫による摂食行動は競争状態で進むので、強健な個体ほどが早く多く食べるので、個体差が加齢とともに大きくなり、集団内での発育度の不揃いが生じる。この個体差は成虫での生殖効率に大きな障害を与えることになる。それは、生殖能力が揃った個体を大量に用意することがその集団の生殖効率（いかに多くの子孫を残すか）を高めるからである。この個体差の修正装置が休眠現象であり、発育の進んだ個体から積極的に休眠に入り、遅れた個体が到達するのを「待つ」のである。「待ち」の論理を取り込むことで、発育段階を再調整し、最高の生殖能力を有する個体群を作りだすのである。休眠による種の保存作用であり、利己作用の１つである。カイコはこの休眠作用を発揮しているとは言えない。それは人為的に家畜化され常に飽食状態にあり、競争状態が緩和されているからである。

第３の休眠の作用は利他作用と呼べるものである。カイコが、６月の下旬に休眠に入り、その後は一切の飲食を止め、住む場所も限定することは、それまでカイコが占有した食料（クワの葉）や生息場所を他の昆虫の生活のために結果的に提供することになる。クワの葉を食料とする昆虫は30種にも及び、これらの昆虫は異なる季節に成長・発育するので、限られた食料資源を時間差を設けて共有する戦略を開拓しているのである。昆虫種間での「時間的なすみ分け」により、出来るだけ多くの種の生存を保障し合う、つまり、休眠の利他作用である。

休眠の生物学的な意義について述べてきた。「待ち」による競争の歪の修正、計画的な生活型（動的生活から静的生活）の変更、そして、環境からの独立した生存戦略は、私たちのあるべき生活信条を豊かにするうえでの知的な栄養剤となろう。

２）変態現象（動的な活動戦略）

昆虫は生命の進化の過程においていろいろな要因を用いて今日の繁栄を獲得してきたといえる。次の３つの要因が主なものとして挙げられている。１つは、飛翔能力を獲得し、生活空間を拡大したこと。２つは、体型を小型化し、寿命を短くし、世代交代を頻繁に行い危険を分散したこと。３つは、生活史に変態や休眠を導入し、一生のうちで異なる食料資源と生活空間そして環境を活用すること。ここでは、これらの３要因のうち、変態の実態について触れ、その生物学的な意義を考えることにする。

チョウ、ハエやテントウムシ等は、その一生を卵、幼虫、蛹、成虫へと生活型を変えること、つまり、変態することで全うしている。このような変態を完全変態と呼び、昆虫種の約90％で見られる。バッタやセミは不完全変態昆虫であり、幼虫から直接成虫に変態し、蛹期を持たない。ここでは、カ（蚊）の変態について見てみよう。カと言っても、現在の地球上には5,000種以上が同定されており、その生活型はかなり多様化している。多くのカは、植物の蜜や花粉を食料にしており、その生息場所は原野や森林地帯である。動物の血液を食料としている吸血種は数種に限られている。しかし、この吸血種は動物への病原微生物（原虫、細菌、ウイルス等）を媒介するので、保健衛生上の理由から特別に注目されている。事実、ハマダラカによるマラリア原虫の媒介により、毎年、約300万人が死亡している。

まず、カの生活史を見てみよう（図３）。カの成虫は卵を水中に産み落とす。卵から孵化した幼虫は水中を生活の場とし、水中の有機物や微生物を食料として成長する。幼虫は普通３回

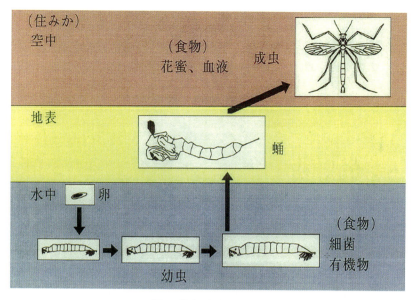

図3．昆虫（カ）の変態

脱皮をして大きくなってから、陸上へ這い上がり、水にぬれる心配のない場所で蛹に変態する。1－2週間後に蛹は成虫へ変態し、飛翔能力を獲得して空中を生活の場とし、花蜜や樹液あるいは動物の血液を食料としている。成虫は異性と交尾し産卵し、約1週間で一生を終える。

ここで変態が起こる生理学的な機構について見てみよう。変態は個体機能を栄養生理から生殖生理へと全面的に組み替えることであり、一部の組織や器官の削除と追加といった部分的な改造ではなく体制全体の大改革である。つまり、幼虫を特徴づけていた栄養生理機能を全面的に排除し、その後で成虫の生殖機能を構築する。この過程には、免疫認識系を総動員して、幼虫系のすべての組織や器官を異物として認識し、特異的なたんぱく質分解酵素系を発現して組織を崩壊し、高分子を分解し、機能を持たない低分子にする。この分解系の進行と連動して、新たな遺伝子が発現し、成虫系の感覚―筋肉系や生殖系組織・器官が形成される。つまり、蛹は一切の飲食をしないので、分解産物を原材料として新組織や新器官が形成され、成虫体が完成するのである。旧機能を徹底的につぶすことによって新規な機能は作り出されているのであり、幼虫に何かを追加して成虫を創り出したのではないのである。

このような劇的で巧妙な変換はまかり間違えば、命を落とすことになりかねない。このことを防ぐためにかなり綿密な制御系を準備している。つまり、相反する作用を示す2つのホルモンが変態過程を制御している。1つは幼若ホルモン（ジュベニルホルモン）であり、幼虫形質を遺伝子発現や生化学反応の調節で維持している。もう1つは脱皮ホルモン（エクジソン）であり、成虫系の組織や細胞を形成するために必要な遺伝子の発現を促している。これらのホルモンは変態制御以外にも脱皮とか生殖とかの多面的な作用を発揮しており、昆虫の生活制御に重要な役割を果たしている。

変態は一世代の内に2つの全く異なる生活様式（ライフスタイル）を実現し、あたかも異なる2種類に生物種の有するライフスタイルを取り込んだ高度な生命現象と言える。幼虫と成虫とは、それぞれ独立した食料資源と生活空間を開拓し活用するライフスタイルを完成させているので、幼虫と成虫とは完全に隔離されており

一切の競合関係は成立せず、単純には生存個体数は競合関係のある場合に比較して倍増させることにもなる。だから、昆虫社会には高齢者問題は存在しない。ちなみに、ヒトの場合は若者も年寄りも同じ食料資源と生活空間を共有しているので、若者と年寄りとは競合関係にあり、総人口は資源量と住空間の広さによって制限されている。このように昆虫は変態を取り入れることで個体数を増加させ、個体の維持と種の保存を果たしているのである。

4）ミツバチ社会の情報─学習系（集団知の創出と活用）

ヒトを含めて多くの生物種は集団を組んだ生活をしている。それは個体レベルでの生活力が弱く集団での助けがなければ生きられないからである。集団をより高度化して社会構造を創り出した動物もいる。社会性動物であり、その代表格としてミツバチやアリがいる。ここでは西洋ミツバチ（以下ミツバチと呼ぶ）の社会性に着目し、社会の組み立てとその活用の仕組みについて見てみよう。

ミツバチは3万－5万匹（3－5kg）からなる集団（コロニー）で生活しており、その集団は、1匹の女王蜂、約9割の雌蜂（働き蜂）と残り約1割の雄蜂で構成されている。女王蜂はもっぱら産卵に特化されており毎日2000個近くの卵を産み続けている。雄蜂は一切の労働には関与せず、一生に1回の女王蜂との交尾行動に備えた生活をしている。雌蜂がすべての労働を分担しており、育児、蜂ミルクの製造、巣の造営・修理、門番・守衛、花蜜と花粉の採取労働を身体の発達状況に合わせて分担し、ミツバチ社会の維持や発展を支えている。

ミツバチの労働生産性は非常に高く、1つのコロニーで半年間に約200kgの花蜜と花粉を採取してきている。この高い生産性はミツバチが独自に開発した情報─学習系によって達成されている。巣箱から見た花園（蜜源）の方角とそこまでの距離、さらには蜜源の豊かさを、いわゆる、「8の字ダンス」あるいは「尻振りダンス」と呼ばれる情報伝達系を用いて、他の働き蜂に伝達し、学習させ、採取行動を規定しているのである（図4）。つまり、採取行動に出かける働き蜂は、花蜜と花粉を採取してきた働き蜂が巣箱の中で踊る「8の字ダンス」の後追いを繰り返すことで、情報の中身を学習し理解が出来た個体から花園へ向かって飛び出し、花蜜と花粉を採集して巣へ持ち帰る。ここには蜜源の探索発見作業はなく採取作業に集中することができるので、労働生産性が向上したのである。この生産性の高度化は個別作業の合理化や効率化ではなく、仕事の仕組みそのものを変えることで達成されたのであり、革新的な情報─学習系の開発のなせるところである。

ところで、このような情報─学習系はすべての働き蜂で作動しているのだろうか。実験結果からみても約90％の個体には確かにこの採取行動が作動しているが、10％以下の個体は指示された花園へは現れず、予定どおりの学習成果が達成されているとは言い難い。これを単なる実

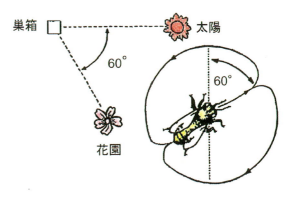

図4.働きバチの8の字ダンス（桑原、「ミツバチの生活から」1977を改図）
巣箱と太陽の位置を基準（垂直）にして花園の方向を示す。
太陽の位置から60°の方角に花園がある場合には、垂直軸に対し60°ずれた方角を軸として移動する。

験誤差として処理し、すべての個体が同じ行動すると結論づけてよいだろうか。そうではなくて、これらの学習不良の働き蜂は、もちろん採取行動には参加するのだが指示された花園に到達することができなくて、飛翔を続けているうちに学習外の花園に到着する。その花園から花蜜や花粉を巣箱に持ち帰り、採取結果をダンスに乗せて報告する。彼女たちが指示する花園は既知のものではなく、新規なものであり、この花園での採取行動が可能になるのである。このように学習能力の乏しい個体こそが、新たな蜜源の発見者となり未来開拓者としての役割を分担していると、実験結果を解釈したい。どんな蜜源も1-2週間の寿命で無くなる有限の資源であるので、次々と新たな密源を開拓し続けなければミツバチ社会は維持されることなく崩壊するのである。有限の資源の利用には新規な資源の発見と開発が必須であり、この未来開拓事業にはどんな能力が求められているのか、今後の大きな研究課題として大事にしたいものである。

5）ミツバチ集団の意思決定：（一元的民主主義の追求）

　ミツバチは春先になると採取活動を活発に再開し、冬季に失った個体数の回復を図る。そして、晩春から初夏のころになるとそのコロニーの個体数が増えすぎて巣分かれ（分蜂）を始める。働き蜂の約3分の1が元の巣に留まって新女王蜂を育て、残りの約3分の2の働き蜂と女王蜂は巣から出て行く。ひとまず近くの樹木の枝に止まって蜂球を作り、ここに数時間から数日間留まり、新たな営巣（新居）場所を見つけ出すのである。

　新居探索作業には数100匹の働き蜂が当たる。これらの働き蜂は周囲70平方キロメートルの範囲で候補地を探し、それぞれが情報を持ち帰り、先の花蜜や花粉の採取行動の時と同じ「8の字ダンス」を踊って、他の探索蜂に営巣地の候補地の方角や広さなどを教える。新居（巣箱、木の洞）を決める判断基準としては、広さが十分あり、外敵の侵入を防ぐに十分安全で、しかも寒風や暴風雨の吹きさらしでない空間としている。これらの基準をよりよく満たす場所としての有力な情報を持ち帰った探索蜂はより力強くダンスを踊る。このダンスをより多くの探索蜂に教示し、その候補地へ誘導し、現地調査をさせた上で、同意を得ることに努める。そして、それぞれの探索蜂はそれぞれの実地検査の結果をもとに最終判断を下すのであり、この現地調査を含めた多数派工作を重ねることで、最終的には全員一致で1カ所を決める。最初は可能な限りの多様な情報を集め、それらを現地調査によって、だんだんと絞っていき、最終的には全員一致で決定するという意思決定法をミツバチ社会は採用している。営巣場所を間違えて設定すれば、そのコロニーの全滅に繋がりかねず、意思形成と意思決定における過程にも多くの創意工夫がなされている。ミツバチは一元民主主義を採用して社会を運営しているのである。ところで、われわれの行使する民主主義は対立民主主義であり、多数決で結論を得ることにしている。この多数決制には、万一の間違いが命取りになるような一大事を決めることに耐えるだけの保証はない。

7．生物学を学ぶ喜び

　生物の生活は個体を単位として成り立っており、同じ種の同じ集団を構成している個体間にも寿命の長さや行動様式に違いが見られ、全く同じ個体を探し出すことは不可能である。すべての個体がそれぞれ固有の遺伝情報と生息環境のもとで、生活知を築き生命を全うしているのである。このことは生物の実践的な生活知は個体のレベルで創出されるのであり、大げさに言えば、生活知は個体の数だけあり今後も増加し

続けることになる。

　しかし、この生活知の多様化は無方向に発散するものではなく、一定の前提条件と境界条件の下で進められ、生物界の持続的な発展を促す方向にある。つまり、個体が継承している遺伝子変化の範囲内で、しかも遭遇するだろう環境の変化に適応できる能力を限界として進化し多様性を獲得するのである。ここでは個体のレベルを超えた生物種あるいはそれ以上の分類群あるいは生物界全体に共通した生活知の開拓につながることもある。例えば、最近の時間生物学が教えるバイオリズムはすべての生物種に共通であり、このリズムが生物界の協調性を確保する基盤であるとされている。また、ここに取り上げた休眠現象もほとんどの生物種が共通に獲得した形質であり、その具体的な発現様式は異なるとしても、生物界がこれまでに遭遇してきた38億年の環境変化の歴史の中で作り上げた生活知である。

　ヒトは200万種の中の1つの生物種であり、その生活知は大変限られたものであり、その限られた知を活用して生活を組み立て、生命を存続しているのである。人類の生活知はせいぜい500万年の風雪に耐えたものである。生命世界は38億年の重みを背負い、実に多様な生活知を丹念に編み出し続けてきており、また、今後もこの地球環境を舞台にこの営みを続けるだろう。同じ地球舞台で生活をしている人類が、もっと豊かにそしてもっと確かに生きるためには、すでに多くの生物が先見的に創作しその検証している知と術をもっと真剣に学び、活用すべきである。その知と術を蓄積し、開発し続けているのが生物学であり、生物学の研究である。だから、生物学を学ぶことは人生をより豊かに生きる知と術を学ぶ喜びである。

中部大学長
山下興亜

第 1 章

生物多様性

1. 生物多様性

　生物多様性（biodiversity）は、1992年リオデジャネイロで開催された環境と開発に関する国際連合会議（United Nations Conference on Environment and Development; UNCED）（一般には、地球サミットと通称される）における生物の多様性に関する条約（Convention on Biological Diversity; CBD）（一般には、生物多様性条約と略称される）の採択によって、その定義が法的に定められた。この条約によると、生物多様性とは「すべての生物（陸上生態系、海洋その他の水界生態系、これらが複合した生態系その他生息又は生育の場のいかんを問わない。）の間の変異性をいうものとし、種内の多様性、種間の多様性及び生態系の多様性を含む」と定義されている。生物多様性の英語表記は、Biological Diversityが短縮された造語のBiodiversityとなり、「生物学的な多様性」と訳すことができる。つまり生物多様性とは地球上に生息する全ての生物間における「異なり」のことで、一般に多種多様な生物と表現される種間の異なりである種の多様性（species diversity）だけではなく、種内変異（intraspecific variation）の主因である遺伝子の多様性（genetic diversity）、そして生物群集（biocoenosis）と非生物的環境（abiotic environment）の相互作用によって異なった外観を示す生態系の多様性（ecosystem diversity）といった生物学的な関係を含めた「3つの異なり」といえる。

1.-1　生物多様性の定義

　生物多様性の構造は、多種多様な種が存在する種の多様性を基準とし、最下層は遺伝子の多様性、最上層は生態系の多様性からなっている。これら3つの多様性は、階層構造（入れ子構造）となっているので、いずれかの階層の崩壊は全体の多様性崩壊へとつながってしまう。

1.-1-1　種の多様性

　生物多様性というと、種の多様さを第一に連想し、また他の多様性に比べて説明しやすく、実体が伴うので理解しやすい。世界には学名（「第1章 2.-2-2学名」参照）が付けられた150万種もの生物が生息しているが、地球上には未だその存在が認識されていない生物がこの2倍も存在するといわれている。また、微生物については地球上に存在するもののうち1％しか培養同定できていないといわれている。この種の多様性には、一般に地球上で偏りがあり、熱帯では高く、緯度が高くなるに従って寒帯や極地では低くなっていく。一方、多様な生物、特に固有種（endemic species）が生息しているにも関わらず、絶滅に瀕した種が多い地域が存在する。そのような地域は生物多様性ホットスポット（biodiversity hotspot）とよばれ、これまでに生態系保護に取り組む環境NGOコンサベーション・インターナショナル（Conservation International Foundation）によって世界で34箇所のホットスポットが選定された。この34地域を総合しても地球上の陸地面積の2.3％を占めるに過ぎないが、そこには全世界の50％の維管束植物種と42％の陸上脊椎動物種が生息しているとされている。また、これら34地域のすべてにおいて、原生の生態系が70％以上失われている点で共通している。2005年には3,000を超す大小様々な島々から成る日本列島も生物多様性ホットスポットに指定された。

1.-1-2　遺伝子の多様性

　遺伝子の多様性とは、同種内に存在する個体間の遺伝的な変異（variation）のことであり、遺伝的多様性ともいわれる。遺伝子（gene）は、特定のタンパク質をコードする遺伝情報

の最小単位である。1つの遺伝子は異なる形質（子孫に受け継がれる特徴）を示す対立遺伝子（allele、母親由来と父親由来の遺伝子）からなり、対立遺伝子の変異は遺伝子の本体であるデオキシリボ核酸（deoxyribo nucleic acid; DNA）の変化によって生じる。繁殖可能な個体で構成されている集団が保持する遺伝子のすべてを遺伝子プール（gene pool）といい、対立遺伝子間に見られる特定の組み合わせを遺伝子型（genotype）、対立遺伝子のいずれかの塩基配列をハプロタイプ（haplotype）という（図1.1.1）。従って、遺伝子の多様性は、遺伝型やハプロタイプの多様さということになり、必ずしも表現型（phenotype）として発現する遺伝子のみを対象とした概念ではない。例えば、ヒトのABO型血液などが遺伝子の多様性である。また分子系統学の分野では、必ずしも機能を持った遺伝子だけを研究対象としているわけではなく、機能を持たずに変異が起こりやすい遺伝子間領域（intergenic region）、偽遺伝子（pseudogene）、イントロン（intron）などを解析対象として、その領域におけるハプロタイプの種類やその数に注目し、個体群内や個体群間の遺伝的多様性を評価することが多い。

1つの細胞の中には核（nucleus）、ミトコンドリア（mitochondria）、葉緑体（chloroplast）（植物細胞のみ）という3種類の異なったDNAが含まれている。核DNA（nuclear DNA）は生物の個体を形成する遺伝情報の大半を含み、父親及び母親由来の情報を受け継ぐ両性遺伝である。一方、1細胞あたり数千個存在するミトコンドリアの中にあるミトコンドリアDNA（mitochondrial DNA）は環状二本鎖DNA（double-stranded DNA ring）であり、一般的に母系遺伝（maternal inheritance）する。またミトコンドリアDNA同様、1細胞あたり数千個存在する葉緑体の中にある葉緑体DNA（chloroplast DNA）も環状二本鎖DNAであり、被子植物（Angiosperm）では母系遺伝する。しかし、裸子植物（Gymnosperm）ではミトコンドリアDNA、葉緑体DNA共に父系遺伝（paternal inheritance）する場合もある。

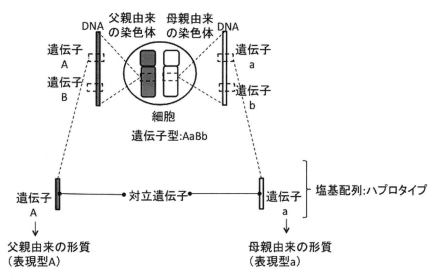

図1.1.1. 遺伝子型とハプロタイプ
　上記図の場合、遺伝子型は2種（AaとBa）の対立遺伝子の組合せになる。2種の対立遺伝子（AとB、aとb）が各染色体上で完全連鎖しているならば、各遺伝型は父系についてはAB、母系はabとなる。ハプロタイプとは半数体の遺伝子型になるので、上記図のように二倍体生物（遺伝子型AaBb）の場合には、同じ遺伝子座の対立遺伝子A及びaの場合、いずれか一方（父系由来の遺伝子Aもしくは母系由来の遺伝子a）となる（対立遺伝子Bbについても、同様に父系Bもしくは母系bを示す）。

このように対象とするDNAによって遺伝様式が異なるため、遺伝的多様性を評価する解析対象種やその解析の目的に応じ、DNAの使い分けが必要である。一般的には、遺伝的多様性解析の容易さから動物にはミトコンドリアDNA、植物には葉緑体DNAを用いることが多い。

葉緑体DNAを利用した植物の遺伝的多様性評価の例として、岐阜県東濃地域の丘陵地に成立した典型的な二次植生においてハルリンドウ Gentiana thunbergii var. thunbergii（写真1.1.1）のメタ個体群内（「第1章 4.-1生態系」参照）に存在する5つの個体群の遺伝的多様性を評価した結果を概説する（味岡ら、2010）。本種は、リンドウ科 Gentianaceaeの二年生草本で、沖縄を除く日本全地域に分布しており、全国レベルで普遍的な種である。また、湧水湿地が点在する日当たりの良いやや湿った地を好む。自生地では多数の個体からなるメタ個体群を形成しているケースが多いが、大阪府では絶滅種、宮城県では絶滅危惧種に指定されていて、全国的に減少しつつある種と考えられている。また、早春の里地・里山を彩るその姿に人々の関心が高く、保全要求度も高いといえる。さらに、本種は虫媒による他家受粉を行なうため、自家受粉を行なう植物よりも、生育環境の相違や改変によるハビタットの分断、集団隔離、訪虫の有無などが、遺伝的多様性に大きく影響を与えるものと推測される。そこで、葉緑体 DNA*trn*S-*rps*4 遺伝子間領域を解析し、5つの個体群内の遺伝的多様性評価を行った（「第1章 5.-4-2 分子系統学 b.分子系統解析」参照）。その結果、放棄二次林内ギャップや林縁などの人為的撹乱の少ない場所では一つの個体群内に2～3のハプロタイプが確認できた。それに対して地形が改変されるほどの造成地で、年間を通じて除草などの人為的撹乱の高い場所の個体群は単一のハプロタイプ

写真1.1.1. ハルリンドウ *Gentiana thunbergii* var. *thunbergii*（リンドウ科 Gentianaceae）3－5月に開花する二年生草本で、沖縄を除く日本全域に分布。（2008年3月12日撮影）

で構成され、遺伝的多様性がない個体群であることが確認された。このように同種で、花粉媒介が可能なメタ個体群であっても、局所的な生育環境の相違によって個体群内の遺伝的多様性は大きく異なった。

1.-1-3 生態系の多様性

生態系（ecosystem）とは、生物群集とそれを取り巻く非生物的環境を総合的にとらえた機能的な単位のことである。生物群集とは同じ空間に生息し、様々な個体や個体群間において相互作用をもつまとまりであり、非生物的環境とはその空間の気候や土壌といった生息地環境のことである。つまり生態系は一定空間に存在する生物群集とそれを取り巻く生息地環境のまとまりといえる。

生態系は、森林、草原、湖沼、河川など見かけ上は一つの閉ざされたまとまりとして捉え易い景観要素と、海域、山脈、海、川などの異なる生態系が混合もしくは連続的に変化している地理的要素からなる。生態系のスケールはその観点によって異なり、例えば河川生態系を扱う場合、河川単位で分割する場合もあれば、同一河川であっても上中下流域で分割して扱うこともある。このように様々な種や要素の生態系が

あることは、それぞれの環境に依存した生物の生息が期待でき、種の多様性へとつながっている。

1.-2 生物多様性の価値

私たち人間の生活はこのような生物多様性から直接的もしくは間接的に利益を得ることによって成り立っているといっても過言ではない。このような利益を**生態系サービス**（ecosystem services）とよんでいる。国連によって提唱され2001～2005年にかけて行われた地球規模の生態系に関する**環境アセスメント**（environmental assessment）（「第1章 5.-6生物多様性オフセット」参照）である**ミレニアム生態系評価**（millennium ecosystem assessment）の際に、生物多様性が人間の福利などに及ぼす影響を評価する基準が提唱された。この生態系サービスは**基盤サービス**（supporting services）を土台とし、**供給サービス**（provisioning services）、**調整サービス**（regulating services）、**文化的サービス**（cultural services）の4種類のサービスからなっている。

以下では、生態系サービスについて直接的及び間接的な利益に分けて説明する。

1.-2-1 直接的な利益

生態系サービスのうち、食料や繊維、バイオマス燃料、薬品など、生態系を構成する生物や非生物から得られる利益のことを供給サービスという。このサービスは私たちの生活の中で最も直接的に得ることのできる利益といえる。供給サービスを生物資源の価値（商品価値）として経済的な観点からみると、釣りや狩猟で得た獲物などのような地産地消からなる利益と、木材や薬用植物など国内及び国外で商業取引に利用される経済的な利益の2つに区分することができる。

1.-2-2 間接的な利益

生態系サービスから得られる利益の大部分は、無意識のうちに与えられている。栄養塩の循環や光合成、土壌形成、水循環など人間を含めた生物が生きるために必要な基礎的な環境を人間へ間接的に提供する基盤サービス、大気、気候調節、水質浄化、洪水制御、疾病予防など生態系プロセスの過程から提供される調整サービス、そして最後に、文化的な多様性や精神的価値、教育的価値、娯楽など人間が生態系から提供される非物質的な文化的サービスを挙げることができる。

人間の生活は、生物多様性によって豊かなものとなっている。現在は人間の生活に価値あるものとして認識されていない生物であっても、将来に渡って経済的な利益をもたらす潜在的価値をもっている可能性がある。つまり、全ての生物は人間の生活に何らかの利益をもたらしているといえる。

味岡ゆい

2. 種

「第1章1. 生物多様性」では、生物多様性の定義とその価値について説明した。生物多様性は、遺伝子、種及び生態系によって階層構造をなしている。生物多様性の階層構造は、種の多様性を基準としているので、種とは何かを正しく理解しておくことが、生物多様性を正しく理解する上で重要となってくる。以下では、種の定義について理解し、その上で生物多様性を認識する上で必須な生物名、特に学名について説明する。種の定義、学名の持つ意味や利便性を知らなくては、種の多様性を正しく理解することができない。

2.-1 種の定義

種（species）とは、生物を分類する際の基本単位である。それにも関わらず、すべての種に対して一般的に適用できる定義は存在せず、多義的である。

以下に代表的な4つの定義と、種が多義的である理由についても記載する。

a．形態種（morphospecies）（もしくはリンネ種 Linnean species）：形態の不連続性に基づいて類型的に区別されている最も一般的な種。外部形態によって区別できる群であるため、種の範囲をかなり広く捉えることができる。図鑑などに記載されている種で、最も実用的な定義である。

b．生物学的種（biological species）：2群間の生殖質合体の形成能の有無で判別される種。種の概念のなかでは最も普遍性があるので、生物学において広く支持されている。しかし、交配可能性が判別の基準となっているため無性生殖（asexual reproduction）のみを行う生物には適用できない。

c．同胞種（sibling species）：形態上は区別の困難な生物学的種。種内倍数性（intraspecific polyploidy）などは形態での区別が困難なので形態種としては同種である。しかし、生殖隔離（reproductive isolation）が成立している場合には交配できないので生物学的種としては別種。同胞種を認識することは、生物多様性の正確な評価のためには重要である。

d．系図学的種（geneological species）：同一祖先由来の単系統性を基準として最も細かく定義される種。ヒトの人種は異なる人種間での交配は可能なので生物学的種としては同種となるが、異なる系統性をもつので系図学的種としては別種となる。

このように種は多義的であるため、厳密には普遍的な種の定義は存在しないことになる。しかし、これでは生物学を学習したり、研究したりする際に不都合が起こってしまうので、「種は、世代交代の過程で連続して遺伝する形態的及び他の生物学的形質の似た個体の集まり。他種との間では何らかの生殖隔離機構によって交配せず、後代ができても子は不稔である」と、形態種（リンネ種）と生物学的種の概念を融合させたものとして認識しておくのが妥当である。しかし、育種分野では新品種育成に種間雑種を利用している。そもそも雑種が誕生するということは、生物学的種の定義では同種となるので、種間雑種という用語そのものが誤りである。（「第1章 2.-3-5 雑種」参照）しかし、慣習的に用いられてきたので、学問分野によって異なる定義が存在する。

南　基泰

2.-2 生物の名称

種の多様性を理解するということは、まず様々な生物の名称を知ることでもある。名称を憶えることは、すなわち他種との識別が可能となるからである。更に、名称を母国語で憶えるだけでなく各生物の学名（scientific name）も

併せて憶えておくと、系統や分類上の位置付けも明らかになることがあるので、生物を体系的に学ぶことができる。

2.-2-1　和名

生物種にはそれぞれ固有の種名がある。種名の必要性は、その生物種を認識するためだけでなく、同時に他種と区別するためでもある。最も一般的な種名は**普通名**（common name）とよばれ、一国もしくは一言語系にのみ通用する名称のことである。日本の場合は普通名を**和名**（Japanese name）とよび、必ずカタカナ表記する。和名は新種以外については、慣習的に用いられてきた名称から適当なものが選ばれてきた。普通名は各国もしくは各言語圏に存在する。例えば、イネという植物は、英名：Rice、ドイツ名：Reiz、フランス名：Rizと各言語圏で異なる普通名がある。また、植物名と農作物名が混同する場合があり、イネは植物名で、コメはイネという植物からの収穫物を表しているので農作物名になる。

和名よりも通名が頻繁に用いられる例もある。古くから薬用植物として用いられてきたチョウセンニンジン（朝鮮人参）は、李王朝時代に栽培化に成功し朝鮮半島が主な産地であったことから別名コウライニンジン（高麗人参）とよばれてきた。一方、江戸時代には日本でも栽培が奨励され、江戸幕府の専売品であったために種子（御種）は江戸幕府から供給された。そのためオタネニンジン（御種人参）ともよばれている。植物としての標準和名はオタネニンジン *Panax ginseng*（ウコギ科 Araliaceae）であることはほとんど知られておらず、チョウセンニンジンやコウライニンジンの通名の方がよく知られている。

また、時代と共に和名が変遷した例として、野菜のニンジン *Daucus carota* subsp. *sativus* がある。ニンジンは江戸時代以降に日本に導入され、セリ科（Apiaceae）の野菜であることからセリニンジンとよばれていた。本来、人参とはオタネニンジンを指していたが、根の形状がオタネニンジンに類似していることや、野菜のニンジンの方が有名になったことから、現在では人参と言えば野菜のニンジンのことを指すようになった。そのため、オタネニンジンが古くから人参とよばれていたにも関わらず、オタネやチョウセンをつけて野菜のニンジンと区別するようになった。このように、言葉の意味が時代と共に変遷し、後の時代になって命名されたものを**レトロニム**（retronym）とよぶ。

2.-2-2　学名

イネは日本国内だけで通用する和名である。英語圏ではRiceという英名があるが、科学の世界では英名のRiceであっても世界共通とはいえない。従って、世界共通の唯一の種名となるのはラテン語またはラテン語化した語を用いる学名のみである。

現在の学名は、スウェーデンの博物学者である**カール・フォン・リンネ**（Carl von Linné、1707－1778）によって体系化された**二名法**（binomial nomenclature）とよばれる**属名**（generic name）＋**種小名**（specific name）（細菌は種小名の代わりに**種形容語** specific epithetを用いる）で構成されている。この二名法による最初の学名記載は、植物では「植物の種（第1版）Linnaeus Species Plantarum ed.1」（1753）、動物では「自然の体系（第10版）Systema Naturae ed.10」（1758）であった。ある生物が新種ということが認められ、新種記載される際には、まず発見された生物の属を確定しなくてはいけない。従って、生物学の基本単位は種であるが、生物分類においては属が最も重要な階級ということになる。命名は一定の規則があり、各生物分野によって**国際動物命名規約**（International Code of Zoological Nomenclature; ICZN)、国際藻類・菌類・植物命名規約（International Code of Nomenclature for Algae, Fungi, and Plants; ICN)、国際細菌命名規約（International Code of Nomenclature of Bacteria）と命名規約が異なっている。

　a．学名の構成：学名は、属名＋種小名（細菌は種形容語）がセットとなり種に固有のものとなっている。属名はラテン語の単数主格の名詞で、最初の文字はかならず大文字表記される。種小名はラテン語の名詞や形容詞で、一部例外を除いてすべて小文字表記される。

　属名＋種小名（細菌は種形容語）を記載する場合には、イタリック（斜字体）で記載される。属名は同一文章内で、最初の一回目だけすべて綴られるが、二回目以降は同一の学名はもちろんのこと、種が異なっていても同じ属名ならば、最初の大文字＋ピリオド（例：ヤマブキ *Kerria japonica* は *K. japonica*（バラ科Rosaceae））と短縮して記載される。正式に種名が同定できなくても属が予測できた場合には、属名＋sp.（例：*Oryza* sp.イネ属の一種という意味で、種名は同定できていない）、属名＋spp.（例：*Oryza* spp.イネ属の複数種を確認したが、種名は同定できていない）と記載することができる。この場合にはsp.及びspp.を除く属名のみイタリックで記載する。

　学名は各生物分野別に厳格な命名規約があるが、その読み方については言及されていない。本来ならばラテン語もしくはラテン語化した語を用いているので、ラテン語の発音で読むべきだが、現状では英語圏では英語流、ドイツ語圏ではドイツ語流に、日本ではラテン語流に読まれるのが一般的となっている。

　属名が異なる場合には、同じ種小名を用いることができる（例：ショウガ *Zingiber officinale*（ショウガ科Zingiberaceae）、セイヨウタンポポ *Taraxacum officinale*（キク科 Asteraceae））（*officinale* は薬用という意味）。また植物の場合は、属名と種小名が同一のものを用いることは認められていないが、国際動物命名規約では属名と種小名が同じ反復名（tautonym）が認められている（例：ニシゴリラ *Gorilla gorilla*（ヒト科Hominidae））。

　b．命名手続き：学名が正式に認知されるためには、すでに命名された種とは明らかに別種であるということを証明する手続きが必要となる。新規に学名を命名しようとしている種の固有の特徴、他の近縁種との相違を、永続的に科学的記録として保管できる研究機関（学会、大学等）から発刊された「学術論文」に発表する必要がある。また同時に学名記載のもととなった**タイプ**（type）とよばれる標本を、永久保存可能な研究機関、大学等に同時に保存しておく必要がある。また厳密には学名が示すものは「種」ではなく、このタイプそのものである。

　c．先取権：学名には、同一の種に別々の学名が命名されたとしても、一日でも先に公表されたものが有効になる**先取権**（priority）がある。しかし、現在のように発達した情報伝達技術がなく、直接タイプを閲覧できなかった時代には、同種に異なる学名が命名されてしまった場合もあり、その学名を**シノニム**（synonym）（同物異名）とよんでいる。本来は、一つの種に一つの学名しか許されないので、通常は先取権に従い**正名**（correct name）が決まるはずである。しかし、このような同物異名の問題は、過去の話ではなく現在でも分類学上の見解の違いから多くの生物に、シノニムが存在している。例えば、民間薬として有名なゲンノショウコ（フウロソウ科Geraniaceae）の学名は *Geranium thunbergii* が正名となっているが、以下のシノニムがあり、それぞれの学名から分類学的に異なる見解があることがわかる。

G.nepalense（ネパールの *G.nepalense* と同種）
G.nepalense var. *thunbergii*

（ネパールの *G.nepalense* の変種）
G.nepalense form. *japonica*
（ネパールの *G.nepalense* の品種）

また、その反対に別種なのに同じ学名が命名されてしまったホモニム（homonym）（異物同名）もある。

　d．命名者：通常は、学名は属名＋種小名（細菌は種形容語）の二名法で表記されるが、学術論文などに記載する際には、その命名の経緯や引用情報などを付加する目的で、命名者や年号を学名の後に記載する場合がある。また、その際の規約は生物分野によって異なっている。また、植物の場合、多くの種を命名している著名な命名者は、通常は他の命名者と区別できる程度の短縮形にして最後にピリオドをつけて略記される。植物では命名者の略記法は英国のキュー王立植物園（Kew Royal Botanical Garden）から発行されている Authors of Plant Names（Brummit&Powell, 1992）に詳細に記載されている（例：Linne = L.、Thunberg = Thunb.、Maximowicz = Maxim.、Siebold = Sieb.）。

以下に、各生物の命名者と年号の扱いについて説明する。

動物：学名＋命名者もしくは学名＋命名者＋年号で表記される。この場合、命名者と年号の間にはカンマが打たれる。

　例：アカネズミ（ネズミ科 Muridae）*Apodemus speciosus* Temminck, 1844. 日本固有種だが、オランダの動物学者のコンラート・ヤコブ・テミンク（Coenraad Jacob Temminck、1778-1858）によって1844年に発表されたことを意味する。テミンク Temminck はフィリップ・フランツ・フォン・シーボルト（Phillip Franz von Siebold、1796-1866）の「日本動物誌 Fauna Japonica」（1833-1850）の編集で脊椎動物を担当したので、日本の哺乳類はテミンク Temminck が命名したものが多い。

植物：学名＋命名者のみが規約上推奨されているので、年号を付加することはほとんどない。付加する場合は学名直後の括弧内に記載する。

　例：キク科のカワラヨモギ *Artemisia capillaris* Thunb.（1784）。1775年長崎出島のオランダ商館医師として来日したカール・ツンベルク（Carl Thunberg、1743-1828）は、在日わずか1年間で800種以上の植物標本を採集し、「日本植物誌 Flora Japonica」（1784）を記した。カワラヨモギの学名は本植物誌に初めて記載された。

細菌：命名者と年号の記載が推奨されている。

　例：ビブリオ科（Vibrionaceae）のコレラ菌 *Vibrio cholerae* Pacini 1854。1884年にロベルト・コッホ（Robert Koch、1843-1910）によってコレラの病原菌として発見されたことの方が有名だが、学名は1854年にイタリア人医師のフィリッポ・パチーニ（Filippo Pacini、1812-1883）によって新規記載されている。

一般には命名者は単名の場合が多いが、以下のような理由から複数名となる場合もある。

共同命名：○○と△△によって共同命名された場合には「○○et△△」と表記される。

　例えばSieb. et Zucc.は、シーボルト（Sieb.）とヨーゼフ・ゲアハルト・ツッカリーニ（Joseph Gerhard Zuccarini、1797-1848）（Zucc.）の共同命名を意味する。ツッカリーニはシーボルトが日本で採集した植物の体系的研究を行なったので、日本の植物には両者によって共同命名されたものが多い。

代理命名：○○が最初に命名したが、発表していなかったり、記載を伴わなかったりしたので、△△が代わりに発表した場合には「○○ex△△」と表記する。

例えば、ユキヤナギ *Spiraea thunbergii* Sieb. ex Blume（バラ科）は、ライデン王立自然史博物館に保管されているシーボルト（Sieb.）のタイプをもとに、ライデン王立自然史博物館のカール・ルッドウィン・ブルーム（Carl Ludwig Blume、1796－1862）（Blume）によって公式に発表されたことを意味する。

原命名者：学名の中には発表後に分類学的に誤りが見つかり、新たな学名が命名される場合がある。このように学名が訂正されたものについても原命名者名を残す場合がある。学名の後の括弧内に原命名者を記載し、その直後に新規学名の命名者を記載する。

例えば、シデコブシ（モクレン科 Magnoliaceae）はシーボルト（Sieb.）とツッカリーニ（Zucc.）によって *Buergeria stellata* Sieb. et Zucc.と命名されたが、後にロシアの植物学者カール・ヨハン・マキシモヴィッチ（Carl Johann Maximowicz、1827－1891）（Maxim.）によってMagnolia属に訂正されたので *Magnolia stellata*(Sieb. et Zucc.) Maxim.と記載されている。

南　基泰

2.-3　生物分類単位

種が生物を分類する際の基本単位であるなら、それは同時に「種は不変である」という仮定が必要となる。しかし、この仮定は進化の事実を否定することになってしまう。従って、生物分類は進化の事実を担保とした系統分類を反映している必要があるが、実際には多くの種が人為分類されている場合が多い。以下では、生物分類、種を基準とした上位及び下位の分類群について説明する。

2.-3-1　生物分類

生物の分類については、系統関係などを基盤とした**自然分類**（natural classification）よりも、一般には系統や近縁関係を考慮しない**人為分類**（artificial classification）として種を捉えた方が理解しやすい場合もある。

以下に、植物の分類体系を例に、人為分類から自然分類への変遷を説明する。

植物の分類体系は系統関係を反映しているかといえば、必ずしもそうではない。分類学の父と称されるカール・フォン・リンネの二名法による分類体系は、花の構造（雄蕊、雌蕊の本数）に着目した自然分類を目指したものだった。これは、進化論の登場以前ということもあり、系統関係を反映したものではなかった。その後、アドルフ・エングラー（Adolf Engler、1844－1930）によって**新エングラー体系**（Engler System）が提唱された。この体系の特徴は、単純な構造の花を原始的と仮定し、そのような単純な花の構造の分類群から、より複雑な花の分類群が進化したという考え方である。そのため直感的に分類群を捉えやすいので、現在でも多くの植物図鑑、植物園や博物館のハーバリウム（herbarium）（植物標本を所蔵し、研究する科学機関）で採用されている。その後、アーサー・クロンキスト（Arthur Cronquist、1919－1992）によって、「花被、おしべ、めしべが軸の周りに螺旋状に配列している両性花を持つ、原始的な被子植物から様々な植物が進化した」とする**クロンキスト体系**（Cronquist system）が提唱された。現在でも、新エングラー体系やクロンキスト体系は多くのハーバリウムや図鑑などで採用されているが、次第に**APG植物分類体系**（Angiosperm Phylogeny Group classification）に移行しつつある。APGとは、葉緑体DNA解析から被子植物の分岐を研究している植物学者の団体名である（Angiosperm Phylogeny Group; APG）の略称である。旧来

分類法である新エングラー体系やクロンキスト体系がマクロ形態から演繹的に分類体系を構築したのに対して、APG植物分類体系はゲノム解析から実証的に分類体系を構築しているので、近年では植物分類学において主流になりつつある。

そこで、本書においても分類体系、学名についてはAPG植物分類体系（米倉、2012）に準じた。

アカネズミ（動物）	
界 Kingdom	動物界 Animalia
門 Division	脊索動物門 Chordata
亜門 Subphylum	脊椎動物亜門 Vertebrata
綱 Class	哺乳綱 Mammalia
目 Order	ネズミ目 Rodentia
科 Family	ネズミ科 Muridae
属 Genus	アカネズミ属 *Apodemus*
種 Species	アカネズミ *A. speciosus*

2.-3-2　上位分類（種より上位の分類単位）

種は生物の基本単位であって、似た種が集まってひとつのグループ（属）を構成し、更にそのようなグループ（属）が集まって高次の階級（科）を構成している入れ子方式となっている。このように生物分類には階層（hierarchy）があり、分類学的に関連のある生物のグループを分類群（taxon）とよんでいる。種よりも上位の属（genus）、科（family）、目（order）、綱（class）、門（divisionもしくはphylum）を基本階級とする（表1.2.1）。必要に応じて各階級に亜の字をつけて中間の階級を設ける。また亜科（subfamily）と属の間を細分化した族（動物）と連（植物）（いずれもtribeと英訳される）や、亜属（subgenus）と種の間を細分化した節（section）がある。

表1.2.1. 種より上位の分類単位

アケボノソウ（植物）	
界 Kingdom	植物界 Plantae
門 Division	被子植物門 Magnoliophyta
綱 Class	双子葉植物綱 Magnoliopsida
目 Order	リンドウ目 Gentianales
科 Family	リンドウ科 Gentianaceae
連 Tribe	リンドウ連 Gentianeae
属 Genus	センブリ属 *Swertia*
種 Species	アケボノソウ *S. bimaculata*

※植物学でもPhylumとよぶことが認められているが、Divisionとよぶことの方が多い。また本分類群は米倉（2012）に従った。

2.-3-3　下位分類（種より下位の分類単位）

生物の基本単位は種だが、種よりも下位の、亜種（subspecies）、変種（varietyもしくはvarietas）、品種（formもしくはforma）の細目に分類されている。しかし、これら細目も種と同様に各種の見解があり、その定義は種の定義の場合と同様に研究者、研究分野によって異なっている。一般には各細目は以下のように定義されている。また、動物の場合には亜種より下位の細目は、国際動物命名規約の適用から除かれている。

a．亜種：種として区別するほど大きな形質の差異はなく、他の亜種とは異なる地理的分布や生態的特徴をもつ。

植物では、属名＋種小名＋subsp.（もしくはssp.）＋亜種名と記載する。subsp.（ssp.）はsubspeciesの略記

例：日本に生育するリンドウ *Gentiana scabra* subsp. *buergeri*（リンドウ科）は、中国に生育しているトウリンドウ *G. scabra* に似ているが、茎・葉面がなめらかで、葉縁がゆるく波状となっている。また、分布域が明らかに異なることからリンドウはトウリンドウの亜種とされている。

動物の場合は、subsp.を省略して亜種小名を記載する。また、属名、種小名を頭文字のみに省略することもある。

例：日本固有種のアカネズミ *Apodemus*

speciosus は日本全国に生息しているが、北海道に生息しているものは亜種エゾアカネズミ *A. speciosus ainu*（*A.s.ainu* と略記が可能）とされている。

　b．変種：亜種ほどの大きな形質の差異はなく、他の変種と共通の分布域で、形態的変異を区別する場合が多い。属名＋種小名＋var.＋変種名と記載する。var. は variety もしくは varietas の略記

　　例：レモンエゴマ *Perilla citriodora*（シソ科、Lamiaceae）が、栽培種シソ *P. citriodora* var. *crispa* になったと考えられている。

　c．品種：最も小さい分類単位。同種内にあらわれるごく小さな変異をもった個体群。例えば、花色の相違、毛の有無などで区別する。属名＋種小名＋f.＋品種名と記載する。f. は form もしくは forma の略記

　　例：*Viola selkirkii*（スミレ科 Violaceae）の花が白色のものを品種シロバナミヤマスミレ *V. selkirkii* f. *alba* としている。

2.-3-4　品種の問題

　分類学上の最小単位である form（もしくは forma）も、農学分野で用いられる cultivar も、日本語訳すると品種となる。cultivar も種より下位の分類単位で、人為的に作出された農業生産上有益な形質を保持するものを示す。学名の記載方法は、属名・種小名の後の‘’内に品種名を記載する。例えば、イネ（植物名）のコシヒカリ（品種名）の場合は、*Oryza sativa* 'Koshihikari' と記載する。

2.-3-5　雑種

　ペットとして飼育されているイヌやネコなどで雑種という表現をする。しかし、ペットのイヌやネコなどの雑種（hybrid）は、異なる品種間（農学分野で用いられる cultivar に該当）の交配種を意味している。また、遺伝学では雑種とは同種の異なる系統間の交雑によって誕生した後代を意味している。

　交雑（hybridization もしくは crossing）によって稔性（fertility）のある子が誕生するかどうかを判断基準とする生物学的種概念において、別種と定義されているものから稔性のある雑種は誕生しないはずである。事実、植物には形態的に明確に区別でき、同属内の他種と交雑しない形態種と生物学的種の概念がよくマッチングする Good Species とよばれる分類群がある。しかし、実際には属内の生殖隔離による明確な種分化が起こっていない種も多く、容易に他種と交配し、雑種を形成してしまう種もある。また、ヒトは種間雑種によって多くの作物を作出してきた。多くの生物種が形態種で分類されているため、自然界でも、人為的な操作によっても、種間交雑によって稔性のある雑種が誕生する場合がある。そのため、雑種の学名表記法も以下のように定義されている。

　a．種間雑種：同じ属内の異なる種間で生じた種間雑種（自然雑種と人為的雑種の両方を含む）。属名と種小名の間に、「×」を挿入する。

　　例：ソメイヨシノ　*Cerasus* × *yedoensis*（バラ科）は、オオシマザクラ *C. speciosa* とエドヒガン *C. spachiana* var. *spachiana* f. *ascendens* の交配種である。

　b．属間雑種（intergeneric hybrid）：特に、ラン科（Orchidaceae）には人為的に作出された属間雑種が多くある。「×」の後に、人工属名、グレックス名 grex name（系統名。ラテン語ではない）を記載する。

　　例：× *Potinara Medea*（カトレヤ *Cattleya*、ブラサボラ *Brassavola*、レリア *Laelia*、ソフロニチス *Sophronitis* の4属を交配親とする属間雑種）

Potinara：人工属名（4属が交雑して生じた人工属）、*Medea*：グレックス名

　c．接ぎ木雑種（graft hybrid）：接ぎ木によっ

て生じた雑種。

同属内の異種間の場合には、属名と種小名の間に「+」を挿入する。

例：*Syringa* + *chinensis* コバノシナハシドイ（モクセイ科 Oleaceae）は、同属のペルシャハシドイ（*S. persica*）とムラサキハシドイ（*S. vulgaris*）の接ぎ木雑種。

異なる属間の場合は、「+」の後に、新属名（人工属名）、命名者の順に記載する。

例：+ *Laburnocytisus* C.K.Schneidは、マメ科（Fabaceae）キングサリ属（*Laburnum anagyroides*）（台木）と、マメ科エニシダ属 *Cytisus purpureus*（接ぎ穂）との接ぎ木雑種。*Laburnocytisus* は人工属名、C.K.Schneid は命名者。

南　基泰

3. 生物進化

生物多様性の主因は進化である。進化とは、世代を経て集団中に現れる遺伝的な変化のことである。種や遺伝子の多様性を理解するためには進化を学ぶ必要がある。それは現代の生物学の多くの研究は、進化を念頭に研究が進められているからである。

3.-1 形質

進化の際に重要となるのが、個体が保持する**形質**（character）である。形質とは植物ならば茎数、花色、開花時期など、動物ならば毛色、サイズ、繁殖時期などの形態や生理的な表現型として捉えることのできる性質のことである。この形質には、互いにはっきりと区別のつく**非連続形質**（discontinuous character）あるいは**質的形質**（qualitative character）ともよばれているダイズの丸粒としわ粒、動物の体毛色の相違など計測できない形質がある。一方で連続的に変化が現れる**連続形質**（continuous character）あるいは**量的形質**（quantitative character）ともよばれている草丈、重量、開花時期など長さや重量など計測できる形質がある。同種内において「ある形質」が個体によって異なっていることを**個体変異**（individual variation）とよぶ。個体変異は、生育環境の違いにより、発育過程で現れる遺伝しない**環境変異**（environmental variation）と、染色体や遺伝子の変異によって遺伝する**遺伝的変異**（genetic variation）の2つの変異がある。この場合、進化の際に重要となるのは遺伝的変異である。

生物の形質は、仮に同一の遺伝情報を保持していても、環境の影響で形質の発現が異なってくる場合がある。このような遺伝的変異の伴わない環境に対する反応性で、形質の表現型が環

境の影響だけで変化する性質を**表現型可塑性**（phenotypic plasticity）とよぶ。表現型可塑性には積算温度に影響される開花時期、前年の気温と相関がある花芽数などがこれに該当するが、通常はこのような形質は遺伝しない。しかし、表現型可塑性に遺伝的変異が存在する場合には、それが適応的ならば進化する可能性もある。

3.-2 進化論の遺伝的背景

進化とは世代を経て集団中に現れる遺伝的な変化なので、その進化の原動力である遺伝的変異の背景を最低限理解しておく必要がある。

DNAは、リボース（糖、ribose）、リン酸（phosphoric acid）、そしてアデニン（adenine; A）、グアニン（guanine; G）、シトシン（cytosine; C）、チミン（thymine; T）の4種類の塩基（base）で構成されるヌクレオチド（nucleotide）を基本単位とする二本鎖の高分子である。隣り合う塩基は、リボースを介したホスホジエステル結合（posphodiester bond）でつながれ、二重らせんの主鎖を構成している。また、AとT、GとCは水素結合（hydrogen bond）で対合しており、この相補性がDNAの遺伝機能を保証している。

遺伝子：核内のDNA情報の一部はメッセンジャーRNA（mRNA）として一本鎖RNAに転写される。この**転写**（transcription）された一次転写産物RNAのうちイントロンはスプライシング（splicing）によって切り出され、エクソン（exon）のみが**成熟mRNA**（mature mRNA）として細胞質へ移動する。またDNA情報はA、G、C、Tの4塩基で構成され、3つの塩基配列であるトリプレット（triplet）によってコドン（codon）（コドンを読み取る時にRNAはTの代わりにウラシル（uracil; U）となる）に従ってアミノ酸が指定されていて、**翻訳**（translation）されタンパク質（protein）となる。発現する遺伝子の上流にはその発現を制御するプロモーター（promoter）が存在する。これら一連の遺伝子の発現をセントラルドグマ（central dogma）とよんでいる。

染色体（chromosome）：真核生物（eukaryote）のDNAは、ヒストン（histone）にDNA二本鎖（DNA duplex）が巻き付いたヌクレオソーム（nucleosome）という複合構造をしたクロマチン繊維（chromatin fiber）として核内に分散している（例えば、ヒトの場合は約2mのDNAが直径5〜8μmの核内に納められている）。それが、分裂中期（metaphase）になると集合し、コイル状に凝縮した染色体となる。真核生物は原則的に、種ごとに固有の染色体数を持ち、短腕、長腕そしてセントロメア（centromere）の位置によって異なる形態を保持している。通常、二倍体の場合には父親由来と、母親由来の各1組の染色体を二本ずつ持っている。例えば、ヒトの場合は、22本の染色体と1本の性染色体（sex chromosome）（男：X染色体、女：Y染色体）で構成されている。

ゲノム（genome）：生物が生存上に必要な最低限の染色体のセット。ふつうは片方の配偶子に含まれている染色体が1つのゲノムに相当する。ヒトゲノムは約30億塩基対からなり、6万6000種の遺伝子が点在している。これは染色体全体の約1.5%にすぎず、残りの非コード領域（noncording DNA）の遺伝情報は現在使われていないと考えられている。

3.-3 進化の原動力

進化の原動力となっている遺伝的変異は、染色体や遺伝子など様々なレベルで起こっている。以下に、染色体及び遺伝子のそれぞれのレベルで起こる変異について説明する。

減数分裂（meiosis）：減数分裂によって染色体数が半減し、生殖細胞は**半数体**（haploid）となる。減数分裂による染色体の各生殖細胞へ

の配分の違いが、同世代であっても多様な形質を生じさせることとなる。また、同一染色体上で**完全連鎖**（complete linkage）している遺伝子群では、減数分裂時にも遺伝子の組合せは変わらないまま配偶子に組み込まれる。しかし、減数第一分裂時に**相同染色体**（homologous chromosome）がキアズマ（chiasma）で対合、分離し、染色体の一部で乗換えが起こることがある。その結果、連鎖していた遺伝子に組み換えが起こる。これを**不完全連鎖**（incomplete linkage）とよび、同種内の同じ親から生まれた同世代であるにも関わらず、多様な形質を生じさせることとなり、同種内の遺伝的多様性の原動力となっている。

遺伝変異：DNA複製は基本的には高度な保存性を保持しているが、複製の誤りとして突然変異が少なからぬ確率で生じ、進化の原動力となっている。遺伝変異には、以下に示した染色体数やその構造が変化する染色体変異と、染色体の見かけ上の変化を伴わない遺伝子変異、点突然変異の三種類がある。

a．**染色体変異**（chromosome mutation）：染色体の**倍数化**（polyploidization、通常は2倍体の生物が、4倍体、6倍体となること）、**異数性**（aneuploidy、通常相同染色体として対を成しているが、一部の染色体のみが対を持たずに増減し、本来の染色体数と異なること）、染色体の一部が切れて、他の染色体に移る転座、染色体の一部が欠損・重複する変異がある。

b．**遺伝子変異**（genetic mutation）：生物の全ゲノムのうち、遺伝子としてコードされているのはほんの一部で、脊椎動物では1.5％以下と見積もられている。残りは調節領域あるいは非コード領域である。これらジャンクDNAは進化の過程において遺伝子の重複、欠損、挿入が何度も起こり、機能を失った遺伝子が集積して生じたと考えられている。この領域の大半は機能を有しないことから進化の過程で選択の対象とならないために、突然変異が頻繁に蓄積される。系統進化を研究する上で、重要な領域となっている。

c．**点突然変異**（point mutation）：塩基レベルで起こる1～数塩基が置換、挿入または欠失することをいう。プリン（purin、AとG）、ピリミジン（pyrimidine、TとC）の置換である**転位**（transposition）の方が、プリンとピリミジン間の置換である**転換**（transversion）より起こりやすい（図1.3.1）。例えば、ヒトミトコンドリアの多型変異の95％は転位である。塩基配列の点突然変異をもとに分岐年代を推定する場合には、全突然変異に占める転位と転換の割合が重要になってくる。転換の頻度が高い場合には、比較した塩基配列間で多重置換が起こっている確率が高くなるため、実際の分岐年代よりも過小評価される可能性が高い。また、遺伝子の翻訳領域は、コドンの3文字目が変わっても同一のアミノ酸をコードする**同義置換**（synonymous substitution）と異なるアミノ酸になってしまう**非同義置換**（nonsynonymous substitution）がある。

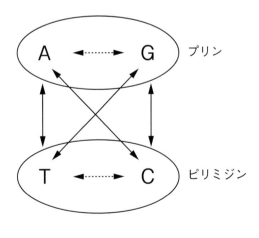

図1.3.1．点突然変異（転移と転換）
（松井と小池、2003を改変）

3.-4 現代進化学の2つの理論支柱

進化学には、一つの種から新しい種が形成されるような、様々な系統群の栄枯盛衰の変遷を地質年代的なマクロな時間スケールで捉える分野と、集団中での遺伝的構成の変化を数世代のミクロな時間スケールで捉えていく分野がある。これら2つの理論支柱は、自然選択説（natural selection）と、分子進化の中立説（neutral theory of molecular evolution）である。

3.-4-1 自然選択

a．自然選択説の誕生：チャールズ・ダーウィン（Charles Darwin、1809-1882）によって発刊された「種の起源」（On the Origin of Species、1859）で、地球上の多種多様な生物は、自然選択のはたらきのもとで、少数の共通祖先から長い年月をかけて進化してきたものだと提唱された。このダーウィンの自然選択説は、ビーグル号による世界一周（1831-1836）の際、ガラパゴス諸島に上陸し発見したかのように誤解されていることが多い。しかし、実際にはダーウィンの進化論は、ビーグル号での世界一周の後に提唱された多くの生物学以外の理論が着想のきっかけとなっている。特にチャールズ・ライエル（Charles Lyell、1797-1875）の地質学原理（Principles of Geology、1830-1833）で広く普及した斉一説（uniformitarianism）は過去も現在も自然作用の法則は同じである。従って、過去に起こった現象は現在の現象で説明できるとし、現在の地質学構造は長い時間をかけてゆっくりとした連続作用によって生まれたと提唱した。この考えが生物学に転用され長い時間をかけ積み重ねられた小さな変化によって生物は変異するという着想に至ったとされている。またトマス・ロバート・マルサス（Thomas Robert Malthus、1766-1834）の人口論（An Essay on the Principle of Population）の中では「人口増加は幾何級数的増加であるのに対して、食糧増加は算術級数的増加でしかないので、当然食糧不足が起こり、生存競争が起こる」と提唱されている。この人口論から、ダーウィンは生物界でも生存競争は起こり、有利な形質を持つものほど生き残ると着想したとされている。また、インドネシアの生物相分布境界線であるウォレス線（Wallace Line）を提唱したことで有名なアルフレッド・ラッセル・ウォレス（Alfred Russel Wallace、1823-1913）は「もしある生物が数多くの変異を持っていたら、環境の変化によってうまく適応できないものは死滅し、最もよく適応できたもののみが生き残る」とダーウィンに手紙を宛てたことがきっかけとなり、共著で自然選択に関する論文（1858）を発表した。その後、ダーウィンによって、これまでの自然選択説に関する集大成として「種の起源」が出版されることとなった。またダーウィンの進化論の優れた点は、ハトの品種改良実験や観察による帰納法に基づいた実証科学的手法によって進化論を現代科学の域にまで高めたことである。

以下が、ダーウィンが提唱した自然選択説の基本ロジックである。

変異：自然界の生物は同種であっても個体差があり、たくさんの遺伝的な変異を保持している。つまり、繁殖集団中の形質には個体間で違いがある。

適応度（fitness）：形質の違いとその適応度（交配能力、受精能力、繁殖力、多産性、生存率）の間に相関が認められ、適応度の差がランダムに生じる差よりも大きくなる場合、より適応度の高い形質を保持する個体が同種間の生存競争に勝ち、生き残れる。

遺伝（heredity）：適応度の高い形質が、次世代に遺伝する場合、形質の頻度が齢別間や世代間で変化するような進化的変化が生じる。

b．**自然選択の事例**：自然選択による進化の過程は、地質学的年代を要することが多いため、進化前後を目撃することができない。しかし、**オオシモフリエダシャクの工業暗化**（industrial melanism）は、自然選択を説明するのにたいへん適した事例といえる。ヨーロッパに生息していたオオシモフリエダシャク*Biston betularia*（シャクガ科 Geometridae）というガ（蛾）の体色が、産業革命後の工業化に伴い暗色の変異が増加した。このガの体色は暗色型（優性）、明色型（劣性）の対立遺伝子によって決定する。産業革命以前は明るい色の樹皮や地衣類が明色型（劣性ホモ）のカモフラージュとなり個体数が多かった。しかし、産業革命による工業化にともない、二酸化硫黄によって地衣類が激減し、ばい煙によって樹皮は暗化すると明色型が目立つようになり、捕食される機会が増えたことにより暗色型の個体が顕著に増加した。この事例は、進化の重要な定義のひとつである「**互いに繁殖可能な集団中の対立遺伝子の頻度の変化**」を自然選択で明瞭に説明できる。

　c．**性淘汰**：自然選択説では、より適応度の高い形質を保持する個体が同種間の生存競争に勝ち、生き残れると説明している。しかし、生物の形質の中には、生存率や繁殖率には一見有利とは思えない配偶成功率を高めるための装飾や求愛ダンスなどがある。このような配偶成功率の違いを通して作用する選択を**性淘汰**（sexual selection）という。性淘汰には**同性内淘汰**（シカの角やカブトムシの角のように、雄の間で闘争が生じ、その勝者が多数の雌を獲得する）と、**異性間淘汰**（クジャクの尾羽のように雌は好みに従って配偶者を選択し、雄が雌に示す配偶者選択に合わせて形質を進化させる）の2つがある。特に、後者の異性間淘汰のように、雄が生存に不利になるような形質（クジャクの尾羽）の進化については、**アモツ・ザハヴィ**（Amotz Zahavi、1928-）が1975年に提唱した**ハンディキャップ理論**（Handicap theory）で説明されている。野生で生活する雄のクジャクにとって尾羽が長いことは、採食、外敵からの逃避などには不利に働く。つまり長い尾羽というハンディキャップを背負っても生き抜いてこられた生存力の強い雄ということになる。雌は尾羽の長さを指標として生存力の強い雄を選択するということになる。雄の生存や繁殖に一見有利とは思えない非適応的な形質もハンディキャップ理論によって説明されている。

　d．**栽培植物の進化**：栽培植物の進化とは、進化の方向や速度をヒトが都合のよいように変更する営みや進化の過程で人為的に干渉した結果起こるもので、一般に**育種**（breeding）とよばれている。農耕とは、生産対象である農作物が保持する人間にとって都合のよい形質（収量、味覚、収穫時期など）を最大限に発現させることである。栽培とは環境変異を誘導することであり、一方育種は遺伝的変異を選抜、固定化する技術である。

　現在、栽培されている主要作物の多くは、同じゲノムを複数もつ**同質倍数体**（autopolyploid）や異なるゲノムを複数もつ**異質倍数体**（allopolyploid）である。このようなゲノムの異同性を判別するゲノム分析（genome analysis）によって、これまで多くの主要作物のゲノム構成やその起源が明らかにされてきた。この先駆けとなったのが、**禹長春**（1898-1959）によって栽培されているアブラナ属*Brassica* 6種（アブラナ科 Brassicaceae）の染色体の倍数性関係を明らかにした「**禹の三角形**」（U、1934）（図1.3.2）である。また、**木原均**（1893-1986）はゲノム分析によってAABBDDゲノムを持つパンコムギ*Triticum aestivum*（イネ科 Poaceae）の野生の祖先種の一つとしてDDゲノムを持つタルホコムギ*Aegilops tauschii*（イネ科）であることを明らかにした（図1.3.3）。

　栽培植物は限られた遺伝子型に由来すること

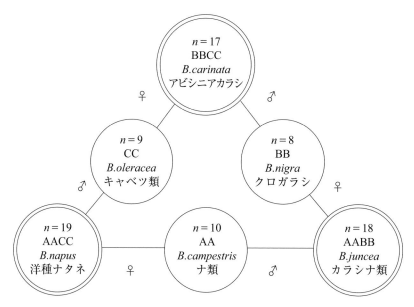

図1.3.2. 禹の三角形（U, 1934を改変）
　栽培されているアブラナ属（*Brassica*）6種の染色体の倍数性関係。nは染色体数、A,B,Cはゲノム。例えば、キャベツ類（*B. oleracea*, CC）が花粉親（♂）、ナ類（*B. campestris*, AA）が種子親となり雑種を形成し、それが倍加して洋種ナタネ（*B. napus*, AACC）が形成された。カラシナ類（*B. juncea*, AABB）、アビシニアカラシ（*B. carinata*, BBCC）についても同様に各雑種が倍加して形成された。

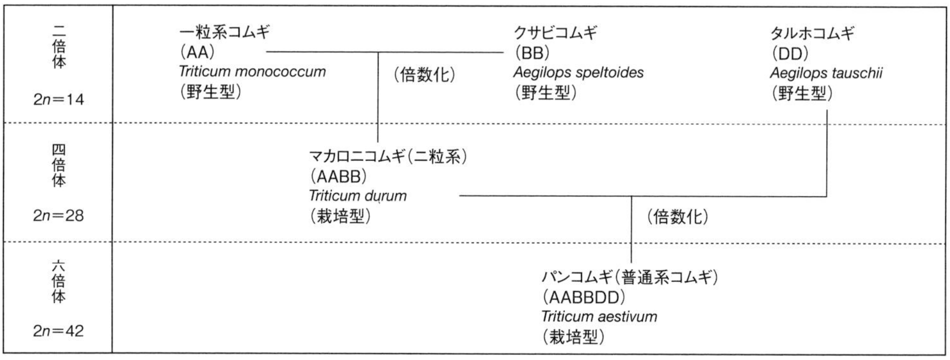

図1.3.3. 栽培コムギの起源と倍数化（松尾、1992）
　ゲノム分析の結果から、栽培コムギの多くは、野生コムギの雑種が倍数化したものをヒトが選抜し育種したものであると考えられている。

が多いため、品種の画一化が問題となる。例えば、19世紀にアイルランドで起こったジャガイモ疫病は、イギリスや他のヨーロッパから導入された収量の多い品種に偏っていた。そのため、遺伝的多様性が低く疫病の原因菌である *Phytophthora infestans* に対しての耐性がなかったため大飢饉を招いた。しかし、ジャガイモ *Solanum tuberpsum*（ナス科Solanaceae）が主要作物である原産地のアンデスでは古くから多数の系統を同時に栽培し、経験的に特定の病原菌の蔓延を防いできた。また、同じような例は弥生時代の稲作でも行なわれ、あえて遺伝的に雑駁な状態でイネを栽培することによって、冷害による大飢饉を防いだと考えられている。また、育種技術の発展と共に品種の画一化による遺伝的脆弱性や、特定の優良品種による在来種の駆

逐などの問題も生じている。

これら栽培植物の進化は、自然選択の代わりにヒトによる人為選択によるものである。

南　基泰

3.-4-2　ダーウィン以前の進化論

現在では、進化論といえば、ダーウィンの自然選択説となっているが、実はダーウィン以前にも進化論は提唱されていた。

ジャン＝バティスト・ラマルク（Jean-Baptiste Lamarck、1744－1829）によって1809年に**動物哲学**（Philosophie Zologique）で提唱された進化論がダーウィン以前のものとしては最も有名である。動物がよく使う器官（用）はより発達し、あまり使われない器官（不用）は退化していくという**用不用説**（use or disuse theory）と、このように用不用によって両親が後天的に獲得した形質も遺伝していくという**獲得形質の遺伝**（inheritance of acquired characteristics）の2つで進化論を説明したものである。しかし、その後獲得形質の分子遺伝学的説明が長くできなかったため、現代進化学の中では、この説を唱えるものは稀である。しかし、生物側に変化の主体性があるため、ドキュメンタリー番組などでのナレーションでは、生物進化の説明が「用不用説」や「獲得形質の遺伝」的な場合が多い。一方では、科学的に否定されてきた獲得形質の遺伝については、最近では**エピジェネティクス**（epigenetics）（「第5章 4.エピジェネティクス」参照）のように遺伝子の後天的修飾が発見されてきていることから、獲得形質が遺伝するという事例が報告されている。

進化論以前は、**創造論**（creationism）が生物を含めた森羅万象の起源を説明するものであった。旧約聖書の創世記によれば、神は地球、暗闇から光を、そして水を乾燥した大地から分離し、生物が生育できる環境を創造した。最初に創造された生物は植物で、次に、動物、最終産物として自分自身の姿をかたどり、人間を創造した。この創世記以来すべての生物は固定していて、なんら変化していないとする創造論は、種は変化してきたという進化論との間で常に論争を巻き起こしてきた。例えば、「アダムのへそ説」では、最初の人類であるアダムにへそがあるということは、母親から誕生してきた証拠であると主張されると、「神は生物を創造する際には過去の記憶も同時に吹き込んだ」と反論した。

3.-4-3　分子進化の中立説

ダーウィンの自然選択説のような古典的な進化論は、遺伝子そのものが発見される以前のものであるため、主に表現型を対象としたものであった。ダーウィンの自然選択説も、実際の遺伝子変異がどの程度存在するのかを考慮した理論ではなかった。

1960年代半ば、分子遺伝学の台頭によって進化・集団遺伝学にもその概念・手法が取り込まれ、以下のような分子進化の現象が明らかとなった。

分子進化の速度一定性：例えば、2つの生物間でのヘモグロビンにおけるアミノ酸置換数と、化石から知られている共通祖先からの分岐時間の間には正の相関（直線関係）が認められる（Zuckerkandl & Pauling, 1965）。つまり、表現型レベルで急激に進化してきた生物群でも、何億年もほとんど形態的に変わっていない生物でも分子レベルでの進化の速度はほとんど同じである。このような分子進化速度の一定性を**分子時計**（molecular clock）とよび、現存する生物の共通祖先からの分岐年代を推測することができる。

機能の重要性に応じた置換速度の差異：機能的に重要なものほど**負の自然選択**（生存に不利な形質を保持する個体は集団中から消滅していく。通常の自然選択の反対の現象）が強く作用

するので、それらに関連する遺伝子の見かけ上の塩基置換速度は遅くなる。

同義置換は非同義置換よりも進化速度が速い：mRNAは、コドンの3文字目が変わっても同一のアミノ酸をコードするものが多くある。同義置換は、たとえ生じてもタンパク質のアミノ酸配列はそのままなので、負の自然選択の対象とはならない。従って、同義置換の進化速度は非同義置換よりも見かけ上は速くなる。

機能を持たないDNA領域の高い進化速度：遺伝子間領域、偽遺伝子、イントロンなど、タンパク質として発現しないDNA領域の塩基置換は起こりやすくなっている。

このように脊椎動物全般が有する機能的に共通している重要なタンパク質であるにも関わらず、高い種間・種内変異があることが発見された。また表現型レベルで急激に進化してきた生物群でも、何億年もほとんど形態的に変わっていない生物でも分子レベルでの進化の速度はほとんど同じである。つまり、種間に認められる遺伝的差異のすべてが種分化に寄与してきたわけではなく、形態的な分化の程度が必ずしも分岐してからの時間に比例しない。つまり、遺伝的分化の程度は各系統の種分化の回数（種数）ではなく、各系統が分岐してからの時間に比例していることになる。このようにダーウィンの自然選択では説明できない分子進化の現象が相次いで発見された。その代表が、木村資生（1924-1994）によって提唱された分子進化の中立説（木村、1986）「分子レベルで起こっている遺伝子変異の多くは、自然選択にかからない（生存に可も不可もない）中立な変異である」である。分子進化は、有利なものは起りにくく、不利なものは負の自然選択によってふるい落とされるので、実際には「中立」もしくは「中立に近い」突然変異が集団内に蓄積される。

3.-4-4 遺伝的浮動

中立説の主因となっているのは、突然変異と遺伝的浮動（genetic drift）である。集団中の遺伝子頻度は選択圧を受けずに偶然に基づいてランダムに変動する。特に遺伝的浮動による遺伝子頻度の変動は、小さな集団において、交配の時に配偶子が無作為抽出される結果として生じる。突然変異、移住、自然選択などがないと確率論的に集団中の頻度は、固定（1）もしくは消失（0）となる（図1.3.4）。消失してしまった遺伝子は子孫に遺伝することはないので、遺伝的多様性の損失となる。この例として、創始者効果（founder effect）やボトルネック効果（bottleneck effect）がある。

a．創始者効果：エルンスト・マイヤー（Ernst Mayr、1904-2005）によって1952年に提唱された「もとの集団から、個体数の少ない集団が隔

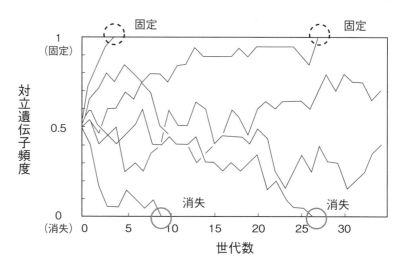

図1.3.4．遺伝的浮動によって生じるランダムウォーク（木村，1986を改変）
対立遺伝子頻度を0.5として出発した遺伝的浮動のシミュレーション。世代の進行と共に、消失（頻度0）か固定（頻度1）のいずれかとなる。

離された時、もとの集団と異なる遺伝子頻度の集団となる」というのが創始者効果である。特に、島に生息する生物を対象とした生物地理学の一分野である島嶼生物学においては、創始者効果が基本となっている。火山活動などで誕生した島に生息する生物の遺伝的多様性は、その後の突然変異、移入、自然選択がなければ、外界から隔離された環境なので最初に移入してきた集団の遺伝子頻度がそのまま引き継がれる。また、遺伝的浮動によって大きな影響を受けるので、集団の個体数が少なければ偶発的な遺伝子消失などが起こるため、見かけ上の遺伝子の進化速度が速まる。

b．ボトルネック効果：集団中の個体数が環境の大きな変化、人為的撹乱などによって激減した際、遺伝的浮動が促進される。その後個体数が回復したとしても、もとの集団よりも遺伝的多様性が極端に低い集団となってしまうので、創始者効果と同じ現象といえる。現在、アフリカに生息するチーターは最終氷河期（約1万年前）にその個体数を激減させた結果、ボトルネック効果が働き遺伝的多様性が低くなったと考えられている。その後個体数を回復させたが遺伝的多様性は非常に低い種であるため、他の哺乳類に比べて生存率が低く、精子の奇形率が高く、病気に感染しやすいため、絶滅が危惧されている。

3.-4-5 解析領域と進化速度

分子進化の中立説を利用した分子系統樹や遺伝的変異の解析領域は、主に細胞質中のオルガネラDNA（organelle DNA）を対象としている。核DNAを解析対象として扱わない理由として、同一の遺伝子座に複数のコピーが存在する可能性が高く解析が煩雑になるためである。また、減数分裂時の組換えによる変異と分子進化の区別がつかないためである。そのため、多くの解析領域はミトコンドリアDNAか葉緑体DNAが用いられている。

a．ミトコンドリアDNA：ミトコンドリアは核DNAとは別に独自のゲノムを持ち、一般的には環状二本鎖のDNAである。高等動物では約16kbpのサイズを持ち、rRNA（2種類）、tRNA（22種類）、タンパク質（13種類）に関する遺伝子で構成されている。主に動物の分子進化の分析領域として用いられるのは以下のような理由からである。

構造の共通性：種間での構造上の共通性が非常に高いため、特定領域のPCR増幅が容易である。特に遺伝子領域の増幅の際には、遺伝子領域の相同性が高いためにユニバーサル・プライマーの設計が容易である。

母系遺伝：裸子植物を除いてほとんどの生物が母系遺伝するため、核DNAのような組換えが起こらない。そのため、DNA多型が両親の組換えに由来しない突然変異を反映しているので、系統解析に適している。ただし、同種内で多くのDNA多型がある場合には、実際の種分化よりも早く見積もられる。

半数体：一般に母系由来のみのゲノム（裸子植物は父系由来）を有し、対立遺伝子を持たないので半数体として扱える。そのため解析領域の遺伝子のヘテロ性を考慮しなくてもよい。

塩基置換特性：同一の遺伝子領域であっても、その二次構造の相違によって、塩基置換率は異なる。例えば、12SrRNAのループ構造は、ステム構造よりも一般に塩基置換率は高くなっている。また、ミトコンドリア内膜に結合し電子伝達系に関与するチトクロームbでも、膜結合部位の方が酵素機能活性部位よりも塩基置換率が高くなる。このように機能的な制約の強さによって、塩基置換率は異なっている（図1.3.5）。種内変異などにはチトクロームb, COI領域が用いられるが、属よりも上位の分類群になると置換の起こりやすい転

位が飽和し、それと同時に転換の値も上昇する（「第1章 3.-3C.点突起変異」参照）。そのため多重置換による復帰配列（塩基置換を繰り返し、最終的にはもとの塩基に復帰してしまう）や、系統間の平行置換（異なる種間で偶然に同じ置換が起こる現象）が起こってくる可能性が高くなるため、正確な系統解析や分岐年代推定には適さない。そのため、科レベルの系統解析には12SrRNAが用いられることが多い（松井と小池、2003）。

b．葉緑体DNA：葉緑体もミトコンドリアと同様に、核DNAとは別に独自のゲノムを持ち、一般的に約120〜180kbpの環状二本鎖DNAである。rRNA（4種類）、tRNA（30-31種類）、タンパク質（約95種類）に関する遺伝子で構成されている。植物界では葉緑体ゲノムの共通性が高いことから、コケ植物と維管束植物が分岐する以前（約3億年前）には、現在のような葉緑体ゲノムの原型が完成していたと考えられている。また、葉緑体の遺伝情報は、高等植物ほど少なくなる傾向がある。ミトコンドリアと同様に種間での構造性の共通性が高く、母系遺伝し（裸子植物は父系遺伝）、半数体である。そのためミトコンドリアDNA同様に葉緑体DNAも片親に由来するので、DNA多型をハプロタイプとよび、植物の分子進化の分析領域として用いられる。

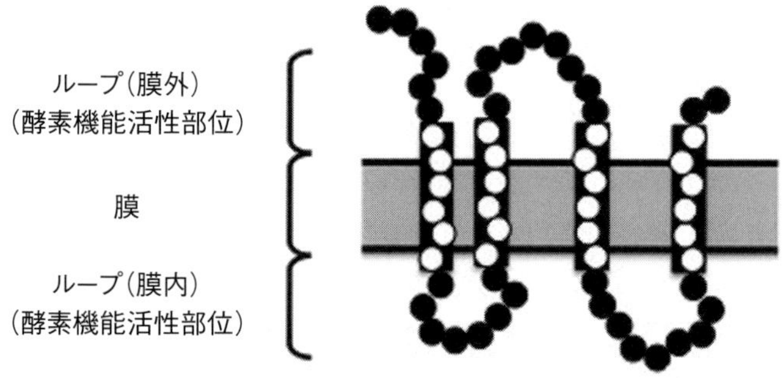

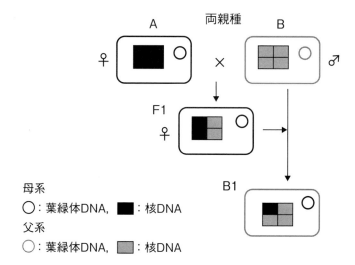

図1.3.5. ミトコンドリアDNAチトクロームb構造の略図
アミノ酸の二次構造は、膜とループの繰り返しからなり、ループ部分は酵素機能活性部位（●）であるため、膜（○）部分よりも塩基置換率が低い。（松井と小池，2003を改変）

図1.3.6. 遺伝子浸透の概念図
種間雑種（F1）の核DNAは両親種（種A：種子親、種B：花粉親）のものを2分の1ずつ保持するが、葉緑体DNAは母系遺伝のみなので、F1は種A（種子親）由来のみを保持する。更に、雑種(F1)が種B（花粉親）と戻し交雑することによって、核DNAの4分の3は種B（花粉親）と同じになる。形態的特徴は核DNAに由来するのでB1は外部形態から種B（花粉親）と同定されるが、葉緑体DNAは種A（種子親）と同一となる。従って、外部形態と葉緑体DNAによる種同定の結果が不一致となる。

3.-4-6　遺伝子浸透の問題

ミトコンドリアDNAも葉緑体DNAも、浸透性交雑（introgressive hybridization）によって片方の種の遺伝子が異なる種にもたらされる遺伝子浸透（introgression）という現象がある。戻し交雑を繰り返すことによって種間でオルガ

ネラDNAが置き代わってしまう現象がある（図1.3.6）。その例として高山帯のハイマツ *Pinus pumila*（マツ科Pinaceae）と亜高山帯のキタゴヨウ *P. parviflora* var. *pentaphylla*（マツ科）の生育地の境界では交雑帯があり両種の雑種が確認されている。雑種は、キタゴヨウから父性遺伝された葉緑体DNAとハイマツから母性遺伝したミトコンドリアDNAを保持している（綿野、2001）。また、これまで明治初期に侵入したセイヨウタンポポやアカミタンポポ *Taraxaxum laevigatum*（キク科）などの帰化タンポポは外総苞片が反り返り、直立する日本産タンポポと識別できるとされてきた。しかし、セイヨウタンポポから葉緑体DNAは日本型、核DNAは帰化タンポポ型の個体が検出されたと報告されている（芝池と森田、2002）。このような遺伝子浸透は、同属内の近縁種間で起こる可能性がある。

南　基泰

4. 生態系

生態系はある程度閉じた系の中に存在する様々な生物（生物的要素）と、それを取り巻く物理・化学的要素（非生物的要素）である非生物的環境を含めたものである。そのため、遺伝子や種の多様性が生物的要素のみを対象とするのに対して、生態系の多様性は構成要素となっている生物的要素と非生物的要素の多様性ということになる。以下では生物的要素について説明を行い、非生物的要素については「第2章 生物を取り巻く環境」で説明する。

4.-1　生態系

生態系内の生物的要素は、ある環境内で一定のまとまりや異なる種間で何らかの相互関係を保っている生物集団といえる。このことから、代表的な生物間の相互関係を以下で説明する。

群集（community）：群集は動物・植物・菌類など様々な種で構成されている。群集内における生物間のまとまりを「第1章 1.-1-2 遺伝子の多様性」で紹介したハルリンドウを例に解説する（図1.4.1）。生物の最小単位は**個体**（individual）とよばれ、ハルリンドウ1株を個体として表記することができる。しかし、生物の中には単独個体で生育可能な機能や構造を備えた生物も存在するが、多くの生物は単独個体で生育することはほとんどない。ハルリンドウの場合においても、単独個体で生育することはなく、同種個体が集まった**個体群**（population）を形成する。複数の同種個体が同じ空間に存在することによって、個体間の交流が密に行われる集団を形成する。このように湿地近隣に個体群を形成して生育するハルリンドウであるが、湿地近隣とひと言でいっても、同じ湿地周辺でその湧水量や日照量は異なる。そのため、生育条件の整った場所に個々の個体群があ

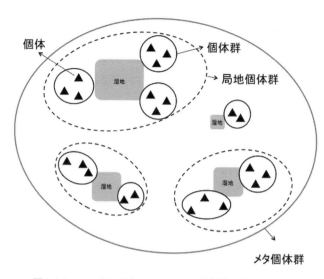

図1.4.1. ハルリンドウにおけるメタ個体群の空間的概念図

る程度の独立性を保って存在するが、特定の局地的な範囲においては個体群間において交流がある。このような個体群間の集まりを局地個体群（locality population）といい、ここでは特定の湿地周辺に形成される個体群の集まりがこれにあたる。そして、敷地に点在する湿地間の距離は離れているが、ハルリンドウは虫媒花で繁殖する植物であるため、その敷地内で全く交流が行われていないとは言い難い。このように局地個体群間で、まったく交流がないわけではない局地個体群の集まりをメタ個体群（metapopulation）という。このように生物は種間の異なりだけではなく、同種であっても個体間の隔離によって、異なったまとまりに分けることができる。しかし、湿地周辺に生息する生物はハルリンドウのみではなく、様々な種が生息している。様々な種のメタ個体群のまとまりが群集であり、群集が生息する環境が似た環境であれば、生物群集の組合せもある程度共通したものになる。

共生（symbiosis）：同じ生息空間を利用する異種間の損得によって、大きく4つに区分できる。互いが単独行動するよりも両者がともに相手の存在によって利益を得ることのできる関係を相利共生（mutualism）、自分にとっては利益になるが相手にとっては利益も損失もない場合を片利共生（commensalism）、自分にとっては利益も損失もないが相手には損失を与える関係を片害共生（amensalism）、そして片方のみが利益を得て、相手に損失を与える関係を寄生（parastism）という。また生物群集内では、同種内または異種間であっても餌資源や行動範囲が同じならば競争（competition）が起こる。

食物網（food web）：生態系内では、生産者（producer）である植物の光合成を起点として、捕食者（predator）であり被食者（prey）でもある第一次消費者（primary consumer、草食者）、それを捕食する第二次消費者（secondary consumer、肉食者）、そして生物の遺骸や排出物の分解者（decomposer、土壌生物、微生物、菌類など）と、何段階もの捕食—被食（predation-prey）間を介したエネルギーの流れがあり、これを食物連鎖（food chain）とよんできた。しかし、近年ではより複雑さを強調するために食物網とよばれるようになってきた。また、それぞれの生物や物質を構成する元素のレベルは、食物網によって生物間を循環し、時には非生物圏である土壌圏や水圏を経由して、再度生物に取込まれる（「第3章 生物環境中の物質循環」参照）。

生態系を評価する際には、地球上のほとんどの生態系は閉ざされた系ではなく、ある程度外部との間に物質や生物の流出入があることを前提としなくてはいけない。一見、湖沼生態系のように閉鎖空間と思われるものですら、閉ざされた独立の空間ではなく、ある程度の物質や生物の流出入がある。しかし、生態系の中には、生態系内に太陽エネルギーが供給されるだけ

で、健全なエネルギーの流れが継続され、生態系内に存在する物質のみの循環ですべての生物群集の生命活動が維持されている状態で完全に閉ざされた生態系がある。その生態系とは、地球（earth）そのものである。

味岡ゆい

4.-2 植生

陸域における生態系の生物的要素の基本構成要素は植物である。ある地域の地表を覆っている植物の集団を植生（vegetation）とよび、そこの植生つまり生育する植物のありようによって森林、草原などのように景観（landscape）が区別できる。そのため生態系の多様性とは、植生の多様性といっても過言ではない。植生の相違がそのまま生態系の相違となることになるので、陸上の生態系を学ぶためには、まず植生を理解する必要がある。

4.-2-1　植生の分類

植生は、人間活動の影響によって、以下のようにグルーピングされている。

　a．自然植生（natural vegetation）：人間活動の影響を受けていない自然のままの植生。以下の2つの植生に区分できる。

　　原（始）植生（original vegetation）：人間活動の影響を受ける以前に成立していた植生。

　　潜在自然植生（potential natural vegetation）：人間の影響を停止した際に成立しうる最も発達した植物群落。

　b．代償植生（substitutional vegetation）もしくは二次植生（secondary vegetation）：人間活動の影響を受けている植生で、今後も人間の影響によって、たえず遷移する可能性がある。地球上に現存生育している現存植生の大部分が、直接間接的に人間活動の影響を受けた代償植生といえる。

4.-2-2　植物群落

植物群落（plant community）（もしくは単に群落とよぶ）は、ある場所において同所的に生育している数種の植物の集団の総体を示す。一般に同じような気候、地形、立地の環境下では類似した植物群落が観察されることが多い。そのため、植生名は優占種（dominant species）（植物群落内で最も数が多いか、被覆面積が最も広い種）、標徴種（characteristic species）（量に関係なく、特別にある植物群落と結びついた種群。一般に立地条件に対しての適応範囲が狭いので、環境指標となる）、識別種あるいは区分種（differential species）（時には他の植物群落にも生育するが、常在度41％以上出現する種群）や広く分布する複数の種名を結合させた結合名や一種の群落名で表される。また、群集は生態系を構成するすべて生物的要素を示している（「第1章 4.-1 生態系」参照）。植物生態学では群集は、標徴種、識別種もしくは区分種により識別された基本的な植生単位として用いられる。

4.-2-3　植生成立要因

地球上の陸域は、砂漠などの極端な乾燥地、氷河で覆われた寒冷地、そしてコンクリートで覆われた都市部を除いて、ほとんどの地域で何らかの植生が成立している。植生の相違は、気候、土壌、地形などに寄与している。植生成立の直接的な要因は気象条件や土壌条件で、地形要因はそれらの条件を生み出す源である。そのため地形要因は植生成立の間接的要因となる。以下に菊池（2001）によって提唱された地形の形態特性が植生成立に及ぼす異なる2つの経路を説明する。

　a．形態規制経路：地形の起伏（山脈、高原など）を形態の相違として捉えると、高度差は気温差を生み、植生の垂直分布を形成する（例：屋久島は亜熱帯気候に属しているが海抜1000

−1900mの山岳地帯があるため、海岸付近の亜熱帯から山岳地帯の亜寒帯まで垂直分布している。そのため洋上アルプスとよばれている）。また起伏によって出来た斜面の方位、傾斜角は、日照量、風あたり、積雪及び残雪量の違いを生み、その結果として雪解け時期の相違や土壌水分の差を生み出す（日本の高山帯は、冬期に日本海側斜面は積雪が多く、太平洋側は少ないので、斜面の方位によって異なる植生が成立する）。

b．撹乱規制経路：地形の起伏は斜面崩壊、土砂の運搬、堆積を生み出す。これは、河川においても同じことで、地形に起伏（高度差）があるために、河川の流れによって、渓谷や河川敷は浸食され、土石が運搬され堆積する。形態規制経路で説明された地形のイベントは、気象、土壌条件など植生成立に間接的に作用するものであるのに対して、撹乱規制経路で説明される地形形成に伴う撹乱は直接的作用要因となる。この撹乱がなければ成立しない植生もある。例えば、河川氾濫原に成立する植生は洪水時の砂礫堆浸食によって一掃され、貧栄養な礫の多い環境となる。その後はカワラハハコ *Anaphalis margaritacea* subsp. *yedoensis*（キク科）などが生える。河川氾濫原の植生は、常に土壌運搬などのマスムーブメント（mass movement）などの撹乱を受けている。

南　基泰

4.-2-4　周伊勢湾地域固有の湿地生態系成立要因の事例

植生成立要因は生育地の環境要因だけでなく、過去の地史的イベントや地理的要因による場合もある。以下では、東海湖の変遷によって周伊勢湾地域固有もしくは準固有種となった東海丘陵要素植物群を事例に、周伊勢湾地域固有の湿地生態系について概説する。

周伊勢湾地域：東海地方の伊勢湾を取り囲む地域を周伊勢湾地域（Circum Ise-Bay area）と称し、中新世後期（約700万年前）から更新世前期（約150万年前）にかけて存在した東海湖という古代湖や流入河川の作用で形成された東海層群とよばれる堆積層が広く分布している。この東海層群の上部は鮮新世（約530万年前）から更新世（約1万年前）にかけて堆積した砂礫層からなり、その代表である**土岐砂礫層**（Tokai sandy gravel bed layer）が分布する東濃地方ではこの地質に起因した小規模で貧栄養な湿地（土岐砂礫層湿地）が1,000以上存在していると推定され、この地域固有の湿地生態系を形成している。

東海丘陵要素植物群：周伊勢湾地域にはこのような湿地環境を中心に**東海丘陵要素植物群**（Tokai hilly land elements）（表1.4.1）（植田、1994）が生育している。東海丘陵要素植物群とは周伊勢湾地域に固有、準固有または隔離分布する植物群であり、東海湖が存在した時代に長期間持続された湿地環境がレフュージアの役割を果たし、形成された植物群とされている。多くの植物が環境省レッドリスト（http://www.biodic.go.jp/rdb/rdb_f.html）の絶滅危惧種に分類されている。

土岐砂礫層湿地：土岐砂礫層湿地は、土岐川の上流域の国道19号線に沿って特に集中して分布している。これは、濃尾傾動運動によって隆起し続けた木曽川が運び続けた礫が堆積したもので、地下数mにわたり存在している（中山、1990）。また、この礫層の下層には粘土やシルトの層が存在しており、粘土層は陶器を作る材料にもなることから陶土層ともよばれる。砂礫層の中に挟み込まれた粘土やシルトからなる難透水層や不透水層によって、地中水は表層の強度の弱い部分から湧水として流れ出し、表層土壌を押し流す。このようにして出来た礫層が露出した小さな湧水湿地を多数確認することができる（図1.4.2）。このような土岐砂礫層湿地は、

表1.4.1. 東海丘陵要素植物群（植田、1994を改変）

科　名	種　名（和名/学名）	環境省レッドリストカテゴリー（2012年）
モクレン	シデコブシ　*Magnolia stella*	NT
バラ	マメナシ　*Pyrus calleryana*	EN
メギ	ヘビノボラズ　*Berberis sieboldii*	―
ブナ	フモトミズナラ（＊モンゴリナラ）　*Quercus serrata* subsp. *mongolicoides*	―
モクセイ	ヒトツバタゴ　*Chionanthus retusus*	VU
ハイノキ	クロミノニシゴリ　*Symplocos paniculata*	―
ツツジ	ナガボナツハゼ　*Vaccinum sieboldii*	CR
カエデ	ハナノキ　*Acer pycnanthum*	VU
モウセンゴケ	ナガバノイシモチソウ　*Drosera indica*	VU
	トウカイコモウセンゴケ　*D. tokaiensis* subsp. *tokaiensis*	―
タヌキモ	ヒメミミカキグサ　*Utricularia minutissima*	EN
ゴマノハグサ	ミカワシオガマ　*Pedicularis respinata* var. *microphylla*	VU
ユリ	ミカワバイケイソウ　*Veratrum stamincum* var. *micranthum*	VU
ホシクサ	シラタマホシクサ　*Eriocaulon nudicuspe*	VU
イネ	ウンヌケ　*Eulalia speciosa*	VU

Critically　Endangered（CR）：絶滅危惧ⅠA類。ごく近い将来における野生での絶滅の危険性が極めて高い種。
Endangered（EN）：絶滅危惧ⅠB類。ⅠA類ほどではないが、近い将来における野生での絶滅の危険性が高い種。
Vulnerable(VU)：絶滅危惧Ⅱ類．絶滅の危険が増大している種。現在の状態をもたらした圧迫要因が引き続き作用する場合、近い将来「絶滅危惧Ⅰ類」のカテゴリーに移行することが確実と考えられる種。
Near Threatened（NT）：準絶滅危惧．存続基盤が脆弱な種。現時点での絶滅危険度は小さいが、生息条件の変化によっては「絶滅危惧」として上位カテゴリーに移行する要素を有する種。
＊モンゴリナラは国内に分布するミズナラから分化したものと考えられているので、近年「フモトミズナラ」という名称が提唱されている。

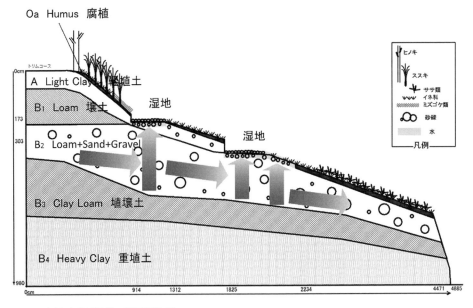

図1.4.2.　土岐砂礫層湿地の断面構造例
　調査地は中部大学研修センター内湿地（岐阜県恵那市武並町竹折）。本斜面には２つの湿地が存在し、モウセンゴケ群落が成立している。

表1.4.2. 土岐砂礫層湧水湿地における土壌の基礎理化学性

地点	深度 (cm)	土性 (USDA)	土色（湿土）[土色名]	土壌 pH (H2O,1:5)	土壌 EC1:5 (μS/cm)	強熱減量 (%)
湿地上部	0-10	L	10YR3/3 [dark brown]	5.12±0.04 a	10.2±0.2	7.8±0.2 a
	10-20	SiL	10YR4/2 [grayish yellow brown]	5.21±0.02 a	6.0±0.7	6.3±0.1 a
湧水地点	0-5	Sand	7.5YR3/2 (0-2cm) [brownish black] 2.5Y5/2 (2-5cm) [dark yellow]	5.27±0.02 b	5.0±0.0	3.1±0.1 b
	5-10	Sand/Loamy Sand	2.5Y6/2 [grayish yellow]	5.35±0.05 b	2.6±0.7	4.0±0.2 b
	10-15	Sand/Loamy Sand	2.5Y6/2 [grayish yellow]	5.29±0.10 b	2.7±0.3	4.1±0.1 b
湿地下部	0-10	LiC	10YR4/3 [dull yellow brown]	5.14±0.08 a	17.6±0.7	9.8±0.2 a
	10-20	LiC	2.5Y4/4 [olive brown]	5.21±0.02 a	8.7±0.9	6.9±0.1 a
	20-30	CL	2.5Y5/3 [yellowish brown]	5.21±0.01 a	5.3±0.3	5.2±0.0 a

湧水地点を通る斜面方向3地点での土壌調査結果。土壌pH、EC、強熱減量の値は3反復の平均値±標準偏差で示した。各測定地点間の異なるアルファベット間に有意差あり（p<0.01, Turkeyの多重比較）。

表層土壌に有機質が堆積せず無機質なため、貧栄養な状態にある（表1.4.2）。土壌のpHは弱酸性（pH5.12～5.35）、**電気伝導度**（Electrical Conductivity; EC 物質の電気伝導のしやすさを表す値で、水溶液の場合には溶液中のイオン濃度に比例する）は2.6～17.6μS/cmと低く、有機物量の指標となる強熱減量も3.1～9.8%と低い。土性は表層が砂であり、深くなるにつれて壌土が多い環境となっていた。同一斜面に発達した土岐砂礫層湿地であっても、植物が生育していない場所では、表層に砂礫層はなく、壌土～シルト質壌土が堆積し、表層～10cmまでは褐色系の土色をした堆積有機質層となっていた（上野ら、2006）。一方で、ECは導電性による溶存イオン濃度の総量を計測しているのであって、ECが低いだけで「貧栄養」とはいえない。そこで、土壌間隙水の水質調査項目としてpHとECに加えて、硝酸イオンと亜硝酸イオンの定量を行い、東海丘陵要素植物の自生地とその周辺に生育する植物の生育特性を明らかにすることとした。その結果、pHは主に酸～中性（pH4.5-7.4）で、トウカイコモウセンゴケ以外の生育地（シラタマホシクサ、ヘビノボラズ、モウセンゴケ、ミカワバイケイソウ生育湿地）のECは0～60μS/cm、NO_3^-は0～9μMとイオン含有量および硝酸イオン含有量が低くなった。一方、トウカイコモウセンゴケの生育地はEC=20～190μS/cm、NO_3^-=0～150μMと高い結果となった。これらのことから、トウカイコモウセンゴケは、生育地の総イオンおよび硝酸イオン含有量が幅広い点で種特異性があり、幅広い栄養塩条件への適応性があるのではないかと考えられた。また、東海丘陵要素植物群にとって酸性貧栄養条件は生育地の限定要因ではなかった（愛知ら、2013）。

以上、東海丘陵要素植物群を主とする周伊勢湾地域固有の湿地生態系は、必ずしも生育環境要因に寄与するものではなく、過去の地史的イベントや地理的要因によるところが大きいと推測された。

上野　薫

4.-3 植生の種類

日本の植生を知るためには、世界の植物区系の中での位置付けを明らかにし、世界の植生との共通性と日本の固有性をより深く理解しておく必要がある。以下では、まず世界の植生について説明する。

4.-3-1 世界の植物相

植物相（フローラ、flora）とは、ある特定の地域に生育する植物全種類を意味する。また別

の意味としては、それら植物全種類を記録した目録や書籍などの植物誌を意味する。ちなみに動物の場合は動物相（動物誌、fauna）が、これに該当する

　世界の植物相は、地史的イベント（地球規模の気候変動や地殻変動）、現在の気候、水陸域の分布状況などを考慮して、地理的区分されたものが植物区系（phytochorion）で、最大区分が植物区系界（Floristic Kingdom）で、ロナルド・グッド（1947）によって以下の6区系界に分類されている。

　ａ．全北植物区系界（Holarctic Kingdom）：北半球の熱帯以外の全域。主に温暖な第三紀の周北極要素（Circumpolar element、北極周辺が温暖な第三紀に北極周辺で起源した植物群）に起源する植物相が中心となっている。

　ｂ．旧熱帯植物区系界（Paleotropical Kingdom）：アフリカ、インド、東南アジア、オセアニアなどの熱帯地域。約40種の固有の科（ウツボカズラ科Nepenthaceae、バショウ科Musaceae、タコノキ科Pandanaceaeなど）によって、新熱帯植物区系界と区別される。

　ｃ．新熱帯植物区系界（Neotropical Kingdom）：中南米、カリブ諸島、フロリダ半島南部、メキシコを含む地域。6区系界の中で最も広域の熱帯雨林を含む。トマト *Solanum lycopersicum*（ナス科）、ジャガイモ、トウモロコシ *Zea mays*（イネ科）などの世界の主要作物の起源地でもある。

　ｄ．オーストラリア植物区系界（Australian Kingdom）：オーストラリア大陸、タスマニア諸島を含めた地域。アカシア属 *Acacia* sp.（マメ科）、ユーカリ属 *Eucalyptus* sp.（フトモモ科 Myrtaceae）などが主な植物。

　ｅ．ケープ植物区系界（Cape Kingdom）：南アフリカ最南端の僅かな地域。エリカ属 *Erica* sp.（ツツジ科）、アロエ属 *Aloe* sp.（アロエ科 Aloaceae）など極めて特異性に富む。

　ｆ．南極植物区系界（Antarctic Kingdom）：南極、チリ南端及びアルゼンチン南端のパタゴニア、ニュージーランドを含む南緯40度付近の地域。約11種の固有の科（*Lactoris fernandeziana* 一属一種のラクトリス科 Lactoridaceae、*Gomortega keule* 一属一種のゴモルテガ科 Gomortegaceaeなど）があり、種数は約170種と極めて少ない。

4.-3-2　生活形

　地域の植物を区分する際には、地史的イベント（地球規模の気候変動や地殻変動）、現在の気候、水陸域の分布状況、種構成の相違などがある。しかし、植物種に関係なく、生育環境に密接に関係のある形態や生活様式を反映した概形による類型である生活形（life form）（表

表1.4.3.　ラウンケルの生活形
冬期もしくは乾期の休眠芽の位置によって植物の生活形を分類。

生活形	地上植物	地表植物	半地中植物	地中植物	一年生植物	水生植物
休眠芽の位置	地上30cm以上	地上30cm未満	根が地中、葉は地表	地中	休眠芽はなく種子で繁殖	水中
気候	温暖な地域		寒冷・乾燥する地域	凍結地域	乾燥地域	ー
例	樹木	シロツメクサ ハイマツ	ススキ、タンポポ類	ユリなどの球根植物	ヒマワリ エンドウ	ヒシ、ガマ
特徴	低温、乾燥には弱いが、生育適期の競争には強い。	低温、乾燥に強い。貯蔵養分が多いので、初期成長は速い。			乾燥に強い。種子多産なので分散力が大きい。	ー

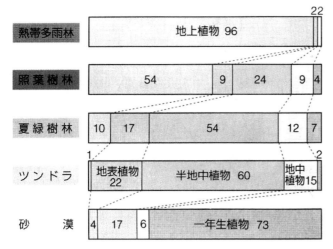

図1.4.3. 生活形スペクトル
各植物群系に生育する植物をラウンケルの生活形で分類した場合の割合（%）。その植物群系の環境要因を反映している。

1.4.3)によって区分されることもある。デンマークの植物生態学者クリスチャン・ラウンケル（Christen Raunkiaer、1860-1938）は、休眠芽とその地表からの位置の相違が、低温や乾燥などの生育不適な条件下で生存するための適応であることに着目し、植物の生活形を分類した。また、特定の気候帯には植物の適応を反映した特定の生活形の割合が存在するという**生活形スペクトル**(life-form spectrum)（図1.4.3）がある。

4.-3-3　日本の植物相

日本の植物相区分：日本の植物相は、全北植物区系界のシノ─日本区系区（日華区系区、Sino-Japan）の最東部に属する。この区系は、更に朝鮮半島、中国の東北部から華北部、中部の四川省、雲南省、横断山脈へと広がり、インドシナ半島の北部高地（ミャンマー）、ブータン、ネパール、インド北部（ヒマラヤ山脈）へと続き、最西部はアフガニスタン南東部高地へと細長く伸びている（宮脇、1977）。日本の植生のすべてがこの区系に含まれているわけではなく、北端部は南千島と中部千島の**宮部線**、サハリンのシュミット線で、これより北はヨーロッパ・シベリア区系となる。また南端部は屋久島と奄美大島の間の**渡瀬線**で、これより南方では東南アジア区系となる。シノ─日本区系区の特徴は、夏は比較的暑く雨が多いが、冬は雨が少ない温暖多湿な気候である。植物種は極めて豊富で、ヒマラヤ・中国・日本を含めて約2万5,000～3万種と推定されている。

このように植物種が豊富な要因は以下のように考えられている（宮脇、1977）。

①過去数回の氷河期に、北米やヨーロッパのように寒冷とならず、氷河も発達しなかったため、第三紀（約6,000万年前）に起源した温帯性の落葉広葉樹を主とした植生がよく保存された。

②西端のヒマラヤを除いて、高い山脈がなかったので、気候変動の際にも南北への移動が容易であった。

③最終氷河期以降のモンスーンの発達によって、比較的温暖になり、雨が多いので、植生がよく発達できた。

日本の古第三紀要素：このように多様性な日本の植物種については、古くから注目されていた。マッシュ・ペリー提督がアメリカ合衆国海軍東インド艦隊（通称：黒船）を率いて、1853年に浦賀沖に来航した「黒船来航」は、幕末から明治維新に至る重要な事件として知られている。黒船来航の目的は、日米修好条約締結、東アジア地域への航路開拓、アメリカ捕鯨団の基地確保であったが、実は日本での植物採集も、目的の一つであったことはほとんど知られていない。黒船艦隊は2度にわたり日本各地で植物採集をしている。第一回目の1853年は、上陸した浦賀を起点に、横浜、伊豆下田、函館の4地点で植物を採集した。そして、第二

回目は 1854 − 1855 年にかけて、沖縄、尖閣諸島、小笠原、函館、カムチャッカ半島までの広範囲に渡って植物が採集された。こうして採集された植物標本のすべてがハーバード大学のエイサ・グレイ（Asa Gray、1810 − 1888）によって、種同定、研究された。グレイは、北米と日本の植物相に顕著な類似性があることを、ツンベルクやシーボルトの日本植物誌を始めとする文献や古い標本によって承知していたので、できるだけ多くの日本の植物収集を黒船に依頼していた。こうしてグレイは北米の温帯と日本を中心とする極東アジア地域の植物の隔離分布を対応させた植物分類地理学的研究を行なった。この植物群の中には、チョウセンニンジン属 Panax sp.（ウコギ科）、ミズバショウ属 Lysichiton sp.（サトイモ科 Araceae）、ブナ属 Fagus sp.（ブナ科）がある。これら一群の植物は古第三紀要素（Paleogene element）とよばれ、特に北極を取り囲むように分布していたものを周北極要素と称し、日本をはじめ世界の高山植物の起源となったものが多い。古第三紀要素は、第三紀にベーリング海の北辺地域で分化したと考えられている。当時は、ロシアのチュクチ半島と北米アラスカ西部が陸続きになっていて、温暖な気候であったため温帯林の植生の構成要素であったと考えられている。その後の第四紀の氷河紀に気候が寒冷になり、数回の大きな氷蝕（ギャンツ Günz、ミンデル Mindel、リス Riß 及びヴュルム Würm など）によって南北の移動を何回も繰り返しながら、東アジアと北米に分かれて不連続的に分布したと考えられている。（小山、1996）

日本の自然植生：現在は、日本の自然植生を含め世界の先進国、さらに開発途上国であっても、厳密な意味での原植生は存在しないといっても過言ではない。しかし、宮脇（1977、1990）によって、比較的自然に近い群落組成（種の組合せ）を、日本の自然植生として大きく以下の４つのクラス（上位群）に分類されている。

a．常緑広葉樹林（照葉樹林）、ヤブツバキクラス林：北海道、東北の山地を除く関東以西の海抜 700-800m 以下。東北の海岸線沿いでは太平洋側は岩手県釜石の北付近、日本海側では秋田県本荘市付近が、冬でも緑が保たれている常緑広葉樹林が成立している。特に、日本の常緑広葉樹林は一般にはカシ類と総称されるブナ科 Fagaceae の照葉樹であるスダジイ Castanopsis sieboldii subsp. sieboldii、ツブラジイ C. cuspidata、アラカシ Quercus glauca var. glauca、シラカシ Q. myrsinifolia、ウラジロガシ Q. salicina を主として構成されている。ヤブツバキクラス林として、クズ Pueraria lobata subsp. lobata（マメ科）、テイカカズラ Trachelospermum asiaticum var. asiaticum（キョウチクトウ科 Apocynaceae）、アオキ Aucuba japonica var. japonica（アオキ科 Aucubaceae）、シュンラン Cymbidium goeringii var. goeringii（ラン科）、ヒサカキ Eurya japonica var. japonica（サカキ科 Pentaphylaceae）などが標徴種として、栽培種ではチャノキ Camellia sinensis（ツバキ科 Theaceae）がその代表となっている。日本国内の人口や産業のほとんどは、照葉樹林帯に集中しているため、人為的撹乱を受けることが多く、そのため代償植生であることが多い。最も典型的な樹林は、長く薪炭林として粗放的な人間活動によって維持されてきた里山林である。関東ではクヌギ−コナラ群集、関西などの花崗岩からなる山地ではコバノミツバツツジ−アカマツ群集、集落近くはアベマキ—コナラ群集であることが多い。また、特殊な例としては、採草、火入れによって遷移がコントロールされてきた阿蘇のようなススキ草原がある。

b．夏緑広葉樹林（落葉広葉樹林）、ブナクラス林：中部地域では海抜 600 − 700m から 1,500 − 1,600m の間の山地帯。北に行くほど低くなり、東北北部から北海道では海岸線か

ら山地帯までを覆う。反対に九州の霧島では1,000－1,700m付近まで高度が上がる。落葉高木であるブナ Fagus crenata（ブナ科）、ミズナラ Quercus crispula var. crispula（ブナ科）、シナノキ Tilia japonica var. japonica（アオイ科 Malvaceae）、ナナカマド Sorbus commixta var. commixta（バラ科）などが標徴種となっている。また、東アジアと北米大陸に隔離分布する植物群が多く、これらを古第三紀要素とよぶ。世界的にはヨーロッパ、北米の主要都市や産業地は夏緑広葉樹林に位置している。それに対して、日本は前記したように照葉樹林に発達してきた。そのため、ヨーロッパ、北米に比べると、日本国内の夏緑広葉樹林は、より自然に近い状態で維持されてきた。しかし、夏緑広葉樹林も焼畑農業、植林、薪炭林としての火入れ、伐採。また、カラマツ Larix kaempferi（マツ科）、スギ Cryptomeria japonica var. japonica（ヒノキ科 Cupressaceae）、ヒノキ Chamaecyparis obtusa var. obtusa（ヒノキ科）などの植林、観光開発などによって、クリ―コナラ群集、クリ―ミズナラ群集およびレンゲツツジ―シラカンバ群集などの代償植生に変えられた。

c．亜高山性植生（亜高山性針葉樹林）、コケモモ-トウヒクラス植生：日本の中部地方で海抜1,600－2,600mまで。北上するに従って低くなり、最終的に北海道の利尻島で海抜200－300mとなる。日本の亜高山性針葉樹林は、シラビソ Abies veitchii var. veitchii（マツ科）、オオシラビソ A. mariesii（マツ科）、トウヒ Picea jezoensis var. hondoensis（マツ科）などの常緑高木、ゴゼンタチバナ Cornus canadensis（ミズキ科 Cornaceae）、イワカガミ Schizocodon soldanelloides var. soldanelloides（イワウメ科 Diapensiaceae）、マイヅルソウ Maianthemum dilatatum（キジカクシ科 Asparagaceae）などの多年生草本を標徴種としている。また、富士山、浅間山などの新しい火山を除く中部地域では、シラビソ、オオシラビソの常緑針葉樹林、ダケカンバ Betula ermanii var. ermanii（カバノキ科 Betulaceae）、ミヤマハンノキ Alnus viridis subsp. maximowiczii var. maximowiczii（カバノキ科）などの夏緑広葉低木林に接して、森林限界からハイマツ Pinus pumila（マツ科）がカーペット状あるいは島状に優占し、林床にはコケモモ Vaccinium vitis-idaea（ツツジ科）、キバナシャクナゲ Rhododendron aureum（ツツジ科）、ゴゼンタチバナなどが高い常在度で出現している。

d．高山植生：高山植生の生育域は、面積的に非常に限られている。更に、気候条件、地形、超塩基性土壌などに対応して、極めて多彩な植物群落が発達している。高山植物の群落は、生育地の立地条件に対応して、種組成的には前記の亜高山帯にも属することのできる高山風衝低木群落のコケモモ―ハイマツ群集の周辺に縞状あるいは斑紋状に生育している。日本の高山植物は、北極及び亜北極植物区系、ヨーロッパ・シベリア植物区系に由来する北方系が主流であるが、温帯である中国、ヒマラヤなどの東アジア植物区系のものも起源としている。特に、周北極要素といわれる更新世（約258万年前から約1万年前）に南下し、高山帯に隔離分布したものが多い。そのため北半球のヨーロッパアルプス、チベット高原、北アメリカ大陸と共通した種群や対応群落が多い。

4.-4　里山の定義と重要性

日本の自然植生について説明してきたが、地球上の現存植生のほとんどが直接もしくは間接的に人間活動の影響を受けた代償植生といっても過言ではない。世界的にも類のない速度で工業化してきた日本においては、国土のほとんどが代償植生といえる。特に日本の場合は、代償植生の同義語として里山（SATOYAMA）を用いてもよいくらいである。また、里山は世

界に類のない特異的な生態系であり、日本固有種の生育地となっていることから、現在はSATOYAMAとして世界共通語になっている。つまり、里山とは、日本の国土の大半を占める代償植生のことであると同時に、日本固有の生態系ともいえる。そこで、以下では里山の成立、その価値と今日的問題点について説明する。

4.-4-1 里山の成立

温暖で湿潤な気候を持つ日本列島（北海道、沖縄などや一部の高山帯を除いて）の森林は、本来は照葉樹林（evergreen forest）あるいは常緑広葉樹林（evergreen broad-leaved forest）となるはずである。しかし、現在我々が目にする国内の森林の多くは落葉広葉樹林（deciduous broad-leaved forest、ブナ科のクリ Castana crenata、コナラ Quercus serrata var. serrata、クヌギ Q. autissima など）である。この原因は縄文中後期の焼畑耕作に端を発すると考えられている。

今から七万年前に始まり一万年前に終了した最終氷期（Last Glacial Stage）以降の温暖化にともない、日本列島を亜寒帯針葉樹林（subarctic coniferous forest）、温帯落葉広葉樹林（temperate deciduous broad-leaved forest）、最後に照葉樹林（常緑広葉樹林）が北上したと考えられている。本来ならば、ここで日本列島は照葉樹林帯で覆い尽くされるはずであった。しかし、縄文中後期（5,500－3,300年前）の焼畑耕作の開始に伴い、繰り返し森林が焼き払われたことによって、極相林（climax forest）である照葉樹林に遷移するはずが、落葉広葉樹林として維持されたと推測されている。更に焼畑耕作に続く、稲作農業の開始による定住化に伴い、田畑が常畑化することによって落葉広葉樹林から採取された草本木由来の肥料である刈敷の投入が必要となってきた。この肥料供給のために、森林遷移が落葉広葉樹林で停滞するように、人為的な管理が始まった。つまり住居（ムラ）近隣の田畑（ノラ）へ、周囲の森林（ヤマ）から採取した草本木由来の肥料を供給していく農業体系が確立したことによって、ムラ―ノラ―ヤマの三層構造ができあがった。この三層構造を維持していくためには、照葉樹林ではなく、草本木が採取できる温帯落葉広葉樹林でなくてはならなかった。そのため国内のヤマの大半は、遷移を人為的に停滞させ、落葉広葉樹林として維持管理されてきた。この農業景観の中でヤマとされてきた領域が、里山林とよばれている場所と考えてよい。つまり里山林は農業景観としての里山の一部であり、里山とは里山林、水田、草地、ため池、用水路などがセットとなったモザイク状の農業景観である（丸山、2007）。

4.-4-2 里山林の再評価

本来ならば照葉樹林に遷移するはずの日本の森林の多くが、人間の働きかけによって落葉広葉樹林として維持されてきた。その結果、最終氷期以降（1万年前）は照葉樹林に遷移するため、衰退するはずの落葉広葉樹林帯の生物相は遺存種として保存された。それらが日本的な生物相として、日本文化の根底をなし、心象風景として捉えられてきた。つまり日本的とよばれる生物相は、落葉広葉樹林帯の生物相であり、それは最終氷期以降の縄文中後期から今日の化石燃料に依存した生活スタイルに変わるまでの間に、日本人が意識的、無意識的に自然に働きかけて創ってきた日本独自の生態系ということになる。しかし、このような里山林の生態学的な価値については、長く認知されることはなかった。つまり肥料供給源、薪炭林として、人為的に落葉広葉樹林で遷移が停滞するようにコントロールされ維持されてきた生態系である里山林は人為的であるという理由から、自然植生と比較して希少性が乏しいと誤認され

てきた。また、1950年代以降の高度経済成長期には農村からの人工流出による田畑放棄や荒廃、減反政策、ゴルフ場、住宅地、工場用地として開発され消失してきた。また、生活様式や農業形態の変化により肥料供給源、薪炭林としての価値がなくなった里山林は放置され、照葉樹林への遷移進行や放置林化などに伴い、里山林の公的機能や生態系サービス機能が劣化した。このような里山林が抱える問題は、一部の専門家を除き認知されることなく、長く放置されてきた。2005年に愛知県で開催された愛・地球博会場予定地となった「海上の森」においても当初その生態的価値が認識されていなかった。しかし、オオタカ Accipiter gentilis（タカ科 Accipitridae）の営巣、周伊勢湾地域固有もしくは準固有種の東海丘陵要素植物や**絶滅危惧種**（endangered species）の生育地であることが認知されたことによって、開発の賛否が産学官民を巻き込み議論された。これを契機に、それまで無価値と思われてきた里山林の二次的自然環境の普遍性と地域固有性が広く認識されるようになった。その結果、現在では多様な主体によって、里山林が保持する生物多様性を担保とした生態系サービスを維持し、将来に渡って利用しようとする活動が全国的に行なわれるようになった。しかし、実際には里山林保全のためのモニタリング項目の選定が困難であり、整備法の確立や保全シナリオの設定ができないといった多くの問題を抱えている。

4.-4-3　二つの里山林

　里山という語は、江戸時代にはすでに用いられてきた用語で、1759年（宝暦9年）、木曾材木奉行補佐格の寺町兵右衛門が筆記した『木曾山雑話』に、「村里家居近き山をさして里山と申し候」と記されている（丸山、2007）。このことから、里山とは奥地と対比した「村里家居近き山」という、単なる地理的な位置によって定義された平凡な意味と解釈してもよい。つまり、里山林が里山の一部であるのなら、「村里家居近き森林」と考えてよいことになる（丸山、2007）。現在の残存する里山林を、立地している周囲の社会システムと結びつけ定義づけると、中山間域に残存する「ムラ―ノラ―ヤマの三層構造」が維持された地域に残る**中山間型里山林**（Hilly-Mountainous Area SATOYAMA Forest）と、「ムラ―ノラ―ヤマの三層構造」が宅地造成や工業団地等に改変されてしまった結果、パッチ状に孤立したかつての里山林である**市街地型里山林**（Urban SATOYAMA Forest）の二種類の里山林があるといえる（写真1.4.1）。両里山林は、立地条件だけでなく、周囲を取り巻く社会システムも異なっている。特に市街地型里山林は、もはや農業景観の一部とはいえず、里山の構成要因としての里山林の定義には当てはまらなくなっている。しかし、里山が地理的な位置によって定義された「村里家居近き山」であるならば、市街地内の孤立した里山林も、まさに今日的な「村里家居近き森林」となることから、広義での里山林である。

　このように里山林の概念を農業景観の構成要因という狭義的な捉え方ではなく、「村里家居近き森林」という広義的に捉え直し、それぞれの解決すべき問題点、その解決法、そして利用法を考えていく必要がある。例えば中山間型里山林が抱える問題は、後継者不足や高齢化による限界集落問題、産業廃棄物の不法投棄、獣害最前線などである。一方、市街地型里山林は未利用、エコロジカルネットワークの分断による孤立、犯罪現場、外来種生息地などで、両者の抱えている問題は異なっている。しかし、現状の里山林研究は、中山間型里山林と市街地型里山林を区別することなく一括的に里山林として捉えられている傾向が多い。特に、中山間型里山林やそこの生物相の保全と称して、化石燃料使用以前の伝統的な農業技術を復興させよう

写真1.4.1. 中山間型里山林（左写真：京都府美山町かやぶきの里北村重要伝統的建造物群保存地区、2003年11月15日撮影）と市街地型里山林（右写真：中部大学キャンパス愛知県春日井市松本町、2011年8月27日撮影）

という運動には違和感を感じる。また一般市民による伝統的な農林業復興を基盤とした里山林保全が勃興しているが、いずれも都会に住む知識人であるよそ者が思い描く日本の原風景やノスタルジーを疑似体験するものが多いように思える。伝統的な農林業復興をスローガンとした中山間型里山林を舞台にしたイベントが終われば、それまでの活動はすべて夢の跡となるだけで、中山間型里山林が抱える根本的な問題解決にはならない。当然、中山間型里山林を収入の糧とする者とよそ者との間には、その思いに温度差が生じてしまう。アカデミズムにおいても文理融合の学際的アプローチを理想とした結果、科学的結論の着地点のわからない状況となり、里山林の管理、保存というと楽観的に農業復興と結びつけ、学問領域を逸脱したノスタルジックな方向へと流されてしまう傾向が多い。このような誤解や錯誤を避けるためには、極論的に常に二項対立的に中山間型里山林と市街地型里山林を捉える方法に改める必要がある。

4.-4-4 日本人と森の歴史

日本は世界屈指の森林大国である。自然との共生を基本とする日本人の自然感、宗教観が、先進国でありながら森林大国として、今日まで森と共生する文明を育んできたと多くの日本人が誤解している。つまり過去には日本人も他の民族と同じように森林を破壊してしまったので、その後必要に迫られて森林の回復に立ち向かった歴史がある。有史以来、日本国内の深刻な森林消失期は三度あった（コンラッド、1998）。

a．古代略奪期（600〜850年）：7世紀にアジア大陸からの大規模建築技術の導入と共に、畿内盆地での遷都に伴う宮殿、神社仏閣の建立など途方もない建築ブーム。特に、律令国家体制に向かう中、奈良、京都近郊の山林では生態的収奪による過剰な木材伐採が起こった。ただし、深刻な森林消失はおおむね畿内盆地に限られていて、後の略奪に比べると最も軽度であった。

b．近世の木材枯渇（1570〜1670年）：日本中の人的資源と天然資源を総動員するだけの権力を持った豊臣秀吉による乱世の平定後に起こった記念建築物の建築。その後の徳川家康による江戸幕府の創設による大規模建設事業の開始。各地の大名による城郭、邸宅、社寺、城下町の建設に伴う大規模伐採。約100年の間に、列島のほとんどの高木林が伐採された。

c．20世紀の略奪（太平洋戦争とその後の復興期）：官民挙げての植林によって国内の森林荒廃を阻止したが、究極的な関心は全生態系

ではなく、あくまで人間中心の小生態学であった。特に、太平洋戦時下での軍事用材調達のための強制伐採やその後の復興期の混乱の中での燃料不足による森林の過剰伐採が行なわれた。

4.-4-5 三大ハゲ山

　中部大学がある愛知県は、岡山県、滋賀県と共に、かつては三大ハゲ山県の一つに数えられた。特に近世以降二度のはげ山の歴史を経験している。一度目は江戸時代から明治時代に農業生産拡大を目的として森林から繰り返し薪や枝葉・下草が過剰に採取された。また瀬戸地方では、19世紀初頭にそれまでの陶器に比べてはるかに焼成温度を高くする必要のある磁器生産が始まった。そのための燃料に、樹脂が多く、長い焔を出すアカマツ $Pinus\ densiflora$（マツ科）の割木が必要となった。その結果、松材の供給地が次第に拡大してしまい、それに伴う過剰な森林伐採によってはげ山の分布も拡大した（愛知県尾張事務所林務課、2000）。二度目は第二次世界大戦中の航空機用材、造艦船用材、鉄鋼資材の代替用としての強制伐採、さらに戦後復興期には建築資材、燃料用として過剰伐採され、はげ山となった。はげ山とは、文字通り根まで収奪され表土が露出した状態にあることで、樹木の萌芽更新が期待できる「丸刈り」とは異なる状態であった。こうした状況に対し、明治後期から愛知県では「ホフマン工事」に代表されるように、本格的な治山事業、植林事業が実施された。従って、現在我々が目にすることのできる尾張地域の森林の多くは、明治以降のはげ山復旧工事によって回復した森林ということになる（愛知県尾張事務所林務課、2000）。

　このように先人の努力によって回復された森や緑を県民共有の財産として将来にわたって守り育てていくためのあいち森と緑づくり環境活動学習推進事業を行うための「あいち森と緑づくり税」が、平成21年4月から導入された。それに先立ち、平成20年から「あいち森と緑づくりモデル事業」が、中部大学キャンパス（愛知県春日井市松本町）で実施されることとなった。

　　　　　　　　　　　　　　　　南　基泰

4.-4-6 あいち森と緑づくり環境活動学習推進事業

　里山は日本固有の景観であると同時に、日本固有の生物が息づく場でもある。その里山の自然は長く日本人の生活の場そのものであった。しかし、近代化とともに、人々が第一次産業を離れたことから里山の荒廃と共に、里山自然の保護ではなく、その保全の必要性が高まった。一般に保全と保護は類義語のように扱われることが多い。しかし、保全とは、対象となる事物の安全を保つことであり、資源として利用することを目的に積極的に人手を加えることである。一方、保護とは、対象とする事物に危険・破壊・困難などが及ばないように、かばい守ることである。里山の維持には、自然を保護するのみでなく、人が林の下草を刈る、水田を作るなど、自然から恩恵を受けることで遷移の進行を食い止め、自然の回復力とのバランスがとれていることが重要である。したがって、里山生態系の維持には保護ではなく、保全でなくてはいけない。

　平成20年6月に生物多様性基本法が施行され、平成22年3月には同法に基づき「生物多様性国家戦略2010」が策定された。この生物多様性基本法では、都道府県や市町村は区域内における生物多様性の保全と持続可能な利用に関する基本計画（生物多様性地域戦略）を定めるよう努めなければならないと規定した。愛知県は、農林水産業の振興と多面的機能の維持・向上をはかるため「地域の特性を生かした農林水産業の推進」や「林業の振興と森林整備」を進めて、一次産業を活性化することで里山の維持回復に積極的に取り組んでいる。その中で、「あいち

森と緑づくり税」を活用したあいち森と緑づくり環境活動学習推進事業として、人工林の間伐や里山林整備の実施、都市緑化、環境教育の推進に向け、県民・企業・行政が協力して里山を保全する生態系ネットワーク形成モデル事業を推進している。また、岐阜県においても県民が生物多様性保全について共通の認識を持ち、不断の配慮を行い、活動に取り組むことが必要であると考え、「森川海のつながりを守る」、「いのちを活かし、暮らしにつなぐ」、「ともに考え続ける」の3つの視点から目標と施策を掲げている。行政による河川改修や公共事業における開発時の配慮はもとより、住民協働による水質悪化防止のための草刈やゴミ採集に取り組み、エコ・ツーリズム、グリーン・ツーリズムにより自然の営みを体感する機会を設けるなど、県民の意識向上に力を注いでいる。

愛知真木子

5．生物多様性評価

　地球の歴史を振り返ると現在までに生物の大量絶滅は、4億4,000万年前の古生代（Paleozoic era）オルドビス紀（Ordovician period）とシルル紀（Silurian period）の境、3億7,500万年前の古生代デボン紀（Devonian period）後期、2億5,000万年前の古生代ペルム紀（Permian period）と中生代（Mesozoic era）三畳紀（Triassic period）の境、2億年前の中生代三畳紀～ジュラ紀（Jurassic period）、6,500万年前の中生代白亜紀（Cretaceous period）と新生代（Cenozoic era）古第三紀（Paleogene period）の境の5回あったといわれている。しかし、現在地球規模で問題となっている生物多様性の損失は、これまでの大量絶滅の原因とは決定的に違い、それはヒトという単独種による結果によって生じていることにある。通常、種の絶滅と新たな種形成の相対速度は同じかあるいはそれよりも早い場合、生物多様性は一定もしくは増加傾向となる。しかし、現在は種の絶滅速度が種形成の速度を上回っているとされ、その絶滅速度は自然界で自然に起こる絶滅の約1,000倍とされる。そのため、第6の大量絶滅が生じているといわれている。

　生物多様性の危機を生じさせている原因は人間活動によるものだが、生物への影響には生息地の破壊や分断化、環境（水質や大気、土壌など）汚染などの生息環境の改変によって生じる場合と特定生物の乱獲、外来種の移入など個体間の影響によって生じる場合がある。このような人間活動の結果、個体群内で近縁な遺伝子を保持する個体間の交配や自家受粉（self-pollination）などによる近交弱勢（inbreeding depression）が生じやすくなり、繁殖力、生存力などの個体の形質が低下し、個体群の存続に確率的な危険

性が及ぶ場合もある。

　そこで、以下では、このような未曾有の生物多様性の低下や生物種の大量絶滅を防ぐために必要な生物多様性評価法や生育地適性評価について説明する。

5.-1　種多様性
5.-1-1　レッドリスト
　将来にわたり生物多様性を保全していくためには、現在生息する生物の現状を明らかにしなければならない。そのため、世界や各国、また地方自治体によって一定の評価基準に従って絶滅のおそれのある種が提示されたものがレッドリスト（Red List）である。レッドリストは絶滅のおそれのある野生生物の種名とその絶滅の危険性をカテゴリーで示したリストである。国際自然保護連合（International Union for Conservation of Nature and Natural Resources; IUCN）が選定している世界規模で絶滅の恐れのある種のレッドリストの評価基準及びカテゴリー区分は世界共通の評価基準となっており、この評価基準を参考に日本のレッドリストも評価基準を設定している。しかし、環境省と地方自治体が用いる評価基準は多少異なり、レッドリストを比較する場合は十分な注意が必要である。以下では環境省が用いている評価基準を記載した。なお各カテゴリーの定性的要件と定量的要件については、環境省自然環境局生物多様性センター（http://www.biodic.go.jp/index.html）で参照可能である。

a．絶滅（Extinct; Ex）：過去には生息が確認されていたが、現在ではすでに絶滅したと考えられる種。

　　例：ニホンオオカミ *Canis lupus hodophilax*（イヌ科 Canidae）

b．野生絶滅（Extinct in the Wild; EW）：飼育、栽培下では生息が確認されているが、野生では既に絶滅したと考えられる種。

　　例：トキ *Nipponia nippon*（トキ科 Threskiornithidae）

c．絶滅危惧Ⅰ類：絶滅の危機に瀕している種であり、ごく近い将来における絶滅への危険性によって絶滅危惧ⅠA類（Critincally Endangered；CR）と絶滅危惧ⅠB類（Endangered；EN）に区分される。CRの方が、絶滅の危険性は極めて高い。

　　例：イリオモテヤマネコ *Prionailurus bengalensis iriomotensis*（EN）（ネコ科 Felidae）

d．絶滅危惧Ⅱ類（Vulnerable; VU）：絶滅の危機が増大している種。生息を圧迫している要因が引き続き影響する場合は近い将来絶滅危惧Ⅰ類への移行が確実と考えられている。

　　例：オニバス *Euryale ferox*（スイレン科 Nymphaeaceae）

e．準絶滅危惧（Near Threatened; NT）：現状では存続に向けた環境基盤が脆弱である種。絶滅への危険性は少ないが、生息環境の悪化によって上位ランクへ移行する要素が高い。

　　例：オオサンショウウオ *Andrias japonicus*（オオサンショウウオ科 Cryptobranchidae）

f．情報不足（Data Deficient; DD）：生息環境の変化によって上位ランクへ移行する要素を持っているが、絶滅への危険性を評価するだけの情報が不足している種。

　　例：エゾシマリス *Tamias sibiricus lineatus*（リス科 Sciuridae）

　日本の評価基準はこのような6つのカテゴリーに区分されているが、日本は地域によって異なった環境を有している。そのため、日本全域には分布していないが、地域的に孤立した個体群もしくは地域固有性を持ち、絶滅への危険性が高い種も存在する。そのような種の危険性を示すカテゴリーとして、絶滅のおそれのある**地域個体群**（Local Population; LP）が付属資料として設けられている。

　　例：金華山のホンドザル *Macaca fuscata*

fuscata（オナガザル科Cercopithecidae）。

5.-1-2　レッドデータブック

レッドリストに基づき、絶滅のおそれのある野生生物の生息状況などを取りまとめたデータブックがレッドデータブック（Red Data Book; RDB）である。レッドリストは掲載種の生物名（和名、学名）とカテゴリーのみの最低限の情報であるのに対して、レッドデータブックは掲載種の生態、分布、生育環境、絶滅要因、保全対策などの情報が掲載されている。そのため、レッドリストよりも発刊が遅れるという欠点がある。IUCN発行による世界規模のもの、環境省発行による日本国内のもの、また各地方自治体発行による都道府県独自のものがある。

味岡ゆい

5.-2　生育調査

フィールドでの植生調査や動物調査は、生物多様性評価の最も基本となる調査で、特定地域の生物種の有無、種構成を把握することは、生態系内の種多様性を評価することになる。このような調査を様々な環境で反復していくことによって、生態系の多様性評価へとつながっていく。

5.-2-1　植生調査

植生調査（vegetation survey）は、評価地域の植物群落を構成する種や群落の構造を植物社会学的に調査し、評価地域の総合的解析のための資料とするために、最終的にはリスト化する。大抵の環境アセスメントにおいて必ず実施される最も基本的な調査である。植生調査法には、大きく二つの方法がある（佐々木、2008）。

ａ．優占種区分：北欧学派による主に森林植生に適した優占種によって群落を区分する方法で、樹林と林床の優占種を組み合わせた名称（群落名）を用いる。例えばアカマツが優占する樹林地の林床にコシダ *Dicranopteris linearis*（ウラジロ科 Gleicheniaceae）が優占していたら、アカマツ―コシダ群落とする。このやり方は、優占種の明瞭な森林植生での区分に便利であったことから、林学分野で広く利用されてきた。また、視覚的なので理解しやすく、記載されている群落名から植生に精通していないものにも容易に想像がつきやすい。しかし、この方法では優占群落が連続的に変化するような草原、湿地などの植生調査には不向きである。

ｂ．植物社会学的区分：チューリッヒ・モンペリエー学派による群落を構成する全ての種のリストとその組み合わせ（種類組成）によって群落を分類するやり方。群落名は必ずしも優占種とは限らず、標徴種が用いられる。したがってヒノキ優占林にコジイが混生している場合、群落を構成する植物種の組み合わせによってサカキーコジイ群落となるし、その調査区にたまたまサカキがなくてもサカキーコジイ群落と区分されることがある。例えば、岐阜県東濃地方に点在する土岐砂礫層に成立した湧水湿地では、イヌノハナヒゲ *Rhynchospora rugosa*（カヤツリグサ科 Cyperaceae）、ミカヅキグサ *Rhynchospora alba*（カヤツリグサ科）、ホザキノミミカキグサ *Utricularia caerulea*（タヌキモ科）、モウセンゴケ *Drosera rotundifolia*（モウセンゴケ科）などが、それぞれ優占群落を形成しているので、それぞれ別群落として区分することも可能である。しかし、植物社会学的手法では、すべての群落にイヌノハナヒゲが生育しているなら標徴種として、イヌノハナヒゲ群集とすることもできる。植生に精通しているものには本区分法が理解しやすいかもしれないが、精通していないものには、不向きかもしれない。しかし、植物社会学的方法は、種組成で群落を分類するので、森林だけでなく、草原や湿地などすべての群落を対象とすることができ、現在広く活用されている。

以下に、一般的に、広く用いられているブラウン・ブロンケ法（Braun-Blanquet）による植物社会学的方法の手順について説明する（藤原、2003）。

　①植物社会学的方法の特徴：本法の最大の特徴は、量的尺度である被度と群度を目測で行うことである。目測は主観に左右され、調査者によってその値が異なってくると危惧される。そのため、ブラウン・ブロンケ自らエクスカーションなどを開催し訓練を重ねている（佐々木、2008）。一方、沼田（1978）は本法ではなく主観に左右されないSDR優占度指数を提言している。この方法は調査区内に生育する種について、それぞれ高さと本数、被度を計測し優占度を導くやり方である。この手法をとれば、確かに客観的で精密な値が得られるので、群落内の微細な構造や、限られた地域での詳細な調査には適しているといえる。しかし、佐々木（2008）も指摘しているように、この方法は時間、労力が非常にかかり、調査できるサンプル数が限定されることになる。また、草原や森林帯などの比較的穏やかな地形の恵まれた気象条件中での調査は可能である。しかし、実際のフィールド調査では高山帯、湿地帯など地形条件が悪く天候不良など、長く留まっていられない場合の方が多い。このようなケースの場合、ブラウン・ブロンケ法は、目測で行うので、条件の悪いフィールドでも植生調査のスピード化を図ることができ、多数の調査データを得ることで全体像を把握することが可能である。しかし、やはりこの方法もかなりの経験則を要する。本法は紙と筆記用具さえあれば、どんな場所でも調査可能であるが、他の自然科学分野の研究者からみれば、やはり客観性、定量性、再現性に欠ける。そこで、以下に著者の研究室で行なっている手法を加えたブラウン-ブロンケ法について説明する。

　②調査区選定：植生調査の際には、調査区の選定が最も重要となってくる。一様な植物相で、均一な立地を選定する。一般には調査区は方形枠（コドラート、quadrat）とするが、任意の形としてもよい。また、佐々木（2008）によると「教科書的には正方形の方形枠が示されているが、これも理論上の話である。植生調査する時に、わざわざロープなど張りはしない。調査者が森の中をウロウロ歩きまわった範囲が調査区となる。草原においても四方に座り込み、群落内をのぞき込み、手探りし、生育する植物を見逃さないよう凝視する」と記載されている。このような経験則による調査は無理としても、やはりロープを張って方形枠を設置する方が、被度と群度が測定しやすい。しかし、著者などはチベット高山帯での植生調査の際には、一調査区にかける時間短縮のため、ロープなどは張らずに方形枠の四隅に目印（石など）を置き実

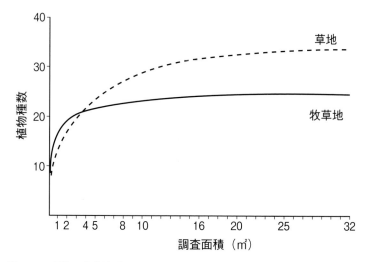

図1.5.1. 種数面積曲線（藤原、2003を改変）
　草地、牧草地のように均一な植生帯では、一定の調査面積以上になると、確認できる植物種数はほぼ一定になる。草地では約25㎡、牧草地ではそれよりも狭い約10㎡。

施した。また、方形枠を設置した場合、そのサイズは調査区内の種数から調査面積を割り出す種数面積曲線（図1.5.1）を利用するのがよいが、フィールドでは実用的とはいえない。おおよそ日本の森林ならば20-25mもしくは群落に生える植物の高さをおおよその方形枠の一辺の長さとするのが実用的である。また、熱帯雨林のようにロープなどで枠を設置するのが不可能な場所では、一定方向の直線上の植生調査を行なうライン・トランセクト法（line transect method）もある。

③階層構造：日本の森林では通常、高木（林冠に達している）、亜高木（林冠の下まで達している）、低木（数mの高さ）、草本（約50cm以下）の四層に区分でき、林床にコケ層（林床を覆う）があれば五階層区分にする。二次林の場合には、高木、低木、草本層の三層構造が多い。草丈が1m以上の高茎草原では、草本第一層、草本第二層に区分する。熱帯多雨林や針葉樹林では、時に超高木層、低木層を二区分した低木第一層、低木第二層に区分される。

④種組成：階層構造が決まれば、各層を構成している種をすべて記録する。各植物がどの層に区分されるかは、その植物の最も高い位置から判断する。高木層に区分された樹木であっても実生ならば草本層に区分する。この際、対象となる種は維管束植物（シダ植物、種子植物）だけである。コケ層があってもコケは調査対象としない。

⑤被度：種ごとにその層でどれくらいの面積を占めているかを階級で記録していく。その際、ほとんどの階級で個体数は任意とする。

5：被度が調査面積の75-100%。
4：被度が調査面積の50-75%。
3：被度が調査面積の25-50%。
2：被度が調査面積の5-25%。この範囲以下であっても個体数が極めて多い。
1：被度が調査面積の5%以下であっても個体数が極めて多い。
+：極めて低い被度で、わずかな個体数。
r：極めてまれに最小頻度で出現する。

⑥群度：群落の状態や単生しているかを記録していく。

5：カーペット状に一面調査区内を覆っている。
4：大きな斑文状。もしくはカーペット状のあちこちに穴があいているような状況。
3：小群の斑文状。
2：小群状
1：単生

⑦組成表作成：各階層別にそれぞれの種の被度、群度を記載していく。例えば、アカマツの林冠が調査区の半分を覆い、林床のあちこちに日が射し込むような状況の場合は、被度4、群度4として、4・4と記録する。また、調査場所、調査年月日、高度、方位、傾斜、地形条件、土壌条件なども記載しておく必要がある。特に、調査者と記録者についても必ず記録しておくべきである。

⑧精度と再現性：群度、被度測定は、ブラウン-ブロンケ法の中でも最も記録者が自信の持てない部分である。機器分析になれてしまっている現代人には、目視による階級区分という自分の知覚に頼った記録法に自身が持てないことが多い。また、目視という方法から、客観性に疑いを持ってしまう。また慣れていない調査者には再現性がなく、同一の調査区であっても調査者によって記録が異なることもある。著者の研究室では、被度を記録した用紙をスキャニングして種ごとに色分けをして画像解析ソフトで面積を測定し、調査区面積に対する割合を算出する方法を用いている。また、草原のように調査区全体が撮影可能で、開花時期の花色で他種との区別が容易な時や、植物体の色によって区別可能な場合には、被度を調査用紙に作図する代わりに、調査区全体をデジタルカメラで撮影

することもある。最近のデジタルカメラはコンパクトタイプであっても画素数が非常に高いので、調査区全体をプリントアウトし、種ごとに切り抜き、調査区全体を撮影した切り抜きとの質量の割合から被度を算出することができる。

南　基泰

5.-2-2　動物調査

　植物調査の場合は「みつからなかったら、多くの場合存在していないことになる」が、動物調査の場合は「みつからなかったのは、存在しないからなのか、それともみつけられなかっただけなのか」の区別がつかない。ここが、動物調査の際の最大の問題点になる。また、仮にある場所でみつかったとしても「誕生から繁殖までの生活環が成立している」のか、あるいは「かりそめなのか」の区別もつかない。一方、植物の場合であれば根を張っている限りは、「少なくとも誕生から繁殖までの生活環を成立させようとしている」と想像しやすい。動物調査の目的は、生息数（密度）と、その動態である。しかし、見晴らしのよい草原に生息する大型哺乳類でもない限り、再現性のある絶対数の評価は困難である。特に、森林性の小型哺乳類などは、前記した「みつからなかったのは、存在しないからなのか、それともみつけられなかっただけなのか」の区別がつかないので、絶対数を明らかにすることはほぼ不可能である。つまり、再現性がなく、絶対的評価ができないということは、科学の対象には成り得ないことになる。また常に動的平衡状態にある動物の母集団から適切な標本抽出を行なうことは不可能である。その結果、研究者の切り口によって見えてくるものが異なってくる。当然、対象生物の保全政策立案の際には、いろいろな主義主張が立ち、結論に収束しないこともある。

　森林野生動物研究会（1997）は、このような問題点を克服するための生息数推定の諸方法を開発してきた。動物調査といっても、その取り扱う範囲は非常に広く、小型のものから大型のもの、昼行性から夜行性と様々であり、また極端なことをいえば微生物から大型哺乳類までが対象となる。そのため調査方法も様々で、多数の標本を得ることが困難（不可能）な場合もある。従って、通常の生物統計学的手法だけでは無理がある。ここに多くのモデルを持ち込み、パラメーターを設定し、推測していく作業が必要となってくる。また前記したように生息数の絶対数を調査することは難しいが、相対数を調べるのは容易な場合が多い。相対数であっても生息地の環境条件と多変量解析や回帰分析によって母集団の推定や、その生息数の増減傾向などを把握することは十分に可能である。主な哺乳類個体数推定法の概要を下記するので、詳細については森林野生動物研究会（1997）を参考とされたい。

　a．コドラート法（quadrat method）：移動性の低い種に適している。一定面積の方形枠（コドラート）を設定し捕獲することによって、生息個体数（密度）を推定する。また生息個体数（密度）を目的変数として、捕獲地の環境条件を独立変数として、多変量解析や数量化を行なうことによって、環境条件の相違から個体数を推定する方法もある。

　b．カメラトラップ法（camera trap method）：捕獲困難な動物の場合には、調査区を限定して一定の方法で観察する。最近では目視だけでなく、モーションセンサーや赤外線センサーを用いて自動撮影するカメラを評価種が出現しそうな場所に設置して撮影するカメラトラップ法が多くなっている。本法は24時間体制で観察が可能で、調査地に出向く頻度を減らすことができ、観察者がその場にいないので動物に対してのストレスを軽減できる。撮影された画像から個体を識別し、個体数を推定する方法と、カメラ設置努力量（設置台数×設置日数）

に対する撮影成功率から生息数指数を算出する方法がある。

　　c．記号放逐法（mark and release method）：動的平衡状態にある母集団の個体総数推定方法としては正統的なものである。母集団から生け捕り罠によって捕獲を行い、印をつけて放獣し、再捕獲された個体数から母集団の個体数を推定する方法である。しかし、理論的には毎回捕獲される確率は一定であるという仮定が、現実の捕獲調査では適応しにくい。また、統計的手法に用いられるだけの捕獲個体数を、毎回確保するのは実際には困難である。しかし、調査回数の反復によって、出生、死滅の過程や、移出入個体数、移動率などの推定には応用できる。

　　d．足跡法（footprinting method）：ウサギの特性を利用した方法で、積雪地の歩行跡（足跡）を追跡し、走行距離から個体数を推定しようとするものである。踏査による小面積（200ha以下）からヘリコプターによる大面積（10,000ha以上）まで様々なスケールがある。

　　e．フィールドサイン法（field sign method）：直接観察も捕獲も困難な動物の場合は、その調査対象動物が残した糞、足跡、毛などのフィールドサインから個体数の推定を行なう。特に、最近では調査対象生物の糞中に排出された腸内細胞や毛から全DNAを抽出し、ミトコンドリアDNA多型を利用した分子生物学的な個体識別法が各動物で開発されてきている。

南　基泰

5.-3　生息地適性評価

　評価生物種の生育の有無、個体数などは、生息地の環境条件に寄与するところが大きい。特に、移動能力が動物に比べて、著しく低い植物は生育地の適性が、環境に大きく支配されている。

5.-3-1　ハビタット適性指数

　ハビタット適性指数（Habitat Suitability Index; HSI）モデルとは、米国で開発された定量的な生態系評価手法の一つであるハビタット評価手続き（Habitat Evaluation Procedure; HEP）の最も基礎的な生態系の「質」を評価する手法である（田中、2006）。HEPは生態系や野生生物を主体として土地の価値を、生物の生息地を質（機能・価値）、空間、時間の3つの評価軸に着目して評価する手続きである。特に、HSIモデルは専門的な数学の知識が不用で、経験則を活かして構築していくことのできるモデルである。そのため事業者、行政、市民などの事業に関係する団体間の合意形成ツールとして代償ミティゲーション（「第1章 5.6aミティゲーション」参照）のために多く用いられている。以下に、HSIモデル構築までの手順を説明する（田中、2006）。

　　a．評価種と環境要因の選定：事業に関係する団体間の合意形成によって評価対象種を選定し、その生物種の生存、繁殖などに必須な環境要因をハビタット変数（Habitat Variable; HV）として選定する。評価種と生育環境の関連からハビタット変数を選定する場合には、既存資料や専門家による判断、またフィールド調査などの基礎研究情報を利用して行う。

　　b．適性指数（Suitability Index; SI）の算出：選定されたハビタット変数について評価対象地域の生息地としての適否を「0」（生息環境として全く不適）から「1」（生息環境として最適）で数値化する。例えば、光強度が三段階（強光、弱光、日陰）の生息地があり、日陰を好む植物が生育していたとしたら、強光は不適「0」、日陰は最適「1」として、弱光は「0.5」と数値化する。この際、SIを算出する際の評価軸は評価種の個体数や生息の有無を用いる。

　　c．HSIモデルの構築：各HVの統合式を構

築する際には様々な方法があり、この際にも重要なのは合意形成である。例えば、あるハビタット変数が他のハビタット変数で補完できないと仮定するなら乗法や幾何平均法などを用い、補完が可能と考えるならば加法平均法などを用いる。

　d．HSIモデルの検証：構築されたHSIモデルの妥当性を評価するのも重要な手順の一つである。妥当性評価には、HSIモデルによって算出された理論値（HSI）と実測値間の相関や誤分類率を算出する方法を用いる場合が多い。また、一年生草本などのように世代交代ごとに個体数が変動する可能性があるものについては、数年分のデータを参照してHSIモデルを検証しておくのがよい。

　また、HSIモデル構築後は、各HSIの土地面積を評価した**ハビタットユニット**（Habitat Unit; HU）（HSI×面積）や時間経過を考慮し評価した**累積的ハビタットユニット**（Cumulative Habitat Unit; CHU）（HSI×面積×時間）を算出していく手続きを行なう。各段階における評価結果は数値で定量的に算出されるため、誰もが容易に評価結果を理解できる手法である。

味岡ゆい

5.-4　遺伝的多様性評価
5.-4-1　個体群内・個体群間の遺伝的多様性

　個体群の移動や個体群間の繁殖は、植物であれば分布調査を、動物であれば捕獲調査やテレメトリー調査（Telemetry、調査対象となる野生獣に電波発信器を取り付け、野生獣の位置や距離を測定する調査方法）などの直接証拠を積み上げることで推定できる。しかし、これらの方法では莫大な労力と時間を費やしてしまう。そこで近年、分子生物学的技術の進歩と普及に伴い手軽に利用できるようになった遺伝情報を用いて、これまで不明だった野生生物の移動や繁殖に関する情報を推定するという試みが盛んに行われている。また、統計学の普及も著しく、遺伝情報を用いた統計解析法が数多く開発されている。こういった統計解析法には個人のPC上で動作するフリーソフトも多く、誰もが手軽に利用することができる。ここでは個体群間での遺伝的分化程度を推定することができる**分子分散分析**（Analysis of molecular variance; AMOVA）と集団間の遺伝的距離が最も大きくなる境界を探索することができるBARRIER（Manni et al, 2004）について概説する。なお、AMOVAはフリーソフトARLQUIN ver3.5.1.3（http://anthro.unige.ch/software/arlequin/）、BARRIERについてもフリーソフトBARRIER ver.2.2（http://www.mnhn.fr/mnhn/ecoanthropologie/software/barrier.html）で解析が可能である。

　a．分子分散分析：分子分散分析とは分散を用いていくつかの母集団の平均値が等しいかどうかを検定する**分散分析**（Analysis of variance; ANOVA）に遺伝情報を組み合わせたもので、集団間の**遺伝的分化係数**（F_{ST}）を算出することができる。このF_{ST}は0から1までの値を示し、0に近づくほど遺伝的多様性がなく、反対に1に近くなるほど遺伝的多様性が高くなる。AMOVAには2通りあり、"比較する両群間で、どのくらい塩基配列の異なったハプロタイプがあるのか"という塩基配列の相違とハプロタイプの頻度の両方を考慮した方法と、"異なったハプロタイプがどれだけあるのか"というハプロタイプの頻度のみを考慮した方法がある。前者の塩基配列の相違とハプロタイプの頻度の両方を考慮した方法は、近縁のハプロタイプが群落間に均等に分散している場合にはF_{ST}の値はより小さな値（より遺伝的多様性が低く）、群落内に類似したハプロタイプが集中している場合にはより大きな値に（より遺伝的多様性が高く）評価される傾向がある。ま

た、後者のハプロタイプ頻度の相違のみを考慮した方法では遺伝的に近縁なハプロタイプの分散パターンはF_{ST}の値には影響しない。

　b．BARRIER：BARRIERとは生育が確認された地点や採集地点を母点としてボロノイ図（Voronoi diagram，隣り合う母点間を結ぶ直線に垂直二等分線を引き，各母点の最近隣領域を分割したもの）を描き，前述で用いたF_{ST}のような分子生物学的もしくは形態学的な距離行列をもとに距離が最も大きくなる辺を選択，以降それらがつながるように境界を探索する手法である。AMOVAとは異なり遺伝的分化を図示してくれるので複数の個体群間の遺伝的分化を視覚的に捉えるのに向いている。BARRIERはあくまでも，与えられた距離行列を基に遺伝距離が最大となる境界を探索するので，一遺伝子領域のみを用いた場合図示された境界が有意であるとは限らない。しかし，複数の遺伝子領域を用いることができればブートストラップ法による有意差検定が可能になるので信頼性を高めることができる。しかし，実際には複数の遺伝子領域を解析するのは煩雑なので，一遺伝子領域のみを解析した場合でも，AMOVAでの結果を併用することで有意検定はできないまでも比較的信頼性の高い境界を得ることができる。

　c．アカネズミの遺伝子交流と遺伝的分化についての事例：実際に，愛知県春日井市弥勒山に生息するアカネズミの異なった林相間（サカキ―コジイ群落，コナラ群落，ヒノキ―アセビ群落）での遺伝子交流と遺伝的分化について，AMOVAとBARRIERを用いた結果について概説する。

　アカネズミは日本固有種で，森林性の野生ネズミである。以前は森林害獣とされてきたが，近年では樹木種子の運搬や食物ピラミッドの最下層に位置し，上位動物層の餌資源として重要視されるようになってきた。このような背景から森林の生物多様性評価種としての価値が認識され始めてきた。その生息地適性は林相に大きく左右されていることがこれまでにも報告されているが，いずれも個体数を評価したもので遺伝的多様性について評価された報告はない。そこで，アカネズミの生息適性を遺伝的多様性の観点から異なる3つの林相で評価した。2008年6月から2011年5月の期間に捕獲されたアカネズミ164個体のハプロタイプをもとにF_{ST}（ハプロタイプ頻度の相違のみ考慮）を算出することで，異なる3つの林相間での遺伝的分化と同一の林相内での遺伝的分化程度を比較した。F_{ST}の算出の際には各個体をランダムに入れ替えて，繰り返し10,000回算出する並び替え検定（permutation test）を用いることによって，確率論的にF_{ST}の危険率を算出した。AMOVAでは0.1％水準の危険率で遺伝的分化を検定することが多く，今回の結果では危険率が0で異なる3つの林相間で有意な遺伝的分化が起きていることが明らかとなった（表1.5.1）。更に"異なる2つの林相間の遺伝的分化"の二群検定を行なった。その結果，コナラ群落とヒノキ―アセビ群落の間では有意なF_{ST}は算出されなかった。しかし，サカキ―コジイ群落は，コナラ群落及びヒノキ―アセビ群落のいずれの群落間でも有意なF_{ST}が算出された（表1.5.2）。また，F_{ST}を$F_{ST}=1/(2Nm+1)$の式を用いてNm（世代あたりの移住個体数）に変換すると（表1.5.3），有意な遺伝的分化が確認されたサカキ―コジイ群落とコナラ群落間では世代あたりの移住個体数が12.0個体，サカキ―コジイ群落とヒノキ―アセビ群落間では7.8個体であったのに対し，遺伝的分化が有意とはならなかったコナラ群落とヒノキ―アセビ群落間では49.5個体と著しく多くなった。以上の結果から，サカキ―コジイ群落とコナラ群落，ヒノキ―アセビ群落との間では遺伝的分化が起きていたが，コナラ群落とヒノキ―アセビ群落の間では遺伝的分化が起き

表1.5.1. 愛知県弥勒山で捕獲されたアカネズミから確認された26種のハプロタイプを用いた3群落間（サカキ−コジイ群落、コナラ群落、ヒノキ−アセビ群落）の分子分散分析（AMOVA）

	自由度	平方和	分散成分	遺伝的多様性の割合	遺伝的分化係数（F_{ST}）	危険率*
林相間での変異	2	2.7	0.02	3.6	0.04	0
個体間での変異	161	71.5	0.44	96.4		
合　計	163	74.2	0.46			

＊：10,000回並べ替え検定。危険率は0となったので3つの群落間で有意な遺伝的分化が起こっていたことを意味する。
2008年6月から2011年5月の間に捕獲されたアカネズミ164個体のハプロタイプを確認。

表1.5.2. アカネズミの群落間での遺伝的分化係数（F_{ST}）

	サカキ−コジイ群落	コナラ群落
コナラ群落	0.04*	—
ヒノキ−アセビ群落	0.06*	0.01

＊：危険率0.1％水準で2つの群落間で有意な遺伝的分化が起こっていたことを意味する。
10,000回並べ替え検定

表1.5.3. アカネズミの3つの群落間での世代あたりの移住個体数（Nm）

	サカキ−コジイ群落	コナラ群落
コナラ群落	12.0	—
ヒノキ−アセビ群落	7.8	49.5

表1.5.1のF_{ST}値より、$F_{ST}=1/(2Nm+1)$の式を用いてNm（世代あたりの移住個体数）を算出した。

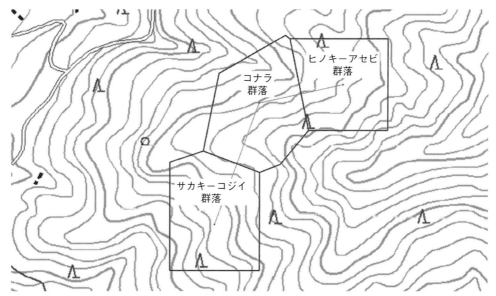

図1.5.2. BARRIERによって検出された愛知県春日井市弥勒山麓の「アカネズミの遺伝的交流障壁」
コナラ群落とサカキ−コジイ群落間で最も大きな遺伝的交流障壁が確認できた。地形図については国土地理院ポータル1/4500を参考に作図した。

ておらず、遺伝子流動は活発であることが示唆され、この要因としては移住個体数が他の群落間よりも著しく多かったためと考えられた。

前記のAMOVAで算出したF_{ST}（表1.5.2）をもとにBARRIERを行なった結果、サカキ−コジイ群落とコナラ群落の間に遺伝的境界が検出された。前記のAMOVAの結果でサカキ−コジイ群落とコナラ群落、サカキ−コジイ群落とヒノキ−アセビ群落間でのF_{ST}が有意であったことを併せて考えると、この境界が有意である

ことがわかった。また、3つのコドラートを地形図上に図示すると、コナラ群落とヒノキ―アセビ群落が同じ谷筋であり、境界の形成されたサカキ―コジイ群落との間には尾根筋があることがわかった（図1.5.2）。つまり、遺伝的境界ができた要因は地形的特徴である可能性が推測できた。尾根筋が本当に境界の原因となっているかはさらに詳細な調査が必要となってくるが、研究を進めるうえで重要な基礎データとして用いることができる。

前述の2つの方法（AMOVA, BARRIER）を用いることで、各群落内への個体の移出入推定、遺伝的多様性維持の妨げとなる障害物の検出を行うことができる。このように、遺伝情報を用いることで莫大な労力と時間を費やした生育調査や捕獲調査によって推測されてきた個体群の拡散や個体群間の交流、隔離といった歴史の推定を短時間で行うことができるだけでなく、GIS技術を併用することでより広域での評価へと発展させることが可能となってきている。

白子智康、南基泰

5.-4-2　分子系統学

遺伝的多様性評価にDNA情報が活用できるようになったのは、微量のDNAからでも、特定領域が数時間で約100万倍に増幅できるPCRが開発されたためである。そこで、DNAシーケンサーによって塩基配列を決定し遺伝的多様性を評価する方法を以下に説明する。

a．**分子系統樹**（molecular phylogenetic tree）：共通祖先を有すると考えられる生物種や遺伝子（あるいはアミノ酸配列）間の進化関係を樹木状に表記した分子系統樹を構築し、系統関係を解析する。以前は形態的特徴を基に構築されていたが、**分子生物学**（molecular biology）の発展によって属内の種間変異や種内、種間の遺伝的な変異を塩基配列などのDNA多型（DNA polymorphism）を利用した分子系統樹を構築し、その系統関係を探る研究が可能となった。分子系統樹の形状には、進化の起点に当たる根（樹根）のある**有根系統樹**（rooted phylogenetic tree）と樹根がない**無根系統樹**（unrooted phylogenetic tree）がある。この根にあたる部分は系統樹構築に用いる個体の共通祖先にあたり、共通祖先から現在までの時間経過を表す系統樹が多い。系統樹の分岐パターンは**樹形**（topology）とよばれ、共通祖先と個体をつなぐ線を**枝**（branch）、系統樹の根から派生した枝が分岐する部分を**節**（node）という。枝の長さは塩基配列の違い、いわゆる進化の程度を示す。有根系統樹を構築するには、系統関係を検討するサンプルとは遠縁である種（例えば、同属内の別種など）をアウトグループ（outgroup）として加える必要がある。アウトグループを加えることで、系統樹の根の特定が可能となる。

b．**分子系統解析**：DNA配列による系統解析には、以下のような方法がある。周伊勢湾地域に生育するハルリンドウの葉緑体DNA *trn*S-*rps*4遺伝子間領域の塩基配列を用いた種内系統関係を、実際に同じDNA配列を用いた系統樹の作成方法について概説する。

系統樹の作成を行う前に、全サンプルの塩基配列を対照して並べる**アライメント**（aligment）を行う。この作業によって塩基の変異箇所やその数が特定される。図1.5.3はハルリンドウ及びアウトグループとしたフデリンドウ *G. zollingeri*（リンドウ科）のアライメントの一部分であるが、この部分配列より3箇所（①TもしくはAの塩基置換、②CもしくはAの塩基置換、③TTTTATTAAGの塩基挿入及び欠失）の変異を確認することができる。このアライメントに使用した塩基配列を用いて系統樹を作成する。分岐パターンを算出する系統解析は様々あるが、よく用いられる距離行列法を以下に説

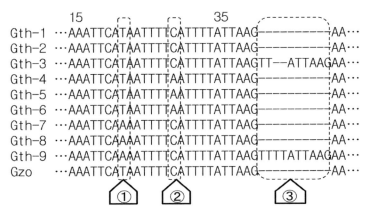

図1.5.3. ハルリンドウ及びフデリンドウにおける葉緑体DNA *trn*S-*rps*4遺伝子間領域のアライメント
　Gth-1〜9はハルリンドウから確認されたハプロタイプ。Gzoはフデリンドウから確認されたハプロタイプを示す。塩基配列上部の数字は、葉緑体DNA *trn*S-*rps*4遺伝子間領域解析部5'末端からの位置を示す。図中の①、②、③の位置にDNA多型が確認できた。—は欠失を意味する。

明する。
　これら一連の解析は、個人のPC上で動作するフリーソフトで容易に行うことができる。例えば、フリーソフトウェアMEGA5.05（Molecular Evolutionary Genetics Analysis ver.5.05）（www.megasoftware.net）がある。
　①非加重結合法（Unweighted Pair Group Method using arithmetic mean; UPGMA）：距離行列法を用いて系統関係を解析する方法である。UPGMAは進化速度が一定であると仮定し、最短の距離が算出された個体同士を結合しながら構築する方法であり、有根系統樹で示されることが多い。計算方法が比較的単純であったことから、初期の分子系統解析によく用いられていた（図1.5.4）。
　②近隣接合法（Neighbor-Joining method; NJ）：NJは無根の星状系統樹から、全組み合わせについて算出された個体間の枝長の総和が最小を示す枝長を節で結合しながら構築する方法であり、一般的には有根系統樹（図1.5.5 A）よりも無根系統樹（図1.5.5 B）で示されることが多い。UPGMAとは異なり、すべての系統の進化速度が一定であると仮定しないため、枝長は進化の程度を示す。また他の解析法では不可能な程の大量のデータを扱うことが可能である。

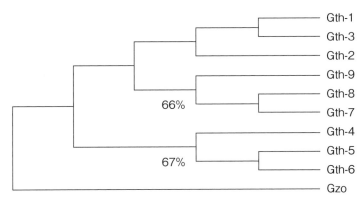

図1.5.4. ハルリンドウの葉緑体DNA *trn*S-*rps*4遺伝子間領域9ハプロタイプを用いて構築された非加重結合法（UPGMA）による系統樹
　Gth-1〜9はハルリンドウから確認されたハプロタイプとGzoはフデリンドウ（アウトグループ）を示す。系統樹の枝上には10,000回のブートストラップ値のうち50%以上のみを表記した。

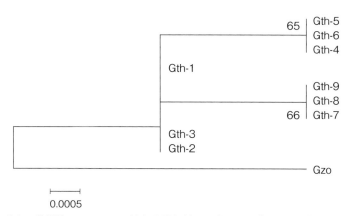

図1.5.5. ハルリンドウの葉緑体DNA*trn*S-*rps*4遺伝子間領域9ハプロタイプを用いて構築された近隣接合法（NJ）による系統樹

　Aは有根系統樹、Bは無根系統樹。Gth-1～9はハルリンドウから確認されたハプロタイプとGzoはフデリンドウ（アウトグループ）を示す。系統樹の枝上には10,000回のブートストラップ値のうち50％以上のみを表記した。スケールバーは進化距離を示し、その下に記述された0.0005とは、10,000塩基中5塩基が異なることを示している。

③最節約法（Maximum Parsimony methods; MP）：DNA多型から検討される全ての樹形に対し祖先型となる塩基配列を推定する。この祖先型から最少の塩基変異数で作成される樹形を最良の系統樹として選出する方法である（図1.5.6）。複数の候補から最適な系統樹を選択するために使う系統解析であり、一般には有根系統樹を作成する。

④最尤法（Maximum Likelihood method; ML）：最尤法は最節約法と同様に、DNA多型から検討される全ての樹形を探索し、樹形で最大となる尤度（得られたデータが生成される確率）を算出する。その後、それらの尤度の中で最も高い値を持つ樹形を最良の系統樹として選出する（図1.5.7）。最尤法では、全ての樹形の枝長を推定するために尤度の最大値を算出するが、樹形だけでなく、進化速度、分岐年代なども推定する。さらに最尤法の中でも、系統樹選択の基準を事後確率の算出によって最も高い系統樹を選ぶ方法をベイズ法（Bayesian methods）という。最節約法、最尤法、ベイズ法は考えられる全ての系統樹を作成し、その中から最適な系統樹を選択する方法であり、各方法によってその選択基準が異なっている。

　c．ブートストラップ値（bootstrap value）：最後の工程として系統樹における樹形の信頼度検定がある。系統樹は限られた量のデータから作成されるので、得られた系統樹の信頼性の指標としてブートストラップ値が算出される。例えば、A種、B種、C種の塩基配列（100塩基）を用い、A種、B種の近縁性の信頼性を検討したいとする。まずは100塩基中の2番目、76番目、2番目、35番目、11番目…と塩基

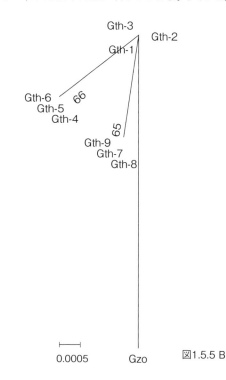

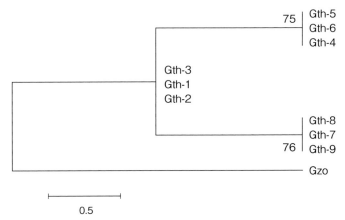

図1.5.6. ハルリンドウの葉緑体DNA*trn*S-*rps*4遺伝子間領域9ハプロタイプを用いて構築された最節約法（MP）による系統樹
　Gth-1〜9はハルリンドウから確認されたハプロタイプとGzoはフデリンドウ（アウトグループ）を示す。系統樹の枝上には10,000回のブートストラップ値のうち50％以上のみを表記した。スケールバーは進化距離を示し、その下に記述された0.0005とは、10塩基中5塩基が異なることを示している。

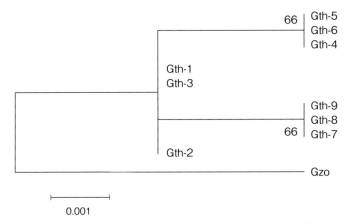

図1.5.7. ハルリンドウの葉緑体DNA*trn*S-*rps*4遺伝子間領域9ハプロタイプを用いて構築された最尤法（ML）による系統樹
　Gth-1〜9はハルリンドウから確認されたハプロタイプとGzoはフデリンドウ（アウトグループ）を示す。系統樹の枝上には10,000回のブートストラップ値のうち50％以上のみを表記した。スケールバーは進化距離を示し、その下に記述された0.001とは、1,000塩基中1塩基が異なることを示している。

重複を許した無作為抽出を行い、解析用の塩基配列データを作製し、そのデータを用いて系統樹の作製を行う。この操作を例えば10,000回実施し、9,800回でA種、B種を分ける同じ枝が再現されればその枝のブートストラップ値は98％となる。一般的にこの値が95％より高い場合に統計的に有意とみなされる。また、ブートストラップ値は枝の分岐部分に表示する。

味岡ゆい

5.-4-3　ハプロタイプネットワーク

　前記で概説した方法は従来から系統樹の構築に用いられてきたが、近年ハプロタイプネットワーク（haplotype network）とよばれる種内の遺伝的近縁性をネットワークで表示する手法も利用されるようになってきている。
　ハプロタイプネットワークは、各個体が保持するDNA多型の違いを最小の突然変異数で説明したもので、個体の類縁関係をネットワーク化したものである（図1.5.8）。ハプロタイプネットワークは、フリーソフトTCS（http://

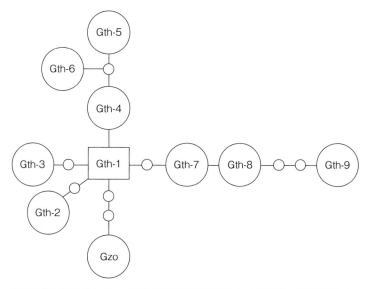

図1.5.8. ハルリンドウの葉緑体DNA*trn*S-*rps*4遺伝子間領域9ハプロタイプを用いて構築されたハプロタイプネットワーク
　丸内の記号Gth-1～9はハルリンドウから確認されたハプロタイプ、Gzoはフデリンドウ（アウトグループ）を示す。またハプロタイプを繋ぐ小円は仮想ハプロタイプ、四角で囲まれたハプロタイプは祖先型を示す。

darwin.uvigo.es/software/tcs.html）で解析できる。ハプロタイプ間の小さな丸（○）（図1.5.8)は、過去には存在していたと考えられる仮想のハプロタイプもしくは未発見のハプロタイプを示す。仮に、評価種を網羅的に解析できたにも関わらず多くの仮想ハプロタイプが検出された場合には、過去にボトルネックを受けた可能性が示唆される。そのため、分子系統樹と比べて、過去の個体群動態や現在の遺伝的構造を把握するのに利用しやすい。また分子系統樹では祖先型となる塩基配列は個体群の中にはもはやないと仮定して解析されるが、ハプロタイプネットワークでは祖先型は解析に用いられた個体群の中で最も頻繁に検出されるものであると仮定して解析を行う。そのため、種内の祖先型を推定することができる。

　　　　　　　　　　　　　　　味岡ゆい

5.-4-4　DNAバーコーディング法

　DNA多型を利用した新たなツールとして、DNAバーコーディング法（DNA Barcoding）がある。生物の保持する遺伝情報を利用して種同定を行なう方法で、異なる種間でも利用可能なユニバーサル・プライマーを用いて、ある特定の遺伝子配列を増幅する。解読された塩基配列を既存のデータベースと比較することによって、種を同定していく方法である。日本バーコード・オブ・ライフ・イニシアチブ（Japanese Barcode of Life Initiative; JBOLI）（http://www.jboli.org/）によって標準化されたDNAバーコーディング領域は、植物では葉緑体DNAの maturase 遺伝子（*mat*K）とリブロースビスリン酸カルボキシラーゼ大サブユニット遺伝子（*rbc*L）、動物はミトコンドリアDNAのシトクロームオキシダーゼサブユニットⅠ（COI）、菌類はリボソームDNA（ribosome DNA）の26Sと18Sの間のinternal transcribed spacers（ITS）である。

　一般に、昆虫の卵や幼虫は成体のような種特異的な形質がないため、成熟して種固有の形質が現れるまで飼育する必要がある。また植物では花の構造によって種同定されることが多いので、葉や根などしかない場合には種同定が行なえない。しかし、遺伝情報を利用するDNAバー

コーディング法は、同定対象生物が成体でなくても、また体毛や組織片の一部さえあれば種同定が可能である。またDNAバーコーディング法は基本的な分子生物学的実験操作を取得したものであれば、分類学の知識が全くなくても種同定が可能となる。そのため、輸出入の際の農業病害虫や病原体媒介生物などの同定技術としても利用可能である。

そこで、以下ではネズミ亜目の種同定を例にして、形態による種同定の問題点とDNAバーコーディング法を用いた種同定について解説する。

a．ネズミ亜目の種同定の問題点：種は、生物を分類する際の基本単位であるにも関わらず、すべての種に対して一般的に適用する定義は存在せず、多義的である（「第1章2.-1種の定義」参照）。近年、植物についてはAPG植物分類体系のようにゲノム解析から実証的に分類体系を構築していくことが主流になりつつある（米倉、2012）。しかし、多くの動物種がそうであるように、ネズミ亜目も形態の不連続性に基づいて類型的に区別する形態種（リンネ種）が採用されている。通常は、ネズミは外部形態、頭骨の解剖学的特徴やサイズなどの連続形質（量的形質ともよばれ、長さ、重量など）や不連続形質（質的形質ともよばれ、色、形など）が用いられ（「第1章3.-1形質」参照）、僅かな形態的差異によって、種同定されるため経験則や高度な解剖学的知識が必要となってくる。また、現在哺乳類（Mammalia）は世界中で4,000種以上とされているが、その約半数にあたる種はリス、ネズミやヤマアラシなどが属する**齧歯目**（もしくはネズミ目）（Rodentia）で占められている。この齧歯目は数グラム程度のカヤネズミ *Micromys minutus*（ネズミ科）から数十キログラムのカピバラ *Hydrochoerus hydrochaeris*（カピバラ科 Hydrochoeridae）まで、個体数も多く世界中の様々な環境に適応している。その齧歯目は通称ネズミとよばれるネズミ亜目（Myomorpha）が1,000種以上を占め、他の齧歯目に比べてはるかに種が細分化されている。そのため、ネズミ亜目を研究対象とする際の正確な種同定は困難を伴うことが多い。

b．外部形態による種同定：容易に測定できる種同定のための形質は、連続形質である体重（Weight）、頭胴長（Head and Body Length）、全長（Total Length）、尾長（Tail Length）、耳長（Ear Length）、爪あり後足長（Hindfoot Length with claw）、爪なし後測長（Hindfoot Length without claw）（写真1.5.1）、更に頭胴長に対しての尾長の割合を示す尾率（Tail Ratio）である。しかし、これら連続形質は異種間で重複している場合が多いので種同定の際の形質としては適当でない。一方、体毛や尾の色の相違、また各部位による色の相違（例えば、頭胴の腹背部や尾の表裏など）、トゲ状の体毛の有無などの不連続形質などを判別形質にできれば精度の高い種同定が可能となる。

c．頭骨形態による種同定：外部形態の形質が重複しているため種同定できない場合は、頭骨形態や大臼歯の特徴など解剖学的に判断する必要がある。測定項目は、連続形質である後頭鼻骨長（Occipito Nasal Length）、鼻骨長（Length of the Nasal）、眼窩間幅（Least Interorbital Breadth）、頭蓋骨幅（Braincase Breadth）、基底全長（Condylo Basal Length）、切歯孔長（Length of the Incisive Foramen）、頬骨弓幅（Zygomatic Breadth）などが一般的である（写真1.5.2）。また他の形質として「切歯孔が最初の歯まで達しているかどうか」などは判別形質として適しているが、「頬骨弓が細く長い」とか、「耳骨胞の大きさが全体と比べて大きい」といったような具体的な数値記載のない形質は判別基準が曖昧といえる。そのため種同定結果の客観性や再現性に乏しく、判別形質としては不適切といえる。

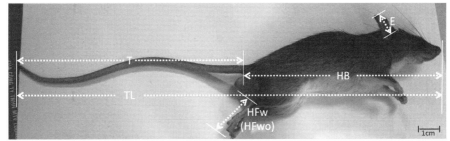

写真1.5.1. 外部形態の測定項目（ヒマラヤクリゲネズミ *Niviventer fulvescens*）
TL, Total Length（全長）; T, Tail Length（尾長）; HB, Head and Body Length, =TL-T（頭胴長）; E, Ear Length（耳長）; HFw, Hindfoot Length with claw（爪を含む後足長）; HFwo, Hindfoot Length without claw（爪を除く後足長）（2011年3月15日ベトナム・カチェン国立公園にて捕獲・撮影）

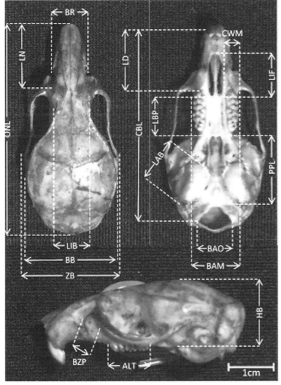

写真1.5.2. 頭骨形態の測定項目と測定部名前（ヒマラヤクリゲネズミ *Niviventer fulvescens*），（2011年3月15日ベトナム・カチェン国立公園にて捕獲）
ONL, Occipito Nasal Length（後頭鼻骨長）; CBL, Condylo Basal Length（基底全長）; ZB, Zygomatic Breadth（頬骨弓幅）; BB, Braincase Breadth（頭蓋骨幅）; BAO, Breadth Across the Occipital condyles（後頭顆の横断幅）; LIB, Least Interorbital Breadth（眼窩間幅）; LN, Length of the Nasal（鼻骨長）; BR, Breadth of the Rostrum（吻幅）; PPL, Post Palatal Length（後口蓋骨長）; LBP, Length of the Bony Palate（骨口蓋長）; LD, Length of the Diastema（歯隙長）; LIF, Length of the Incisive Foramen（切歯孔長）; BAM, Breadth Across the 1st upper Molar（上顎第一大臼歯幅）; BZP, Breadth of the Zygomatic Plate（咬板幅）; LAB, Length of Auditory Bulla（耳骨胞長）; ALT, Alveolar Length of the maxillary Toothrow（上顎骨歯列長）; CWM, Coronal Width of the 1st upper Molar（上顎第一大臼歯の冠状幅）; HB, Height of the Brain Case（頭蓋骨高）

このように形態的特徴には、具体的な数値記載がなく、漠然とした大・中・小という曖昧な表記で区分されているものがある。また、色や形といった主観的な感覚に支配されがちな形質もあり、普遍性や再現性に乏しい形質といえる。また同定作業は、時に漠然とした形質の表記から具体的な形質を想像できなくてはいけないので、同定対象生物に長く接してきた熟練者による経験則が重視されがちになる。また、既存の文献や書籍に記載されている分布地や地理的条件なども種同定の際には有効な情報となる。しかし、あまり調査が行われていない地域では、分布に関して未記載の場合もあるので、先入観を持たないで調べることも必要といえる。種同定作業も科学である以上は、研究に従事した期間や経験の有無に左右されない普遍的手順によって、客観的かつ再現性のある結果が導き出せなくてはいけない。そのため、経験の有無に関係なく誰もが同定可能なプロトコール化が必要である。

d．DNAバーコーディング法：このように形態や解剖学的形質からの種同定が困難なネズミ亜目についても、日本DNAデータバンク（DNA Data

第1章 生物多様性

Bank of Japan; DDBJ）に登録されている塩基配列データと相同性検索を行い、種同定が行なえる可能性がある。ただしDDBJに該当する種の塩基配列が登録されていなければDNAバーコーディング法による種同定は不可能である。しかし、同属種や近縁種などが登録されていれば、属や科レベルでの種の推定ならば可能となる。そこで、ベトナム・カッティエン国立公園で捕獲されたネズミ（個体番号110315-1）を例に、動物のDNAバーコーディング法に用いられるCOI（Folmer et al., 1994）遺伝子の部分領域を解析対象とした種同定結果について解説する。COIは動物界の大部分の分類群で利用可能なユニバーサル・プライマーがあり、種間レベルでの変異を多く含む。

捕獲されたネズミの肝臓片より全DNAを抽出し、ポリメラーゼ連鎖反応（Polymerase Chain Reaction; PCR）法を用いてCOI領域を増幅し、ダイレクトシーケンス法によって塩基配列を決定した。BLAST（Basic Local Alignment Search Tool）（バイオインフォマティクスにおいて、DNA塩基配列アライメントを行なうためのアルゴリズム。主に局所的な配列のアライメントを行なうことによって、類似した遺伝子を検索するプログラム）の結果、個体番号110315-1はヒマラヤクリゲネズミ *Niviventer fulvescens*（ネズミ科）（相同性98％）と推定された。更に、DDBJより近縁種13種のCOI配列を入手し、最尤法による系統樹を構築した（図1.5.9）。その結果も、すでに登録されているヒマラヤクリゲネズミと同一のクレードに含まれた。

e．遺伝情報と形態情報を融合した種同定：DNAバーコーディング法で個体番号110315-1は、ヒマラヤクリゲネズミと推定されたので、更に外部形態や頭骨による解剖学的見地からも種同定を行なった。まず外部形態については、頭胴部背側は赤褐色、腹側がクリーム色、毛衣は柔いものとトゲ状のもので構成されていた。尾は頭胴長よりも長く、上下2色に分かれていた（Musser、1981）（写真1.5.1）。また、頭骨形態は、頭骨、切歯孔、脳頭蓋がそれぞれ細長

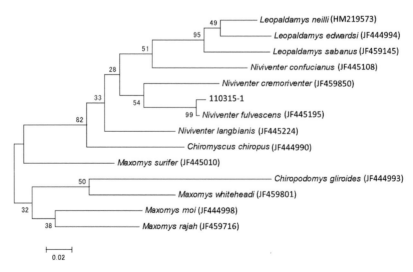

図1.5.9．ミトコンドリアDNAのCOI配列による最尤法を用いて構築された分子系統樹。系統樹内の110315-1は、写真1.5.1、写真1.5.2と同一個体。すでにDDBJに登録されているヒマラヤクリゲネズミ*Niviventer fulvescens*と同一のクレードを形成した。分岐点の数値はブートストラップ値を示し、100に近い程、分岐の信頼度も高くなる。また、スケールバーは進化距離を示し、その下に記述された0.02とは、100塩基中2塩基が異なることを示している。括弧内はDDBJのアクセッション番号。

く、鼻骨前縁は丸く、眼窩周縁部は狭く、頬骨弓は繊細であった（写真1.5.2）。このことから個体番号110315-1はニイタカネズミ属*Niviventer* sp.の外部形態及び頭骨の特徴を有していた。また外部形態と頭骨形態を精査したところ、尾が非常に長く（通常で140％以上、本個体は141.2％）、茶色である先端以外は完全に2色にわかれていた（Balakirev et al.、2011）（写真1.5.1）。また頭骨形態は、頬骨弓が上から見た時に少し窪んでいる（写真1.5.2）。これら形態的特徴についてもヒマラヤクリゲネズミの種特異的な形質を保持していた。

このように、DNAバーコーディング法による遺伝情報と形態情報を併用することによって、種同定の際の有益なツールとなる。しかし、DNAバーコーディング法にも欠点があり、誤同定された生物種のデータがDDBJに登録されてしまっている可能性があり、また解析領域は母系遺伝のため種間雑種や遺伝子浸透（「第1章3.4-6遺伝子浸透の問題」参照）などがある場合には種同定を誤る可能性がある。従って、種同定の際にはDNAバーコーディング法単独ではなく、従来の形態による同定も合わせて行なう必要がある。

石澤祐介、南　基泰

5.-5　生態系評価
5.-5-1　生物種による評価

生態系そのものや生物群集全体を評価することは難しい。そのため、多くの場合評価対象とする生態系もしくは生物群集を代表する生物種を選定し、その生物種の生息地適性を評価する。これによって、その生物種が属する生態系もしくは生物群集全体の評価を行ったのと同等とすることが多い。このような生態系や生物群集評価の生物種の候補を以下に説明する。

　a．指標種（indicator species）：ある特定の環境条件に敏感に反応し、その生態系と同じ生息・生育環境や環境条件を要求する生態系を代表する種。

　例：ハッチョウトンボ *Nannophya pygmaea*（トンボ科 Libellulidae）。日本で最小、世界的にも最小の部類に属し、日本国内の分布は鹿児島県から青森県と広範囲である。しかし、体長が小型であり成虫の移動力が低く、またヤゴの捕食者である魚類が生息できない程度に水深が浅くなくては生息できない。また冬季に水が枯れず、餌であるミジンコやボウフラが好む植物プランクトンが育つなどの餌条件から日当たりの良い低地及び低山地の湿地と生息地が限定している。環境省が行う自然環境保全基礎調査のための指標昆虫（分布域が広く、誰もが知り、かつ良好な自然環境の指標となる環境変化に敏感な昆虫）の1つとして指定されている。

　b．キーストーン種（keystone species）：ある特定の生態系や生物群集において要となっており、その種の消失もしくは個体数の減少が、その種が属する生態系や生物群集へ及ぼす影響が大きい種のことである。

　例：ラッコ *Enhydra lutris*（イタチ科 Mustelidae）。かつて毛皮の乱獲によって絶滅寸前にまでラッコの個体数が減少した際に、ラッコの食餌であったウニの個体数が拡大し、ウニの食餌であったオオウキモ *Macrocytis pyrifera*（コンブ科 Laminariaceae）が食べ荒らされた。その結果、オオウキモを隠れ場としていた魚類が減少するなど、ラッコを上位種とする生物群集に影響が現れた。

　c．アンブレラ種（umbrella species）：広い生息地面積が必要な種のことであり、生態ピラミッドの最上位に位置する消費者でもある。アンブレラ種が分布する生息地環境の保全は、同時にその範囲内に生息する他種の保全にも繋がり、生物多様性が保たれることが多い。

例：オオタカ（準絶滅危惧、環境省）は食性（動物食）や繁殖形態（卵生。樹上などに巣形成する）から森林や草原など個々の環境だけでなく、複数にわたる環境がモザイク状に配置し、さらに縄張りの形成から広い面積の生息環境を必要とする生物である。アンブレラ種であるオオタカが生息しているということは、同時に下位層の生物にとっても生息地適性が高いことが予測できる。

d．象徴種（flagship species）：外見的特徴や美しさから、ある特定地域の保護に対して人々の関心を促す象徴的な種。

例：周伊勢湾地域（愛知県、岐阜県、三重県）の固有種で準絶滅危惧（環境省）のシデコブシは、落葉小高木で白色もしくはピンクの花を咲かせ、湿地周辺などに自生する。周伊勢湾地域固有の湧水湿地生態系の象徴種。

e．危急種（vulnerable species）：希少種や絶滅の危険が高いと考えられる種。

例：日当たりの良い湿地に生育する多年生草本サギソウ*Pecteilis radiata*（ラン科）。北海道から九州にかけて分布するが、湿地生態系の減少や園芸目的による盗掘などによって個体数が減少し、準絶滅危惧（環境省）に指定されている。

特定地域の生物多様性保全を目指すのであれば、上記種の選出に加え、評価地域の対象となる生態系にしか生息していない地域固有性の高い種や日本国内に普遍的に生息する種を評価対象とすると、よりその生態系の地域固有性と普遍性を評価することができる。例えば、周伊勢湾地域に点在する湿地生態系の多くは、土岐砂礫層上に構築された湧水湿地に成立している。本湿地には、周伊勢湾地域に地域固有のトウカイコモウセンゴケなどの東海丘陵要素植物群と共に、全国的に分布が確認されているモウセンゴケが生育しているため、湿地生態系を地域固有性及び普遍性の両面から評価することができる。

味岡ゆい

5.-5-2　GISの利用と評価

地理情報システム（Geographic Information System; GIS）は、都市計画や防災、マーケティング、農業管理など様々な分野に用いられており、近年では環境アセスメントにおける生物種の生息地ポテンシャル評価や開発による影響などに利用されている。GISを用いると空間的な位置データ（例えば、緯度、経度）を伴う生物の分布、地形、気象情報などの情報をデータベース化し、全情報のオーバーレイ（重ね合わせ）から予測評価などの解析を行い、その解析結果をビジュアル化することができる。

GISの基本的な機能は、インプット（生育地データなどの取り込み）、処理（情報のオーバーレイや予測評価解析など）、アウトプット（統合データの作製など）の3つである。まず評価対象生物の生育地、分布や目撃データと生育環境などのGISデータ（例えば、地質データ、植生データ、標高データなど）などの外部データを取り込み、インプットする必要がある。その際、全地球側位システム（Global Positioning System; GPS）によって取得された位置座標（緯度、経度、標高）を付加させた生育地分布データや既存のGISデータなど必ず空間的な位置データが付加されたものを用いる。次に、全てのデータをGIS上で表示し、生育地分布データと生育環境を示すデータをオーバーレイ（地図を重ね合わせて、1枚の地図を作成する処理）することで、評価対象種の生育地、分布や行動様式に寄与する環境条件を検討することができる（図1.5.10）。

例えば周伊勢湾地域の湿地生態系を中心に分布するトウカイコモウセンゴケの生育環境についてGISを利用して解析した結果、トウカイコモウセンゴケ生育地の表層地質年代は91%が後

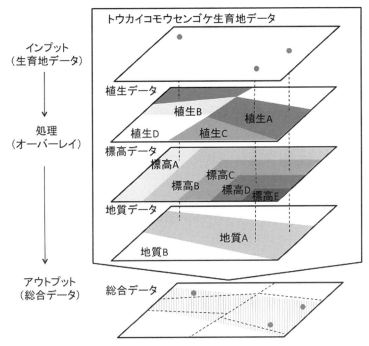

図1.5.10. GISを用いた分布データに，各生育地の植生，標高，地質データの重ね合わせを行った概念図
　例えば、評価対象生物の生育地3点に植生データ（4種類）、標高データ（5種類）、地質データ（2種類）をインプットし、全GISデータをオーバーレイすることによって各生育地の環境条件を抽出し（処理）、生育ポテンシャルマップを作製する（アウトプット）。

期更新世以前（1.8Ma以前）であった（図1.5.11）。こうして、トウカイコモウセンゴケの生育地は表層地質年代に寄与することが示唆され、生育ポテンシャルマップとしても利用可能となる。評価対象生物が踏査できなくても、ポテンシャルマップによって広域評価が可能となる。また周伊勢湾地域に固有、準固有また亜隔離分布している植物群、東海丘陵要素植物群の1つであるシデコブシは東海層群（土岐砂礫層を含む）上の標高200〜500mに限定した分布を示すなど、東海丘陵要素植物群は鮮新世（約530万年前）から更新世（約258万年前）の砂礫層の分布と関連した分布を示すことが多いと報告されている（植田、1994）。また、周伊勢湾地域固有の湧水湿地を中心に分布する水生昆虫ヒメタイコウチ *Nepa hoffmanni*（タイコウチ科Nepidae）の分布も、第二瀬戸内累層群（東海層群を含む）の分布と重なる。このように、周伊勢湾地域に堆積する固有の砂礫層と関連した湿地環境に生息する生物は、周伊勢湾地域の地史や地質に制限された分布を示すと考えられている（長谷川ら、2005）。

更に生物の分布（種レベル）に加え、遺伝的多様性（遺伝子レベル）にも注目し、GISを用いて周伊勢湾地域の表層地質との関連性をみたところ、ヒメタイコウチの遺伝的（ミトコンドリア DNA 16S rRNA 遺伝子部分領域）に異なるグループの地理的変異は、鮮新世（530万年前）以降の東海堆積盆変遷との関連が示された（中村ら、2013）。また日本に全国的に分布し、周伊勢湾地域では湿地周辺などの比較的湿った場所に生育するハルリンドウについても、周伊勢湾地域に分布する遺伝的（葉緑体 DNA *trnS-rps4* 遺伝子間領域）に異なるグループの地理的変異は、後期更新世（1万8,000年前）以降の縄文海進によって制限されていることが示された。このように、遺伝的な地理的変異情報と表層地層のデータを重ね合わせることによって、

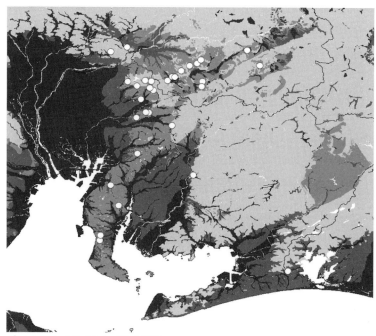

○：トウカイモウセンゴケ生育地
表層地質年代
　：現在〜第四紀後期更新世(0.018Ma)，　：第四紀前期〜後期更新世(0.018〜1.8Ma)，
　：古・新第三紀(1.8〜65Ma)，　：白亜紀以前(65Ma)〜

図1.5.11．周伊勢湾地域に生育するトウカイコモウセンゴケの分布と表層地質の関係
　トウカイコモウンゴケの生育が確認できた地点と、表層地質年代（4段階）に分類したデータをレイアーした結果、周伊勢湾地域のトウカイコモウセンゴケ生育地の表層地質年代は91％が後期更新世以前であった。

周伊勢湾地域に生息する生物の遺伝的多様性までが地史や地質に寄与しているということが示唆された。

味岡ゆい

5.-6　生物多様性オフセット

　日本では、大規模な開発事業を実施するに先立って、開発事業が環境に及ぼす悪影響をあらかじめ予測評価し、悪影響を回避もしくは低減するための環境アセスメント（environmental assessment）が義務付けられている。環境影響評価ともいわれ、開発行為が環境に及ぼす影響についてあらかじめ回避・低減するための情報公開にもとづく手続きのことである。しかし、実際には環境アセスメントは開発事業実施直前に実施されるため、開発事業が優先され本来の目的である自然環境保全はあまり期待できない。それに対して、開発事業策定段階から評価される戦略的環境アセスメント（strategic environmental assessment）は、より自然環境に配慮した回避・低減策が立案しやすいと期待されている。さらに、近年では開発事業などによって失われた自然環境と同等の質・量の自然環境を補償する生物多様性オフセット（biodiversity banking）が提唱されている。以下に生物多様性オフセットの重要な概念であるミティゲーション（mitigation）とノーネットロス（net loss）について説明する。

　a．ミティゲーション：ミティゲーションの本来の意味は「緩和、やわらげること」である。つまり、人間行為によって環境や生態系に生じる影響を最小限に緩和させることを目指した方策がミティゲーションである。環境アセスメントでは「人間行為が過去から現在、そして

未来にかけての環境に及ぼす累積的な悪影響の緩和」といった特別な意味を持つ用語として使われる環境保全措置のことである。日本における基本的なミティゲーションには回避、最小化、代償の3段階がある。まずは開発行為を計画とは別の場所で実施するか、もしくは開発の全てではなく一部を回避する措置として**回避ミティゲーション**（avoiding impacts）の実施を検討する。具体的には全面的に事業の中止、時間的、空間的、部分的などの回避の程度を検討する。次に、開発により予測される悪影響の中から最小化できる影響について考える**最小化ミティゲーション**（minimizing impacts）を検討する。最終的に回避しても最小化しても残るどうにもできない悪影響については、残存する悪影響に対し代替資源や環境を復元もしくは創造する措置として生物多様性オフセットと同等の意味を有する**代償ミティゲーション**（compensating for impacts）を実施する。

　日本の環境アセスメントは極めて大規模な開発事業のみを評価対象としているため、大規模開発計画では計画自体が全面回避されない限り、部分的回避も最小化もできないのが現状である。回避ミティゲーション及び最小化ミティゲーションを十分に検討してもなお残る悪影響に対して行われている環境保全措置が代償ミティゲーションである。そのため、日本におけるミティゲーションで最も重要で現実的なものは代償ミティゲーションといえる。

　b．ノーネットロス：ノーネットロスとは、現存するウェットランド（湿地）の質（機能と価値）と量（面積）を地域として現状維持するというウェットランドの政策を意味するものであった。現在では、ノーネットロスとは、開発前後における生態系や環境の質と量の現状維持を目指すことである。特に、代償ミティゲーションを伴う開発計画に対して、環境や生態系に影響を及ぼすと予測される質や量（ネットロス、net loss）と開発事業により代償ミティゲーションが適用された場所で得られると予測される質と量（ネットゲイン、net gain）が釣り合う状態のことを指す。つまり、1つ1つの自然生態系を消失させるような開発による損失と代償ミティゲーションによる利益がプラスマイナスゼロ、すなわち現存する自然環境の絶対値の現状維持を目指す概念である。

〈味岡ゆい〉

【引用文献】

愛知県尾張事務所林務課（2000）「治山21世紀へのみち」、（株）ジーピーセンター、名古屋。

愛知真木子、味岡ゆい、上野薫、寺井久慈、南基泰（2013）東海丘陵要素植物群の無機窒素栄養に対する種特異性、湿地学会誌3：3-14。

味岡ゆい、齋藤裕子、上野薫、寺井久慈、南基泰、米村惣太郎、那須守、横田樹広、小田原卓郎（2010）HSIモデルを用いたハルリンドウ（*Gentiana thunbergii*）の遺伝的多様性保全のための環境要因評価、環境アセスメント学会誌8：62-73。

Balakirev, AE., Abramov, AV., Rozhnov, VV. (2011) Taxonomic revision of Niviventer (Rodentia, Muridae) from Vietnam: a morphological and molecular approach. Russian J. Theriol. 10: 1-26.

Brummitt, RK., Powell, CE.ed. (1992) Authors of plant names, the Royal Botanic Garden, Kew.

Folmer, O., Black, M., Hoeh, W., Lutz, R., Vrigenhoek, R. (1994) DNA primers for amplification of mitochondrial cytochrome c oxidase subunit I from diverse metazoan invertebrates. Mol. Mar. Biol. Biotechnol 3: 294-299.

藤原一繪（2003）植生調査、「生態学事典」、pp.260-262、巌佐庸、松本忠夫、菊沢喜八郎、日本生態学会編、共立出版、東京。

長谷川道明、佐藤正孝、浅香智也（2005）ヒメタイコウチの分布、付関連文献目録、豊橋市自然史博物館研究報告15：15-27。

菊池多賀夫（2001）「地形植生誌」、東京大学出版会、東京。

木村資生（1986）「分子進化の中立説」、紀伊国屋書店、東京。

コンドラッド・タットマン（1998）「日本人はどのように森をつくってきたのか」、熊澤実訳、築地書館、東京。

小山鐵夫（1996）「黒船が持ち帰った植物たち」、アボック社出版局、鎌倉。

Manni, F., Guerard, E. and Heyer, E. (2004) Geographic Patterns of (Genetic, Morphologic, Linguistic) Variation: How Barriers Can Be Detected by Using Monmonier's Algorithm. Human Biology 76: 173-190.

松井正文、小池裕子（2003）生物進化と保全遺伝学、「保全遺伝学」、pp.19-39、小池裕子、松井正文編、東京大学出版会、東京。

松尾孝嶺（1992）「改訂増補育種学」、養賢堂、東京。

丸山徳次（2007）今なぜ里山学か、「里山学のすすめ－＜文化としての自然＞再生にむけて」、pp.1-26、丸山徳次、宮浦富保編、昭和堂、京都。

宮脇昭（1977）「日本の植生」、学研教育出版、東京。

宮脇昭（1990）「日本植物群落図説」、至文堂、東京。

Musser, GG. (1981) Results of The Archbold Expeditions. No.105. Notes on Systematics of Indo-Malayan Murid Rodents, and Descriptions of New Genera and Species From Ceylon, Sulawesi, and The Philippines, American Museum of Natural History Volume 168: Article 3.

中村早耶香、堀川大介、味岡ゆい、横田樹広、那須守、小田原卓郎、米村惣太郎、南基泰（2013）周伊勢湾地域におけるヒメタイコウチ（*Nepa hoffmanni*）の分子系統地理学的解析、湿地研究3：29-38。

中山勝博（1990）東海層群2東濃地方、URBAN KUBOTA 29:13-15。

沼田真（1978）「草地調査法ハンドブック」、東京大学出版会、東京。

佐々木寧（2008）河川の植生を調べる（2）、多自然研究No.149：3-8。

芝池博幸、森田竜義（2002）拡がる雑種タンポポ、遺伝56（2）：16-18。

森林野生動物研究会編（1997）「森林野生動物の調査―生息数推定法と環境解析―」、共立出版、東京。

田中章（2006）「HEP入門―＜ハビタット評価手続き＞マニュアル―」、朝倉書店、東京。

植田邦彦（1994）東海丘陵要素の起源と進化、「植物の自然史」、pp.3-18、岡田博、植田邦彦、角野康郎編著、北海道大学図書刊行会、札幌。

上野薫、安藤憲亮、加藤知恵、愛知真木子、南基泰、寺井久慈、谷山鉄郎（2006）東海丘陵要素植物群落の保全生態学的研究―保全・修復とその管理に関する研究―（3）中部大学恵那キャンパス内湿地の土壌調査、生物機能開発研究所紀要6：33-43。

U, N. (1934) Genome analysis in Brassica with special reference to 'the experimental formation of B. napus and particular mode fertilization, Jap. Jpous. Bot. 7: 3-4.

綿野泰行（2001）種を超えた遺伝子の流れ：ハイマツ－キタゴヨウ間におけるオルガネラDNAの遺伝子浸透、「森の分子生態学」、pp.111-138、種生物学会編、文一総合出版、東京。

米倉浩司（2012）「日本維管束植物目録」、邑田仁監修、北隆館、東京。

Zuckerkandl, E. & Pauling, L. (1965) Molecules as documents of evolutionary history. J. Theoret. Biol. 8：357-366.

第2章
生物を取り巻く環境

地球表層の生物が生育可能な環境を一つのシステムとしてとらえると、このシステムは大気圏（atmosphere）、水圏（hydrosphere）、地圏（geosphere）、生物圏（biosphere）の4つのサブシステムにより構成されている。生物多様性の基盤となっているのは生態系であり、生態系は生物圏と非生物圏（abiotic sphere）に大別される。地球を一つの生態系と考えると、第1章で説明してきた生物多様性とは4つのサブシステムのうちの生物圏となる。この生物多様性を維持していくためには、残り3つのサブシステムである大気圏、水圏、地圏の非生物圏が担保されていなくてはいけない。つまり、生物多様性を理解するためには、生物そのものだけでなく、それを取り巻く非生物圏を理解しなくてはいけない。本章では、生態系に大きな影響を与えている非生物圏での事象および物質循環について説明する。

1. 地圏・土壌圏

1.-1　地圏の構造

　地球の内部構造（図2.1.1）は、外側から地殻（crust）、マントル（mantle）（上部マントル，下部マントル）、核（core）（外核，内核）に分類される。地殻は海洋と大陸にあるが、その性質は大きく異なっている。地殻の密度は海洋では玄武岩質（basaltic）で$2.9 \sim 3.2 \mathrm{g \cdot cm^{-3}}$と大陸地殻に比べて高く、大陸では上部は花崗岩質（granitic）で$2.6 \sim 2.8 \mathrm{g \cdot cm^{-3}}$と海洋地殻に比べて低く、下部は玄武岩質と推定されている。また、地殻の厚さは海洋で約6km、大陸で約30～60kmである。地殻を構成する岩石には、その生成過程により多様な種類が存在する。大別すると火成岩（igeous rock）（マグマの上昇過程で冷却固結した岩石。浅部で冷却固結した火山岩（volcanic rock）、安山岩（andeside）、玄武岩（basalt）、流紋岩（rhyolite）などと深部で冷却固結した深成岩（plutonic rock）（花崗岩、はんれい岩など）、堆積岩（sedimentary rock）（砂岩、頁岩、チャートなど）、および変成岩（metamorphic rock）に分けることがで

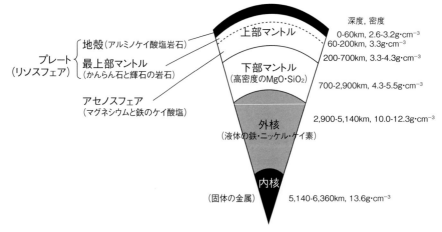

図2.1.1.　地球の内部構造（川幡、2011を改変）
　表層から深部に向かい、岩石の密度は高くなっている。内核以外はすべて固体であるが、最上部マントルと下部マントルの間には、一部岩石が溶解したアセノスフェアが存在する。この部分が潤滑油のような働きをして、地殻と最上部マントル（あわせてプレートと呼ぶ）が下部マントルの上を年間1～10cm移動する。

きる。溶岩が固まっただけの岩石が火成岩、これらが削られて堆積し岩石化したものが堆積岩、火山岩や堆積岩が圧力や熱により異なる鉱物に変成したものが変成岩である。これら地殻と最上部マントルの集合体がプレート（plate）で、地球上に十数個のプレート（厚さの平均は約100km）が存在している。これらプレートは基本的には剛体（極めて硬く、形が変形しない固体）であり、それが下部マントルの上に浮いているためにプレートが移動し、密度の高い海洋プレートが大陸プレートの下に沈み込む。高温（3,000℃以上）のマントルに沈み込んだプレートのかけらは加熱されて上昇し、火山として再び地殻形成の成分となる。このようにプレートの衝突や沈降、再上昇により陸地が形成されてきたとする考え方をプレートテクトニクス（plate tectonics）という。

1.-2 土壌圏

地圏の表層部分で生物の生息密度が高く、生物圏からの影響度の高い部分を土壌圏（pedosphere）とよぶ。本章では、環境生物学的観点から地圏の説明をすることを目的としているので、以下では生物が生活圏として利用している土壌圏に特化して説明する。なお、地圏についての地学的観点からの解説については、全地球史解読（熊沢、2002）や地球表層環境の進化（川幡、2011）、地球学入門（酒井、2003）などが参考になる。

1.-3 土壌の生成

地圏が地球深部までを指すのに対し、土壌圏は人間をはじめとする多くの生物が生活圏として利用する地殻の最表層部を指す。地球上の土壌の厚さを平均すると、わずか15cmほどと極めて薄い。土壌は、岩石の風化（weathering）により年月をかけて生成された固体である。岩石の風化には、以下の3つの風化作用が相互に影響しながら進行する。

物理的風化（physical weathering）：物理的風化には、溶液からの結晶成長、熱膨張（熱収縮）、水和による体積変化などがある。岩石中の水分は凍結すると体積は膨張し、融解すると体積は収縮する。このような温度変化に伴う体積の膨張・収縮を繰り返すことにより、岩石には亀裂が生じ、少しずつ細分化される。また、岩石に入った亀裂に雨水が流入し、礫や砂などと共に岩石の表面を洗うようになると、岩石は摩耗してより小さくなり、形を変えていく。この一連の過程が物理的風化である。この作用によって、細かな粒子になると、粒子中の成分は雨水に溶出しやすくなる。

化学的風化（chemical weathering）：岩石中の溶出成分が温度や圧力などの影響を受けながら水中で化学反応をして沈殿すると、これまでの岩石とは成分の全く異なる鉱物が生成される。この一連の過程が化学的風化である。このようにして生成された最初の鉱物である石英（quartz）や雲母（mica）、長石（feldspar）などを一次鉱物（primary mineral）とよび、これらから二次的に生成された鉱物のことを二次鉱物（secondary mineral）（もしくは粘土鉱物、clay mineral）とよぶ。化学的風化には、加水分解（hydrolysis）、水和（hydration）、酸化（oxidation）・還元（deoxidize）、イオン交換（ion-exchange）、キレート化（chelation）などの反応がある。

生物的風化（biological weathering）：岩石の小さな窪みなどに粒子がたまり、風や水や鳥などによって運ばれてきた微生物や植物の種子は、雨水中または粒子から溶出した無機物を栄養として成長・増殖し、新たな有機物が生じる。特に植物は定着すると、水分や養分を求めて根を岩石の隙間に侵入させる。この根による物理的な岩石の破壊や環境中の成分あるいは根から排出される様々な成分による岩石の成分変化、

植物や微生物遺体の堆積などによって無機物で構成されていた岩石の風化物にさまざまな有機物が添加され、さらにそれらが微生物活動などにより異なる物質へと変性される。これが生物的風化である。

1.-4　土壌の分布

どんな土壌が生成されるかは、もともとの岩石（母岩、parent rock）の種類だけでなく、「第2章 1.-3土壌の生成」で示した3つの各風化過程における温度や降雨量に大きな影響を受ける。そのため、土壌の分布は気候区分によく似た分布をしている。一例として日本の土壌分布（soil distribution）を説明する。日本列島は、南北に細長く、国土の成立の仕方も複雑なため（「第4章2. 日本の陸地形成」参照）、極めて多様で複雑な土壌が分布している。高山帯や寒冷地には冷涼湿潤気候下の針葉樹林で生成される白色のアルミニウム・鉄の溶脱層を有するポドソル（Podosol）が、火山帯には火山灰から生成されたアンディソル（Andisol、黒ボク土ともよぶ）が、熱帯・亜熱帯地域には赤褐色のアルティソル（Ultisol）やオキシソル（Oxisol）が、河川の氾濫原等には土壌断面の未発達なエンティソル（Entisol）が分布している。日本の土壌図については東北大学土壌立地分野HP（http://www.agri.tohoku.ac.jp/soil/jpn/2009/02/post_23.html）を参照のこと。また、土壌分類については、「第2章 1.-6-4土壌分類名」にて概説する。

1.-5　土壌圏における諸問題

土壌が機能（「第3章 生物環境中の物質循環」参照）の一部を失い始めると、土壌劣化（soil degradation）が始まる。土壌の劣化には侵食（erosion、風や水などにより土壌表層が持ち去られること）、圧密（consolidation、水で飽和した土壌に連続的に圧縮加重を与えることにより土壌水が排水され、土壌が圧縮される現象のこと）、砂漠化、塩類集積、養分欠乏、酸性化（acidification）、汚染（pollution）、そして有機物の減耗や生物多様性の損失などがあり、互いに影響し合っている。本項では、環境問題として最低限知っておくべき砂漠化と塩類集積、土壌侵食、問題土壌、土壌のレッドデータについて説明する。

①砂漠化（desertification）：気候変動のみならず、過剰な土地利用（過度放牧や過開墾、過伐採、過灌漑）により緑地面積が減少し、広範囲に不毛化する現象である。世界全体で砂漠化した地域は36億ヘクタールで、毎年0.15％増加しているという（United Nations Environment Program、1991）。砂漠化は乾燥地、半乾燥地、乾燥半湿潤地に生じやすく、乾燥地の25％が既に砂漠化している（吉野、1997）。アジアやアフリカでの砂漠化がとくに顕著であり、緑化技術の発展が求められている。過放牧は、草原の再生速度を上回る家畜による採食と土壌の踏み固めをもたらす。過開墾では、本質的に農耕地に不適な環境を開墾するために風食や水食が生じやすくなる。さらにこのような土地は開発途上国であることが多く、十分な養分補給や土壌管理への配慮がなされず、土壌を酷使してしまう場合が多い。過伐採では再生速度を上回る薪材の採取による森林生態系の劣化が生じる。これらにより本来は存在していた地上植生が消失し、風食や水食が加速化し、土壌の浸透能は低下し、表土中の粘土は雨の少ない季節に舞い上がり消失する。こうして土壌の保水性や肥沃度は低下し、生産的な土壌機能は失われる。また、無計画な灌漑（irrigation）（作物の栽培に必要な水を耕地へ人為的に供給すること）によって、塩類集積（「第2章 1.5土壌圏における諸問題②塩類集積」参照）を引き起こす場合も少なくない。伝統的な焼畑農業（もしくは移動農法）（sifting cultivation）は、かつては十

分に土壌肥沃度の回復を待って実施されていたが、現在では回復を待つための十分な耕地面積がないため、砂漠化の一要因になっている。**偏西風**（prevailing westelies、中緯度地域でほぼ常時吹いている風で、西から東に吹く）に乗り日本から北米の広範囲に降り注ぐ**黄砂**（yellow dust）は、こうして拡大したタクラマカン砂漠などからやってくる$1\mu m$以下の軽量の微細粒子である。これらは硫化物等を吸着するので汚染物質のキャリアーにもなる。砂漠化防止対策としては、耐乾性植物による緑化やマルチング（藁やシートなどで物理的に地表面を覆うこと）、放牧地域における家畜頭数管理の徹底などがあげられるが、緑化については外来種移入等の観点から問題となることもあり、抜本的解決には至っていない。

②**塩類集積**（salinization）：蒸発散量が降水量を上回る乾燥地や半乾燥地帯の排水不良地などにおける不適切な灌漑により生じる。可溶性のカリウムやナトリウム、カルシウム、マグネシウムの塩化物や硫酸塩、炭酸塩などが表層に集積する現象である。土壌水中の塩類濃度が高まることで土壌水の**浸透ポテンシャル**（osmotic potential）（「第2章 1.-6-5土壌の保水性と透水性 ④浸透ポテンシャル」参照）が高まり、作物が吸水しにくくなる。また土壌水中における**土壌コロイド**（soil colloid）（約$1\mu m$以下の粘土粒子）の分散性や凝集性が高まり、懸濁物質の農耕地からの流出や乾燥による土壌の硬化が生じてしまうため、これを改善することは極めて困難である。塩類集積を一度引き起こすと、塩を洗脱するための多くの淡水と排水性を高めるための**暗渠**（地下排水用の地中の施設）の埋設など、多大な労力と資材が必要になる。

③**土壌侵食**（soil erosion）：風や水などにより土壌表層が持ち去られる現象で、土壌表層に植物の被覆が不十分な場合に生じる。半乾燥地や乾燥地帯だけでなく、熱帯雨林でも生じる。熱帯雨林はその土壌は本来豊かだが、植物を伐採すると土壌を雨から守る緩衝材として機能していた植物自体や植物遺体の供給が無くなる。また、熱帯雨林では微生物の活性が高いために土壌中に貯蓄されていた有機物は急速に分解され、土壌の有機物は欠乏し砂質土壌のみが残ることになる。このような状況では雨水による侵食は地形が変貌するほど激しくなり、森林の再生はほとんど望めない状態となる。従って、熱帯雨林の伐採は十分に配慮されねばならない。土壌侵食は日本でも生じている。沖縄における農地からのマージ土壌（maji soil、沖縄に広く分布する岩石が風化してできた赤土）の流出や、林床植生が乏しい人工林の表層土壌の流出（「第2章 1.-7森林土壌の機能」参照）はこれにあたる。侵食の防止には、林床植生などを維持して土壌を適切に被覆し、裸地化しないことが重要である。傾斜地農業では畝の方向を斜面に垂直にしたり、農地に樹木と作物を同一面で栽培したりする**アグロフォレストリー**（agroforestry）などの手法を用いるなど、**土壌流亡**（soil loss）を緩和する工夫が必要である。

④**問題土壌**（problem soil）：世界には、極めて特異的な化学性や物理性のために管理が難しい土壌群があり、問題土壌とよばれている。ヒストソル（histosol）（慣用名で泥炭土、peat）やスポドソル（spodosol）（塩類土壌、saline soil）、アリディソル（aridisol）（アルカリ土壌、alkaline soil）、**酸性硫酸塩土壌**（acid sulfate soil）（オキシソル項、oxisolに分類）などはその代表である。日本沿岸の汽水域や第三紀火山性土層にも、硫化物を5％（乾土質量あたり）含み、酸化的条件下で強酸性（pH3.5以下）になる酸性硫酸塩土壌が堆積しており、干拓や内陸部丘陵地の開発により土壌から硫酸が生成されて問題となる場合がある。このような土壌は酸素に触れさせることを避け、還元条件で利用することが望ましい。しかし、どうしても開発

しなくてはならない場合には、積極的に排水して酸化を促進し、硫酸塩をできるだけ早く生成させ、暗渠などにより排水性を上げたあとに大量の淡水により洗脱させ、石膏等による中和をはかる必要がある。

⑤レッドデータ土壌：日本の動植物には、その分布調査に基づいた希少種のランク付けを行った資料（レッド・リスト）が作成されており、環境省や地方自治体等により数年に一度内容が更新されている。しかし、それら生物を育む土壌についてのレッドデータはこれまで存在しなかった。近年の急速な国土開発に伴って土壌の消失が加速化し、保全の必要性が高まっていることから、土壌についても保全の緊急性ランク付けの試みが開始された（平山ら、2000）。現在、特に緊急に保護される必要がある土壌としては、西南諸島や沖縄県における赤・黄色土、沖縄県の隆起珊瑚起源の土壌（マージの一種）、低地や湿地に分布する低地土やグライ土、水田土、黒ボク土、高山環境のポドゾル、丘陵地帯の黄褐色森林土などである。生物種の多様性を維持するには、それらを育む場としての土壌の多様性も保全する必要があるという考え方が一般的になりつつある。

1.-6 土壌の基礎知識

土壌の生成速度は年間に1mm以下であり、耕作に適した環境は世界の陸地面積のたった25％しかない。食料問題を抱える私たちにとって、現存する土壌の保全は文明そのものの持続性に関わる極めて重要な課題である。この項では、生態学を理解するために必要な最低限の土壌に関する基礎知識について説明する。

1.-6-1 土壌層位

道路脇の崖などで、土壌の深さに沿って一連の関連性（色や粒の大きさなど）をもった縞模様が**土壌断面**（soil profile）として何層にも重なっているのを見かけることがある。このような土壌内における層のことを**層位**（horizon）とよぶ。土壌には、その生成過程や管理過程に伴って様々な層位がみられる。市街地などでは造成、宅地などの地形改変によって自然状態の層位はほとんど失われている。現在、自然状態が比較的多く残っているのは森林土壌であるので、ここでは森林土壌（図2.1.2）を例として、以下に各土壌層位について説明する。

土壌体

O層：地上の最上部にあたる植物の落葉落枝が堆積した層。さらにO層は有機物の分解度合いにより、未分解もしくはわずかに分解している状態で植物組織の原型が肉眼で認められるリター層（litter layer）（L層）、分解してしまい落葉落枝の原型は止めないが、植物組織は判別できる腐葉層（F層）、分解がすすみ植物組織が判別できないが腐植には至っていない腐植層（H層）に細分化される。O層はA_0層ともよばれる。

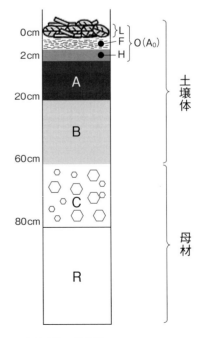

図2.1.2．森林土壌の層位例
L：リター層（落葉落枝層）、F：腐葉層、H：腐植層、L、F、Hを併せてO層あるいはA_0層とよぶ。R：基盤（母岩）

A層：O層の下にあり上部の有機物が完全に分解され、**腐植**（humus）という物質が多く含まれている黒色部分の層。

B層：A層の下にあるB層は、腐植を含まないため黒色を呈さず、有機物含有量が少ない。また、土壌中の鉄やアルミニウムなどの無機物の溶脱（土壌粒子から成分が溶出して系外に移動すること）や集積が生じる層でもある。土壌が湛水（水が過飽和状態にあること）状態でなければ、土壌中の鉄が酸化するために赤褐色～黄褐色である場合が多い。

母材

C層：B層の下には、C層とよばれる上部の土壌の母材となっている部分が存在する。母岩が弱く風化した岩石破片などが主体となっている。C層の下にはR層という基盤（母岩）が存在する。

E層：上層からの溶脱層。O層またはA層とB層との間にできることが多く、淡色を呈する。下層には集積層が存在する。

実際にフィールドを調査すると、必ずしも前記した順に堆積しているわけではない。このような層位の存在状態を含めた土壌断面を記録する際には、層位とともに、土色や土性（「第2章 1.-6-3 土性」参照）などの層位ごとの一連の特徴を捉えて、各層（例えばA層）の中でも異なる状態であれば上層からA₁、A₂などと番号を振ったり、A層とB層の間に遷移層（上下層の中間的な状態を示す層）があればAB層などと記載したりする。さらに、**斑紋**（mottling）（地下水の変動域に生じる酸化鉄などによる模様）や**結核**（concretion、マンガンや鉄などが粒状に集積したもの）の有無、乾湿状態、植物根や動物の生息痕などについても記録する。土壌断面は調査地点における土壌の生成過程やその後の撹乱などが記録された履歴書のようなものである。

1.-6-2 土壌三相

土壌は、**固相**（solid phase）、**液相**（liquid phase）、**気相**（gas phase）の三相に分けることができ、これを**土壌三相**（three phases of soil）という（図2.1.3(a)）。森や畑の土壌を踏みしめたときに、他の土壌よりもフカフカした感触がするのは、土壌に気相が多いからである。植物や微生物などによってよく熟成された土壌は、これら生物が生成する粘着物質によって弱く結合し、いろいろな大きさや形、いろいろな物質がひとつの塊となって存在する。この塊を**団粒**（soil aggregate）（図2.1.3(b)）とよぶ。団粒構造がよく発達している土壌ほど、粒子と粒子の間には**間隙**（孔隙、pore、土壌中の隙間のこと）が多くなるので、気相も多くなり、多様な空間が生じるために多様な生物が生息でき、**透水性**（osmosis、水の通しやすさ）も高まる。

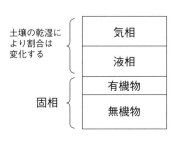
(a) 土壌三相

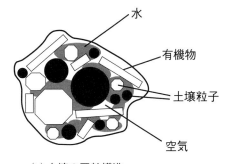
(b) 土壌の団粒構造

図2.1.3. 土壌三相と団粒構造
団粒構造とは、一つの粒のように見える土壌の集合体である。植物や微生物の生産物質により、土壌粒子や有機物が緩く接着されて出来ている。

土壌の液相と気相の割合は、土壌中の粒子の大きさが大きく、土壌有機物の量が多く、団粒状態が発達しているほど高くなる。土壌が水で飽和している場合には、液相部分に加えて乾燥時の気相部分も**土壌水**（soil water）で満たされる。気相は土壌中のガス交換の場でもあり、植物や土壌動物の生息適性に影響を与える重要な場である。

土壌三相を土壌全体における各相の体積割合（％）で示すことがある。その測定法として**実容積法**（effective volumetric capacity method）がある。これは、一定体積の非攪乱土壌（現場の土壌構造を破壊せずに採取した土壌）を用いて、土壌三相計（単子型）などの各種測定器により計測した圧力と、サンプルの真比重および水分量から算出する方法である。なお、土壌三相計は、**ボイル・シャルルの法則**（Boyle-Charles' law, $P \cdot V_a = R \cdot T$, P：気体の圧力、V_a：気体の容積、R：気体定数、T：絶対温度）を利用してサンプルの圧力を計測するものである。

1.-6-3 土性

土壌中の大きさの異なる構成粒子の割合を利用して分類が行われ、分類された名称を総じて**土性**（soil texture）とよぶ（表2.1.1）。これは、土壌中の物質移動や強度などを把握する際に必要な、基本的な物理的分類基準である。土性は、土壌中の**粘土**（clay）、**シルト**（silt）、**砂**（sand）（表2.1.2）の各質量パーセンテージを調べ、**三角座標**（trianglar diagram）中の位置から判定する（図2.1.4）。粘土、シルト、砂、礫などの呼称を土壌粒子の**粒径区分**（grain size distribution of soil particles）という。この粒径区分については、世界共通の区分は存在せず、分野によっても異なるが、近年農業分野で広く用いられるのは**国際土壌学会**（International Union of Soil Science; IUSS）による区分（農業農村工学会、2010、表2.1.2）である。その他の粒径区分法としては、**日本農学会**（Association of Japanese Agricultural Scientific Societies; AJASS）、**日本工業規格**（Japanese Industrial Standards; JIS）、アメリカ農務省天然資源保全局（Natural Resources Conservation Service; NRCS）による区分（USDA法）などがある。土性区分については一般的なUSDA法と日本農学会法について図2.1.4で示した。

土性は、先に述べた土壌三相の割合と密接な関係がある。粘土が多いと単位体積あたりに多くの粒子が存在し、締め固められて気相が少なくなりやすい。**重埴土**（heavy clay）のように、45％以上が粘土であるような土壌では、排水性が悪く、気相が少ない。そのため土壌中のガス交換率も低くなり、還元化しやすくなるので、好気的環境を好む動植物の生息地適性としては低くなる。一方、より粒子の大きな砂や礫が多く存在すると、単位体積あたりの土壌にはより多くの気相が存在するので、排水性や通気性が高まる。しかし、砂や礫は保水性が粘土に比べて低いため、耐乾性をもたない一般的な動植物にとっては、これらが優先する**砂質土壌**（sandy soil）などでの生息地適性は低くなる。

土性の判定法は、土壌を採取して室内実験により判定する方法と、現場で簡易的に判定する**触診法**（palpation method）がある。触診法は

表2.1.1. 土性区分名

区分名	英名	記号
重埴土	Heavy Clay	HC
シルト質埴土	Silty Clay	SiC
軽埴土	Light Clay	LiC
砂質埴土	Sandy Clay	SC
シルト質埴壌土	Silty Clay Loam	SiCL
埴壌土	Clay Loam	CL
砂質埴壌土	Sand Clay Loam	SCL
シルト質壌土	Silty Loam	SiL
壌土	Loam	L
砂壌土	Sandy Loam	SL
壌質砂土	Loamy Sand	LS
砂土	Sand	S

表2.1.2. IUSSによる土壌粒子の粒径区分と特徴（農業農村工学会、2010）

粒径区分	粒径（mm）	特徴
礫（gravel）	≧2	粒子間に水をほとんど保持しない。
砂（sand） 　粗砂（coars sand） 　細砂（fine sand）	2〜0.02 2〜0.2 0.2〜0.02	粒子間または毛細孔隙に水が保持される。 同上、肉眼で見える限界。
シルト（silt）	0.02〜0.002	砂と粘土の中間的性質をもつ。粘着性はないが弱い凝集力があり、土塊を形成する。
粘土（clay）	<0.002	粒子の表面積が大きく、コロイドとしての性質をもつ。水の吸着、イオン交換、コンシテンシーなどの理化学性を大きく寄与する。ほとんどが二次鉱物。

表2.1.3. 触診法による土性診断基準（農業農村工学会、2010を改変）

判定法	土性
ほとんど砂ばかりで、ねばり気を全く感じない。	砂土（S）
砂の感じが強く、ねばり気はわずかしかない。	砂壌土（SL）
ある程度砂を感じ、ねばり気もある。砂と粘土が同じくらいに感じられる。	壌土（L）
砂はあまり感じないが、さらさらした小麦粉のような感触がある。	シルト質壌土（SiL）
わずかに砂を感じるが、かなりねばる。	埴壌土（CL）
ほとんど砂を感じないで、よくねばる。	軽埴土（LiC）
砂を感じないで、非常によくねばる。	重埴土（HC）

触診法による土性診断基準（農業農村工学会、2010、表2.1.3）に示した基準により**塑性限界**（plastic limit、力を加えても壊れずに別の形に変形する限界の水分状態）程度に湿らせた土壌を使い、簡易的に判断する。室内実験では、土壌の粒径組成（土壌中の基準粒子径ごとの存在割合）を求め、その結果を用いて判定する。

粒径組成は、一般的には**篩別法**（sieve analysis）と**沈降分析**（sedimentation analysis）を併用して把握する。これら2つの方法の概要は以下の通りである。

篩別法：調べたい土壌について有機物除去などの適切な前処理を行った後、粒径75μm以上の比較的粒径の大きな粒子群について、各規格

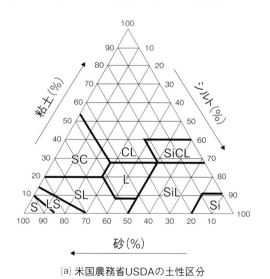

(a) 米国農務省USDAの土性区分　　　(b) 日本農学会の土性区分

図2.1.4. 土性区分
図中の土性区分名（アルファベット）については表2.1.1参照

の篩に土壌を通過させ、各篩に残った土壌の乾燥質量をそれぞれ求める。

沈降分析：粒径75μm未満の粒径分析法としては、一般的には比重計法（hydrometer method）とピペット法（pipette method）がある。ここでは、JIS規格である比重計法について説明する。1Lのメスシリンダーに土壌と蒸留水、分散剤を入れて十分に撹拌してから恒温槽に静置し、各規定時間での土壌溶液の比重計（浮標）の値を読み、測定時の水温とストークスの定理（Stokes' theorem、抵抗力＋浮力＝重力とし、液体中のある粒径の小さな粒子が流体中に沈降する際の終端速度を求める式）から粒径を、比重浮標理論（hydrometer theory）から通過質量百分率を算出する。

この篩分析と沈降分析の実験結果より全体の粒径組成の割合を求め、土性区分の三角座標（図2.1.4）を使って土性を決定する。

1.-6-4 土壌分類名

既知の生物にそれぞれ種名があるように、世界中の土壌についても、個別に名前が与えられている。19世紀の終わりに土壌学の父と呼ばれているロシアのバシリー・ドクチャエフ（1846-1903）によって世界で初めて土壌が分類された。しかし、残念ながら現在に至っても土壌の世界統一規格は存在しない。それは地域ごとに土壌が多様であるとともに、土地利用の経緯も異なるためである。現在は、FAO-UNESCO分類体系（FAO-UNESCO Soil classification system、国際連合食糧農業機関FAO、2001）、アメリカ合衆国分類体系（Soil taxonomy）（Soil taxonomy 2nd edition、アメリカ農務省天然資源局USDA、1999）、日本の統一的土壌分類体系（Unified Soil Classification System of Japan、日本ペドロジー学会第四次土壌分類・命名委員会、2003）などが存在している。各分類体系では、ピラミッド型に特徴を示すカテゴリーを積み上げた高層的な分類システムとなっている。例えば、アメリカ合衆国分類体系（Soil taxonomy）では、上位より目（order）、亜目（suborder）、大群（great group）、亜群（subgroup）、ファミリー（family）、統（series）の6つの階層で分類され、11の土壌目により1200統の土壌が分類されている。一方FAO-UNESCO分類体系では、2つの階層で分類されており、上位28の土壌群はSoil taxonomyにおける亜目に、下位の153土壌単位は大群にほぼ対応している。土壌群のこれらの分類の基準は、土色（有機物の量や酸化・

表2.1.4. 農耕地土壌分類（農耕地土壌分類委員会、1995）

土壌群・土壌亜群	土壌群・土壌亜群
01 造成土	134 表層灰色グライ低地土
011 台地造成土	135 還元型グライ低地土
012 低地造成土	136 斑鉄型グライ低地土
02 泥炭土	14 灰色低地土
021 高位泥炭土	141 硫酸酸性質灰色低地土
022 中間泥炭土	142 腐植質灰色低地土
023 低位泥炭土	143 表層灰色化灰色低地土
03 黒泥土	144 グライ化灰色低地土
030 普通黒泥土	145 下層黒ボク灰色低地土
04 ポドゾル	146 普通灰色低地土
040 普通ポドゾル	15 未熟低地土
05 砂丘未熟土	151 湿性未熟低地土
051 湿性砂丘未熟土	152 普通未熟低地土
052 腐植質砂丘未熟土	16 褐色低地土
053 普通砂丘未熟土	161 湿性褐色低地土
06 火山放出物未熟土	162 腐植質褐色低地土
061 湿性火山放出物未熟土	163 水田化褐色低地土
062 腐植質火山放出物未熟土	164 普通褐色低地土
063 普通火山放出物未熟土	17 グライ台地土
07 黒ボクグライ土	171 腐植質グライ台地土
071 泥炭質黒ボクグライ土	172 普通グライ台地土
072 厚層黒ボクグライ土	18 灰色台地土
073 普通黒ボクグライ土	181 腐植質灰色台地土
08 多湿黒ボク土	182 普通灰色台地土
081 下層台地多湿黒ボク土	19 岩屑土
082 下層低地多湿黒ボク土	190 普通岩屑土
083 厚層多湿黒ボク土	20 陸成未熟土
084 普通多湿黒ボク土	200 普通陸成未熟土
09 森林黒ボク土	21 暗赤色土
090 普通森林黒ボク土	211 石灰型暗赤色土
10 非アロフェン質黒ボク土	212 酸性型暗赤色土
101 水田化非アロフェン質黒ボク土	213 普通暗赤色土
102 厚層非アロフェン質黒ボク土	22 赤色土
103 普通非アロフェン質黒ボク土	221 湿性赤色土
11 黒ボク土	222 普通赤色土
111 水田化黒ボク土	23 黄色土
112 下層台地黒ボク土	231 湿性黄色土
113 下層低地黒ボク土	232 ばん土質黄色土
114 淡色黒ボク土	233 水田化黄色土
115 厚層黒ボク土	234 腐植質黄色土
116 普通黒ボク土	235 灰白化黄色土
12 低地水田土	236 山地黄色土
121 漂白化低地水田土	237 台地黄色土
122 表層グライ化低地水田土	24 褐色森林土
123 下層褐色低地水田土	241 湿性褐色森林土
124 湿性低地水田土	242 ばん土質褐色森林土
125 灰色化低地水田土	243 腐植質褐色森林土
13 グライ低地土	244 塩基型褐色森林土
131 硫酸酸性質グライ低地土	245 山地褐色森林土
132 泥炭質グライ低地土	246 台地褐色森林土
133 腐植質グライ低地土	

還元状態、溶脱の状況などを反映する）や化学成分（鉄や硫黄、アルミ、リン吸収係数、有機物量など特徴のある成分の含有濃度）や溶脱層などの有無などの特性により分類されている。これら分類基準については、日本の日本ペドロジー学会第四次土壌分類・命名委員会（2003）や国際連合食糧農業機関FAO（FAO-Unesco Soil classification system、2001）、アメリカ農務省天然資源保全局USDA（NARCS）（Soil taxonomy 2nd edition、1999）などを参考とするのがよい。

日本では、伝統的に土壌調査事業別に農耕地土壌と森林土壌の二つの分類法が存在している。農耕地土壌では**農耕地土壌分類**（農耕地土壌分類委員会、1995、表2.1.4）を利用し、Soil taxonomyやFAO-UNESCO分類体系に類似した詳細な分類となっている。それに対し、森林土壌では**林野土壌分類**（林業試験場土壌部、1975、表2.1.5）の8土壌群を用いる。しかし、土壌調査事業別に異なる分類法を用いるこの不便さを解消するために統一的分類の試みが1980年より行われ、現在では10大群（31土壌群、116亜群）に分類された日本の統一的土壌分類体系（日本ペドロジー学会第四次土壌分類・命名委員会、2003、表2.1.6）がある。

1.-6-5　土壌の保水性と透水性

土壌には固相と液相と気相の三相があることは「第2章1.6-2土壌三相」で説明した。土壌中の水分のことを**土壌水**（soil water）といい、土壌水が存在できる空間は、気相と液相の部分である。この気相と液相の両方をあわせた間隙が全て水で満たされている状態を飽和状態という。また、隙間だけではなく、植物根が枯死してできた様々な太さのストローのような管が多様な方向に存在し、これらの隙間は相互に連結して形成された**毛管**（capillary）を形成しており、そこにも水は存在している。このような土壌中の様々な空間にどれだけの量の水が存在で

表2.1.5. 林野土壌分類（林業試験場土壌部、1975）

土壌群・土壌亜群	土壌群・土壌亜群
P　ポドゾル	DR　暗赤色土
P_D　乾性ポドゾル	eDR　塩基系暗赤色土
P_W(i)　湿性鉄型ポドゾル	dDR　非塩基系暗赤色土
P_W(h)　湿性腐植型ポドゾル	vDR　火山系暗赤色土
B　褐色森林土	G　グライ
B　褐色森林土	G　グライ
dB　暗色系褐色森林土	psG　偽似グライ
rB　赤色系褐色森林土	PG　グライポドゾル
yB　黄色系褐色森林土	Pt　泥炭土
gB　表層グライ化褐色森林土	Pt　泥炭土
RY　赤・黄色土	Mc　黒泥土
R　赤色土	Pp　泥炭ポドゾル
Y　黄色土	Im　未熟土
gRY　表層グライ系赤・黄色土	Im　未熟土
B/　黒色土	Er　受触土
B/　黒色土	
/B/　淡黒色土	

表2.1.6. 日本の統一的土壌分類体系
（日本ペドロジー学会第四次土壌分類・命名委員会、2003）

土壌群・土壌亜群	土壌群・土壌亜群
造成土大群	沖積土大群
人工母材土	集積水田土
盛土造成土	湿性、漂白化、典型
泥炭土大群	灰色化水田土
高位泥炭土	湿性、下層褐色、漂白化、典型
下層無機質、繊維質、腐朽質、典型	グライ沖積土
中間泥炭土	潜硫酸酸性質、泥炭質、黒ぼく質、未熟化、表層酸化、典型
下層無機質、繊維質、腐朽質、典型	灰色沖積土
低位泥炭土	潜硫酸酸性質、泥炭質、黒ぼく質、グライ化、表層グライ化、典型
下層無機質、繊維質、腐朽質、典型	褐色沖積土
ポドゾル性土大群	黒ぼく質、湿性、典型
ポドゾル性土	停滞水性土大群
泥炭質、グライ化、表層疑似グライ化、疑似グライ化、典型	停滞水グライ土
黒ぼく土大群	泥炭質、典型
未熟黒ぼく土	疑似グライ土
湿性、埋没腐植質、典型	下層グライ化、褐色、典型
グライ黒ぼく土	赤黄色土大群
泥炭質、厚層多腐植質、非アロフェン質、典型	粘土集積質赤黄色土
多湿黒ぼく土	水田化、塩基性、灰白性、表層疑似グライ化、疑似グライ化、帯暗赤色、典型
泥炭質、厚層多腐植質、非アロフェン質、典型	風化変質赤黄色土
褐色黒ぼく土	水田化、塩基性、灰白性、表層疑似グライ化、疑似グライ化、帯暗赤色、典型
厚層、非アロフェン質、埋没腐植質、典型	褐色森林土大群
非アロフェン黒ぼく土	黄褐色森林土
水田化、厚層多腐植質、淡色、埋没腐植質、典型	塩基性、表層疑似グライ化、疑似グライ化、典型
アロフェン黒ぼく土	普通褐色森林土
水田化、厚層多腐植質、淡色、埋没腐植質、典型	多腐植質、塩基性、ポドゾル化、表層疑似グライ化、疑似グライ化、典型
暗赤色土大群	未熟土大群
表層暗色石質土	火山放出物未熟土
粘土集積質、典型	湿性、典型
赤褐色石質土	砂質土
粘土集積質、典型	レンジナ様土型、石灰質、湿性、典型
黄褐色石質土	固結岩屑土
粘土集積質、典型	レンジナ様土型、石灰質、湿性、典型
暗赤色マグネシウム質土	非固結岩屑土
粘土集積質、典型	グルムソル様土型、レンジナ様土型、石灰質、湿性、典型

きるかは、以下で説明する各土壌が保持する保水性と透水性によるところが大きい。

①**保水性**（water holding capacity）：土壌水は主として土壌粒子と液体との界面で生じる**表面張力**（surface tension、液体が表面積を縮小しようとする力）（図2.1.5a）と**毛細管現象**（capillarity）（図2.1.5b）により保持されている。土壌中に存在する様々な間隙は、連続して様々な太さの管のような状態になっている。細い管にできるメニスカス(管の側面にできる液面の屈曲)は太い管にできるメニスカスよりも大きくなる。細い管の中では太い管よりも表面張力が大きくなるため、より大きな力で水が吸い上げられて保持される。細いストローよりも太いストローのほうが水を吸いやすいのと同じ現象である（図2.1.5b）。したがって、粒子と粒子の隙間が狭いほど、そこに保持されているエネルギーは大きく、排出されにくい。このような毛細管現象と表面張力の相互作用による保水性によって、土壌水は土壌内に保持されている。よって、土壌水は土壌の固相の状態によって、保持されているエネルギー（保水力）が異なっている。この異なるエネルギーにより保持されている土壌水には、それぞれ名前（重力水、毛間水、吸湿水など）がついており、植物を管理する際に知っておくと便利である（次項「②透水性」参照）。

②**透水性**（permeability）：土壌中の粒子の大きさや有機物の質や量などにより水が重力方向に移動する速度の違いのこと。透水性や前記した土壌水が保持されているエネルギーの違いについて実感するのは少し難しいので、土壌をスポンジに例えて説明する。

スポンジ（土壌）には沢山の大小様々な穴（土壌中の間隙）があいている。乾いたスポンジ（土壌）に水をこれ以上吸水しなくなるまで、たっぷり吸わせてみる。この時、スポンジ（土壌）の間隙部分（液相と気相）に水が入り込み、間隙部分はすべて水で満たされている（飽和状態）。次に、スポンジ（土壌）をそっと持ち上げてみる。スポンジ（土壌）からはポタポタと自然に水滴が落ち、しばらくすると水滴は落ちなくなる。この時に落ちた水は重力によりスポンジ（土壌）外に排出される水で、**重力水**（gravitational water）（あるいは**非自由水**、unfree water）とよぶ。次にスポンジ（土壌）を手で握ってみよう。途中までは握る強さに比例して水が落ちるが、ある程度を超えると排水されなくなる。この時に排水されたのは比較的取り出しやすいスポンジ（土壌）の間隙部分（液相と気相）にあった水で、**毛管水**（capillary water）（あるいは**自由水**、free water）と呼ぶ。そして、スポンジ（土壌）を握っても排水され

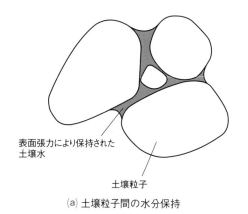

(a) 土壌粒子間の水分保持

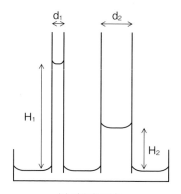

(b) 毛細管現象

毛細管の直径をd (cm)、水頭をH (cm)とすると、常温条件では水頭はジュレンの式（H=0.3/d）に近似できる。

図2.1.5. 土壌粒子間の水分保持と毛細管現象

なかった水は、通常の吸引力や熱エネルギー（200℃程度まで）では土壌中から取り出すことのできない吸湿水（hygroscopic water）（あるいは結合水、bound water）とよばれる土壌水である（図2.1.6）。

③マトリックポテンシャル（matric potential）：土壌の固相や間隙の質（表面張力や毛管現象）により、水が保持される力のこと。kPaやpFで表す。pFとは、土壌の水分状態を土壌外に取り出すエネルギーに換算し、その値を水柱高さ（cm）で表し、常用対数表示にしたものである。

④浸透ポテンシャル（osmotic potential）：土壌水には様々な成分が固相から溶出しており、溶存物質の濃度が高いほど、土壌水は取り出しにくくなる。この溶存物質に依存する土壌水の保持力を浸透ポテンシャルとよぶ。土壌中にはこのように様々なエネルギー状態で土壌水が存在している。これらのエネルギーは、土壌水を植物が利用する際に必要なエネルギーと考えることができる。つまり、重力水のような取り出しやすい土壌水は、植物も利用しやすく、結合水のような土壌水は利用できない。植物が水分不足になりしおれ始める土壌水分状態（soil moisture condition）のことを初期萎凋点（primary wilting point）とよび、pF3.8が一般的な植物における値とされている。多くの植物がもつ浸透圧は約pF4.0であり、これを超えたpF4.2の土壌水分状態は永久萎凋点（permanent wilting point）とよばれる。この状態では多くの植物は吸水できず、水を補給しても回復せずに枯死する（図2.1.6）。

⑤圃場容水量（field capacity）：野外で雨が降ると土壌に水が浸み込む。現場土壌での水分状態を比較するときに圃場容水量で比較することがある。圃場容水量とは、多量の降雨等の後、土層からの重力による排水がほとんどなくなり、排水速度が蒸発散速度と比べて無視できる程度まで遅くなった水分状態のことを言う。日本では、降雨24時間後の状態のことを指すことが多い。圃場容水量は一般的な植物が吸収できる各土層の土壌水分の上限を意味する。また、土壌水が飽和状態（気相全てが水で満たされている状態）にある状態の水分量のことを最大容水量（maximum water holding capacity）という（図

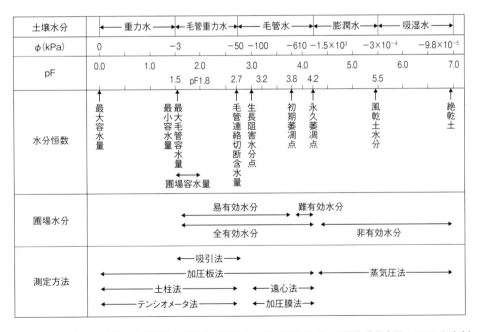

図2.1.6. 土壌水分の分類と水分恒数（農業土木学会土の理工学実験ガイド編集委員会編、1983を改変）

2.1.6）。

1.-6-6　土壌水分状態測定法

土壌水は、前項「第2章 1.-6-5土壌の保水性と透水性」で説明したように様々なエネルギーにより土壌中に拘束されているので、これを大気中に取り出すにはエネルギーを必要とする。そのため、土壌水自体は基本的に自噴することはなく、土壌に拘束されていると言う意味から負の圧力（負圧）として評価される。土壌水分状態の測定方法には、素焼きカップを介して土壌水分の負圧と素焼きカップを含めた測定機器内の圧力を平衡状態にしてこれを測定する**テンシオメータ**（tensiometer）と、土壌中に電気を流して測定する**誘電率土壌水分センサー**（dielectric constant soil moisture sensor）などがある。前者は誘導率土壌水分センサーと比べて耐久性は高いが、テンシオメータ内の水補給などのメンテナンスが必要であり、pF3.0を超える乾燥状態では測定ができない。一方後者はセンサーが摩耗しやすいために耐久性はあまり高くないが、メンテナンスは基本的には不要であり、幅広い土壌水分域で利用が可能である。現場で測定される値が、**体積含水率**（volumaic water content, m^3/m^3）である場合には、異なる土性間で土壌水分状態を比較するために、エネルギー単位（J、Pa、cmH_2Oなど）に変換し、絶対値にする必要がある。先に述べたように、土壌水分の保持力は土性により異なるからである。この単位変換のためには、キャリブレーションを行う必要がある。この作業は、現場の土壌を採取し、これらに各使用センサーを埋設し、土壌の乾燥過程あるいは湿潤過程の土壌水分量変化に伴い、センサーが示す値とその時の土壌の**含水比**（water content、土壌の固相に占める土壌水分の質量比、次項「第2章 1.-6-7その他の重要な土壌水分関連表現参照」）の回帰式を算出する。さらに含水比をエネルギー

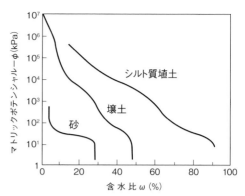

図2.1.7．3種の土性における水分特性曲線

換算するために、現場土壌による水分特性曲線（soil moisture characteristic curve）を室内実験により作製する（図2.1.7）。これにより、現場の測定値はどの土性でも比較可能なJやPaなどのエネルギー単位での土壌水分の保持状態として把握することが可能となる。

1.-6-7　その他の重要な土壌水分関連表現

含水比（water content）：土壌水の固相に占める質量比。水分質量（kg）／乾土質量（kg）。

体積含水率（volumatic water content）：土壌水の湿潤土壌に占める体積比。水分体積（cm^3）／湿土体積（cm^3）。

なお、単に含水率(%)と表現される場合には，土壌水の湿潤土壌に占める質量比の百分率（水分質量（kg）／湿潤土壌質量（kg）×100）であることが多いので上記との違いに留意すべきである。

飽和度（degree of saturation）：土壌に保有可能な土壌水分最大値に占める土壌水分の体積比。水分体積（cm^3）／全孔隙体積（cm^3）。

1.-7　森林土壌の機能

森林の機能には、物質生産機能（木材等の林産物の生産）、水源涵養機能（洪水緩和、水資源貯留、水質浄化）、土砂災害防止機能／土壌保全機能、生物多様性保全機能、快適環境形成機能（ヒートアイランド現象の緩和）、地球環

境保全（二酸化炭素吸収・固定化石燃料代替エネルギー）、文化機能（景観による自然観の形成、環境教育）、保健・レクリエーション機能（森林浴、ストレス緩和）などの多面的機能がある（林野庁、2012）。これら多面的機能を土壌の面から解説する。水質浄化機能は、土壌粒子による篩（ふるい）効果および吸着作用および土壌中の微生物の働きにより、清浄な地下水を供給する機能である。水源涵養機能とは、我々が利用することのできる水資源を森林土壌が保持し、うまく調節しながら排水してくれる機能のことである。さらに水源涵養機能は、洪水緩和機能と干ばつ抑制機能に分けることができる。森林では雨は地下に浸透しながら地中の様々な層に存在する水の層（地中水）と合流して地表流となり、少しずつゆっくりと河川に合流する。このため、日照りが続き降雨のない期間が多少あっても河川水がすぐになくなったりはしない。このような、日照りなどにより河川などの水がすぐになくなってしまうのを抑制する森林の機能を、干ばつ抑制機能とよぶ。一方、洪水緩和機能とは、雨を地下に素早く浸透させ、森林土壌が保水することによって、降雨直後の河川への流出量を抑える機能である。前項「第2章 1.-6-3 土性」で説明したように、間隙量が多く、間隙径（間隙の直径）が大きくなれば土壌中に雨が浸み込みやすくなり、地下への雨水の浸透は速くなる。一方、同程度の間隙量であっても間隙径が小さければ保水性が高まり、土壌中に保持される水量が増える。土壌の下の岩盤（R層、図2.1.2）の浸透能は大規模な土木的施工なしには管理不能であるが、植物の根圏（根が分布する土壌域のこと）は、我々の森林利用状況により多少の管理が可能である。現在、日本の森林面積の約4割は人工林（人間が木材生産などの目的で利用するために天然林を伐採して植林した林）である。しかし、森林保有者の47％が自分の森林の管理状況について「あまり手入れされていない」あるいは「全く手入れされていない」、「状況を知らない」と回答している（国土交通省国土計画局、2008）。このことは、多くの人工林で必要な間伐（植栽木を間引きすること）などの管理がされないために林床が暗くなり、土壌表面を覆う植物が少なくなっていることを示唆している。このような状態になると背丈ばかりが伸びた樹高15〜20mの植栽木から滴り落ちる大粒の雨滴により土壌表面が大きく撹乱される。その結果、団粒構造が破壊され、有機物の豊富なリター層やA層が流出し（図2.1.2）、緻密で浸透能の低いB層の露出が進行する。このような環境では、雨水は降雨直後に地下へ浸透することなく、地表面を下ってすぐに沢や河川に合流する。こうして、多くの人工林では洪水抑制機能が低下していると考えられている。これは、地下への雨水の浸透が低い状態を示していると同時に干ばつ時に我々が利用できる地下水の量が少なくなっていることも意味している。

1.-8 土岐川・庄内川源流域での森の健康診断

愛知県は、2000年9月に東海豪雨による下流域での河川堤防の決壊による洪水被害を受けた。また、庄内川下流域には海抜0m地帯が存在しており、かねてより河川管理には関心の高い地域であった。東海豪雨の際には下流域での水没被害だけでなく、河川源流域における山抜け（谷全体が斜面崩壊する現象）が多数生じており、上流域のダムを埋め尽くすほどの倒木が流入したことも大きく報道された。その倒木の多くがスギやヒノキであったことから、源流域の人工林の不健康な状態がこのような集中豪雨による被害を拡大しているのではないかと住民の不安は高まった。2005年は愛知県で万博（愛・地球博）が開催された年であり、万博のテーマが"自然の叡智"であったこともあり、中部地

域では自然環境の保全活動を行う市民団体が多数結成され、**環境保全活動**（environmental conservation activity）が活性化していた。庄内川は河口に藤前干潟を有し、大都市名古屋を貫流する河川であり、上流域の岐阜県内では土岐川という名前をもつ。土岐川の源流は恵那市の夕立山にあり、この地元市民と下流域で河川環境を保全していた市民グループから「源流域の人工林の現状を把握したい」という希望が提示された。この源流域にキャンパスを有する中部大学が研究者グループとして協力する形で、2005年10月に第1回土岐川・庄内川源流**森の健康診断**（physical checkup activities of artificial forests）が開催された。この活動は、民・学・官の協働として行われるボランティア活動であり、年に1度の約180名の市民による人工林の多点調査を10年間継続させ、源流域の人工林の面的状況を科学的に明らかにし、人工林問題解決の第一歩とすることを目的としている。

　森の健康診断の調査項目は、中心木を中心とした半径5.65m内における植栽木（スギやヒノキ）の本数、胸高直径、樹高、さらに中心木を中心とした5m×5m方形枠内での低木と草本の被覆率、種数、浸透能、腐植層の厚さ、傾斜角などである。2010年までの調査結果から、調査した人工林の約8割が早急な間伐が必要な状況にあること、林床植生の被覆率が80％以上であると浸透能が高いことが分かってきた。また、地域の間伐をすすめるボランティア団体も生まれ、源流域（森）と下流域（海）との交流も始まり、人工林の保全に関する具体的な行動が広がりつつある。

1.-9　農耕地の土壌機能

　畑や水田、果樹園などの農耕地の土壌では、対象作物の特性に合わせて土壌特性は異なっている。一般的には農耕地土壌は団粒性に富み、保水性と**排水性**（draining）のバランスがよく、**陽イオン交換容量**（Cation Exchange Capacity, CEC）が高く、**C/N比**（C/N ratio）が高すぎない土壌が農耕の適地とされ、また、このような土壌条件を保てるように土壌改良などが行なわれている。一般的には、粘土鉱物や有機物の断片が負に荷電しているため、これらに弱く引き付けられている様々な陽イオンや、陽イオンの周辺に存在する陰イオンを植物は水とともに根から吸収して成長する。土壌にこのようなイオン吸着力がなければ、施肥により供給される様々な養分の多くは重力水ともに地下に移動してしまい、植物が利用することはできない。また、農作物や農耕地に深刻な被害を与える酸性雨であっても、多少の量ならばH$^+$は土壌に吸着されている他の陽イオンよりもイオン交換度が高い。そのため、他の陽イオンに代わり土壌粒子に吸着され、酸性雨の影響がすぐに植物の根圏に影響を及ぼすことはない。このような土壌が有する土壌環境中の酸性度を緩衝する能力のことを**土壌緩衝能**（soil buffer action）という。土壌中の炭素と窒素の質量比であるC/N比は、農耕地への有機物への両元素の施与の目安となる。一般に、炭素量が多くC/N比が高い土壌では、時間の経過に伴い土壌微生物による有機物の分解と微生物の増殖により窒素が大量に消費される。そのため、作物に利用されるべき窒素が減り、**窒素不足**（nitrogen deficiency）（あるいは**窒素飢餓**、nitrogen starvation）が生じる。農地に未分解の有機物を大量に投入すると、この状態が生じてしまうため、留意が必要である。団粒の多い土壌には、先にも述べたように多様なサイズの間隙を含むとともに、様々な酸素濃度をもつ環境ができる。これにより、生息する微生物種は多様になり、偏りの少ない農耕地土壌としての健全なミクロ生態系（microcosm）が成立し、病害等の生じにくい土壌となる。

上野　薫

2. 大気圏

2.-1 大気の歴史

原始地球の大気組成については諸説あるが（鹿園、2008）、現在では二酸化炭素と窒素が主成分（1：1）で、酸素分子はほとんど含まれていなかったという考え方が受け入れられている（図2.2.1）。地球上での二酸化炭素の減少には、化学的要因と生物学的要因がある。まず、化学的要因について説明する。原始海洋にマントル由来のカルシウムイオン（Ca^{2+}）やマグネシウムイオン（Mg^{2+}）が溶け込み、強酸性だった海水が中性化した後、二酸化炭素が急速に海洋中に溶解して炭酸水素イオン（HCO_3^-）となり、石灰岩（$CaCO_3$）として固定された。また、生物学的要因としては、約40億年前に地球内部のマントル循環が活性化（マントルオーバーターン仮説、mantle over turn hypothesis）して磁場強度が高まったことにより地球表面に到達する宇宙線の一部が遮断され、深海でしか生息できなかった原核生物が浅海に進出できるようになった。その結果、光合成機能を獲得した原核生物（prokaryote）であるシアノバクテリア（Cyanobacteria、ラン藻）をはじめとする酸素発生型の光合成生物が約28億年前に誕生した。これらが浅海域に登場して二酸化炭素は有機物としても固定化されたことによって、大気中の二酸化炭素濃度はおよそ10^{21}molから10^{17}molへ徐々に低下した。

一方、酸素の出現については、火山活動で上昇するマグマの成分が酸化的になったことや（Kump and Barley、2007；田辺、2009）、大気中の水や二酸化炭素と紫外線等による反応でしか生成されなかった酸素が生物の作用によって海中で積極的に生成されるようになったことが主な要因として考えられている。原始地球の初期には、大気中はもちろん海中にも、ほとんど酸素は存在しなかったため、酸素は還元的な海水中に豊富に溶存していたFe^{2+}を酸化させてFe^{3+}を生じさせ、大量の赤鉄鉱（Fe_2O_3）を沈降堆積させた。この先カンブリア代（Precambrian econ）を特徴づける酸化鉄鉱床（iron oxide deposit）が縞状鉄鋼床である。主要な鉱物は赤鉄鉱（Fe_2O_3）や磁鉄鉱（Fe_3O_4）であり、現在の鉄資源の70％以上は縞状鉄鋼床から供給されている。古土壌の縞状鉄鋼層（banded iron formation）や堆積性ウラン鉱床（sedimentary uranium deposit）の化学分析の結果から、約22億年前に酸素濃度が急激に上昇（great oxidation event）したことによって（Holland and Beukes、1990）、約18億年前に二酸化炭素濃度と酸素濃度がほぼ等しくなったと考えられている。さらに、7.5億年前における海水のマントルへの逆流の開始による海水準の大規模な低下により岩石の侵食および堆積岩が増加して

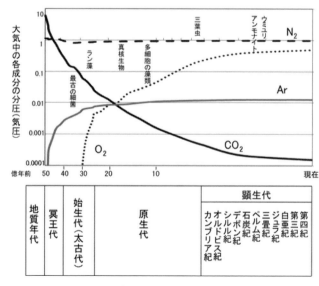

図2.2.1. 地球史の中での大気組成の変化
（Tajika and Matsui、1992を改変）

有機物固定量が増大し、遊離酸素が増大したと考えられている（熊沢、2002）。

この海中のFe^{2+}とO_2の反応が終了したのちに、遊離酸素が存在できるようになり、海水での飽和状態を超えると大気中に放出されるようになった。陸上への生物進出に必須であるオゾン層の発達は、酸素の生成からさらに約20億年後の出来事である。

愛知真木子・上野　薫

2.-2　大気組成

前項「第2章2.-1大気の歴史」のような歴史を経て、二酸化炭素と酸素の濃度は逆転し、以降も酸素濃度の上昇と二酸化炭素濃度の減少が続いた。その結果、現在の大気は窒素（約78％）と酸素（約21％）が主成分で、二酸化炭素は微量（約0.035％）しか存在しない状況に至った。このような大気組成は、太陽系の惑星の中では地球だけに特有である。

ところが近年は、化石燃料の使用、セメント生産、森林破壊の増加に伴って、大気中の二酸化炭素濃度は上昇している。図2.2.2は気象庁が発表している二酸化炭素濃度の月平均と年増加量の経年変化である（気象庁、2012）。光合成活性の高い夏季は二酸化炭素濃度が減少し、活性の低い冬季に上昇する周期性を示しており、おおむね13ppmの振幅で、年間平均2ppmずつ上昇している。産業革命以前の二酸化炭素濃度は280ppmであったとされているが、2010年時点で389ppmであり、2050年には450～500ppmにまで上昇すると危惧され、その影響や植物の光合成活性の変化について多くの研究者がシミュレーションしている。

愛知真木子

2.-3　大気の大循環と放射

大気は、太陽放射（solar radiation）や地球放射（earth radiation）による地面からの垂直方向の循環運動のほかに、地球の自転に伴って生じるコリオリ力（もしくは転向力、coriolis force）（次項「第2章 2.-4コリオリ力」参照）の影響を受けて大きく循環している（図2.2.3）。放射とは、太陽や地球から放たれる電磁波で、真空中で$3×10^6 m^2 s^{-1}$で進む。太陽放射は0.1～100μmまでの多様な波長を有するが、可視光帯（0.4～0.7μm）以外の多くの波長は地球の大気や雲により吸収される。このため、地球に届く太陽放射のエネルギー量は、約半分となる。地球の大気圏上面で太陽光線に垂直な単位面積あたりの単位時間に入射するエネルギー量

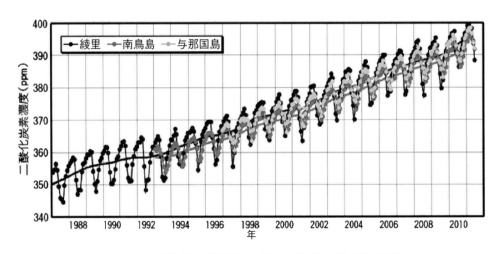

図2.2.2.　大気中の二酸化炭素濃度（月平均）と濃度年増加量の経年変化（気象庁、2012a）

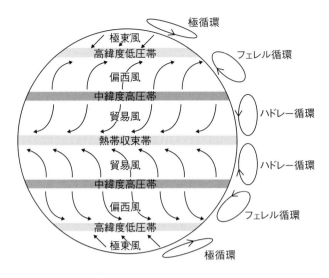

図2.2.3. 大気の大循環
　極域、高緯度、中緯度、赤道直下には順に高圧帯、低圧帯、高圧帯、低圧帯が存在する。これらをつなぐのが、極循環、フェレル循環、ハドレー循環である。大規模な風は高圧帯から低圧帯に向って流れ、極域から順に極東風、偏西風、貿易風とよばれる。

2.-4　コリオリ力

　コリオリ力（転向力）とは、地球が自転しているために自転する地球からみたときに感ずる見かけ上の力である。例えば、反時計回りに回転している円盤の中央（N点）から円盤状の点Aにボールを投げると、投げる過程で円盤が回転するためにN点からは点Aが回転方向にずれた点Bに移動したように見える。一方、回転している円盤上のA点からは、ボールの軌道はボールの進行方向に対して右側に力を受けたように見え、実際にはボールは届かない（図2.2.4）。このような見かけ上働く力がコリオリ力である。地球は西から東へ、北極から見ると反時計回りに自転している。よって、コリオリ力は進行方向の垂直右向きに作用する。南半球では南極から

（熱量）を太陽定数（solar constant）といい、値は1.37kWm^{-2}である（W＝Js^{-1}：1秒あたりのエネルギー量の単位）。地球放射は、大気、雲や地表などからの放射であり、そのほとんどが赤外線の波長域である。地球上での大気や海洋の有しているエネルギー量は太陽放射量に依存している。また、地球表面が受容する太陽放射エネルギーは、高緯度ほど広域に拡散し、低緯度ほど狭い地域に集中するため、極域では低温、赤道付近では高温となる。大気中に含まれる二酸化炭素や水蒸気は、地表面からの赤外放射（infrared radiation）のエネルギーをよく吸収し、大気の温度を高めている。一方、太陽放射は短波放射であるため、大気への直接吸収は少ない。このような、大気が太陽放射をよく通す一方で、地球放射をよく吸収する効果は温室効果（greenhouse effect）とよばれ、このために地球の平均気温は約15℃に保たれている。

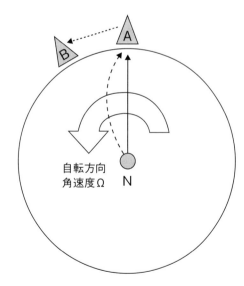

図2.2.4. コリオリ力（稲津、2010年を改変）
　地球を北極直上から眺めているとする。北極（N）からA地点の方向にボールを投げると、ボールが届くまでの時間に、地球は回転角速度Ωで反時計回りに回転するので、N地点からはA地点が、B地点に移動したように見える。A地点でボールを待っていた人にはボールは届かず、この人からはボールは進行方向の右向きの力がかかった軌道を描いたように見える。

第2章　生物を取り巻く環境　　97

見ると時計回りに回転しているため、コリオリ力は進行方向の垂直左向きに作用する。球体である地球では、この力は赤道では0、高緯度ほど大きくなり両極にて最大となる。大気には、コリオリ力の他に、高圧側から低圧側に気圧傾度力が働くため、基本的には風は気圧の高い方から低い方に向かってコリオリ力の影響を受けて流れている。しかし、**海陸風**（land and sea breeze）のように、海と陸の温度差により生じるため、等高線に沿って吹く局地的な風もある。

2.-5 大気循環

地球の熱収支は、低緯度で余剰し高緯度では不足ぎみになっている。これによって生じる温度差を解消するために、低緯度から高緯度に向けて熱が移動する。その大部分の役割を担うのが**大気循環**（atomospheric circulation）（**海洋循環**、oceanic circulationも同様の役割を担っている）で、緯度によって太陽熱エネルギー供給量が異なるため、地域によって気圧差が生じ、以下の3つの大きな循環が生じる（図2.2.3）。

ハドレー循環（Headley cell）：熱帯収束帯から亜熱帯高圧帯への低緯度での鉛直方向の循環をハドレー循環とよぶ。赤道付近の**熱帯収束帯**（intertropical convergence zone）（緯度0〜10°）で熱せられて上昇した大気は、緯度20〜30°の中緯度高圧帯（亜熱帯高圧帯）で下降する。低緯度地方（赤道地域）はコリオリ力（転向力）が小さいために熱対流そのものである鉛直方向のハドレー循環が生じる。中・高緯度地方は転向力が大きいために水平面内の蛇行（ロスビー循環、Rosby circulation）により熱が運ばれている（酒井、2003）。

フェレル循環（Ferrel cell）：地表付近では、中緯度から低緯度へ吹きだす東風（北半球では北東貿易風、南半球では南東貿易風）と高緯度へ吹きだす西風（偏西風、westerlies）が存在し、寒帯前線で上昇する。さらに高緯度の地表面では極高圧帯から吹きだす東風（極偏東風）がある。中緯度で起こるフェレル循環は、低緯度のハドレー循環や高緯度の極域循環のような鉛直方向の大気循環はなく、地表付近から上空まで吹く偏西風による水平循環である。この偏西風は高度が高まるほど風速が大きくなり、**対流圏**（tropo sphere）と**成層圏**（stratosphere）の境界（圏界面；高さ約16km）付近で最大となる。とくに上層(10〜14km)の強い流れをジェット気流とよび、その風速は40 ms^{-1}以上であり100ms^{-1}にも達することがある（図2.2.5）。

極循環（polar vortex）：極域は高圧帯になっているために大気が下降し、緯度60°付近で上昇する。この極域での鉛直方向の循環を極循環という。

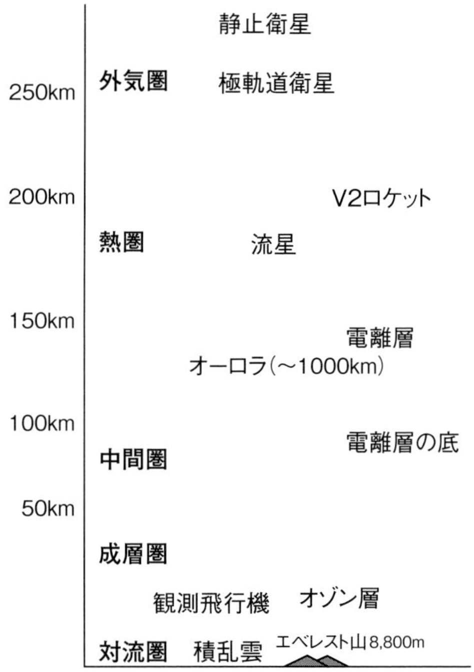

図2.2.5. 大気圏の概要

2.-6 モンスーン気候

モンスーン気候とは、雨季と乾季が明確に存在し、風向の季節的な交代が顕著なモンスーン（monsoon、もしくは季節風）に影響される気候である。アジア、アフリカ東部、南米大陸にみられ、日本と中国東部は中緯度地域では唯一のモンスーン気候である。日本や中国東部のモンスーン気候は、冬にはシベリア高気圧、夏には亜熱帯高気圧の影響が強いという東アジア地域に固有な気候現象によるものである。モンスーンは、陸地と海との熱吸収量の違いや、大気大循環、海洋大循環の相互作用により形成される。日本列島の上空は、ヒマラヤ・チベット山塊の風下に当たるため、冬には南北の気圧勾配の大きな地域を軸として生じる**亜熱帯ジェット気流**（jet stream）と寒帯前線ジェット気流が合流し、ジェット気流の速度が最大になる。日本を含む東アジアモンスーン地帯では、このような季節による気候変化が顕著である。

ヒマラヤ山脈はインド亜大陸が、約5,000万年前以降（新生代）にユーラシアプレートに衝突して形成された（「第4章1.-2新生代」参照）。このヒマラヤ山脈の北側には標高5,000mの広大なチベット高原が広がっている。チベット高原は、ヒマラヤ山脈の形成時にユーラシアプレートに衝突したインド亜大陸がユーラシアプレートの下に沈み込んで付加されて地殻が厚くなり、アイソスタシー（もしくは地殻均衡、isostasy）によって隆起して形成されたと考えられている。大陸側の地殻は厚い花崗岩（密度：$2.7 g・cm^{-3}$）と薄い玄武岩（密度：$3.0 g・cm^{-3}$）、海洋側の地殻は薄い玄武岩でできている。また、マントル上部はかんらん岩（密度：$3.3 g・cm^{-3}$）でできているため、地殻はより密度の高いマントルの上に浮いている（「第2章 1.-1地圏の構造」参照）。この均衡が成り立っている状態をアイソスタシーが成り立っているという。このアイソスタシー説には、一定の密度の地殻が平均的な厚さをもっていて、山野の高いところほど地殻の根も深いとするエアリー・ハイスカネンモデル（Airy-Heiskanen Model）と、地殻の密度は空間的に異なっており、山の高いところでは密度が低く、地殻の根の深さはどこも一定であるとするプラット・ヘイフォードモデル（Pratt-Hayford Model）がある。いずれも、重力と浮力という鉛直方向の力のバランスが保たれるようにプレートが存在することを説いている。

こうしたヒマラヤおよびチベット高原の形成は、アジアモンスーンや世界の大気大循環に大きな影響を及ぼしている。日本や中国、韓国などの東アジアでは、冬には北西の乾燥した冷たい**季節風**（seasonal winds）が、夏には南東の湿った暖かい季節風が吹く。6月から7月には梅雨前線が停滞し、徐々に北上していき、8月に盛夏を迎える。その後、中国－ロシア国境のアムール河地域まで北上した梅雨前線は南下をはじめ、9月末から10月はじめに日本上空に秋雨前線を形成する。夏期には大陸にはシベリア低気圧が、赤道地域には亜熱帯高気圧が存在しているため、風は大陸側に向かって大気が流れる。冬期には大陸にはシベリア高気圧が、赤道地域には熱帯収束帯が存在し、大陸側から側に向かって大気が流れる。日本の梅雨はこうしたモンスーン気候ならではの雨季の一種であり、熱帯収束帯の熱帯モンスーン気団の拡大や太平洋高気圧（小笠原気団）の拡大、長江（揚子江）気団の縮小、オホーツク海気団（オホーツク高気圧）の拡大や縮小などのせめぎ合いによって生じている。

以上、熱循環および、大気の循環に関するより詳細な情報は、地球学入門（酒井、2003）および地球惑星科学入門（在田ら、2010）を参照されたい。

上野　薫

3. 水圏

3.-1 地球の水

地球には、約14億m³の水が存在している。その約97％が海水であり、残り3％が淡水である。淡水の約70％は南極や北極の氷である。そのため、地下水や河川、湖沼の水など、人間が生活に利用できる淡水（全淡水の29％）は地球上の水の約0.8％にすぎない。雨水は、地下水、河川、湖沼、河口、海へと流れ込み、その間に様々な物質が溶け込む。特に、健全な森林に降った雨水は、土壌に浸み込み、地下水と合流し、数ヶ月から数年をかけて河川にゆっくり流出する。そのために、森林から涵養される地下水によって渇水時でも河川水を絶やすことがなく（干ばつ抑制機能）、雨をすぐに下流域に流してしまわないため（洪水抑制機能）、緑のダムとよばれている。しかし、森林のこれらの機能が低下すると、雨水はすぐに河川に流出して海に合流してしまうため、わずか0.8％しかない我々の利用可能な淡水が少なくなるだけでなく、洪水などの発生率も増大する。

様々な人間活動により、河川の水質は下流へ流れるに従って悪化する。これは排水中の高濃度のリンや窒素による富栄養化により発生した微生物や水中生物の密度増加と、それに伴う溶存酸素量の低下、嫌気性微生物による硫化水素などの発生、有害物質の混入、造成や農業などによる粘土粒子の大量の流入による濁水などが原因である。現在では、河川や干潟の自然生態系による自浄作用だけでは、これらは浄化できない負荷状況にある。

3.-2 水質評価のための用語解説

水質評価（water quality evaluation）には、化学、物理及び生物学的指標があり、それらを総合して水質評価が行なわれている。以下に主な水質評価指標を解説した。

①水素イオン濃度（power of Hydrogen; pH）：溶液の酸度もしくは塩基度（酸または塩基の強さ）を測り、それを表すのに用いる。溶液のpHは、リットル当りのモル数で表した水素イオン濃度の対数をとり、それに負の記号をつけた値である（下式）。

$pH = -\log[H^+]$

〔H^+〕は溶液中のH^+のモル濃度

例）純水の水素イオン濃度は10^{-7}mol/Lであるから、

$pH = -\log[H^+] = -\log 10^{-7} = -(-7) = 7$

純水は、pH=7となる。

測定には、指示薬の変色を利用する比色法（pH試験紙あるいは比色管を用いる）と膜電位差を利用するガラス電極pHメーターを用いる方法がある。表2.3.1は、pHの値と酸性度の呼称、そしてその具体例である。

②電気伝導度（Electric Conductivity; EC）：溶液中のイオン濃度を示すもので、溶液1cm間における比抵抗値の逆数をmS/cmもしくはμS/cm（Sはジーメンス）として表す。この値が大きい溶液ほど、イオン濃度が高いことを意味する。

③溶存酸素（Dissolved Oxygen; DO）：水中に溶解している酸素ガスのこと。大気中の酸素分圧に比例して溶解しているが、水中に酸素を消費するものが存在すると値が低下する。無機還元性物質や有機物、有機物を栄養源としている微生物の呼吸作用などが、その低下要因となる。そのため、DO濃度は有機物質汚染の指標となる。測定法としては、酸化還元滴定を用いるウインクラー法と酸素の還元電流を測定する隔膜電極法がある。

④生物化学的酸素要求量（Biochemical Oxygen Demand; BOD）：河川の有機汚濁の指標（環境基準）として用いられる。微生物が有機物を分解する際に消費する酸素の量から間接

表2.3.1. 身近な物質のpH（堀場製作所、2015ほかを参考に作成）

pHの範囲	酸性度の呼称	例：括弧中はpH値
2以下	非常に強い酸性	1M塩酸(0.1)、0.5M硫酸(0.3)
2～5	中程度の酸性	レモン(2.3)、トマト(4.2)
5～7	わずかに酸性	雨水(6.2)、牛乳(6.5)
7	中性	純水(7)
7～9	わずかにアルカリ性	海水(8.5)
9～11	中程度のアルカリ性	マグネシウム乳液(10.0)
11以上	非常に強いアルカリ性	1M水酸化ナトリウム(14.0)

的に有機物量を推定する方法である。測りたい水の0日目のDOと暗所20℃で静置した5日目の水のDOの差をもってBODとする（単位：mgL^{-1}）。20℃ 5日は、BODが最初に使われた英国のテムズ川の水温と川が海に流れ込むまでの時間であったことに由来している。

⑤化学的酸素要求量（Chemical Oxygen Demand; COD）：湖沼や内湾などの海域における有機汚濁の指標（環境基準）として用いられる。有機物の酸化の際に酸化力の強い過マンガン酸カリウム（$KMnO_4$）を用いて測定する場合（COD_{Mn}）と重クロム酸カリウム（$K_2Cr_2O_7$）を用いて測定する場合がある（COD_{Cr}）。日本では前者がJIS法で採用されている。いずれも水中の有機物を化学的に分解させ、逆滴定により含有する有機物量を酸化するのに消費された酸素量を把握する。

⑥全有機炭素（Total Organic Carbon; TOC）：水中の酸化されうる有機物の全量を主要構成成分である炭素の量で示したもの。有機物中の炭素を酸化して二酸化炭素とし、赤外吸収法で定量する。酸化の方式により燃焼酸化方式と湿式酸化方式に大別できる。河川、湖沼、用水排水の有機炭素分析では前者が主流となっている。CODよりも正確に有機物量を測定する方法である。

⑦濁度（turbidity）、透視度（transparency）：精製水1Lに対し、標準物質であるカオリン1mgを含ませ、均一に分散させた懸濁液の濁りが濁度1度と定義される。濁度の測定には視覚法と吸光度法がある。透視度は水の透明の程度を示す尺度。透視度計に300mm深さの水を入れ、徐々に底部から排水させた時に底部の標識版の二重十字がはじめて明らかに識別できるときの水面の高さ（cm）を"度"で示す。

⑧酸化還元電位（redox potential/Oxidation-Reduction Potential; ORP、Eh）：酸化性物質と還元性物質が溶液中で平衡に達しているときに示す電位のこと。環境中や廃水などでの分析では、試料中の酸化性物質と還元性物質の量や存在比を示す指標となる。ORP電極とORP計により測定する。微生物は好気的な環境を好むものや嫌気的環境を好むものがあるため、微生物培養や生育環境の把握の際にはこれらに留意する必要がある。

3.-3 海洋の大循環

海流には、目で確認できる速い流れと、地球を1周するのに約2,000年もかかるようなゆっくりとした流れが存在している。比較的速い海洋の大規模な流れ（図2.3.1）は、主に太陽加熱の緯度分布に伴う海水の密度差と、海上での偏西風や貿易風のような大規模な風によって駆動する。中緯度では偏西風の方向に影響されて海流が移動している。また、大陸の東海岸（海洋の西端）に沿って黒潮やメキシコ湾流のような大海流が移動する（これを西岸境界流という）。偏西風と貿易風（trade wind）（「第2章 2.-5大気循環」参照）に挟まれた緯度約15～40°の領域

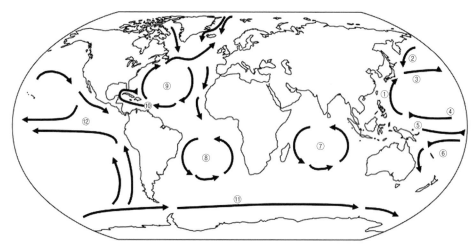

①黒潮, ②親潮, ③北太平洋海流, ④北赤道海流, ⑤赤道反流, ⑥南赤道海流, ⑦南インド海流, ⑧南大西洋海流, ⑨北大西洋海流, ⑩メキシコ海流, ⑪南極海流, ⑫カリフォルニア海流

図2.3.1. 海洋上層の循環（気象庁、2012bを改変）

では、西岸近くをのぞくほぼ全域で、弱い赤道方向の流れが存在している。この流れは北半球では時計回り、南半球では反時計回りとなっている。この大きな循環を**亜熱帯循環**（subtropical gyre）という。偏西風帯の極側ではこれと逆回りの循環があり、北太平洋の親潮が相当する。この極側の循環を**亜寒帯循環**（subpolar gyre）という。このように、海流は大量の熱を南北に輸送して地球気候の平均状態や長周期変動を決める重要な要素となっている。

一方、2,000m以深の深層の海洋循環は極めて遅い循環であり、海水の密度差によるもので

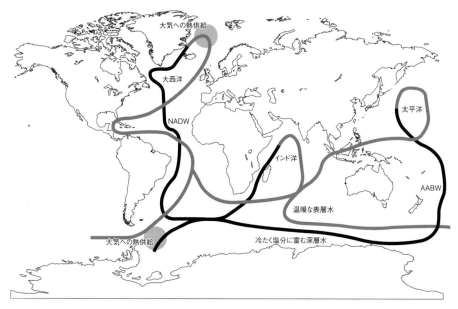

図2.3.2. 海洋の大循環（川幡、2011を改変）
　曲線が海流の大循環を示す。色の薄い部分は密度の軽い海流、濃い部分は密度の高い海流。低温で高塩分の海水は密度が高く、深層水であることが多いが、グリーンランド沖と大西洋南端には表層に低温で高塩分の海水が存在する。NADWは北大西洋深層水（North Atlantic Deep Water）、AABWは南極海底深層水（Antarctic Bottom Water）である。

ある。高緯度域では海水は冷やされ、結氷して塩分が濃縮され、重い海水が作られるので深層に沈む。低緯度域では、海面は暖められ、海面に入った熱は深さ方向に伝わることになる。これら南北方向及び鉛直方向における密度差によって、重たい水は低緯度方向に拡がり、**海洋深層水**（もしくは深層水、deep ocean water）として全球の深層を占める。海洋深層水はグリーンランド周辺の北大西洋と南極の周りで生成され、グリーンランドの南方沖合にて沈み込む。この深層水は**北大西洋深層水**（North Atlantic Deep Water; NADW）とよばれ、大西洋を南下し、南極海を経由して太平洋やインド洋に入る。南極の周りでは南極低層水が作られ、深層全域に拡がりながら、少しずつ暖められて上昇し、約2,000年をかけて海洋表層に戻ってくる（**海洋コンベア・ベルト**、ocean conveyor belt）（図2.3.2）。このような深層の海洋循環をもたらすのは熱と塩濃度による密度差であるので、この循環のことを**海洋熱塩循環**（thermohaline circulation）という。このような海洋の大循環は、大気の大循環とともに地球全体の温度の調節に直接的に関わっている。

海洋循環に関するより詳細な情報は、地球学入門（酒井、2003）および地球惑星科学入門（在田ら、2010）を参照されたい。

上野　薫

【引用文献】

アメリカ農務省天然資源保全局USDA（NARCS）（1999）アメリカ合衆国分類体系（Soil taxonomy 2nd edition, 1999）、http//www.nrcs.usda.gov/Internet/FSE_DOCUMENTS/nrcs142p2_051232.pdf（2015年1月現在）

平山良治ら（2000）シンポジウムわが国の失われつつある土壌の保全をめざして～レッドデータ土壌の保全～．ペドロジスト44（1）：40-48

Holland H. D. & Beukes N.J. (1990) A paleoweathering profile from Griqualand West, South Africa: evidence for a dramatic rise in atmospheric oxygen between 2.2 and 1.9 bybp. Am. J. Sci 209A:1-34

堀場製作所（2015）ｐH値のいろいろ、http://www.horiba.com/jp/application/material-property-characterization/water-analysis/water-quality-electrochemistry-instrumentation/the-story-of-ph-and-water-quality/the-story-of-ph/facts-about-ph-values/（2015年1月現在）

稲津將（2010）大気の運動の基礎「地球惑星科学入門」在田一則ら編　p.241　北海道大学出版会　札幌

気象庁（2012a）温室効果ガス監視情報、二酸化炭素濃度の経年変化、http://ds.data.jma.go.jp/ghg/kanshi/ghgp/21co2.html（2012年10月現在）

気象庁（2012b）世界の主な海流、http//www.data.jma.go.jp/gmd/kaiyou/data/db/kairyu.html（2012年10月現在）

川幡穂高（2011）地球表層環境システムと年代「地球表層環境の進化」p.5, 10　東京大学出版会　東京

熊沢峰夫（2002）全地球史解読の考え方「全地球史解読」熊沢峰夫、伊藤孝士、吉田茂夫編　p.45-48　東京大学出版会　東京

国際連合食糧農業機関FAO FAO-UNESCO分類体系（FAO-Unesco soil classification system, 2001）、http://www.fao.org/docrep/003/Y1899E/y1899e02.htm（2012年10月現在）

国土交通省国土計画局（2008）、国土の国民的経営の具体的展開に向けた基礎調査、http://www.mlit.go.jp/common/000051706.pdf（2012年10月現在）

Kump, L. R & Barley M. E. (2007) Increased subaerial volcanism and the rise of atmospheric oxygen 2.5 billion years ago. Nature 448:1033-1036

日本ペドロジー学会第四次土壌分類・命名委員会（2003）「日本の統一的土壌分類体系－第二次案（2002）－」博友社　東京

農業土木学会土の理工学性実験ガイド編集委員会編（1983）pF「実験書シリーズNo.1土の理工性実験ガイド」p.80　農業土木学会　東京

農業農村工学会編（2010）土壌・土壌物理「改訂七版農業農村工学ハンドブック　基礎編」p.69-70　農業

農村工学会　東京
農耕地土壌分類委員会（1995）「農耕地土壌分類第3次改訂版　第2刷」農環研資17
林業試験場土壌部（1975）林野土壌の分類　林試験報 280：1-28
林野庁（2012）平成23年度　森林・林業白書、http://www.rinya.maff.go.jp/j/kikaku/hakusyo/23hakusyo/pdf/honbun3-1.pdf、（2012年10月現在）
酒井治孝（2003）地球の熱収支と大気の大循環「地球学入門」　p.174　東海大学出版会　東京
鹿園直建（2008）始生代の地球表層環境-二酸化炭素分圧、酸素分圧、メタン分圧─岩石鉱物科学37：69-77
Tajika, E. & Matsui T. (1992) Evolution of terrestrial proto-CO_2 atmosphere coupled with thermal history of the earth. Earth Planet Sci. Lett 113: 251-266
田近英一（2009）生命の誕生と酸素の増加「地球環境46億年の大変動史」　p.105　（株）化学同人　京都
United Nations Environment Program, (1991) A new assessment of world state of desertification, Desertification Control Bulletin, No.20, UNEP, Nairobi.
吉野正敏（1997）序章「中国の沙漠化、愛知大学文学会叢書　p.6　大明堂　東京

【参考文献】

在田一則ら編著（2010）地球大気の循環「地球惑星科学入門」　p.227-236　北海道大学出版会　北海道
川幡穂高（2011）地球表層環境システムと年代、古生代の地球表層環境「地球表層環境の進化」p.1-24　東京大学出版会　東京
久馬一剛（1997）土壌とは何か「最新土壌学」p.6、朝倉書店、東京
熊沢峰夫（2002）全地球史解読の考え方「全地球史解読」熊沢峰夫、伊藤孝士、吉田茂夫編　p.1-77　東京大学出版会　東京
松中照夫（2003）土壌の水と空気「土壌学の基礎」p.82　農山漁村文化協会　東京
酒井治孝（2003）地球の熱収支と大気の大循環「地球学入門」　p.174　東海大学出版会　東京
鎮西清高（1988）地球環境の諸環境「図説地球科学」杉村新、中村保夫、井田喜明編、p.127　岩波書店　東京
東北大学土壌立地学分野HP、読替えデジタル日本土壌図、http://www.agri.tohoku.ac.jp/soil/jpn/2009/02/post_23.html　（2012年10月現在）

第3章

生物環境中の物質循環

生物多様性を維持していくためには、大気圏、水圏、地圏の非生物圏が担保されていなくてはいけないことは第2章で説明した。これら3つの非生物圏の物理学的、化学的、生物学的なプロセスが、密接に関与しながら、**物質循環**（mass cycling, nutrient cycling）やエネルギー輸送がさまざまな空間及びタイムスケールで生じている。図3.1.1に、生態系における物質循環の概念図を示した。生産者（緑色植物）は、光合成により無機的環境から取り込んだ物質から有機物を合成し、消費者（動物）はその有機物を捕食によって取り込み、生産者や消費者の排泄物や遺体は分解者（微生物）により利用・分解されて、再び無機的環境に戻される。このような循環が滞りなく定常的に維持されている状態が、安定的なエコシステムと言える。このようなエコシステムは、生物多様性が担保となって成立している。本章では特に物質循環の要となる炭素、窒素、リンの特性とそれらの循環について説明する。

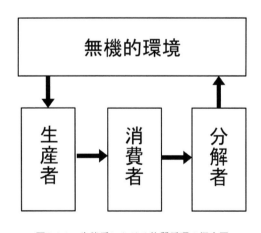

図3.1.1. 生態系における物質循環の概念図

1. 炭素の物質循環

炭素（carbon、C）は、地球上のあらゆるものに含まれており、生物ではその必須構成要素である**タンパク質**（protein）、脂質（lipid）、炭水化物（carbohydrates）などに含まれている。大気中では主として**二酸化炭素**（carbon dioxide、CO_2）（大気組成の約0.035％）の形で存在するが（「第2章2.-2大気組成」参照）、その他メタン（methane、CH_4）やクロロフルオロカーボン（chlorofluorocarbon、CFCs）（狭義のフロン、flon）などに含まれる。

図3.1.2に炭素循環のフローを示した。地殻中には$7.5×10^7$Pg（$7.5×10^{16}$t）を超える炭素が存在しているが、表層の数mにある土壌以外は、地表面から30km以深の深部に存在し、岩石として固定されている。そのため、土壌圏および生物環境中の循環に寄与するのは、主要構成物が各分解過程の動植物遺体、植物根、土壌微生物などの深さ約1mまでにある有機物である。この深さ1mの土壌中に含まれるCの全量は2,400Pg（$2.4×10^{12}$t）と推計されている。この深さ1m中のC現存量は、現存する全ての植物に含まれる炭素量550Pg（$5.5×10^{11}$t）と大気中の炭素量750Pg（$7.5×10^{11}$t）の約2倍に相当する。土壌圏には、毎年植物遺体の有機物の形で60Pg（$6×10^{10}$t）の炭素が添加される。この植物遺体は土壌微生物による分解過程において、添加量の2割増しでCO_2として大気に排出される。これは、土壌有機物が毎年2割ずつ減少していることを意味する（松中、2003）。この土壌圏中の有機物減少の主要因は、泥炭土（peat）をピートモス（peat moss、園芸培土の一種）として採取するために、泥炭湿地（peat bog）を排水し、好気的微生物による有機物分解を促進化したためと考えられる。また、熱帯雨林を育んでいたアリソル（Alisols、アルミニウムを多く含む貧栄養な酸性土壌）への有機物供給源であった熱帯雨林を伐採し、既存の有機物を分解しつくし砂漠化したことなどの不適切な開発も要因と考えられている。

大気圏には、この他にも人間による化石燃料の消費により全植物が光合成で吸収できる量

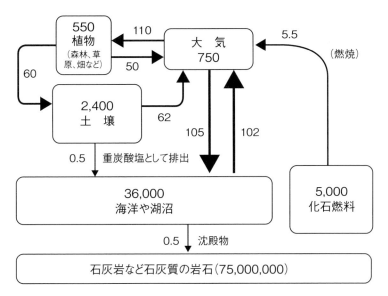

図3.1.2. 炭素の循環（松中、2003を改変）
単位はペタグラム（Pg＝10^{15}g）。枠中の数字はその状態における現存量、矢印横の数字は年間の移動量。炭素（C）として表示。ただし、動物の現存量および動物遺体の土壌へのインプット量は評価されていない。

の約1/20にも相当する炭素がCO_2として排出され、これらの大気中への炭素排出量は、大気からの消失量よりも4.5Pg（$4.5×10^9$t）多い。大気中からの炭素の消失は、海洋や湖沼への溶解や植物の光合成利用によるものである。水圏に溶解したCO_2は、水圏中の動植物の有機物になり、分解されて再び同程度がCO_2として大気に戻る。これら水圏の炭素貯蓄量は、地上の植物、土壌圏および大気中、すべて合わせた現存量の約10倍である。さらに、石灰質岩石に固定されている炭素量は、それ以外の総量の約1,700倍にも達する。

CO_2による地球温暖化を懸念し、近年では地球規模の循環型炭素利用として、人為的な活動の前後でのCO_2排出量と吸収量が同等となるように配慮する**カーボンニュートラル**（carbon neutral）の概念が重要視されている。化石燃料の代わりに植物由来の**バイオマスエネルギー**（biomass energy）を利用すると、利用分は植物の成長過程で大気中のCO_2を光合成により同化したものなので、炭素の総和は変わらず循環するだけであるという考え方である。

また、CH_4は、湖沼の底泥や水田、廃棄物処理場などの嫌気的環境下において**メタン生成アーキア**（methane-forming archaea）などの微生物による**メタン発酵**（methane fermentation）により生成される。2012年現在の世界のCO_2濃度は395ppm、CH_4濃度は1.8ppm程度であり、いずれも増加傾向にある（温室効果ガス世界資料センター、2014）。CH_4濃度はCO_2の1/200未満にすぎないが、温室効果係数はCO_2の21倍とされているので、今後留意すべき物質の一つである。なお、地球温暖化については「第7章2.-1地球温暖化とは」を参照のこと。

上野　薫

2. 窒素の循環

窒素（nitrogen、N）は、アミノ酸（amino acid）や核酸（DNA、RNA）に含まれる生命維持にとって必須の元素である。分子状窒素（N_2）は、無色無臭で、常温ではほとんど反応性を示さないが、窒素化合物は酸化数 $-$ Ⅲ（NH_3）から $+$ Ⅴ（NO_3^-）まで幅広く知られている（図3.2.1）。

N_2は酸化数が0で、化学的に安定で不活性であるため、生物的窒素固定あるいは工業的窒素固定の過程により、アンモニアとなって始めて環境中の**窒素循環**（nitrogen cycle）に取込まれる。1909年にハーバー・ボッシュ法（Haber-Bosch process）による**工業的窒素固定**（industrial nitrogen fixation）技術が開発される以前は、自然界の窒素循環は土壌バクテリアなどによる**生物的窒素固定**（biological nitrogen fixation）だけで、無機窒素化合物を利用できるのも菌類と植物だけであった。しかし、現状では生物的窒素固定量は地球全体で0.5～3.3×10^{11}kg/年（3分の1は大洋）と推定され、工業的窒素固定量は0.6×10^{11}kg/年である（八杉ら、1996）。従って、生物的窒素固定の方が工業的窒素固定を上回っているといえるが、現在の生態系の窒素循環システムに深刻な影響を与えているのは、工業的窒素固定に由来する窒素化合物である。そのため、自然界での窒素循環については、生物学的窒素固定由来と工業的窒素固定由来の2つの大きな循環について考えていく必要がある。

生物学的窒素固定に関する研究の歴史は非常に浅く、1838年にフランスのジャン・バテスト・ブサンゴー（1801–1887）が、エンドウやクローバーのようなマメ科（Fabaceae）植物は肥料を与えない土壌で窒素を固定し生育することができ、このマメ科植物の窒素源は大気窒素であろうと発表したところ、著名なドイツの

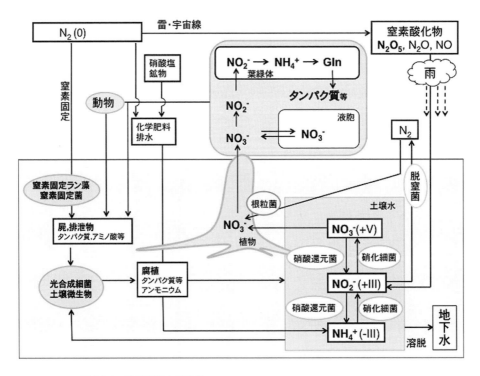

図3.2.1．窒素循環と酸化数
　窒素化合物の後ろの括弧内に窒素の酸化数をローマ数字で示した。

化学者ユストゥス・フォン・リービッヒ（1803－1873）によって反論された。1857年にジョン・ベネット・ローズ（1814－1900）らが、滅菌した土壌と植物体を用いて再度実験を行ったところ、マメ科植物による窒素の固定は確認されず、植物は空気から窒素を得ていないということを明らかにした。続いて1862年にフランスのルイ・パスツール（1822－1895）が、バクテリアが窒素を増加させる原因であることを示唆した。さらに、1886年にドイツのハーマン・ヘルリーゲル（1831－1895）らが根粒菌（root nodule bacteria）の摂取実験を行って、マメ科植物に共生する根粒菌が大気窒素を固定することを証明した（エヴァンズ、2006）。これらの発見をきっかけに農作物増産のための農業技術としてバクテリアの接種とマメ科植物の利用が盛んになっていった。窒素固定細菌には、マメ科植物やニレ科（Ulmoideae）植物に共生する*Azorhizobium*属、*Bradyrhizobium*属、*Photoryzobium*属や水田における窒素固定で大きな役割を果たしている水性シダのアカウキクサ属 *Azolla* sp.（アカウキクサ科Salviniaceae）に共生するアナベナの一種である*Anabena azolla*（ネンジュモ科 Nostocaceae）などがある。窒素固定を触媒する酵素ニトロゲナーゼ（nitrogenase）は、酸素によって不可逆的に不活性化されるため、酸素から隔離された構造体（根粒やヘテロシストなど）の中で窒素固定反応を行っている。そのタンパク質構造は、Feタンパク質（iron protein）とMo-Feタンパク質（molybdenum-iron protein）からなる複合酵素となっている。Feタンパク質はFe-Sクラスター（iron-sulfur cluster）を持つ30〜72kDaの同一サブユニットからなる二量体で、MoFeタンパク質は全体で180〜250kDaのMo-Fe-Sクラスター（molybdenum-iron-sylfur cluster）を2つ持つ4つのサブユニットからなる。その反応を以下に示す。$N_2+8e^-+8H^++16ATP \rightarrow 2NH_3+H_2+16ADP+16Pi$（テイツとザイガー、2004）。

一方、工業的窒素固定は、1905年にドイツの化学者フリッツ・ハーバー（1868－1934）がル・シャトリエの原理（Le Chatelier's principle）を用いて高温高圧にするとそのアンモニア生成反応（$N_2+3H_2 \rightarrow 2NH_3$）が高効率で進むことを利用して工業的窒素固定法を開発した。さらに工業化学者カール・ボッシュ（1874－1940）が触媒を添加するなど技術的に改善して、ハーバー・ボッシュ法として実用化された。窒素肥料（fertilizer）を人工的に生産することが可能になると、単位面積当たりの農業生産量はイネで1.8t/haから3.6t/ha、小麦で1.0t/haから2.8t/haと2倍程度高まった。現在は、ナフサ（naphtha、原油から蒸留分離した沸点35〜180℃の成分。粗製ガソリン、直留ガソリンとも言う）のエネルギーによって年間1.6億tのアンモニアが生産されており、そのうち80％が肥料として利用されている。

大気の約78％はN_2であるため、地球上の窒素のほとんどは大気圏内に貯蔵されている（表3.2.1）。しかし、N_2は化学的に安定で不活性なために、土壌圏の窒素循環は動植物の死骸が土壌生物やバクテリアによって分解され土壌圏に放出されるもの以外は、水圏もしくは大気圏から供給されたものとなる。一般に、水圏からの窒素は溶出や流入によって容易に起こりえるが、大気圏の窒素は根粒菌や他のバクテリアによる

表3.2.1. 環境中に含まれる窒素

場所		濃度
地殻		25 ppm
土壌		5 ppm
海水	表層水	0.1 ppb
	大洋深層水	0.5 ppm
大気		78 %

（ジョン、2003）

アンモニアを生成する生物的窒素固定過程、もしくは工業的窒素固定過程を経てアンモニアに変換され耕作地に施与されなければ、土壌圏に循環することはほとんどない。土壌圏に供給された窒素源のうち、アンモニアは生物的窒素固定されたものであっても、工業的窒素固定されたものであっても、いずれも同じ過程を経ることとなる。土壌圏のアンモニアは、そのまま植物に吸収されるか、土壌中で硝化細菌によって呼吸の基質として利用されるために酸化され、**亜硝酸態窒素**（nitrite nitrogen; NO_2-N）を経て**硝酸態窒素**（nitrate nitrogen; NO_3-N）となる。植物は、NO_3-N、NO_2-N、**アンモニア態窒素**（ammonium nitrogen; NH_4-N）のいずれの輸送体も持ち、利用することができる。より還元型であるアンモニア態窒素を利用することがエネルギー的には効率的であるが、土壌中では先に示したように、硝化が進むため、植物は好気性の土壌中に多く存在する硝酸態窒素の形で細胞内に取り入れることとなる。細胞内に取り込まれた**硝酸イオン**（nitrate; NO_3^-）は、**硝酸還元酵素**（nitrate reductase; NR）によって**亜硝酸イオン**（nitrite; NO_2^-）に、**亜硝酸還元酵素**（nitrite reductase; NiR）によってアンモニウムイオン（ammoniumion; NH_4^+）へと変換される。その後、**グルタミン合成酵素**（glutamine synthetase; GS）によってグルタミン（glutamine）に同化され、様々なアミノ酸やタンパク質、核酸などに変換されていく。

このように**無機態窒素**（inorganic nitrogen）は、生物的あるいは工業的に有機態となり、生物圏に取込まれ、植物体（一次生産者）を経て、動物（二次生産者，消費者）に捕食され、屍骸となって土へ戻る。そこでさらに、菌類や細菌類（分解者）によって有機態窒素から無機態窒素へと分解され、硝化細菌とよばれるニトロソモナス属 *Nitrosomonas* sp.などがアンモニウムイオンから亜硝酸イオンへ、ニトロバクター属 *Nitrobacter* sp.などが亜硝酸イオンから硝酸イオンへの酸化を担っている。

土壌圏の窒素循環で、近年問題となっているのは、土壌中の無機態窒素の内、植物体に吸収、利用されなかったものが、地下水系や河川に流入することである。特に、硝酸は土壌と同じ負の電荷を保持しているため、植物に利用されなかった硝酸は容易に雨水等によって溶脱（leaching）してしまう。溶脱によって失われた硝酸を補うために、窒素肥料が過剰に施与されることとなり、河川、地下水に流入し、湖や海の富栄養化や井戸水の硝酸汚染などの問題を引き起こしている。硝酸は人体に吸収されてもすみやかに排泄され、特に毒性に関しての問題はないが、ヒトの体内においておよそ25%が消化管の細菌により亜硝酸に変換される。亜硝酸はメトヘモグロビン血症（methemoglobinemia、メトヘモグロビンはヘモグロビンの2価鉄が3価に酸化されたもので酸素運搬機能がない）や胃がんなどの原因となる（中村、1990、1999；Hill *et al.*、1973; Fine *et al.*、1982; Feritas *et al.*、2001）。そのため、水道水の環境基準項目として1999年に硝酸性窒素および亜硝酸性窒素の合計が10 ppm以下と定められた。

また、大気圏の窒素循環に関しての問題点は、大気中NOxが酸性雨や富栄養化、温暖化の原因となっていることで、これらの原因は化石燃料の利用にあるとされている。特に、**一酸化二窒素**（dinitrogen oxide）は、オゾン層（ozone layer）の破壊に大きく関わっていると考えられており、1997年に採択された**京都議定書**（Kyoto protocol）（気候変動に関する国際連合枠組条約の京都議定書、Kyoto protocol to the United Nations Framework Convention on Climate Changeの通称）では規制の対象となっている。そのため、国立環境研究所のAsia-Pacific Integrated Model Project Teamは大気中NOxのモニタリング地域毎の大気汚染物質

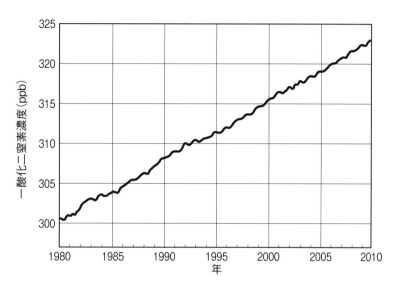

図3.2.2. 世界の大気中一酸化二窒素の月平均濃度の経年変化
（気象庁、2013を改変）

表3.2.2. 降水中窒素化合物の地域別年沈着量

調査	地域	データ数	降水量 mm/年	NO_3^-	NH_4^+
				mmol/m²/年	
第2.3次	日本海側	90	1426	21.6	25.8
	太平洋側	82	1390	20.4	22.0
	瀬戸内海沿岸	56	1274	18.5	24.8
	東シナ海沿岸	35	1634	24.1	39.7
	南西諸島	11	2393	20.7	36.5
	全体	274	1449	20.9	26.7
第4次	日本海側	37	1879	26.6	30.1
	太平洋側	38	1878	22.9	24.9
	瀬戸内海沿岸	17	1402	17.4	22.2
	東シナ海沿岸	12	1759	25.1	37.3
	南西諸島	6	3316	29.5	35.5
	全体	110	1870	23.9	28.1

（環境省、2013）

排出インベントリー（排出目録）を随時公表している（国立環境研究所、2012）。同様に気象庁（2013）も温室効果ガスの一つとしてNOxの監視を行っており、独自に観測するだけでなく、温室効果ガス世界資料センター（World Data Centre for Greenhouse Gases; WDCGG)によって報告された一酸化二窒素の濃度データも公表している（図3.2.2)。18世紀以前の一酸化二窒素濃度は270ppbであったが、近年は325ppbと20%程度の上昇がみられている。大気中NOxは降雨によって地上に落下してくるために、1983年以来降雨中の沈着窒素の測定も行われている（表3.2.2)。

愛知真木子

3. リンの循環

リン（phosphorus; P）は、生体内では、タンパク質の合成や遺伝情報の伝達などに重要な働きをするDNAやRNAなどの構成成分である。さらに、生体エネルギー代謝に欠かせないアデノシン三リン酸（adenosine triphosphate; ATP）やアデノシン二リン酸（adenosine diphosphate; ADP）の構成成分でもあり、細胞膜の主要な構成要素であるリン脂質（phospholipid）など、重要な働きを担う化合物中に存在している。このため、リンはあらゆる生物にとっての必須元素であり、植物においてはリンが、窒素、カリウム（potassium; K）とともに三大必須栄養素である。特に窒素、リンは肥料として多量必須成分となっている。そのため、農耕地では、これら多量必須成分（N、P）を含むリン酸水素二アンモニウム（diammonium hydrogenphosphate）が肥料として利用されることが多い。

リン化合物は、大部分が陸域と海洋に存在し、大気圏－陸域、大気圏－海洋間の移動量はCやNに比べて少ない。そのため環境中のPの循環は人間活動によるところが多く、肥料として14×10^6 tが土壌へ、生活廃水などにより$4 \sim 7 \times 10^6$ tが河川や湖沼へと負荷されている。陸域から海洋への年間移動量は、溶存態Pが$1.5 \sim 4.0 \times 10^6$ t、懸濁態Pが17×10^6 tである。また、土壌圏中のP現存量は$96,000 \sim 160,000 \times 10^6$ tと推定され、そのうちの$2,600 \times 10^6$ tが陸上生物中に存在し（$1 \sim 2\%$）、毎年200×10^6 tのPを土壌から吸収していると推定されている。一方、海洋では生物による吸収は$600 \sim 1,000 \times 10^6$ tにも達し、生物体中に現存する量の5～20倍となっている。これは、おそらく一次生産者である植物プランクトンに含まれるPの回転率が極めて早いためであり、海洋中でのPの循環速度

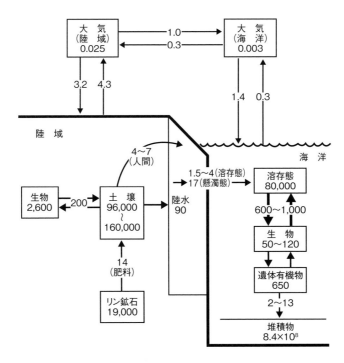

図3.3.1. リンの循環（木村、1989を改変）
　枠内の数字はその環境における現存量（$\times 10^6$ t）、矢印は年間の循環速度（$\times 10^6$ t／年）を示す。
　なお、リン鉱石とはP含有率30%以上の岩石のこと。

が陸上よりも極めて早いことを示している（図3.3.1）。

　土壌圏におけるPの循環は、無機態-Pと有機態-Pの間で行われている。土壌が酸性の場合には土壌中の鉄やアルミニウムなどの金属イオンと土壌中のPが結合して不溶性のリン酸塩が生成される。日本の土壌ではPはイノシトールリン酸のような有機態-Pや金属イオンと結合して不溶性のリン酸塩の形態になっていることが多い。そのため、植物が利用できるようにするには、土壌微生物が分泌する酵素フォスファターゼのような有機態-Pの脱リン酸化や不溶性リン酸化合物の可溶化が必要である。さらに、日本に多く分布する火山灰土（volcanic ash soil）もしくは黒ボク土（Kuroboku、Andosol、Andisol）はアロフェン（allophane）という粘土鉱物を多く含んでいるために、Pの吸着率が高い。そのためこのような土壌では、多くの植物は根からPを吸収しにくくなり、Pが作物生産の制限因子となる。作物生産の現場では、このような溶存態-Pの不足に対応するため、有機肥料や土壌改良剤を施与して土壌中の粘土鉱物とのPの結合を抑えたり、リン酸肥料を施与したりする必要がある。

　一方、水圏においては、リン酸の流入が過剰になると植物プランクトンが異常発生する富栄養化現象が起こり、水域での貧酸素化などの問題が生じるので、排出には流域への配慮が必要である。先にも述べたように、潜在的な蓄積量としてのPはCやNよりも少なく貴重であることから、下水処理施設などにおける廃水からのPの回収技術の発展やPを海域に流さない生活改善が期待されている。

上野　薫

4. 森から海に繋がる流域圏の生態系

　地球における生物持続の根幹は水と空気と太陽エネルギーと土壌であり、自然生態系におけるダイナミックな物質移動には、全て水が介在している。上流域に降った雨は森林を通って沢となり、沢が集まり河川となる。田畑や集落などのさまざまな景観を通過するたびに水にはさまざまな物質が混入したり溶け込んだり沈降したり、生物に利用されて形を変えたりしながら、物質はエネルギーの高いほうから低い方に水と共に流れ下り、流域における多くの廃水と合流して海域生態系へとたどり着く。私たちが何とか持続的に地域で生きていられるのは、このようなダイナミックな水の動きや利用可能な水質環境が許容範囲にあるからである。本章ではこれまでに一般論としての物質循環を説明してきたが、本項では実例をあげ、生物環境、特に我々の生活環境中での物質循環を理解するために、土岐川・庄内川流域圏（流域圏とは分水嶺に囲まれた集水域を示す）の上流域から河口域までの物質の流れと、人間活動による問題点について、持続可能な海洋生態系を考える際に重要となる物質にも触れながら説明する。

4.-1　土岐川・庄内川流域圏

　土岐川は、岐阜県恵那市の夕立山（標高727m）を源流に、佐々良木川、小里川などの支流と合流し、岐阜県東濃地方の盆地を貫流している。愛知県に入ると、「庄内川」と名を変え、春日井市で濃尾平野に出て、内津川、八田川などの支流と合流する。その後、名古屋市北部で新川を分派し、下流で矢田川と合流して名古屋市の北西部を迂回しながら伊勢湾に注いでいる。本河川の全長は96km、流域面積は1,010km^{2}で、愛知県、岐阜県の中核都市を流れる一級河川であり、中部地方を代表する都市河

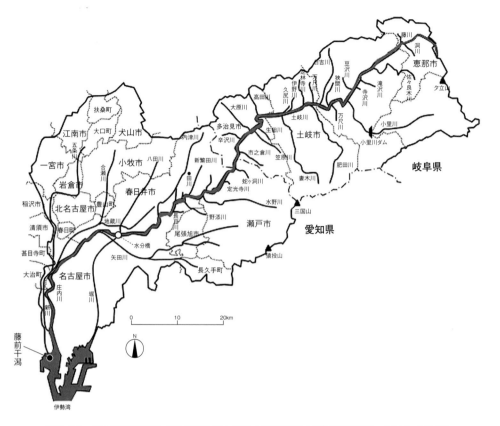

図3.4.1．庄内川流域概要（国土交通省中部地方整備局庄内川河川事務所、2012aを改変）

川である。本流域には270万人が生活しており、伊勢湾集水域人口の4分の1が集中している。河口には、ラムサール条約の登録湿地である**藤前干潟**（Fujimae tidal flat）が広がっている（図3.4.1）。

4.-2　森が海を養う —上流域—

"森は海の恋人"という言葉を聞いたことがあるだろうか。宮城県気仙沼市の牡蠣養殖業を営む漁師、畠山重篤氏の言葉である。これは、牡蠣や海苔などの海の恵みを育む栄養分は、森林が健全であることにより海に供給されるため、海の恵みを享受するには森を健全に管理する必要があることを語っている。この理念に基づき、この地域では、健全な森を維持するための植林活動や人工林の間伐作業の促進活動が継続的に行われている。

この"海の恋人"の正体は森林から生成されるフミン物質（腐植物質）（humic substances）である。フミン物質とは、フミン酸（humic acid）やフルボ酸（fulvic acid）のことで、森林で生成される落葉落枝などの有機物が分解されて生成される腐植物質の一群である。これらのフミン物質は、カルボキシル基やフェノール性水酸基に富むため、鉄を含む微量金属元素との親和性が強く、これらと錯体を形成して溶存態となりこの物質を運ぶキャリアーとして働くため、水圏における微量金属の移動の支配因子の一つとなっている（Kim、1986）。鉄は、沿岸水域の一次生産者である植物プランクトンの光合成色素の活性中心（Suzuki et al.、1995a）や呼吸をつかさどる電子伝達系、硝酸塩などの還元酵素の補酵素として必須である（Geider & Roche、1994）。また、これら植物プランク

トンは粒子状態の鉄は利用できず、わずかに溶解した$Fe(OH)^{2+}$を利用していると考えられている（Anederson & Morel、1982; Suzuki et al.、1995b）。一般的な表層水のように好気的でpH6〜8の水域では、多くの無機鉄は酸素と反応して赤鉄鉱や針鉄鋼などの酸化鉄として粒子状態で存在する。このような状態の鉄を植物プランクトンは利用できない。そのため、フミン物質によりキレート化した鉄は沿岸水域の生物生産に重要な役割を担っている。森林でのDOC（溶存性有機体炭素）の放出量は、針葉樹林よりも落葉広葉樹林のほうが多いとの見解がある（Axel & Karsten、2005）。例えば、同じような傾向は土岐川流域での調査でも認められており、広葉樹林渓流水のほうが針葉樹林渓流水よりもフミン酸－鉄キレートの量が多い結果となっている（岡田ら、2010）。源流域の森林が人工林である場合には、適切な間伐を行うなどして林床植生の被覆度を高め、表層土壌の有機物を流去させず、森林内でしっかり有機物を分解させて腐植物質を生成させることが必要である。また、経験則的に豊かな海を育てるために上流に落葉広葉樹を植林することが多いが、科学的根拠に乏しい部分もあるので、更なる研究蓄積も必要である。

"海の恋人"と呼びたい物質がもう一つある。ケイ素（silicon; Si）である。地表面におけるケイ素の多くは、ケイ酸塩や二酸化ケイ素（シリカ、石英）（SiO_2）である。Siは、水域での一次生産の主体となっているケイ藻（Diatoms, Bacillariophyceae）の主な構成成分であり、地殻の岩石中に質量比で40〜70％含まれる無機物である。ケイ素もまた、河川の上流から運ばれて海に供給されている重要な物質である。近年、河川水中のPやNの濃度が上昇し、Siの濃度が低下している。健全な海を代表する植物プランクトンであるケイ藻が増殖するには、C：N：P：Si＝106：16：1：16〜50の比率で各物質が必要である。海洋性植物プランクトンの光合成には、この元素比で各物質が利用されることが知られており、この比のことをレッドフィールド比（redfield ratio）とよぶ（ケイ藻でない場合には、Siの値は削除）。ケイ藻の増殖は海中のSiが枯渇した時点で終了する。しかし、Siが枯渇した状態でNやPが残っていると、Siを必要としない渦鞭毛藻などの非珪藻類が増殖し、赤潮が生じる（原島、2003）。これらの大量発生した生物が死んで分解される際に大量の酸素が消費されるため、海水が貧酸素状態となる。そのため、赤潮が生じた場所では魚などが酸欠で死んだり、渦鞭毛藻類の毒が貝類に取り込まれたりして、それを食した人間に中毒被害が生じることもある。Siは岩石に含まれ岩石の物理的風化に伴い溶出し、特に風化しやすい花崗岩域での溶出は顕著である。しかし、現在、河川の上流域には多くのダムや堰が存在し、このような閉鎖性水域内でNやPの濃度が高い場合にはケイ藻の増殖・死後に湖底に生物態シリカとして沈降・堆積するため、溶存態シリカの下流域への供給量は供給速度ともに低下する。そのため、Si濃度が海域で低下し、N、PとSiの量的バランスの悪さから赤潮が発生する。沿岸の護岸による陸域からの伏流水流入の遮断も、沿岸海域でのSiの低下と関係があると考えられている。

このように、我々が海からの恵みを享受するためには、これまでに知られてきたNやPなどの富栄養化対策だけではなく、FeやSiといった植物プランクトンの生育を左右する物質への対策が必要である。伊勢・三河湾でも赤潮の発生は近年でも年間200日以上発生しており（国土交通省、2012）、海と森を健全な水環境でつなぐ技術と智恵が求められている。

4.-3 自浄機能を超えたライフスタイル
―中・下流域―

土岐川・庄内川の河口から22km地点の水分橋（図3.4.1）よりも上流側の庄内川の河川水質は、1999年以降、BOD基準で1～2mg/lとA類型レベル（表3.4.1）である。類型とは、水の水素イオン濃度（pH）、生物化学的酸素要求量（Biochemical Oxygen Demand; BOD）、浮遊物質量（Suspended Solid; SS）、溶存酸素量（Dissolved Oxygen; DO）、大腸菌群数などの値によって分類される生活環境の保全に関する河川の水質基準（water quality standards）である。環境の質が良い順にAA、A、B、C、D、E類型に分類される。つまり、水分橋より上流でA類型ということは、比較的よい水質が保たれていることを意味している。しかし、水分橋直上流で合流する八田川（図3.4.2）のBODは10mg/lを越え、水分橋下流ではBOD基準でD類型となっている。BODとは微生物による水中の有機物の分解に必要な酸素の量であり、この値が高い程河川の有機物量が高いことを示すので、河川における有機物汚濁の指標に用いられる。河川水の採水時のDOと、20℃暗所に5日間静置した後のDOの測定値の差により算出される。一方、湖沼や内湾における有機物汚濁の指標としては化学的酸素要求量（Chemical Oxygen Demand; COD）が用いられる。これは過マンガン酸カリウムなどの酸化剤を添加した際の酸化反応により消費される酸素量を測定したものである。植物プランクトンなどの生きた生物は微生物により分解されにくいため、これらの生きた生物が多い環境や汚濁の進んだ酸素消費量の多い環境での有機物汚濁の指標にはCODが用いられる。

庄内川の中・下流域の水質と底質について、最も汚濁の著しい御幸樋門以下の下流にて2007年～2009年の3年間の隔月調査の結果から浮き彫りになった中・下流域における特徴や問題点を有機物、栄養塩類、硫黄（sulfur; S）の観点で以下に紹介する。調査地点は、御幸樋門（河口より22.5km）から庄内新川橋（同1km）ま

表3.4.1. 生活環境の保全に関する環境基準（河川水）（環境省、2012）

類型	利用目的の適応性	基準値					該当水域
		水素イオン濃度（pH）	生物化学的酸素要求量（BOD）	浮遊物質量（SS）	溶存酸素量（DO）	大腸菌数	
AA	水道1級、自然環境保全、およびA以下の欄に掲げるもの	6.5以上8.5以下	1mg L^{-1}以下	25mg L^{-1}以下	7.5mg L^{-1}以上	50MPN／100mL以下	環境基準の第1の2の1により水域類型ごとに指定する水域
A	水道2級、水産1級、水浴、およびB以下の欄に掲げるもの	6.5以上8.5以下	2mg L^{-1}以下	25mg L^{-1}以下	7.5mg L^{-1}以上	1000MPN／100mL以下	
B	水道3級、水産2級、およびC以下の欄に掲げるもの	6.5以上8.5以下	3mg L^{-1}以下	25mg L^{-1}以下	5mg L^{-1}以上	500MPN／100mL以下	
C	水道3級、工業用水1級、およびD以下の欄に掲げるもの	6.5以上8.5以下	5mg L^{-1}以下	50mg L^{-1}以下	5mg L^{-1}以上	—	
D	工業用水2級、農業用水およびEの欄に掲げる	6.0以上8.5以下	8mg L^{-1}以下	100mg L^{-1}以下	2mg L^{-1}以上	—	
E	工業用水3級、環境保全	6.0以上8.5以下	10mg L^{-1}以下	ごみ等の浮遊が認められないこと	2mg L^{-1}以上	—	

図3.4.2. 庄内川調査地点

での6地点である（図3.4.2）。腐卵臭（硫化水素臭）の強かった水分橋では底質だけでなく、河岸の黒色土壌についても調査した。

①水中の有機物：有機物を指標するBOD、全-COD（t-COD）（溶存態および非溶存態のCODの総量）、溶存態-COD（d-COD）などの値から、これらが流入する直前の上流側（大留・勝川橋／八田川）と御幸樋門を比較すると、製紙工場排水が流入する御幸樋門で高い値となっていた。御幸樋門のBODは直前上流側の11〜12倍高く（年平均16.2mg/l）、t-CODは7〜12倍（同30〜44ppm）、d-CODは、約10倍（同24〜36ppm）高い値となっていたが、この高い値は、御幸樋門から0.5km下流の水分橋では、いずれも1/3程度に低下していた。水分橋は、八田川が庄内川に合流する地点である。人的影響の少ない成分である塩素濃度の比較から、水分橋での各値の低下現象は、河川の合流に伴う希釈効果と推定された。水分橋より下流域では、BODは2 mg/l程度まで、t-CODは5〜10ppm程度まで、d-CODは3〜8ppm程度まで流下に伴い徐々に低下していた。このような庄内川中流以下の下流における各所でのBOD、CODなどで示される有機物量の浄化状態は、汚染点源と考えられる御幸樋門での値をピークに、直後の河川の合流による希釈効果に大きく依存しており、庄内川における微生物による有機物分解の明確な浄化能は、認められなかった。

②水中の栄養塩類（N、P）：栄養塩類について、アンモニア態窒素（NH_4^+-N）は、枇杷島橋〜新大蟷螂橋間では他の調査地点よりも高く、途中に存在する下水処理水の流入の影響と考えられた。リン（P）については、御幸樋門の全リン（Total Phosphorus; TP）が0.2〜0.55ppmで水分橋から約10km上流側の庄内川本流に位置する大留橋の2〜4倍であるのに対して、溶存態リン（Dissolved Phosphorus; DP）は大留橋の1/3〜1/4（約0.03ppm）となっていた。TPに対するDPの比率は大留橋の88%に対して御幸樋門では11%と低く、排水中のリンはミズワタ（水路や河川などで水底に形成され、糸状菌であるスフェロチルス Sphaerotilus 属などで構成される微生物群集）など懸濁態物質に多く含まれると考えられた。

③水中と底質の硫黄（S）：御幸樋門排水の特徴として硫酸イオン（SO_4^{2-}）が600mg/lと海水の20%を超える高濃度となっていた。しかし、この硫酸イオンは水分橋で1/3に低下していた。塩化物イオンが1/2になっていることから庄内川本流の希釈効果以上に硫酸イオンが御幸樋門から水分橋に流下する間に減少していること、すなわち硫酸還元が行なわれていることが示された。また水分橋から枇杷島橋まで流下する過程でも硫酸イオンが減少しており、同様に硫酸還元が認められた。このような御幸樋門における高濃度な硫酸イオン（SO_4^{2-}）は、有機物が豊富で還元的な環境では硫黄還元細菌により有機物の分解に利用され、その際に硫化水素（H_2S）が発生する。このH_2Sが鉄などの金属と反応して不溶性の黒色沈殿を生成する。硫

化水素は、底質が還元的環境にあり豊富に硫黄成分と有機物を含んでいる場合に発生する。硫化水素ガスは好気性生物にとっては有毒であり、腐卵臭を伴う。

これらの還元性硫化物が安定的に堆積した環境中では、パイライト（黄鉄鉱、FeS_2）という極めて安定な鉱物の状態となり土壌中に堆積している。これらが好気的な環境に置かれると、硫黄酸化細菌と鉄酸化細菌の作用により硫酸が生成されて土壌は酸性化し、硫化物の含有濃度によってはpH1～3の強酸性にもなるため、生物の生息には不適となる。中・下流域の底質を過酸化水素にて強制的に酸化させた時のpHの低下状況（pH（H_2O_2））から還元型硫化物の蓄積程度を評価すると、河川内の全調査地点では、pH（H_2O_2）は4.5以上であり酸性硫酸塩土壌とよぶほどの含有量ではなかったが、下流ほど値が低く還元性硫黄が堆積していた。しかし、上流の御幸樋門と水分橋河岸ではこれに反して最下流の庄内新川橋と同等の低い値になっていた。これは、御幸樋門からの排水中に硫酸イオンが多く存在し、本地点の河川水は低酸素、高有機物、高Fe^{2+}、工場排水のため年間平均水温が約20℃程度の比較的高い水温が保たれているため、硫黄還元細菌等の微生物活性を高く維持できる条件が整っていたためと考えられた。一方、藤前干潟の底質はいずれもpH（H_2O_2）3.0～3.5であり、潜在的酸性硫酸塩土壌（好気環境で硫化物が酸化されてpH3以下の酸性硫酸塩土壌化する土壌）になっていた。

製紙工場では、排水のpH調整等のために硫酸を利用することが多い。そのため製紙工場の排水が合流する御幸樋門において硫酸イオンの濃度が最大になっていたと考えられた。その後流下にともない硫酸イオンの濃度は低くなっていたが、硫黄成分は硫酸還元により底質に堆積していた。水質基準としてのイオン濃度は規定内であっても、底質中に残留していたことになる。水分橋付近の河川から漂う腐卵臭は、この証拠である。河川に排水する水質の管理としても、溶存物質の濃度だけでなく、形を変えて蓄積しつづける堆積物質についても考慮してゆく必要がある。

④底質の土性と有機物量：土性は、御幸樋門が砂壌土、水分橋および枇杷島橋～新大蟷螂橋は砂土、庄内新川橋は砂壌土、水分橋河岸は砂土～砂壌土であった（「第2章1.6-3土性」参照）。シルト・粘土分が多く含まれていたのは、御幸樋門（平均値±標準偏差：11.3±8.7%）、大蟷螂橋（6.7±5.8%）、庄内新川橋（10.1±12.0%）であった。強熱減量（ignition loss）の値が安定して高かったのは、御幸樋門であった（4.0±0.7%）。強熱減量とは、105℃で乾燥させた土壌について、600～700℃の熱処理前後の土壌の質量減少量を熱処理前の質量に対する割合（%）で示した値である。質量の減少量を土壌有機物が燃焼によりCO_2に変化した分に相当すると見なし、有機物含有量の指標とする。御幸樋門と水分橋河岸の両地点以外では、平均値は下流ほど高くなっており有機物量は下流ほど増加していた。このように、下流ほど有機物量が増加していたのは、川幅の増大に伴う流速の低下による有機物の沈降および多くの下水処理水や生活排水の流入によるものと推察された。また、御幸樋門と水分橋河岸では、上流に位置するにもかかわらず、強熱減量の値は高かった。この2地点は、他の地点と比べて流速が遅く、比重の軽い有機物が沈降しやすいため、蓄積しているものと推察された。

4.-4　巨大な水質浄化システム・藤前干潟　—河口域—

庄内川が伊勢湾に注ぎ込む最河口域には、水質浄化システムとしても生物多様性保全システムとしても極めて重要な藤前干潟が存在している。藤前干潟は、最大引潮時には約350haにも

なる伊勢湾で最大級の干潟である。シベリア等北半球の繁殖地とオセアニア等南半球の越冬地を往復するシギ・チドリ類を初めとする多くの渡り鳥の重要な国際的中継地であり、2002年にラムサール条約（Ramsar Convention）（正式名称：特に水鳥の生息地としての国際的に重要な湿地に関する条約、Convention on Wetlands of International Importance Especially as Waterfowl Habitat）の登録地に認定された。ラムサール条約は、水鳥を食物連鎖の頂点とする湿地生態系（wetland ecosystem）の保全を目的とした国際条約である。藤前干潟は、1990年代にはごみ埋め立て地の候補地であった。しかし、約5年間の環境アセスメントの過程における再調査を含めた科学的根拠に基づく議論の結果、埋め立ては断念され、2001年には名古屋市のゴミの分別開始による埋め立てゴミが半減し、実質的な埋め立て計画の消滅となった。

河口域に形成される干潟は、陸域および河川では分解されずに運ばれた工場排水中の化学成分や農業排水中の余剰肥料成分、生活雑廃水および下水処理水などに含まれる大量の有機・無機成分が海洋生態系に流入する直前の陸域としての最終的な浄化システムである。干潟では、カニやアナジャコ、ゴカイ、巻貝、二枚貝などの底生生物（ベントス、benthos）や、より小さなメイオベントス（meiobenthos）とよばれる1mm以下のセンチュウやイトミミズ、バクテリアなど極めて多様な動物が生息している。これらの生物を支えるのが、一次生産者の藻類や植物プランクトンである。干潟は、潮の満ち引きにより淡水と海水が激しく出入りし、塩分濃度の変化に弱い生物にとっては過酷な環境である。だが、陸域からの豊富なNやPなどの栄養塩が流入し、水深が浅いために光と大気が十分に供給されるため、一次生産が極めて活発であり、極めて豊かな生態系を作り出している（寺井、2010）。陸域から負荷された様々な物質はこれらの極めて複雑な生態系の浄化力の範囲内で無機化され海生生態系に入るか、ガス化して大気に戻る。干潟における二枚貝の窒素浄化能は高く、3cm程度のアサリ1個体は1時間に1Lもの水を濾過し、水中のプランクトンやデトリタス（detritus、一次生産者や動物の遺体、廃棄物などに由来する有機物の屑）を摂食する（寺井、2010）。しかし、近年、藤前干潟をはじめ、内陸に入り込んだ湾内における河川水や伏流水の流入量の低下により、これら地域の水における貧酸素化（dissolved oxygen deficiency）が生じ、湾内の生物が死滅して問題となっている。食卓に上るアサリやシジミにおいても、その稚貝は極めて限られた天然の干潟により採取され、各地の干潟に放流されている。これらの稚貝の採取量は、全国的にも年々低下しており、韓国方面からの輸入が増えている。国産アサリが消えてしまう日は遠くないかもしれない。湾内の水循環を活性化させることは、健全な陸水生態系の保全の点から、極めて重要な課題である（寺井、2010）。

伊勢・三河湾におけるCOD環境基準達成率は、大阪湾や東京湾よりも10～20％ほど低く、約50％と全国的にも極めて低い状況である（環境省、2009）。このような伊勢・三河湾の環境悪化の要因には、汚濁負荷量の大きさ、下水道普及率の遅れが挙げられる。名古屋市を除く愛知県の下水道普及率は62％、三重県は47％である（愛知県、2012；三重県、2012）。これらに加えて、干潟浅海域の埋立て（1945年以前から1994年にかけての各干潟の消失：伊勢湾干潟 2940ha⇒1395ha、三河湾干潟 2630ha⇒1550ha）、流入河川流量の低下、豊川用水取水による三河湾の海水交換の悪化、長良川河口堰による取水なども要因として挙げられる（寺井、2010）。河川および干潟生態系の浄化能力の容量をはるかに超えた私たちの排水の質を少しでも良くする努力が、次世代に負の遺

産を継がせないために必要である。前項「第3章4.-3.自浄機能を超えたライフスタイル―中・下流域―」で説明したように、庄内川では中流域以下の下流において、有機物が分解されずに河川底質に蓄積されていたり、海に流入していたりしていた。また、工場排水としての御幸樋門における硫酸イオンや硝酸イオンの濃度の高さ、同地点における硫化物の底質への堆積状況などから、汚染点源におけるより高い排水基準の設定や、浄化処理が必要であることが示唆された。河川や干潟における自浄機能は働いているものの、負荷量はその能力を超えている。近年、庄内川へのアユの遡上個体数は増加傾向にあるが、水分橋での確認個体数はまだ少ない（国土交通省中部地方整備局庄内川河川事務所、2012b）。本河川においてアユに代表される水産資源が持続可能な資源として定着するまでには、汚水源における排水基準の積極的なレベルアップが必要であろう。

上野　薫

【引用文献】

愛知県（2012）平成23年度下水道普及率、http://www.pref.aichi.jp/0000035313.html（2012年10現在）

Anderdon, M. A. and F. M. M. Morel (1982) The influence of aqueous iron chemistry on the uptake on iron by the coastal diatom Thalassiosira weissflogii.Limnology and Oceanography 27: 789-813

Axel, D. & K. Karsten (2005) Amounts and degradability of dissolved organic carbon from foliar litter at different decomposition stages. Soil Biology and Biochemistry 37: 2171-2179

エヴァンズ L.T.（2006）無機肥料と微生物の摂取「100億人への食糧」日向康吉訳　p.99-108　学会出版センター　東京

Feritas M. B. et al. (2001) The importance of water testing for public health in two regions in Rio de Janeiro: a focus on fecal coliforms, nitrates, and aluminum. Cad. Saude Publica, Rio de Janeiro 17: 651-660

Fine, D. H.et al. (1982) Endogenous synthesis of volatile nitrosamines: Model calculations and risk assessment. IARC Sci. Publ. 41: 391-396

Geider, K. J. and L. Roche. (1994)The role of iron in phytoplankton photosynthesis, and the potential for iron-limitation of primary productivity in the sea. Photosynthesis Research 39:275-301

原島 省（2003）陸水域におけるシリカ欠損と海域生態系の変質．水環境学会誌 26(10)：621-625

Hill, M. J.et al. (1973) nitrosamines and cancer of the stomach. Br. J. Cancer 28: 562-567

ジョン E.（2003）「元素の百科事典」 山崎 昶訳　丸善株式会社　東京

環境省（2009）平成20年度公共用水域水質測定結果、http://www.env.go.jp/water/suiiki/index.html（2013年3月現在）

環境省（2012）別表2生活環境の保全に関する環境基準、http://www.env.go.jp/kijun/wt2-1-1.html（2012年11月現在）

環境省（2013）第4次酸性雨対策調査とりまとめ、http//www.env.go.jp/air/acdrain/monitoring/cdrom/index.html（2015年1月現在）

Kim. J. I. (1986) Chemical Behavior of Transuranic Elements in Aquatic Systems. In:Handbook on the Physics and Chemistry of the Actinides. ed. A.J. Freeman, and C. Keller, Elsevier Science Publishers, Amsterdam Holland

木村眞人（1989）土壌中の生物と元素の循環「季刊化学総説No.4、土の化学」日本化学会編　p.133-134、p.135-136　学会出版センター　東京

気象庁（2013）一酸化二窒素の経年変化、http://ds.data.jma.go.jp/ghg/kanshi/ghgp/23n2o.html（2013年2月現在）

国土交通省（2012）公共用水域の水質改善、http://www.mlit.go.jp/mizukokudo/sewerage/crd_sewerage_tk_000137.html。（2012年10月現在）

国土交通省中部地方整備局庄内川河川事務所（2012a）流域図、http://www.cbr.mlit.go.jp/shonai/kihon/tanto/ryuiki/index.html（2012年10月現在）

国土交通省中部地方整備局庄内川河川事務所（2012b）平成24年度　庄内川・矢田川アユ調査、http://www.cbr.mlit.go.jp/shonai/oshirase/oshirase/ayu/index.html（2012年10月現在）

国立環境研究所（2012）Asia-Pacific Integrated Model Project Team、http://www-iam.nies.go.jp/aim/inventory（2012年11月現在）

松中照夫（2003）有機物が土壌をつくる「土壌学の基礎」p.42-43　農山漁村文化協会　東京

三重県（2012）平成23年度 三重の下水道普及状況、http://www.pref.mie.lg.jp/GESUI/HP/date/spread.htm（2012年10現在）

中村磐男（1990）飲み水の硝酸塩汚染―血症とその周辺―聖マリアンナ医大誌 18: 413-421

中村磐男（1999）水質汚染と周産期-水道水と流産・先天異常/硝酸塩と乳児メトヘモグロビン血症. 周産期医学 29: 457-461

岡田直己ら（2010）森林植生の違いが渓流水の腐植物質-錯体形成に及ぼす影響. 陸の水43：31-35

温室効果ガス世界資料センター（2013）、http://ds.data.jma.go.jp/gmd/wdcgg/pub/global/globalmean.html（2014年10月現在）

Suzuki, Y.et al. (1995a) Effect of Iron on Orgonium Formation, Growth Rate and Synthesis of Laminaria japonica (Phaeophyta). Fisheries Science 60: 373-378

Suzuki, Y. et al. (1995b) Bioavailable iron species in seawater measured by macroalga (Laminaria japonica) uptake. Marine Biology 123:173-178

寺井久慈（2010）干潟と内湾「身近な水の環境科学－源流から干潟まで－、日本陸水学会東海支部会編　pp.123-134　朝倉書店　東京

テイツ L.、ザイガー E.（2004）「テイツ/ザイガー植物生理学第3版、西谷和彦、島崎研一郎訳　培風館　東京

八杉龍一ら（1996）窒素循環「岩波生物学事典第4版」p.903-904　岩波書店　東京

第4章 地球規模の環境変動

生物多様性を理解するために、これまで第1章では生物圏、第2章では非生物圏、第3章では生物圏と非生物圏の両圏に渡る物質循環について説明してきた。いずれも生物多様性を理解するために現在という時間の中で説明してきたが、現在の生物多様性のもとになった過去の出来事も理解しておく必要がある。本章では、生物多様性を理解するための過去に起こった地球規模での出来事について、**地質年代**（geologic time）スケールで説明していく。

生物相は基本的には気候区分に準じた分布をしている。気候は地質年代スケールでも大きく変動してきており、それらは現在の生物の分布に関与している。さらに、プレートの移動に伴う**大陸移動**（continental drift）や氷河の状態によっても生物の移動は影響を受けている。ここでは、現在の生物多様性の地理的変異やその分布により強く影響を与えている要素として、地質年代の中生代以降の大陸移動や**気候変動**（climate change）、**氷期**（glacial stage）・**間氷期**（interglacial stage）に絞り概説する。地質年代表を表4.1.1に示した。

表4.1.1. 地質年代表（川幡、2011を改変）

累代	代	紀	世	年前
顕生代	新生代	第四紀	完新世	1万1,700
			更新世	258万8,000
		新第三紀	鮮新世	533万2,000
			中新世	2,303万
		古第三紀	漸新世	3,390万
			始新世	5,580万
			暁新世	6,550万
	中生代	白亜紀	後期	
			前期	1億4,500万
		ジュラ紀	後期	
			中期	
			前期	2億
		三畳紀	後期	
			中期	
			前期	2億5,000万
	古生代	ペルム紀		2億9,900万
		石炭紀		3億5,920万
		デボン紀		4億1,600万
		シルル紀		4億4,370万
		オルドビス紀		4億8,830万
		カンブリア紀		5億4,200万
先カンブリア代	原生代	新原生代		
		中原生代		
		古原生代		25億
	始生代	新始生代		28億
		中始生代		32億
		古始生代		36億
		暁始生代		40億
	冥王代			46億

※古生代以前の世は記載を省略した。

1. 地質年代

1.-1 中生代（Mesozoic era、2億5,000万年前〜6,550万年前）

古生代と新生代に挟まれた比較的温暖な時代である。古生代の最終紀である**ペルム紀**（Permian period）は、**石炭紀**（Carboniferous period）から続く氷河時代であり、古生代と中生代の境界であるP/T境界（Permian/Triassic boundary）では生物の大量絶滅が生じた。三畳紀、ジュラ紀、白亜紀に分けて以下に説明する。

a. 三畳紀（Triassic period、2億5,000万年前〜2億年前）

P/T境界における生物の大量絶滅の終了とともに始まる。この境界では約90％の生物種が絶滅し、**顕生代**（Phanerozoic eons）（先カンブリア代以降に続く現代までの期間）における最大の絶滅とされている。この絶滅の原因は、スーパープルーム（super plume）の上昇による極

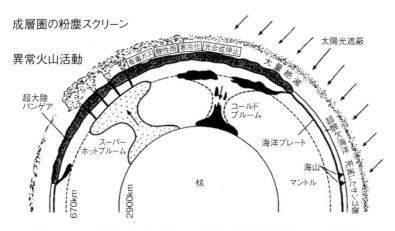

図4.1.1. P/T境界におけるプルーム活動の概念図（川幡、2011を改変）

めて活発な火山活動による酸素欠乏と考えられている（図4.1.1）。プルームとはプレート（地殻と最上部マントルを併せた部分のこと、「第2章1.-1地圏の構造」参照）がマントル内部に沈み込んだもののことを指し、下降するプルームをコールドプルーム（cold plume）、核直上まで沈み込み、暖められて上昇するものをホットプルーム（hot plume）とよぶ。P/T境界で生じたスーパーホットプルームはアフリカスーパープルームとよばれ、このホットプルームの上昇により地球表面では極めて活発な火山活動が生じ、生物の大量絶滅が生じたと考えられる。この時、海洋では約2,000万年間における**超酸素欠乏事件**（superanoxia）が生じ、海棲無脊椎動物の絶滅率は、種レベルで90%以上、属レベルで82%、科レベルでは約半数が消滅したと見積もられている。この中には三葉虫・古生代型サンゴ・フズリナなど古生代に幅広く棲息していた生物種が含まれる（丸山と磯﨑、1998）。

この地球内部の活性化に伴い、地表面での大陸移動も活性化した。この頃、ほとんどすべての大陸が合体し、パンゲア超大陸（Pangea、超大陸とは現存する大陸が複数集合した巨大な陸地のこと）が存在していた（図4.1.2）。パンゲア超大陸は、ペルム紀初期に誕生した赤道を中心として南北に連なった一つの大陸であり、北半球のシベリア大陸と中緯度の大陸および南極域のゴンドワナ超大陸（Gondwana）が衝突して形成された。しかし、このパンゲア超大陸は、三畳紀後期頃（約2億年前）から地球内部の活性化に伴い、ローラシア大陸（Laurasia、後のヨーロッパ大陸と北アメリカ大陸、アジア大陸）になる部分とゴンドワナ大陸（後の南米大陸、アフリカ大陸、南極大陸）が再び分裂を始める。この分裂は約1億6,000年をかけて白亜紀末期に完了する。

三畳紀には大陸の内陸は海岸から離れていたため、夏に熱く冬に寒い大陸性乾燥気候が発達した。この時期、パンゲア超大陸の形成等に伴う平均水深の深厚化などにより地球全体の海水準は比較的低く（Haq *et al.*, 1987）、降水量も比較的少なかった。ペルム紀末期からジュラ紀後期までは地球全体が今よりも温暖気候が優勢で、極地域も温暖であった。ジュラ紀後期から白亜紀初期には寒冷化したが、現在よりも全球平均気温は高かった（Frakes, 1979）。P/T境界の大量絶滅の後に空白になったニッチ（生態的地位、niche）を埋める六放サンゴなどの新しい生物の進出が始まった。この時期の気候は、多くの**両生類**（Amphibia）や**爬虫類**（Reptilia）

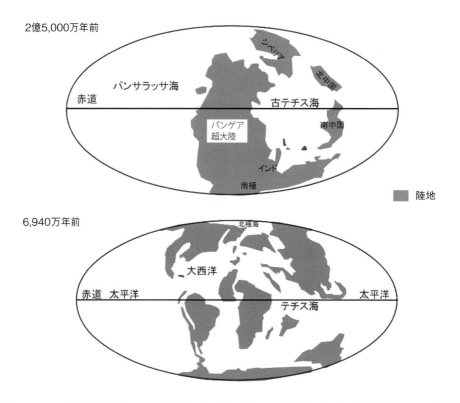

図4.1.2. P/T境界付近（2億5,000万年前）と白亜紀後期（6,940万年前）の大陸の位置（川幡、2011を改変）

には適さずに滅びたが、より乾燥に適した能力をもった恐竜が三畳紀中期に出現し、それらのニッチを得てその後の繁栄に有利に働いたと考えられている（ファストフスキーとウェイシャンペル、2005）。また、P/T境界を生き抜いた哺乳類（Mammalia）の祖先が進化し、哺乳類が出現したのもこの頃である。

b．ジュラ紀（Jurassic period、2億年前～1億4,500万年前）

三畳紀につづく温暖な時代であり、大陸の永久氷河は存在しなかった。三畳紀とジュラ紀の境界（T/J境界）でも生物の大量絶滅が生じた。ここでは、海洋生物への打撃が大きかったとされ（Erwin、1995）、アンモナイトの多くの科や石サンゴなどの多くの属が絶滅した（平野、2006）。その後のT/J境界でも生き残ったアンモナイトの一部、爬虫類の一部はジュラ紀、白亜紀で大繁栄を迎えることになる。T/J境界での絶滅原因としては、海水準の低下（Hillebrandt、1994）、貧酸素・無酸素水塊の形成（Hallam、1981）、隕石衝突（多田、2004）などが挙げられている。

ジュラ紀にパンゲア超大陸は北半球のローラシア大陸と南半球のゴンドワナ大陸に分裂している過程にあった。三畳紀では超大陸であったために乾燥した大陸性気候となっていたが、ジュラ紀では超大陸の分裂に伴い、小さな海洋が陸に入り込んできた。そのため、大陸の内部や高緯度地域であっても湿潤温暖な気候となり、植物は内陸部まで生育範囲を拡大した。それに伴い、大型化した裸子植物や恐竜を含む爬虫類が多様化し、海洋では珪藻が出現した。

少し時代が過去に戻るが、古生代の前の時代の環境について若干触れておく。10億年前～7億年前の地球（原生代）は、史上最大の氷河で覆われていた全球凍結の時代（スノーボール

アースの時代、Snowball Earth period）であり、その後期では気候の変動が大きかった。ちょうどその頃、7億5,000万年前頃には、海水がマントルに注入され始め、マントルの流動性が高まった。その結果、海水位の大規模な低下が続いた。海水位の低下に伴って陸地面積が増大するとともに、マントルの流動性が高まったために大陸の分裂が活性化した。陸地面積の増大に伴って陸地表面の侵食量は増大し、海中での堆積岩の生成量も増加した（丸山、2002）。4億5,000万年前頃（オルドビス紀、Ordovician period）にはオゾン層が形成されて生物が上陸し、デボン紀（Devonion period）の中期には木本植物が、後期にはシダ植物（pteridophyta）が出現している。石炭紀には河川や海の沿岸に大森林帯が、内陸に湿地帯が形成され（川幡、2011）、沿岸域では多くの植物遺体が水面下に堆積し、有機物の固定量が増大した。その結果、微生物が植物遺体を分解するために用いるはずの酸素分が余剰し、酸素濃度の上昇に貢献した。光合成による酸素の生成も相まって、5億5,000万年前の地球の酸素濃度は急激に上昇した（丸山、2002）。このような酸素濃度の上昇は、生物の代謝効率を増大させたため、生物の大型化にも影響を与えた。

　c．白亜紀（Cretaceous period、1億4,500万年前〜6,550万年前）

　ジュラ紀に続いて温暖で、海水の表層水温は32℃、南アメリカ沖の水深1000mの低層水の水温は13〜34℃（Moriya et al., 2007）で、海水準はジュラ紀よりも高く、平均海水準は+100〜200mであった（Haq et al., 1987）。白亜紀初期には各大陸は近隣に位置していたが、白亜紀末期までにはパンゲア超大陸は完全に分離し、ローラシア大陸も北アメリカ大陸とヨーロッパ大陸に分裂し、ゴンドワナ大陸は南極大陸、オーストラリア大陸、アフリカ大陸、南アメリカ大陸に分かれ、大西洋・インド洋が誕生して、現在の陸と海の基本形が確立した。

　この時期、爬虫類は多様性を極めた。植物においては裸子植物（Gymnspermae）やシダ植物が減少する一方で、より高等な種子植物（Spermatophyta）が主流となっていた。白亜紀中期（1億2,500万年前〜8,400万年前）は中生代でも最も温暖で、現代の気温よりも6〜14℃高かった。大気中のCO_2濃度は海水準や水温と同様に、過去1億5,000万年間で最も高く、現在の2〜4倍ほど高い状況にあった（Berner, 1990）。この頃、再びスーパープルームの上昇が生じており、地表面では火山活動が活発であったとされる。海水位の上昇は陸地面積の減少をもたらし、海面積が増大したため、アルベド（albedo、光エネルギーの反射率のこと。その値は、氷＞陸地＞水）が低下した。さらに火山活動による粉塵により光合成活性は低下し、炭素固定量が低下した。その結果CO_2濃度の上昇による温室効果が相まって、中生代以降で最も温暖な気候になっていたと考えられている。なお、白亜紀以降の温度等の環境データが明確に示されているのは、この頃の海洋地殻が現在も存在しており、分析可能なためである。それ以前の海洋地殻はマントルに沈み込み存在していないので、環境データは解析されていない。

　白亜紀末期から新生代の境界において、鳥類の祖先以外の恐竜を含む生物の50〜60％が絶滅した。この境界をK/Pg境界（Cretaceous/Paleogene boundary）とよぶ（Kは独語の白亜紀 Kreideの略）。この要因は直径10kmほどの巨大隕石の衝突による隕石衝突説（Impact event）が有力である。この根拠となったのは、①この地質年代の境界部に相当する1cmほどの厚さの粘土層の中に、イリジウム（iridium）などの白金属元素（現在の地球表層には極めて微量しか存在しない）の高濃度集積が確認されたこと、②この粘土層からは、隕石（meteorite）の衝突時に生成されたと考えられるテクタイト

(tektite) も検出されたこと、③メキシコ東海岸、ユカタン半島の北西端にて直径100kmもの巨大クレーターが発見されており、巨大隕石の衝突はありえたことなどである（多田、2004；川幡、2011）。また、K/Pg境界において衝突したと考えられている直径10km程度の隕石は、数千万年に１回の頻度で衝突することが推定されている。このような巨大隕石の衝突により、大量の一酸化窒素の生成や硝酸、亜硝酸、硫酸による酸性雨の生成が生じる。さらに巻き上がった粉塵は成層圏（stratosphere）（対流圏と中間圏の間にある大気圏。上限は約50km、第2章図2.2.5参照）まで到達し、暗黒雲が太陽光を遮断する。これらにより、地球の表面温度の低下および光合成量の急激な低下、生物量の低下が生じたと考えられている。

1.-2　新生代（Cenozoic era、6,550万年前〜現代）

中生代に続く現代までの期間であり、古第三紀（Paleogene period）、新第三紀（Quaternary）、第四紀（Neogene）に分かれる。新生代の前半（古第三紀の暁新世〜始新世の後期；6,550万年前〜3,600万年前）は基本的に温暖な環境（高緯度の水温で5〜15℃）であり、後半（始新世後期；3,600万年前〜現代）は寒冷化（同水温で0〜5℃）と極域での氷河形成が特徴的である。生物学的には哺乳類と鳥類の繁栄が特徴である。ここで、氷河について少し説明しておく。氷河（glacier）とは、陸上に雪が堆積し自重で氷となったものが厚くなり、ゆっくりと流れているものをいう。氷床（ice sheet）とは陸地の全てが氷で覆われた氷河を指し、現存する地球上の氷床には南極氷床（Antarctica ice sheet）とグリーンランド氷床（Greenland ice sheet）があり、これら二つで全氷河の99％を占める。氷床以外の氷河は山岳氷河（mountain glacier）とよぶ。現在、氷河は陸地の約10％を覆っており、地球に存在する淡水量の約72％を占めている。氷河量の変動は、海水準やアルベドに直接的にかかわり、地球規模の気候や地形、陸地の風化などに大きな影響をもたらす。例えば、氷河が発達すると海水準は低下し、陸地面積は増大する。陸地面積が増えると侵食面積が増え、地表面の風化が進行する。さらにアルベドはその値が高い順に、氷床や氷河、陸地、海水であるため、寒冷化して氷床や氷河が増大するほど、アルベドは高まり地球表面の平均気温が低下する。温暖化により氷床や氷河が減少すると、海水準は上昇して陸地面積は減少し、アルベドが低下して地球表面の平均気温は上昇する。これまで極東アジアにおける氷河は、ロシア・カムチャッカ半島以北で確認されているのみで、日本には現存する氷河はないとされてきた。しかし、立山連峰の剱岳北方稜線東側の三ノ窓雪渓と小窓雪渓、雄山東側の御前沢雪渓の三つの氷体において、1ヶ月間に7〜30cmの流動が確認され、これらが日本初の氷河として認められた（福井と飯田、2012）。

a．古第三紀（Paleogene period、6,550万年前〜2,303万年前）

暁新世（ぎょうしんせい）（Paleocene、6,550万年前〜5,580万年前）、始新世（ししんせい）（Ecocene、5,580万年前〜3,390万年前）、漸新世（ぜんしんせい）（Oligocene、3,390万年前〜2,303万年前）に分かれる。暁新世は、基本的に白亜紀後期と同様に、気温・湿度ともに高く、極域に氷床はなかった（川幡、2011）。また、暁新世の中期（5,900万年前）から温暖化が進行し、深層水温で6℃ほど上昇していた（川幡、2011）。古第三紀の約4,200万年間のうちの大部分（前半の4分の3）は温暖であったが、終盤の漸新世（約1,090万年間）は寒冷で氷床化が進んだ。5,000万年前〜3,700万年前の間には深層水温で7℃ほど低下し、2,700万年前付近では深層水温で約4℃となっていた（Zachos et al.、2001；川幡、2011）。

温暖化が進行した暁新世の中期には哺乳類の繁栄が始まり、植物界では白亜紀（中世代の最後）に引き続き被子植物（Anglospermae）が繁栄した。続く始新世も基本的に温暖であり、初期における北極海の海面温度は亜熱帯レベルであったという。しかし、その後は一変して寒冷時代である漸新世が約1,090万年続き、氷床の発達により海水面は55〜82mも下降した。高緯度域での氷河化により乾燥化が進み、草本層の分布は拡大し、氷床の発達による海洋の大循環の活発化に伴い、海洋での珪藻類（Bacillariophyceae）による一次生産も高まったと考えられている。

　b．**新第三紀**（Neogene period、2,303万年前〜259万8,000年前）

　中新世（Miocene、2,303万年前〜533万2,000年前）と**鮮新世**（Pliocene、533万2,000年前〜258万8,000年前）に分けられる。古第三紀の最終紀である**漸新世**（Oligocene）と、新第三紀の**中新世**（Miocene）の境界であるO/M境界では、氷河形成が急激に進行したが、漸新世後期（2,600万年前）から新第三紀中新世の中期（1,500万年前）の気候はその前後に比べて温暖で安定しており（Miller *et al.*、1987）、白亜紀の無氷河期と比べると海水準は50〜60m低い程度であった。特に中新世中期（1,700万年前〜1,500万年前）は、温暖化しており**気候最適期**（middle Miocene climatic optimum）とよばれており、この頃の高緯度の水温は始新世後期と同等レベルであった。

　この頃、日本はアジア大陸から分離して太平洋に向かい移動していた。漸新世の後期である2,800万年前から、プレートの沈み込みに伴う**背弧海盆**（back-arc basin）の形成が開始され、日本海もこの時期に拡大をはじめた。海洋プレートが大陸側のプレートの下に沈み込む際には、大陸プレート側にマグマが上昇し、火山が生じる。この火山が生じる際に、大陸側のプレートを引っ張るため、浅い盆のような海が生じる。この浅い海のことを背弧海盆あるいは**縁海**（marginal sea）とよぶ（図4.1.3）。この頃、東北日本の反時計回りの回転が徐々に生じ、1,500万年前頃には西日本の時計回りの回転が生じ、現在の日本の状態に近づいた。岐阜県瑞浪市付近では2,000万年前〜1,500万年前の瑞浪層群からデスモスチルス（Desmostylus、ゾウの仲間）など多くの海棲哺乳類やマングローブ沼に特徴的な貝類など、現在の熱帯の沿岸域に生息していたと考えられる様々な生物の化石が発掘され

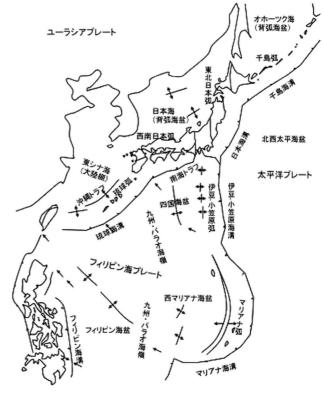

図4.1.3．日本列島周辺のプレートとその運動（酒井、2003を改変）
　黒矢印はプレートの運動方向と背弧海盆の拡大軸を示す。

ている。このような化石は日本全体で発見されており、本州の大部分が暖かな熱帯あるいは亜熱帯の海に囲まれていたことを示している。1,750万年前頃から、現在の伊勢湾付近にあった海は内陸に拡がり、1,500万年前頃には、海は西に延びて岡山県や広島県の海と繋がり、古瀬戸内海を形成していた（図4.1.4）。

中新世には、**インド亜大陸**（Indian subcontinent）のアジア大陸への衝突（ヒマラヤ山脈とチベット高原の成立）と、当時アフリカ大陸のアジア大陸とヨーロッパ大陸への衝突およびオーストラリア大陸のアジア大陸への接近によって、**テチス海**（Tethys Ocean、インド洋の前身である海洋）が消滅した。その後の鮮新世は、表層環境が現在よりも3℃ほど温暖であった最後の時期であり、鮮新世が終わると北半球で周期的に氷河形成が生じる厳しい寒冷期となる。

ヒマラヤ山脈が上昇するにつれて、北西太平洋の亜熱帯高気圧およびアリューシャン低気圧が強化された。一方でヒマラヤ山脈の上昇により、北大西洋の高気圧が強化され、北大西洋の温暖化がもたらされた。ヒマラヤ山脈の上昇は、全地球的な乾燥化（Cerling et al.、1997）と、インドモンスーンの強化（Prell et al.、1992）の一因となった。また、ヒマラヤ・チベット地域の隆起とアジアモンスーンの強化に伴う降雨の増大により、大陸の風化が促進されたと考えられている（川幡、2011）。モンスーン気候については、「第2章2.-6モンスーン気候」を参照のこと。

c．第四紀（Quaternary period、258万8,000

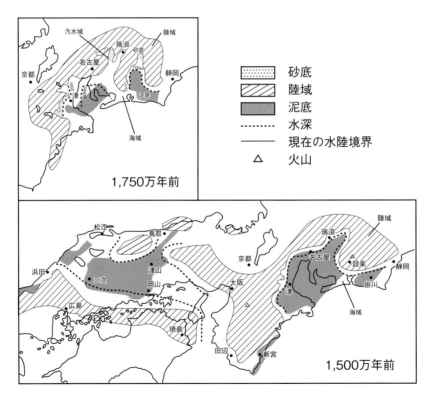

図4.1.4. 1,750～1,500万年前の中部（瑞浪市化石博物館、2010を改変）
　汽水とは、海からの距離が比較的近く潮干の影響を受けるために海水と淡水が混合した状態の水のこと。汽水域にはマングローブ（耐塩性の沿岸植物の総称）などの特徴的な生物が分布するため、化石分析によって過去の分布を把握することができる。また、湖や河口域などの流速の遅い環境では、粘土分が沈降して泥底が形成される。汽水域や泥底の分布から、この頃の中部地域は瀬戸内と同様に海岸線が現在よりも内陸側に位置していたことが分かる。

年前～現在）

　258万8,000年前から現在までの時代のことであり、中高緯度域や山岳地帯での氷河の発達を伴う氷期と間氷期という周期的な気候変動と、人類の発展という大きな二つの特徴をもつ。この第四紀はそのほとんどが寒冷であった更新世（Pleistocene、258万8,000年前～1万1,700年前）と、温暖な完新世（Holocene、1万1,700年前～現在まで）に分けることができる。

　氷期・間氷期の周期をもたらす要因としては、公転軌道離心率（orbital eccentricity）と地軸（erth's axis）の傾斜、自転軸（axis of rotation）の歳差運動（precession、コマのような首振り運動）の差がもたらす高緯度域の日射量の変化に由来する理論（ミランコビッチ・サイクル、Milankovitch cycle）が知られている。地球の公転軌道は太陽、月、惑星の引力の影響を受けるため、楕円軌道（ellipfic orbit）の離心率（orbital eccenfricify、0～1の値。1に近いほど楕円がつぶれていることを示す）が約100kyr（kyrは10^3年間）周期で0.01～0.05程度まで変化する。離心率が大きいと、近日点と遠日点の差が大きくなり、自転軸の歳差運動の振幅を大きくする。また、地軸の傾きは22.1～24.5°まで変化し、この周期は約41kyrである。自転軸の歳差周期は、地軸の方向に関係し、この周期は19、22、24kyrである。高緯度では、これらの変動による日射量の変化が大きく生じ、北半球の氷床の状態が不安定になり、これらにより10～100kyr周期で氷期と間氷期が繰り返される（川幡、2011）。

　第四紀には大きな4回の氷期が存在した（過去42万年間に5回の間氷期）（図4.1.5）。古い順に、①ギュンツ氷期（Günz）、②ミンデル氷期（Mindel）、③リス氷期（Riß）、④ウルム氷期（Würm、最終氷期 Last Gracial Maximum, LGM）である。氷期と間氷期は、第四紀には40～100kyr間隔で繰り返されている。現在は、氷床が南極やグリーンランドの一部にのみ存在し、間氷期にあたる。

　北米北部のローレンタイド氷床（Laurentide ice sheet）や北欧のスカンジナビア氷床（Weichselian ice sheet）は、LGMの最後（約2万年前）に最大規模に達したという（これらは現存しない）。この頃は現在の平均気温よりも10℃も低く、そのために海水面は現在よりも120mも低かったと推測されている。現在の海峡の水深から推定すると、九州と朝鮮半島の間、

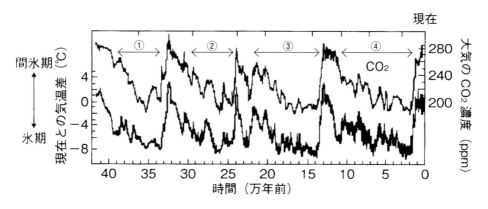

図4.1.5．過去40万年の気候変動（田近、2009を改変）
南極氷床の掘削により採取された氷床コアの分析に基づく、掘削地点の気温（現在を基準とした気温の差）と大気中の二酸化炭素濃度の復元結果。①～④は①ギュンツ氷期（Günz）、②ミンデル氷期（Mindel）、③リス氷期（Riß）、④ウルム氷期（Würm、最終氷期 Last Gracial Maximum, LGM）を示す。

本州～北海道～サハリン～沿海州の間は、このような海水準の低下により**陸橋**（land bridge）が形成されたと考えられる。これにより、それまで分布していなかった多くの生物がこの頃に大陸から日本に渡ってきた。しかし、その後の間氷期における温暖化により、海水準は再び上昇したため陸橋はなくなり、大陸から渡ってきた北方系生物の一部は、寒冷地で**遺存種**（relict）として生き延びている。また、琉球列島においては島間や大陸と陸続きであった時期があったが、海水準が上昇したことにより移動が断絶されて孤立し、各島における固有の生物が生息することとなった。

2. 日本の陸地形成

日本最古の岩石は原生代のものであるが、この頃、日本列島の原型にあたる部分の**揚子地塊**（Yangtze block）や**中朝地塊**（Sino-Korean block）は、ゴンドワナ超大陸の構成部分であった。中生代末ごろには分散していた大陸地塊が集合し、パンゲア超大陸となっており、日本はアジア大陸の東縁を構成し、比較的なだらかな地形で湖や沖積平野が広がり、浅海が大陸内部に侵入していた。

日本列島の土台は、古生代から中生代、そして新生代はじめにかけて形成され、**棚倉構造線**（Tanagura tectonic line, 茨城県常陸太田－山形県酒田付近を通る断層帯）より西方の西南日本において比較的古い地層が分布している。例えば、飛騨－隠岐帯（原生代～中生代初期の花崗岩や変成岩）を骨格として、その周囲には飛騨－外縁帯（先ジュラ紀の蛇紋岩を含むメランジ帯）、丹波帯、美濃帯、足尾帯などのジュラ紀の付加体（海底の堆積物が大陸プレートに付加した岩石）などが分布している。棚倉構造線の東側には阿武隈帯・南部北上帯・北部北上帯などのジュラ紀中・後期～白亜紀初頭の地層が存在している。関東から九州を東西に走る**中央構造線**（Median tectonic line）の北側を**内帯**（inner zone）、南側を**外帯**（outer zone）とよび、外帯には、四万十帯などの白亜紀～古第三紀の比較的新しい層が分布している。

糸魚川－静岡構造線と新発田小出構造線及び柏崎千葉構造線（東縁には異説もある）に挟まれた地域を**フォッサマグナ**（Fossa Magna、ラテン語で大きな溝）とよぶ。フォッサマグナの厚さは地下約6,000m（平野部）～9,000m（山地）にもなる。フォッサマグナは第三紀の火山岩と堆積岩によって構成されており、周囲に比べて年代の新しいこれらの地層の境界がU字型に形

成されている。日本近海の海溝は向きが異なる南海トラフ（Nankai trough）と日本海溝（Japan trough）が存在しているため（図4.1.3）、日本列島は中央部が二つに折られる形でアジアから離れた。折れた原始日本列島の間には日本海と太平洋をつなぐ海が広がり、新生代にあたる数百万年もの間、砂や泥などが堆積した。その後、数百万年前にはフィリピン海プレートが伊豆半島を伴って日本列島に接近し、二つになっていた列島が圧縮され褶曲を始めた。この時、間にあった海が隆起し、褶曲により生じた断層にマグマが陥入し、新潟焼山、妙高山、浅間山、八ヶ岳、富士山などの火山列が生じた。

最終氷期である7万年前頃になると、大陸と完全に切り離されていた日本列島は、海水準の低下に伴い再び陸橋で連続し、増大した陸域には河川や谷が増えて陸地の風化が進行した。その後の完新世（1万年前頃）には再び温暖化したため、海水準は上昇し、最終氷期に陸地であった地域は浸水し、新しく水域となった場所に砕屑物が堆積し、谷や川も堆積物で埋められていった。縄文海進（「第4章3.-2縄文海進」参照）の高頂期（約6,000～5,000年前）には、海域は内陸まで広がり、広範囲に内湾成の泥質堆積物を主とする地層が形成された。その後から現代にかけて、海水面は10m程度低下し、海域であった部分が再び陸地化し、低平地が広がった。これが、現在の沖積平野（海岸平野）である。低平地では河川堆積物が時間と共にさらに加わり、発達した。

なお、より詳細な情報については酒井（2003）や三田村（1995）、平（1990）を参照のこと。

3. 現在の東海地域の生物分布に強い影響を与えている地質変動

3.-1 濃尾傾動運動

岐阜県東濃地方や愛知県瀬戸市には、新第三紀の鮮新世から第四紀の更新世の初め（約500万年前～180万年前）にかけての、海が内陸に存在した時代に堆積した陶土（china clay、陶器の原料となる粘土・砂）を含んだ瀬戸層群（Seto group）が深さ600mほど堆積している。この地層は、濃尾傾動運動（fectonicfilting in the Nobi plain）（図4.3.1）にともない、隆起し続けた木曽川上流域から運ばれた河川堆積物である。瀬戸層群には土岐砂礫層と土岐口陶土層が含まれる。濃尾傾動運動とは、濃尾平野の西側が沈降し、東側の三河高原側を隆起させた運動である。このため、濃尾平野を流れる木曽三川（木曽川、長良川、揖斐川）は西部に集まっている（図4.3.2）。平野の西端には養老－伊勢湾断層があり、それを境に西側の養老山地側が上昇している。この運動は数百万年前から始まり、鮮新世以降とくに活発化した。こうして作られた堆積盆（sedimentary basin）が濃尾平野であり、濃尾平野には連続的かつ長期的に上流域より運ばれた河川堆積物が低地を埋積した沖積平野の占める割合が高い。この西側の沈降速度は平均して約0.5mm/年であり、現在も続いている。

3.-2 縄文海進

日本における更新世末期（退氷期、deglacial period）～完新世は縄文時代（約1万6,500年前から約3,000年前）にあたる。縄文時代の初期では寒冷な気候が卓越していたが、その後は温暖化して海水準が上昇したために縄文時代中期には内陸にまで海が侵入していた。いわゆる縄文海進（Jomon transgression）である。この

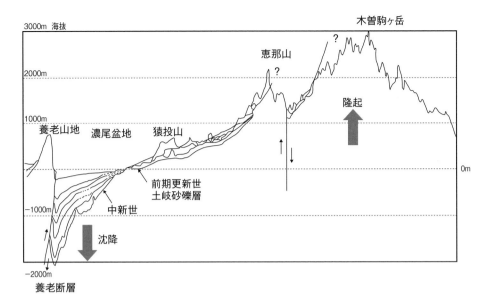

図4.3.1. 濃尾傾動運動（町田と海津、2006を改変）
図中の？は、地質境界の位置が不明であることを意味する。

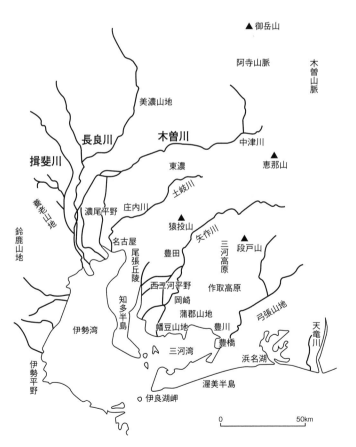

図4.3.2. 木曽三川（木曽川・長良川・揖斐川）の位置

頃は現代よりも温暖な時期であり、海面で2～3m、平均気温で1～2℃高かったと推定されている。約300万年前の中部地域には、東海湖（現存しない）が名古屋や四日市を飲み込むように存在していた（図4.3.3）。縄文海進前後における海水準の変動は、周伊勢湾地域の準固有種である飛べない水棲昆虫ヒメタイコウチ（「第1章5.-5-2GISの利用と評価」参照）を初めとするさまざまな生物の現在の分布に影響を及ぼしたと考えられている。

上野　薫

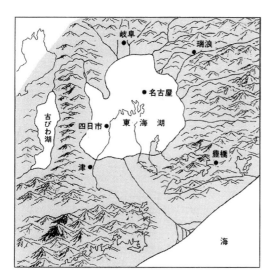

図4.3.3. 300万年前の東海地域（瑞浪市化石博物館、2010を改変）

【引用文献】

Berner, R. A. (1990) Atmospheric carbon dioxide levels over Phanerozoic time. Science 249:1382-1386

Cerling, T. E. et al. (1997) Global vegetation change through the Miocene/Plioceneboundary. Nature 389: 153-158

Erwin, D. H. (1995) Permian Global Bio-events. In: Global Events and Event Stratigraphy in the Phanerozoic. Walliser, O. H., ed., Springer, p.251-264

ファストフスキー, D. E. & ウェイシャンペル,D. B.（2005）「恐竜学－進化と絶滅の謎－」（真辺真琴監訳）丸善　東京

Frakes, L. A. (1979) Climates throughout Geologic Timep. p.310, Elsevier, Amsterdam

福井幸太郎・飯田肇（2012）飛騨山脈、立山・剣山域の3つの多年生雪渓の氷厚と流動、雪氷 74（3）：213-222

Hallam, A. (1981) The end-Triassic bivalve extinction event. Palaeogeogr. Palaeoclimatol. Palaeoecl. 35: 1-44

Haq. B. U., Hardenbol, J. & Vail, P. R. (1987) Chronology of fluctuating sea levels since the Triassic (250 million years ago to present). Science 235: 1156-1167

Hillebrandt, A.von (1994) The Triassic/Jurassic boundary and Hettangian biostratigraphy in the area of the Utcubamba Valley (northern Peru). Geabios 17: 297-307

平野弘道（2006）ペルム紀末の絶滅「絶滅古生物学」、p.92　岩波書店　東京

川幡穂高（2011）古生代の地球表層環境、中生代の地球表層環境、新第三紀の地球表層環境、第四紀の地球表層環境「地球表層の進化」 p.92-114、p.126、p.141-142、p.165-166、p.176-179、p.291、p.292　東京大学出版会　東京

町田洋・海津正倫（2006）濃尾平野と三河高原「日本の地形5　中部」町田洋・松田時彦・海津正倫・小泉武栄編、p.260、p.269　東京大学出版会　東京

丸山茂徳・磯崎行雄（1998）古生代/中生代境界事件「生命と地球の歴史」 p.137　岩波書店　東京

丸山茂徳（2002）地球史概説「全地球史解説」熊沢峰夫・伊藤孝士・吉田茂夫　編　p.145-148　東京大学出版会　東京

Miller. K. G.et al. (1987) Tertiary oxygen isotope synthesis, sea lever, history and continental margin erosion. Paleoceanogrphy 2: 1-19

瑞浪市化石博物館（2010）「みずなみの地質と化石」P8、P11　瑞浪市化石博物館

Moriya, K.et al. (2007) Testing for ice sheets during the mid-Cretaceous greenhouse using glassy foraminiferal calcite from the mid-Cenomanian tropics on Demerara Rise. Geology35: 615-618

Prell, W. L. et al. (1992) Evolution and variability of the Indian Ocean Summer Monsoon: evidence from the western Arabian Sea drilling program. In: Duncan, R.A., Rea, D.K., Kidd, R.B., von Rad, U., Weissel, J.K. (Eds.), Synthesis of Results from Scientific Drilling in the Indian Ocean, vol. 70. American Geophysical Union Monograph, Washington, p.447–469

酒井治孝（2003）日本列島の成り立ち「地球学入門 惑星地球と大気・海洋のシステム」p.126　東海大学出版会　東京

田近英一（2009）気候の劇的変動史、そして現在の地球環境へ「地球環境46億年の大変動史」p.120-128 p.198　化学同人 東京

多田隆治（2004）天体衝突と地球システム変動「進化する地球惑星システム」地球惑星システム科学講座編　pp.139-158　東京大学出版会　東京

Zachos, J. C. et al. (2001) Trends, rhythms, and aberrations in global climate 65Ma to present. Science 292: 686-693

【参考文献】

平朝彦（1990）日本海の形成と列島の成立「日本列島の誕生」p.140　岩波書店　東京

三田村宗樹（1995）日本列島の人類紀、「新版地学教育講座8 日本列島のおいたち」 地学団体研究会新版地学教室講座編集委員会編　p.156　東海大学出版会　東京

酒井治孝（2003）日本列島の成り立ち「地球学入門 惑星地球と大気・海洋のシステム」p.125-148東海大学出版会　東京

第 5 章

生物の環境適応戦略

1. 動物の環境適応戦略とバイオミミクリー

「適応について論議するとき、それは自然淘汰の過程で進化する変化であると見なす。ダーウィン（Darwin）にとって適応はまぎれもない事実であった。眼は見るために、足は走るために、羽は飛ぶために等々、それらがまことにうまく設計されているということは、彼には自明の理であった。Darwinが説明しようとしたことは、適応が神の力なしにどうして生じたのかであった。」

（クレブス・デイビス，1987より）

1.-1 動物の適応

生物学では、生物の持つ形態、生理、生態、行動等の性質（形質 character）が、その環境のもとで生活していくのに都合良く出来ていること、つまり生存と繁殖を促進させるような性質を持っていることを**適応**（adaptation）という。ここ数十年、適応の概念は動物行動学の中で著しく発展してきた。なぜなら、行動学の中から生まれた**行動生態学**（英国では行動生態学、アメリカでは**社会生物学**）と呼ばれる分野の中心的なプログラムが行動の適応的意義（機能）の探求であったからだ。はじめに、適応概念の発展を行動学（行動生態学）と「遺伝子淘汰の理論」の関連で説明する。次いで、今でもなんとなく生物学を覆っている、「生物のさまざまな形質の進化を種の利益から説明する"種の利益説"」を検討し、それが理論的に覆されたことを解説する。後半部で、生物の適応形質を探求すると同時にそれを現代の最新技術として応用する、新しい学問「バイオミミクリー」について簡単に説明する。まず、適応は、自然淘汰による進化とどんな関係があるかを理解しよう。

1.-2 適応と進化と自然淘汰の理論

適応や進化について、生物学と、社会一般での言葉の使い方は異なっているので生物学の言葉の使い方に慣れる必要がある。例えば、「車も進化する」といった場合、それはメカニズムの高度化、複雑化の単なる比喩であり、車が「進化」することはありえない。新しい車は単に、その性能が上がるだけであり、それを「比喩的」に説明するために、「進化」という言葉を使うのである。進化（evolution）は、生物学でつくられた言葉であり、進化生物学では「進化とは、生物集団中の遺伝子頻度が時間とともに変化すること」を表す。つまり、進化にはいつでも遺伝子が関係し、遺伝子の変化こそが進化の実体である。では、進化はどのようなメカニズムで起こるのだろうか。この進化のメカニズムを説明するのが**自然淘汰**（**自然選択**、natural selection）の理論である。

自然淘汰は、次の様な過程を経て適応を生み出す。

①生物には、生き残るよりも多くの子が生まれる。

②生物の個体間には、同種であっても多くの個体変異が存在する。

③その個体変異の中には、その個体の生存と繁殖に有利な影響を与えるものがある。

④そのような個体変異は親から子供へと遺伝する。

この四つの条件が満たされると、生存と繁殖に有利な変異が、集団の中に広がっていくことになる。この過程を自然淘汰と呼んでいる。

たとえば、ある個体群の中に性質について違いがあるAとBの二種のタイプの個体が存在するとしよう（図5.1.1）。はじめ、このそれぞれのタイプが個体群の中に半々の割合で存在していたとする。しかし、環境との関係でAタイプよりもBタイプのほうが生存率・繁殖率が高い場合、世代を重ねるにつれて、相対的に生存率・繁殖率の高いBタイプが集団中に広がる。これが自然淘汰のプロセスである。先に、生物が生存や繁殖を促進させるような性質を持っていることを適応と定義した。つまり、適応は自然淘

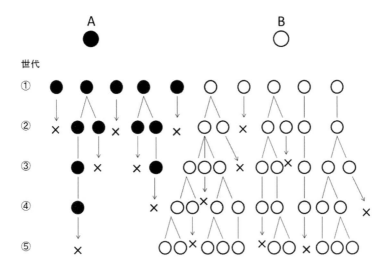

図5.1.1．自然淘汰の過程のモデル図：環境との関係で、世代をかさねるにつれて、相対的に生存・繁殖率の高いタイプ（B）が集団中に広まっていく。これが自然淘汰の過程である（長谷川、2009より引用改図）。

汰のプロセスによって進化の結果として、生み出される性質である。なお、生存率・繁殖率の高低をあらわす物差しが適応度（fitness）と呼ばれるもので、普通は親1頭当りの繁殖可能な年齢に達した子の数を用いる。正確には、繁殖可能な年齢に達した子の数を指標にして、他の個体との「相対的な値」を使う。例えば、「厚さ12mmのくちばしを持つ個体（フィンチ）を平均すると、1個体当たり4羽の雛を残せたのに対し、厚さ10mmの個体は2羽しか残せなかった時、前者の適応度を1、後者の適応度を0.5と」する（河田、1990）。

自然淘汰による進化では、個体にとって有利な性質が進化する。自然淘汰は個体の遺伝子に働くので、この現象は「遺伝子淘汰の理論」ともいわれている。この遺伝子淘汰の理論を明瞭に論じた本が、G. C. ウィリアムズ（G.C.Williams、1966）の「Adaptation and Natural Selection, 適応と自然淘汰」である。その後、この新しい遺伝子を中心とした淘汰の理論は、米国のE.O. ウイルソン（1975）によって社会行動の百科全書的な「社会生物学」にまとめられた。一方、英国のR.ドーキンス（1976）は、それをよりスマートで刺激的な啓蒙書「利己的遺伝子」（遺伝子から見た社会行動の進化）にまとめた。ドーキンスは、淘汰の単位が、種でも、個体でもなく遺伝子であると論じた。これらの本により、行動学は変革され、「遺伝子淘汰の理論」が世界に広まる契機となった。行動と遺伝子の関係はまだ十分解明されていないが、行動生態学（＝社会生物学）は行動が自然選択の結果、進化してきたと仮定して研究を進めている。つぎに、行動学がどのように「適応」を扱うかをみてみよう。

1.-3　行動学の発展と4つの「なぜ」

近代行動学の生みの親であるN.ティンバーゲン（1907～1988）は、行動研究の発展には4つの「なぜ」に答えることが必要だと論じた（長谷川、2002）。例えば、「なぜ、シジュウカラは春にさえずるのか？」という質問には、次のよう答えることができる。

①その行動は、どのような直接のメカニズムによって引き起こされるのかという、至近（生理的）要因に関わる質問：シジュウカラのさえずりの遺伝、神経、生理、解剖学的なメカニズムの解明について答える。
②その行動は、個体の成長と発達の過程でどのようにして完成されてきたかという発達要因に関わる質問：シジュウカラのさえずりは成長の過程でどのように発達するのかを答える。
③その行動は、生存と繁殖にどのような機能をはたしているのか、どのような適応的意義があるのかという究極要因（生存価）に関わる質問：シジュウカラのさえずりはどのような点で生存や繁殖に貢献するのかを答える。
④その行動は、その動物の祖先のどのような行動から、どのような道筋を経て現在の行動になったのかという、系統進化要因に関わる質問：シジュウカラのさえずりは祖先種のさえずりからどのように進化してきたのかを答える。

動物行動を理解するためには、この４つの「なぜ」に答えることが必要だが、現在ほとんどの行動について、４つの答えを得るに至っていない（長谷川、2009）。この４つの「なぜ」の中で、行動生態学は③の行動の機能（行動が個体の繁殖や生存に与える影響＝究極要因＝生存価）つまり、行動の適応的意義を調べる分野である。この４つの「なぜ」は、行動学だけでなく、すべての生物学が答えるべき疑問だと思われる。

1.-3-1　行動の機能（適応的意義）とは何か：さえずり行動を例に

行動の適応的意義がはっきりしているものとして捕食者からの逃避（生存率向上）、産卵のための行動（繁殖率の向上）などがある。それらは、直接生存と繁殖の向上に関係し、自然淘汰に役立つので改めて説明する必要はない。ここでは、鳥のさえずり行動を例にその適応的意義を説明する。鳥のさえずりの機能は何なのだろうか？　スレーター（1985）は、「注意深い研究によって、初めてその正しいと思われる

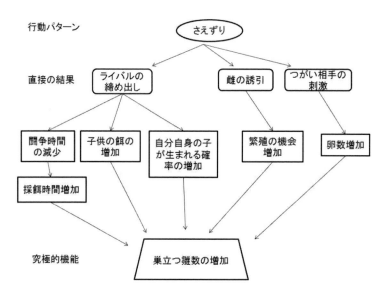

図5.1.2. 行動の適応的意義（機能、究極要因、生存価）を理解するための図。さえずり（行動パターン）は、ライバルを締め出し、雌を誘因し、繁殖相手を刺激するという三つの機能を持つ。個々の場合に、いくつかの道筋のどれが重要かということは、注意深い研究によって明らかにすべき事柄である（スレーター、1985より引用改図）。

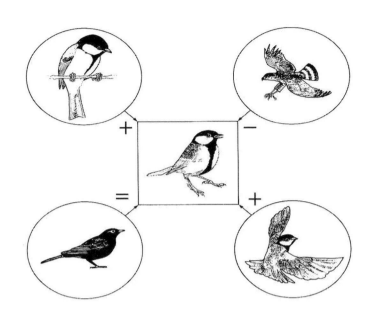

図5.1.3. シジュウカラ雄のさえずり行動の利益（benefit）と損失（cost）。シジュウカラの雄がさえずりを行った場合、さえずりが雌を誘引するか（左上）ライバルを追い払うかするなら（右下）、雄にとってその行動が利益となる。さえずりは他の大部分のとりに聞かれても損得はないが（左下）、捕食者に聞かれると損失となる（右上）（スレーター、1985より引用改図）。

道筋を判定できる」とした（図5.1.2）。観察の結果から、さえずりはライバルを遠ざけ、雌を惹きつけ、繁殖開始後に雌を刺激すると言う3つの機能をもつと考えられる（図5.1.2）。繁殖開始後に雌を刺激することは、カナリヤで知られており、その卵巣は雄のさえずりによって成長が始まり、やがて雄がいないのに卵を産むようになることを指す。

一方、さえずりには利益（benefit）だけではなく損失（費用 cost）もつきまとい、さえずる雄は、捕食者に狙われ、さえずりのために摂餌時間も十分に取れない可能性もある。結局、シジュウカラのさえずりの場合は、利益の合計が不利益の合計を上回ることになる（図5.1.3）。もしそのさえずり行動の不利益が利益を上まるならば、そのさえずり行動は自然淘汰の過程で消滅する。このように、行動生態学の基本は、経済学で利用される、**費用便益分析**（cost benefit analysis）による利益と損失（費用）の合算にある。行動生態学は若い学問なので様々な新しい経済学の手法・モデルが試みられている。そこがこのあたらしい学問の魅力でもあり、取り付きにくいところでもある。

1.-3-2 行動の適応的意義の検証：さえずり 行動と実験

行動生態学者クレブス（Krebs, 1977）はさえずり機能の一つを巧みな野外実験で検証した。クレブスは、シジュウカラのさえずりの機能を調べるために、8つのなわばりのある森から、なわばり雄をすべて除去する実験を行った（図5.1.4）。8つのなわばりの内、3つの実験区にはスピーカーを置き、そこからシジュウカラのさえずり音を流した。他の2つのなわばりには、スピーカーを置きそこからブリキ笛の音を流し、音ありの対照区（有音区）とした。残りの3つのなわばりは音のない対照区（無音区）とした。その結果、無音区と有音区は、1日目に新しい雄によって占拠され、スピーカーを置いた実験区は3日目になって占拠された（図5.1.4）。このことは、さえずり音が他の雄に対して「追い出し」信号として働き、その機能の一つは所有権を宣言しライバル雄を寄せ付けないためのものであることを示した（スレーター、1985）。

このように、行動学・行動生態学は、野外での観察、仮説の提案、実験等による仮説の検証と進み、最終的に行動の機能を明らかにする努力の中でその近代化を達成してきた。それは、「なんだい、あれは、ただ鳥をみているだけじゃ

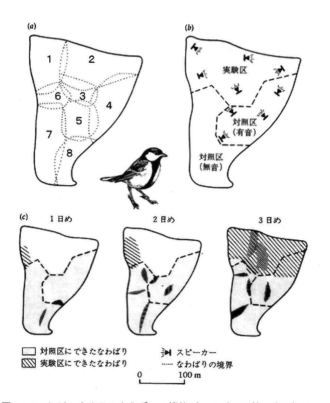

図5.1.4. シジュウカラのさえずりの機能（ライバルの締め出し）を証明するための実験。(a)：8つのなわばりからすべての雄を除去した。(b)：1と2と3のなわばりでは、スピーカーからシジュウカラのさえずりを流した（実験区）。4、5では、笛の音を流した（有音対照区）。6、7、8を無音対照区とした。無音対照区(6,7,8)と笛音対照区(3,4,5)は1日と2日目になわばりが出来たが、さえずりを流した実験区でのなわばり形成は最も遅かった（スレター、1985より引用）。

ないか」という批判に「近代的な」実験で答える必要があったからである（ティンバーゲン、1972のメダワーによるまえがき参照）。

初期の行動学・行動生態学は、「一般的な」行動の適応形質（さえずり）がその個体の生存と繁殖（適応度の上昇）に役立つ限りにおいて、個体群と種内に広がっていくことを実験的に明らかにした。つぎに、動物の「より複雑な」社会行動の適応も同じように種内に広がっていくのか、について解説する。

1.-3-3 サルの「子殺し行動」の適応的意義

ハヌマンラングールはヒマラヤ高地からインド大陸全域に生息するサルの1種である。南インドの地方では、成熟雄1、成熟雌約9、未成熟雄・雌約6、合計約16頭前後の単雄群（一夫多妻ユニット）をつくり、17haほどの行動圏で生活している。他には、雄だけのパーティー（あぶれ雄）がある。雄パーティーは時々単雄群を襲うが、ほとんどの場合、単独雄に追い返される。

あぶれ雄パーティーが乗っ取りに成功すると、一夫多妻群れの未成熟雄はすべて追い出され、次いであぶれ雄パーティーの中心となった雄が他の雄仲間を追い出し、新たな単雄群（一夫多妻ユニット）をつくる。その際、雌ザルの出入りは一切ない。その後、授乳していない成熟雌は発情し、乗っ取り雄と交尾する。他の60-80%の雌は授乳中の子持ちである。乗っ取りに成功した単独雄は、授乳雌を攻撃し、その子猿すべてを最終的に殺害する。この子殺し行動を霊長類学者の杉山は世界に先駆けて、国際会議で発表した（1963年12月）。しかし、その子殺し行動は、「異常現象」であるとされ、何の議論もされなかったと回顧している（杉山、1992）。乗っ取り雄による子殺しは乳児だけで、すべて前の雄の子だけである。「子殺し行動」は単なる異常現象なのだろうか？

その後、野生動物の観察と調査が進むにつれて、子殺しのような同種の殺し合いが次々と発見されてきた。ライオンの子殺しもわかってきた。ハヌマンラングールの子殺しが報告された時、多くの動物研究者はその行動を異常現象と捉えた。次いで、群淘汰（自然淘汰は、個体に働くのではなく群、集団、種に働くという説）の考えに従って、子殺しを長期的に見ると「個

体群の個体数調節」となり、「種の繁栄」にも役立つと考える研究者もでてきた。しかし、なぜ「乗っ取りの後だけ」に「新しい雄だけ」が乳児殺しをするのかは、「個体群の個体数調節」では説明できない。そこでつぎに提出された仮説が、70年代に展開された「遺伝子淘汰の理論」からの「適応戦略論」である。

1.-3-4 行動生態学の適応戦略論

行動生態学では、「子殺し」行動が「個体の生存と繁殖」に関してどのような機能を果たすかを検討し、それがどう「個体の適応度」に貢献するかを分析する。行動生態学では、特定の状況で取りうる複雑な行動が一つではなく複数あるとき、その行動の選択肢を戦略（strategy）と呼ぶ。それが採食のための行動なら「採食戦略」、繁殖のためなら「繁殖戦略」となる。子殺し行動について、現在は、遺伝子淘汰の理論からの雄と雌の「繁殖戦略」仮説が大方の支持を取り付けている。

雄の適応戦略：一般に哺乳類の雌では、妊娠中や授乳中は発情が抑えられて交尾が成功しない。たとえ、交尾したとしても排卵がないので受精の可能性はない。子が離乳して、初めて発情が起こる。乳児を殺されると、離乳時と同じように、雌は生理的に発情期に入る。多くの研究から、ハヌマンラングールの雄が群れを支配できるのは平均2.7年と短いことが判っている。この雄ザルが、適応度を上げるには、この2.7年の間により多くの子供を残さなければならない。自分の遺伝子を引き継いだ子供を殺すと、適応度は下がるが、前の雄の子殺しは自分の適応度に関係しない。逆に、子殺しの結果その子の雌親は発情が早まり、受精可能となる。このように、子殺し行動は、種族繁栄のためではなく、雄が単に自分の子（遺伝子）をより多く創るためのものと説明されている（Hrdy, 1977）。

雌の適応戦略：雌にとって、この子殺し行動は非適応的で、自分の適応度を下げる効果がある。雌は小柄なので、闘うとしても雄に勝てる可能性はないし、群れから逃げたとしても子連れ雌の生存の可能性は低い。結局、雌が生残るためには子殺しを受け入れ、子殺しをした雄との交尾を受け入れる選択肢しかないことになる。つまり、子殺しは雄の適応戦略であり、雌とその乳児は雄の戦略の犠牲者ということになる。このように、サルの子殺し行動においても、遺伝子淘汰の理論が、種の繁栄論とそれに関連する群淘汰による説明に勝利したのである。このことの意味については、後の節で触れる。

1.-3-5 利他行動と包括適応度

動物が同種の他個体と関係を持つ、社会行動は次の4つに分類されている（表5.1.1）。1）利己的行動：行為者に利益、受け手に損失、2）相互扶助行動：行為者と受け手に利益、3）利他的行動：行為者に損失、受け手に利益、4）意地悪行動：行為者と受け手に損失。すでに見たように、利己的行動（たとえば、シジュウカラのナワバリ獲得行動）は、行為者に利益があるため、自然淘汰の中で広まってゆく。また、掃除魚、ホンソメワケベラ（外部寄生虫を駆除するベラ科の魚）と駆除を受ける魚類の関係などの相互扶助行動も双方が利益を得るので、自然淘汰によって広まる。さてダーウィンが悩んだという、自己犠牲的な利他行動の進化について、遺伝子淘汰の理論はどのように説明するのだろうか？

ミツバチの利他行動：ミツバチは、産卵だ

表5.1.1. 行動の利益と損失で分類した社会行動の種類

行動の分類	行為者	受け手
利己的行動	＋	－
相互扶助的行動	＋	＋
利他的行動	－	＋
意地悪行動	－	－

＋：利益、－：損失　（長谷川、2009より引用）。

けをする女王バチと働くだけで不妊（子供を作らない）のハタラキバチと巣の中ではなにもしない「なまけ雄バチ」の3種類がその社会を創っている。ハタラキバチはすべて雌で花を飛び回り、蜜や花粉を集める。さらに、ハタラキバチは女王バチの子供の世話をするとともに、スズメバチの襲来時に、勇敢に戦い命を落とす。だいたい、勇敢に戦い命を落とす遺伝子はどのように、生残れるのだろうか？たとえば、勇敢なハチほど、死ぬ確率が高いし、かといってハタラキバチは子供を作らないから「適応度」はゼロである。この利他行動を説明してきたのが、群淘汰である。1970年ごろまで生物学の分野で、利他行動の存在は、なんとなく**群淘汰**（group selection）の観点から受け入れられていた。なぜなら、個体が犠牲となっても、それによって集団全体（種）が利益を得るのであれば、種は存続できるので利他行動があるのは当然のことと考えられていたからだ。すでに述べたように、群淘汰は、自然淘汰が個体に働くのではなく種内の集団または種に働くという説である。さて、「遺伝子淘汰の理論」はこの利他行動をどのように理解するのだろうか？

血縁淘汰と包括適応度：これまで述べた適応度は、親1頭当りの繁殖可能な年齢に達した子の数であった。英国のW.ハミルトン（1936-2000）は、兄弟などの血縁者が子を残すことによっても自分の遺伝子コピーが増え、自分の適応度が上がる進化の仕組みを解明した。その仕組みは**血縁淘汰**（kin selection）と呼ばれている（桑村、2001：長谷川、2000）。

親から見た子供との遺伝子の共有確率を血縁度という。わかりやすさのため、ヒトでの血縁度の関係を図5.1.5に示した。父親（2n）(1)からみた子どもの血縁度は、精子（n）の受け手であることから、1/2（0.5）であり、子ども（2n）

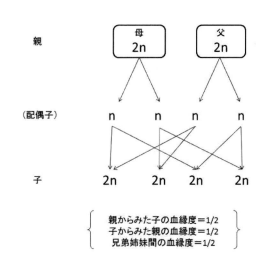

図5.1.5. 有性生殖の血縁度（桑村、2001より引用改図）。

(1)から見た父親の血縁度も同じように1/2（0.5）である。この値0.5を血縁度係数という。祖父母と孫の間の血縁度は1/4（0.25）となる。両親が同じ子供間の血縁度はどうだろう。ある遺伝子が父親にある時、それが子どもAに伝わる確率は1/2である。同じ遺伝子が子どもBに伝わる確率も同じように1/2である。従ってその遺伝子がA,B双方に伝わる確率は1/2×1/2=1/4となる。母親から1/4、父親から1/4、合計で1/2となる。つまり、自分の子どもを育てるのも、兄弟姉妹を育てるのも、どちらも1/2の確率で同じこととなる。かって、生物学者J. B. S.ホールデンが「兄弟2人、いとこ8人の命が救われるなら私の命ととりかえてもよい」といったのはこの計算が元だったのだ。ホールデンの遺伝子1コピーは失われるが、兄弟2人で、0.5コピー×2=1コピーとなり、十分ホールデンの犠牲的な遺伝子は生残ることが可能となる。血縁者（子ども、兄弟姉妹、孫など）というバイパスを通じて伝わる自分と同じ遺伝子を合計した適応度を、ハミルトンは包括適応度（inclusive fitness）と呼んだ。このハミルトンの包括適応度の概念によって、遺伝子淘汰の理論（自然淘汰は個体が持つ遺伝子に働く）が確立したので

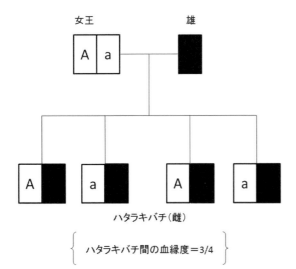

図5.1.6. ミツバチ類（膜翅目）における親子、兄弟姉妹間の血縁度。膜翅目では、雌は倍数体で雄は半数体である。女王が1匹の雄としか交尾しない場合、ハタラキバチ（雌）は女王の受精卵から発生するので父方から受ける遺伝子は全員が同じである。母方から受ける遺伝子は50％共有しているので、平均すると彼女ら同士の血縁度は3／4となる（長谷川、2009より引用）。

ある。つぎに、ミツバチの利他行動を簡単に見てみる。

ミツバチの利他行動と包括適応度：ハミルトンはミツバチ類が半倍数体であることに注目した（図5.1.6）。ハタラキバチはすべて雌で、倍数体である。雄ミツバチは未受精卵から生まれる半数体である。女王バチが一匹の雄からもらった精子ですべての卵を受精させた場合、生まれるハタラキバチ間での血縁度はどうなるか？　女王バチ由来の遺伝子に関しては、同じ遺伝子を共有する確率は1/2 (0.5)である。一方、父親由来の遺伝子は皆同じである。つまり、ハタラキバチ間での血縁度は3/4 (0.75)と高い値となる。ハタラキバチは、巣を守るために犠牲的に死んだとしても、たくさんの女王バチの子どもがいる限り、その勇敢な遺伝子は十分生き残っていけることになる。

1.-3-6　適応論の発展と「種の利益論」の終焉

著者が若かった頃、生物学では「生物の主要な特徴は、個体維持（生存）と種族維持（繁殖）である」と教えられた。また、生物は、進化するが、最終的には「生物種が進化」するのだと教えられた。おそらく日本では今でも、生物のいろいろな性質の進化を「遺伝子と個体の利益」からではなく、「種の利益」から説明しようとする考え方が生き残っている可能性がある。本文の目的の一つは、適応概念の発展と、その遺伝子を中心とした新しい適応観（適応は自然淘汰が個体の持つ遺伝子に働くことによって起こる）の説明と、それによって、進化における「種の利益論」が否定されたことを明らかにすることにある。行動生態学の最近の成果を長々としたのもそのためである。

行動生態学者トリヴァース(1985)はダーウィンの進化論をゆがめるやり方の1つに、「自然淘汰は個体に対して働くという概念を、自然淘汰は"種や種内の群（グループ）"の利益に対して働くという見方へのすり替え」があると書いた。さらに、「この誤りはたいへん広く行きわたっていて、またその影響も強力なので、特別に扱う価値がある」とした。実際、トリヴァースも若い頃、「種の利益説」の影響を受けてひどく「混乱した」と述べている。そして、なぜ「ダーウィン以後の100年以上も、ほとんどの生物学者たちは自然淘汰が種にとって都合の良い形質を導いていると信じ」たのか？と自問し、次の3つの理由を論じた。

1) 「利他的な形質の存在が種の利益の概念を要求した」：既に述べたように、ハミルトンの包括適応度によって、今ではこの問題は克服されてしまった。

2) 「生物学者たちはもっぱら、非社会的な形質について研究していて、そうした形質が種の利益になるよう進化したと考えようと、その形質を備えた個体の利益になるよう進化したと考えようと、大して違いがな

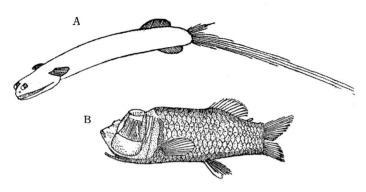

図5.1.7. 眼が望遠鏡のような深海魚
A: ボウエンギョ（ヒメ目、*Gigantura chuni*）、B: デメニギスの1種（キュウリウオ目、*Opisthoprctus soleatus*）（蒲原、1950より引用）。

いからである」：この考察は今でも意味があると思われる。著者は、長い間「深海魚の生理的、形態的適応」を研究してきた。例えば、眼が望遠鏡のような深海魚類（図5.1.7、Aボウエンギョ、Bデメニギス）がいるが、深海での光を集めるために水晶体を大きくし結果的に網膜の一部分だけを利用している。その眼の適応形質は、その個体の利益になるよう進化したのだが、その種の雄も雌もすべての個体が持っているため、種のためにもなっていると言えなくもない。このことが、いまでも生理学者、形態学者が「種の利益説」から抜け出せない理由なのかもしれない。他分野（行動生態学）の成果から「新しい適応観」を学ぶことの重要性はこんなところにあると思われる。

3)「ダーウィン流の考え方を人間の社会問題に適用する初期のやり方が、人々を脅かせて種のレベルでの思考を回帰させた」としている。つまり、「社会ダーウィン主義者」たちの「貧しい者は、資源を巡る争いにおいて既に敗れ去っているのだから富める者より適応的ではない。だから、富める者は、貧しい者の状態を改善するようなことは何もすべきではない」という「個体の利益・繁栄論」の言明に驚き、多くの人々は「種の利益論」の方がまだましだと考えるようになってしまった。

「社会ダーウィン主義」は、生存競争による淘汰の理念を人間社会に当てはめた社会進化論の1種で、競争を社会進歩の要因であるとする思想のこと。この問題は、生物学で判ってきた事実や理論をどのように社会が利用できるかの問題と思われる。ここでは、「社会ダーウィン主義」については触れることなく、「遺伝子淘汰の理論」の積極面だけを「個体の自由」との関連で簡単に触れる。

せっかく、「新しい適応観」によって、生物学的な全体主義に繋がる「種の利益論」が否定され、個体の重要性が見直されると思ったら、生命の本質を握るものは遺伝子で、しかも「利己的な遺伝子」となってしまった。しかし、今を生きて学び、子供を作り、育て、社会を形成するのはあくまでも「個体」の私であり君たちである。個体の重要性と遺伝子の重要性との関係はどうなっているのだろうか。この点については、長谷川寿一・長谷川真理子（2000）の意見がすばらしく、参考になる。この見解こそが新しい適応観の教えるところであると思われるので、それを掲げて本文前半の締めくくりとし、次節への導入としたい。

「個体を形成している生物では、個体が繁殖活動をし、繁殖に成功して子を残さなければ、個体の内部に存在するどんな遺伝子も自分自身を残すことはできません。これこそが、個体の重要性であり、遺伝子の利益と個体の利益とが合致せねばならないゆえんです。究極的には遺伝子の存続が進化の本質ですが、それを具

現する手段として、個体は特別な存在理由を持っているのです。したがって、遺伝子の存続は、さまざまな個体レベルでの適応を生み出しました。だからこそ、個体は主体性を持ち、美しく、自己主張するのです（長谷川・長谷川、2000）」。個体の「主体性」、「美しさ」、「みごとさ」、さらに「自己主張」までもが、適応の結果だったのである。では、これらの個体が示す適応の結果から我々は何が学べるのだろうか？

1.-4 生物の適応現象に学ぶ：バイオミミクリー（生物着想学）のすすめ

近年の科学技術の発展には目覚ましいものがあるが、環境問題、エネルギー問題、食糧問題、ゴミ問題の解決にとって根本的な技術が開発されたという情報は挙がってこないのはなぜだろう。他方、生態系の中で営まれている生物技術は、環境に負荷を与えるものはなく、エネルギーも太陽光が中心で、廃棄物もすべてリサイクルされているので持続可能なものと言える。自然界の生物は、太陽光エネルギーだけで、しかも常温・常圧で作動し、決して高熱・高圧や炭酸ガスを排出する化石燃料エネルギーを必要としない。虹色に輝くタマムシやモルフォチョウの羽の色は、有害な亜鉛、水銀、硫酸銅などの薬品による「メッキ」処理、化学色素を使わない構造色で出来ている。

最近、自然界の生物が提示するさまざまな技術を研究し、それを人間の開発した技術と組み合わせて新しい「ものづくり」を目指す学問が活発化してきた（下村、2010）。この生物技術を学ぶ分野を、シュミット（Schmitt, 1969）はバイオメティックス（生物模倣学：biomimetics）、トリブッチ（1976）はバイオニクス（生体機能工学：bionics）、ベニュス（1997）はバイオミミクリー（biomimicry）、さらにフォーブス（2005）はバイオ・インスピレーション（bio-inspiration）と呼んでいる。このようにこの分野はいろいろな名前で呼ばれている。ここでは、この分野をベニュスにならってバイオミミクリー（biomimicry）と呼ぶことにする。「Bioは、生物」で、「mimicryは模倣」の意味である。この学問は、生物が示す適応形質、適応現象を主な研究対象とするので、適応形質の応用例として、ここで簡単な説明をする。

1.-4-1 自然の技術に学ぶ

35億年の歴史を持つ、生命は、さまざまな適応形質を獲得し現在を生きている。ここではそのすべてを概観するのではなく、著者が興味を持ったトピックスについて解説する。適応形質の基礎と応用研究は、環境生物学の中心的な課題の一つであると考えるからである。

a．シロアリの巣（アリ塚）の空調システム

アフリカのサバンナにすむオオキノコシロアリ *Macrotermes bellicosus* はキノコシロアリ亜科（Macrotermitinae）に属すシロアリで、名前の通り、キノコ（シロアリタケ）の担子菌を保有し、特別製の糞によって海綿状の菌園（fungs garden）をつくる（阿部、1989）。その後、菌園にはシロアリタケが生育し、その菌糸が菌園の表面を被い、食糧となる菌糸塊が形成される。このシロアリは、8mにも達するアリ塚を「指導責任者」なしで建設すると考えられている。サバンナに建つアリ塚の日中の外表面温度は50℃になるが、「菌飼育室」は一年を通して約30℃、湿度はほぼ飽和状態と安定している（Korb, 2003）（図5.1.8）。シロアリの適温は約25〜30℃、シロアリタケの適温は約30℃である。アリ塚の塚内環境は、シロアリよりもシロアリタケ栽培用に温度設定されていることが判る。アリ塚に数百万匹のオオキノコシロアリが生息する場合、温度だけでなく、酸素の安定的な供給が不可欠である。オオキノコシロアリはうまく働く空調システムを発達させてこ

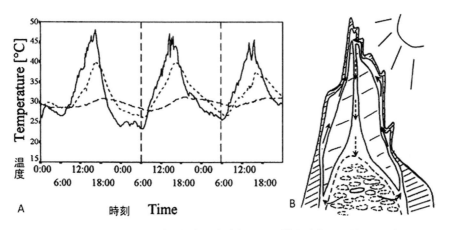

図5.1.8. オオキノコシロアリの塚内の温度環境（A）と塚の構造（B）。A: 外界の温度は昼時には45℃に達する（実線）。塚内の空気温（点線）も40℃となるが、基部にある菌園は約30℃に調節されている（破線）。B: サバンナに見られるカテドラル型アリ塚の内部構造と空気の循環経路、基部には菌園が存在する（Korb & Linsenmair, 2000より引用）。

の問題を解決している。巣内に200万匹がいる場合、オオキノコシロアリのコロニーは1日当り、240ℓ（空気で1200ℓ）の酸素が必要となる。昼間は塚の外表面が熱くなり、その壁面に沿って走る空気の層は熱くなる。熱せられた空気は上昇し、塚の上部にある巨大な空間に放出される。その空間にある大量の冷えた空気により冷やされた空気は塚の基部にある、アリの飼育室と「菌飼育室」を通って地中部分にある巨大な地下室へと流れていく（図5.1.8）。これが、サバンナにすむオオキノコシロアリの塚内の空調システムである。

建築の設計には、三つのガイドラインがよく知られている。機能性（使いやすさ）、快適性（暑さ寒さ）、そして、経済性（安くて丈夫）の三つである。この三つの視点から見ても、シロアリの塚から多くのことが学べるような気がする。おそらく、オオキノコシロアリはキノコの栽培を優先し、塚内を30℃に温度設定していると思われる。そのため、アリ塚の改修によって、塚内の温度を25℃にするのは簡単なことと思われる。アリ塚がまったくの「ゼロエネ・オフィス」なので、今後のオフィスビルや一般の家屋もこの方向へ向かうものと予想される。アリ塚の建築技術から学べることは多いと思われる。

b．モルフォチョウ類の碧い構造色

チョウの仲間（butterflies）は、鱗翅目（チョウ目）の中のアゲハチョウ上科、セセリチョウ上科、シャクガモドキ上科で構成され、約17,600種が記載されている。日本には約250種が報告されている。チョウの仲間の翅は、性的な2型を示し、多くの場合、オスの翅の方が鮮やかである。アリゾナでの研究によれば、メスはより鮮やかで見事な翅をもつオスを配偶者として選択することがわかってきた（ルートウスキー、1998）。メスがカラフルなオスを選ぶということは、最も若く、最も健康的な配偶者を選ぶことをも意味する。南米に生息するモルフォチョウ（タテハチョウ科、モルフォ属）は約80種知られているが、そのほとんどのオスが見事な青い翅をもっている。モルフォチョウの翅の構造色を見てみよう。

モルフォチョウの1種、レテノールモルフォ *Morpho rhetenor* は約15cmの大型チョウで、その翅には鱗粉が規則正しく敷き詰められている（図5.1.9）。この翅の色は、鮮やかな青い色をしているが、ここには青い色素はなく、主に光の干渉（光の波の性質を利用した発色法）によっ

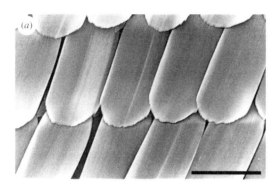

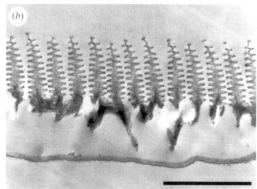

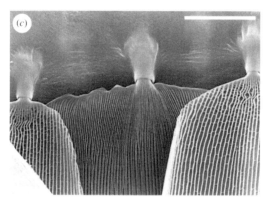

図5.1.9. モルフォチョウ鱗粉の微細構造
(a) レテノールモルフォ Morpho rhetenor の鱗粉（スケール：120μm）
(b) レテノールモルフォ鱗粉の横断面図、クリスマスツリー状の膜構造物が観察できる。（スケール：3μm）
(c) ディディウスモルフォ Morpho didius の上層鱗とその下にある下層鱗、縦に走る、縞はクリスマスツリー状の膜構造となっている。（スケール：30μm）
(Vukusic et al., 1999より引用)。

て発色している。鱗粉は長さ0.2mm、幅0.1mm、厚さ3μmほどの板状構造をし、屋根瓦のように翅の上に整然と並んでいる。普通、鱗粉は2種類有り、上にあるものを上層鱗、その下側にあるものを下層鱗と呼ぶ。不思議なことに、レテノールモルフォでは、上層鱗は退化し下層鱗だけとなっている。

電子顕微鏡の観察によって、モルフォチョウの構造色の発色メカニズムがこの鱗粉のナノメーターレベル（10億分の1メートル、nanometer）の構造にあることがわかってきた。鱗粉には沢山の縦縞があり、その縞の断面を調べるとキチン（直鎖型の含窒素多糖高分子で、ムコ多糖の一種）で出来たきれいなクリスマスツリー状の膜構造物が観察された（図5.1.9）。現在のところ、モルフォチョウの構造色は、このクリスマスツリー状の膜構造物の多層膜による光の干渉と考えられている（木下、2005）。ただ、このクリスマスツリー状の膜構造物はチョウの種類によって少しずつ異なっている。薄膜による干渉現象はシャボン玉の膜面が虹色に輝くことでよく知られている。膜の厚さが、光の波長（400～700ナノメートル）と同じサイズの場合、光はその波の特性が生かされて虹色の干渉光（イリデッセンス iridescence）を生じる。光は波の性質を持つため、波長の重なりによって、色が消されたり、増強されたりする。これが光の干渉作用である。木下は、ディディウスモルフォ Morpho didius の膜構造を測定し、ツリー部分の膜の厚さが約65ナノメートル、膜と膜との間隔が約130ナノメートルとした場合の干渉反射光が468ナノメートル（青色）となることを解明した。つまり、モルフォチョウの青い反射光の主成分はチョウの鱗粉の多層膜構造に由来するものであることがわかった（木下、2005）。

イリデッセンスはナノメーターレベルの構造によってもたらされる構造色である。構造色が出来る原因には干渉、回折、散乱などがある（木下、2010）。現在、情報の長距離伝導は光ファイバーで行われているが、情報の最後の処理は、光情報を再び電気情報に変換して電気コ

ンピューターにまかされている。もし、近い将来、特定の光波長だけを通過させる素子（フォトニック結晶）が応用されれば、光コンピューターが可能となり、情報の処理速度は格段に上がる。つまり、電気の情報を光の情報に変換する手間が省けることになる。多くの研究者が、ナノメーターレベルのイリデッセンス研究にしのぎを削るのは、フォトニック結晶の早期実用化のためである。

c．生物体表面の疎水・撥水性と自己洗浄作用：ハスの葉から、チョウ類の翅とアメンボの肢まで

ボン大学植物園のバルトロット（W. Bartholott）は多種多様な植物の葉を走査電子顕微鏡で調べていて、ある種類の植物の葉が常に、とてもきれいなことに気がついた。それらの葉は、すべて高い疎水・撥水性（hydrophobic, water-repellent）を持ち、さらにそれらの葉の表面には、おびただしい数のマイクロレベルの凸凹が観察された。特に、ハス *Nelumbo nucifera*（ハス科）の葉の**撥水性**（水をはじく性質）は著しく、葉の表面には10μレベルの突起が多数あり、突起表面にワックスの粒が付着している（図5.1.10）。この葉の構造により、ハスは葉の上に乗ったゴミを簡単に雨水で洗い流すことが可能となる（図5.1.11）。バルトロットは、ハスの葉の「自浄作用」を「**ロータス・エフェクト（lotus effect）**」とよび、その応用研究を開始した。現在では、StoLotusan Colorという商品名でロータス・エフェクトをもつ「自己洗浄ペンキ（Self-cleaning paint）」が販売されている。このように、「自己洗浄ペンキ」は植物学者の偶然の自然観察からもたらされたものである。

体の数十倍も大きな翅をもつ昆虫類も、翅の「自浄作用」、つまり「ロータス・エフェクト」を持つだろうか。もし翅に汚れが付着すると、翅の操作性は悪くなり、外敵から逃げ、長距離を飛翔するには不都合のように思われる。

図5.1.10. ハスの葉は著しく水をはじく性質を持つ(a)。ハスの葉の走査電顕写真：葉の表面には多数の10ミクロン前後の突起が観察された(b)。その突起の表面にはワックスの微小な顆粒が観察された(c)（Ensikat et al., 2011より引用）。

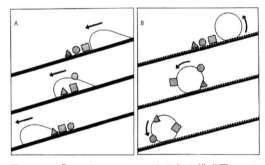

図5.1.11.「ロータス・エフェクト」の模式図。ハスの葉は、著しい撥水性（水をはじく性質）を持つ(B)。この撥水性の効果で、葉の上にあるゴミは雨水によって自動的に洗い流される。撥水性がない葉では、ゴミは葉に付着したままで、雨水によっては洗われない(A)（Barthlott & Neinhuis, 1997より引用）。

バルトロットの研究グループは、約100種の昆虫の翅の撥水性・自浄性を検討した（Wagner et al., 1996）。その結果、カゲロウ類、イトトンボ類、ヤママユガ類、チョウ目の仲間（セセリ類、シロチョウ類、タテハチョウ類）、クサカゲロウ類の翅は、超撥水性（特に良く水をはじく）で、「自浄式」の翅を持つことがわかった。特に、調べたチョウ目のすべての種が、「自浄式」の翅を持つことから、おそらくすべてのチョウ・ガ類は「自浄式」の翅を持つと考えられて

いる。実際、モルフォチョウ類もセミの仲間も「自浄式」の翅を持つことがわかってきた（Feng & Jiang, 2006）。

カメムシの仲間である、アメンボ（アメンボ科）は、古くから撥水性のある肢をもち、その「浮力」によって忍者のように水面を滑走することが知られている。最近の研究により、アメンボの肢には、多数の微小な剛毛（長さ：50μ、径：3μ）が生えており、その剛毛には、多数のナノサイズの溝が刻まれていることがわかってきた。アメンボは、ワックスの付着した剛毛のある肢で、表面張力とナノテクノロジーによる溝で空気を捕捉して水面を滑走するのである（Feng et al., 2007）。

以上、著者が興味を持ったバイオミミクリーのトピックスについて、その概略を述べてきた。これらのトピックス以外にも、ヤモリの「指」を応用した乾燥型粘着装置、「サメの肌」を模倣した水着の開発、予想外に低い抵抗を利用したハコフグ型の乗用車の開発など多数の「適応」を利用、模倣した技術に注目が集まっている（ミューラー、2008）。ベニュスは、その著書の中で、バイオミミクリーの本質は「進化における先輩たちから学ぶ」ことであるとし、それが三つのスローガンから成り立つと述べた。1）自然界をモデルとする、2）自然界を基準とする、3）自然を良き師（メンター）とする。つまり、ベニュスは、環境問題の深刻さを考えると、「われわれが真に必要とする技術は、われわれより遥かに長い年月を生存してきたさまざまな生物種によって既に発明され、試され、改良されてきた」ものであると述べている。バイオミミクリーなど適応の応用研究は、環境生物学の主題の1つになる可能性があるので、適応の本質（生存と繁殖を促進させるような性質を持っていること）を理解した上で積極的に取り組んでもらいたいと考えている。

おわりに：シロアリの研究者のAさんは、研究を始めるにあたって指導教員のK先生に次のような質問をした。「私は流行する研究をやりたい、それも今流行しているのではなく、就職するであろう5年後に流行するものをやりたい」。K先生の答え、「ハハハ、ばかなことを言ってはいけない、自分のやっていることを流行させればよろしい。自分の研究の重要さを皆にわかるようにきちんと示す。これが問題である」。大学は、専門教育の場であるとともに、人間形成の場でもある。大学は、決して就職のためだけのものではない。それを忘れずに学問に励んでいただきたい。「適応」が教えてくれるように、「主体性を持ち、美しく、自己主張」できる「自律的な人間」になって頂きたいと心から思っている。

1.-5 まとめ

自然淘汰が働く単位は、個体であって、種ではない。ダーウィンは個体に自然淘汰が働くと考えていた。その後の遺伝学の発達により、現在では、自然淘汰は個体が持つ遺伝子に働くと考えられている。これが、遺伝子淘汰の理論である。適応は、自然淘汰の結果であり、その形質がその個体の生存と繁殖に有利であることから生まれた表現型である。自然淘汰は個体の遺伝子に働くが、その結果生まれる適応は個体に現れる。従来の生物学（たとえば、生理学、形態学、生化学など）は、比較的簡単な適応形質を研究対象にしてきた。そこでは、適応の「合理性」は理解しやすく、分析も比較的簡単で「適応度」も使われることはなかった。そのため、自然淘汰が、遺伝子に働いても、個体に働いても、最終的には種の生理・生化学的特性、形態学特性となって拡まることから自然淘汰の働く単位は曖昧なままですまされてきた。一方、行動生態学の対象は複雑な社会行動である。そこ

では、適応をはかる「ものさし」の「適応度」を定量的に扱う必要がある。特に、利他行動の研究は「包括適応度」によってはじめて、その進化が解明された。利他行動が、遺伝子淘汰の理論で説明されたことにより、利他行動を説明してきた群淘汰（自然淘汰は種または個体群に働くとする考え）は否定されることになった。その結果、行動生態学の適応研究は利他的行動を曖昧な形で利用してきた「種の利益論」に終止符を打つこととなった。行動生態学が提示する「新しい適応観」から学ぶことの重要性はこの点にあると思われる。また、新しい適応観は、遺伝子を中心にしているが、個体を媒介して適応が表現されることから、それは個体の重要性をも明らかにするものであった。最後に、個体の適応現象から、我々人類は何を学べるかを簡単に紹介し、環境生物学が問題とすべきバイオミミクリー分野を展望した。

宗宮弘明

【参考文献】

阿部琢哉（1989）「シロアリの生態」 東京大学出版会
ベニュス、J.（1997）「自然と生体に学ぶバイオミミクリー」（吉野美耶子・山本良一訳 2006）オーム社
ドーキンス、R.（1989）「利己的な遺伝子」（日高敏隆等訳 1991）紀伊国屋書店
フォーブス、P.（2005）「ヤモリの指」（吉田三知世訳 2007）早川書房
長谷川真理子（2000）「虫を愛し、虫に愛された人」文一総合出版
長谷川真理子（2002）「生き物を巡る4つの「なぜ」」集英社
長谷川真理子（2009）「動物の生存戦略」左右社
長谷川寿一・長谷川真理子（2000）「進化と人間行動」東京大学出版会
蒲原稔治（1950）「深海の魚族」日本出版社
粕谷英一（1992）「行動生態学の適応論」、講座進化⑦ 39-78、東京大学出版会
河田雅圭（1990）「初めての進化論」講談社現代新書
木下修一（2005）「モルフォチョウの碧い輝き」化学同人
木下修一（2010）「生物ナノフォトニクス」朝倉書店
クレブス、J.・デイビス、N.（1987）「行動生態学」（山岸哲・巌佐庸訳 1991）蒼樹書房
桑村哲生（2001）「生命の意味」裳華房
スレーター、P.J.B.（1985）「動物行動学入門」（日高敏隆・百瀬浩訳 1988）岩波書店
ティンバーゲン、N.（1972）「ティンバーゲン動物行動学（上、下）」（日高敏高・羽田節子訳1982）平凡社
トリブッチ、H.（1976）「動物たちの生きる知恵」（渡辺正訳1995）工作舎
トリヴァース、R.（1985）「生物の社会進化」（中島康裕等訳 1991）産業図書
Williams, G.C. (1966) "Adaptation, and Natural Selection" Princeton University Press
ウイルソン、E.O.（1975）「社会生物学」（坂上昭一等訳 1999）新思索社

【引用文献】

Barthlott, W. & C. Neinhuis (1997) Purity of the sacred lotus, orescape from contamination in biological surfaces. Planta 202: 1-8
Ensikat, H.J, et al. (2011) Superhydrophobicity in perfection: the outstanding properties of the lotus leaf. Beilstein J. Nanotechnol.2: 152-161
Feng, X. & L. Jiang (2006) Design and creation of superwetting/antiwetting surfaces. Adv. Mater. 18: 3063-3078
Feng, X-Q. et al. (2007) Super water repellency of water strider leg with hierachial structures: experiments and analysis. Langmuire 22: 4892-4896
Hrdy, S.B. (1977) Infanticide as a primate reproductive strategy. Amer. Sci. 65: 40-49
Korb, J. (2003) Thermoregulation and ventilation of termite mounds. Naturwissenschaften 90:212-219
Korb, J. & K.E. Linsenmair (2000) Ventilation of termite mounds: new results require a new model. Behab. Ecol. 11:486-494
Krebs, J.R. (1977) Song and territory in the great tit. In: Evolutionary Ecology. p.47-62, Macmillan
ミューラー、T.（2008）バイオミメティクス. ナショナル ジオグラフィック日本版（4月号）：76-99
ルートウスキー、R.L.（1998）チョウのパートナー選び. 日経サイエンス（10月号）：104-110
Schmitt, O. (1969) Some interesting and useful biomimetic transforms. In: 3rd. Int. Biophysics Congress, p.297
下村正嗣（2010）生物の多様性に学ぶ新世代バイオミメティック材料技術の新潮流. 科学技術動向（5月号）：9-28
杉山幸丸（1992）霊長類の子殺し要因論をめぐって. 日本の科学者27: 650-655
Vukusic, P. et al. (1999) Quantified interference and diffraction in single Morpho butterfly scales. Proc. R. Soc. Lond. B 266:1403-1411
Wagner et al., (1996) Wettability and contaminability of insect wings as a function of their surface sculpture. Acta Zool. 77:213-225

2. 動物の環境ストレス応答

2.-1 はじめに

　生物を取り巻く自然環境は、1日周期でも1年周期でも大きく変化している。また、生物は地球上のさまざまな環境で生育している。温度を例にみると、1日の昼と夜、夏と冬、熱帯と極地、など大きく変化しまた差も大きい。生物の生存を脅かす環境条件の変化は、温度にとどまらず、乾燥（水分の不足）、高塩濃度、栄養の枯渇、太陽からの紫外線、地殻からしみ出してきた重金属イオン、病原菌の感染、などさまざまである。これらすべて生物にとっては「環境ストレス」となる。生物は進化の過程で、これら環境ストレスに対して対処できるような防御機構を獲得してきた。言いかえれば、環境の変化に対して生き延びることができるように進化した生物が、今地球上で繁栄しているといえる。

　「ストレス」とは、もともと物理学でいう応力（stress）のことで、物体が負荷（荷重）を受けたときに、荷重に応じて物体の内部に生ずる抵抗力、ゆがみのことをいう。たとえば、風船を指で押すと、押した部分が少し引っ込む。この場合、指がストレッサー（stressor、ストレス作因ともいう）であり、引っ込んでゆがんだ部分をストレス（ストレスを受けている状態）という。医学・生物学分野では、ハンス・セリエ（1907〜1982）の提唱した「ストレス学説」がよく知られている。端的に言えば、ストレスとは外部環境の種々の要因が変化したとき、それが刺激となって生体にさまざまな機能変化が起こった状態を意味する。最近では「ストレス」という言葉が「ストレッサー」の意味でも使われることが多く、一般的には、「精神的および心理的なストレス」を意味する。

　生物学分野では、上で述べたそれぞれの「環境ストレス」に対して特有の応答機構があり生体を防御している。しかし最近では特に、いわゆる「ストレスタンパク質（stress protein）」（熱ショックタンパク質）を誘導する要因のことを、狭い意味で「環境ストレス」などと表現することがある。誘導されたストレスタンパク質は、以下に述べるように分子シャペロンとして機能し、強い環境ストレスから細胞を保護する働きを持っている。外部環境は絶えず変化しているので、生体は内部環境の恒常性維持（ホメオスタシス、homeostasis）[注1] のために適切な応答をすることになる。それが進化の過程で獲得してきた「ストレス応答（stress response）」であり、防御的な応答である。個体レベルでは神経系、内分泌系、免疫系などを総動員して対応し、細胞レベルでは「ストレスタンパク質」を誘導するなどして応答する。

　地球上の特殊な環境で生息している生物は、特有の適応的な機構を持っている。たとえば、南極の氷点下の海水に棲む魚は体内に不凍タンパク質（anti-freeze protein）を持っており、体温が氷点下になっても凍ることはなく活動ができる。しかしこれはストレス応答ではなく、むしろ適応応答ともいうべきである。ストレス応答というのは、比較的短時間の環境変化に対する生物の反応である。本章では、動物の細胞レベルでの環境ストレス応答について概説する。

2.-2 環境ストレス応答とは？

　動物でのストレス応答研究は、生体または細胞を正常の生育温度より5〜10℃高い温度にさらすと、それまでほとんど合成されていなかった一群のタンパク質が顕著に合成されてくる、という現象の発見から始まった。これらのタンパク質のことを、熱ショックで誘導されることから熱ショックタンパク質（Heat Shock

Proteins、以下HSPsと略）と呼ぶようになった。その後HSPsは熱ショックだけでなく、さまざまな環境ストレス（environmental stress）で誘導されることがわかってきた。たとえば、エタノール、ヒ素、カドミウムなどの化学的ストレス、X線、紫外線、浸透圧などの物理的ストレス、過酸化水素などの酸化的ストレス、また個体レベルでは虚血や拘束ストレスなどでも組織にHSPsが誘導される。ちなみにこれらの環境ストレスはタンパク質の構造変化（つまり変性）をもたらす、いわゆる「タンパク質毒性」がある。このようなことから、HSPsのことを広い意味でストレスタンパク質（stress protein）と呼ぶこともある。このHSPsの合成に代表される反応のことを熱ショック（ストレス）応答と呼ぶ。この熱ショック応答はバクテリアからヒトまですべての生物で普遍的にみられる現象であり、またHSPsも進化的によく保存されている。たとえば、バクテリアのDnaKというHSPは、哺乳類のHsp70（分子量70kDaのHSPのこと）とアミノ酸配列で約50%の相同性があるだけでなく、その機能（ATPase活性

表5.2.1. 熱ショックタンパク質のファミリー

ファミリー	機能など
HSP100 注2	真核生物のHsp110/105は、Hsp70のATP結合ドメインと相同な部位を持つが明らかなATPase活性は認められない。Grp170/Orp150は小胞体に局在。Hsp70RY/Hsp70hは卵子の表面に存在し、精子の受容体である。Hsp110/105は変性タンパク質の凝集体形成を抑制。
HSP90	細胞内に最も多く存在する主要なHSPであり、ATPase活性を持つ。Hsp90はシャペロン補助因子などと共同で、多くの転写因子（ステロイドホルモン受容体など）や情報伝達分子（チロシンキナーゼなど）の機能を制御する。変性タンパク質の凝集体形成を抑制する。小胞体のGrp94/Grp96や、ミトコンドリアのTrap1/Hsp75はこのファミリーのメンバーである。
HSP70(DnaK)	最初に同定された、主要なHSPの一つ。ATPase活性を持ち、その活性はHsp40により制御されている。構造的に不安定なタンパク質の折りたたみや安定化を手助けし、凝集体形成を抑制。タンパク質の膜輸送に関与。ペプチド抗原提示を促進。このファミリーのメンバーとして、小胞体ではGrp78/BiP、ミトコンドリアではGrp75/Pbp74/Mot1がある。
HSP60(GroEL)/chaperonin	このファミリーは2つのグループに分けられる。グループIはGroEL（原核生物）とHsp60（真核生物）であり、グループIIは細胞質シャペロニンと呼ばれるCCT/TRiCである。Hsp60は7量体（TRiCは8量体）でリング構造を形成し、それがさらに2つ合わさってダブルリングとなり、外部から遮蔽された中空領域でタンパク質の折りたたみを進行させる。
HSP47	高等真核細胞の小胞体にのみ存在。小胞体のなかでは唯一熱ショックで誘導されるシャペロンである。コラーゲンの生合成に関与するコラーゲン特異的シャペロンである。
HSP40(DnaJ)	Hsp40はHsp70シャペロンの補助因子として働く。Hsp40はJドメインを介してHsp70と結合し、そのATPase活性を促進して構造変化をうながし、変性タンパク質と結合できるようにする。Hsp40自身も標的タンパク質と結合しそれらをHsp70に手渡す。ほ乳類では約50のファミリーメンバーが存在し、各細胞内コンパートメントで特異的なHsp70-Hsp40シャペロン複合体を構成。
Small heat shock proteins (sHSPs)	分子量40-kDa以下のHSPsで、メンバーの多くはC-末端にアルファクリスタリンドメインと呼ばれる保存された領域を持ち、通常大きな複合体を形成している。sHSPsは部分的に変性したタンパク質に結合して安定化し、それをHsp70-Hsp40シャペロン複合体に手渡す。

やペプチド結合能など）もよく似ている。このことはとりもなおさず、生命の起源初期のころの単細胞生物がすでにこの熱ショック応答という防御機構を獲得し、進化の過程で危機的状況を生き延びてきたのではないかと考えられている。

これまでに多くのHSPsが同定されているが、それらは分子量によりいくつかのファミリーに分けられる（表5.2.1）。

個々のHSPの詳しい機能については省略するが、以下に述べるように基本的には分子シャペロン（molecular chaperone）およびその補助因子として働いている。なお、HSPsの発現は、一般的に熱ショック転写因子（Heat Shock Factor 1、HSF1）によって制御されている。つまり、ストレスで活性化されたHSF1が各HSP遺伝子のプロモーター領域にある共通の塩基配列（Heat Shock Element、HSE）に結合することで転写が促進され、HSPsが合成されることになる（図5.2.1）。

2.-3 ストレス耐性

熱ショックタンパク質（HSPs）という呼び名は誘導する手段に基づいて名付けられたもので機能を意味しているわけではない。HSPs

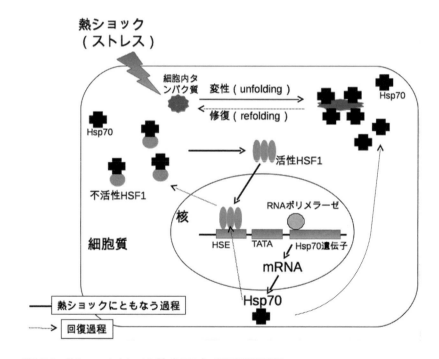

図5.2.1. 熱ショックタンパク質（HSPs）の発現制御機構
　通常、熱ショック転写因子（HSF1）は、Hsp70を含む分子シャペロン複合体と結合していて不活性な状態にある。細胞が熱ショックを受けると、細胞内のさまざまなタンパク質が変性状態となり、Hsp70などの分子シャペロンはそれら変性タンパク質の修復にかり出されるので、HSF1から解離する。するとHSF1は3量体となって活性化し、核内に移行してHSP遺伝子の上流にある特有の塩基配列（HSE）に結合し、HSP遺伝子（ここではHsp70遺伝子のみを表示）の転写を促進し、その結果種々の熱ショックタンパク質（HSPs）が合成される。それらのHSPsは変性タンパク質の修復に働くとともに、活性HSFに結合して不活性化することで熱ショック応答が収束する。HSPsの合成はこのようなネガティブフィードバック機構[注3]により制御されている。

の機能は多くの研究の積み重ねによって解明されてきた。

その一つは、がんを熱で治療する方法（がんの温熱療法）の基礎研究の過程で、温熱耐性（thermotolerance）という現象がわかったことである。たとえば、細胞を44℃で90分間加温するとほとんどの細胞は死んでしまう（生存率にして約10^{-4}）。しかしその細胞をあらかじめ44℃で30分程度（この条件ではあまり細胞は死なない）加温してから16時間後にふたたび44℃90分間加温しても、かなりの細胞は生き残る（生存率にして約10^{-1}）（図5.2.2）。これが温熱耐性であり、正常細胞のみならずがん細胞にも発現する。したがって温熱耐性ががん温熱療法のネックになっている。しかし、温熱耐性は一過性の現象であり、細胞を37℃で3～4日すると消失するので、実際の臨床では週に1～2回の温熱療法を行うことになっている。温熱耐性の発現は、最初の加温の後16～24時間で最大となり、その後徐々に減衰していく。この温熱耐性の発現・減衰の時間経過がHsp70やHsp40の合成・減衰のそれとよく合うことから、これらのHSPsが温熱耐性の本体であると考えられるようになった。

細胞に熱ショックを与えると、その構造や機能はさまざまな損傷を受けるが、分子レベルではタンパク質の構造変化（変性、denaturationまたはunfolding）が引き起こされる。変性したタンパク質はその機能を失うとともに、疎水性アミノ酸領域[注4]が外に露出してたがいに凝集しやすくなり、細胞にとっては不都合な状況になる。つまり熱ショックによるタンパク質の変性にいかにして対処するかが細胞にとっての死活問題となる。その対処法としては、熱によるタンパク質変性を防護する、すでに変性してしまったタンパク質を元通りに折りたたむ、または修復不能の場合には分解してしまう、などが考えられる（図5.2.3）。その後の研究で、HSPsがまさにこのような機能をもつことがわかってきたのである。

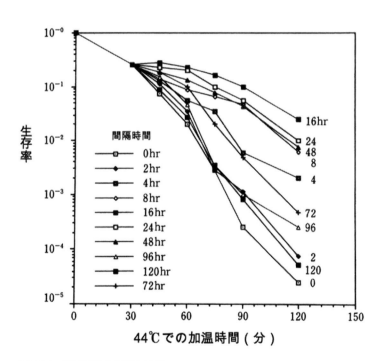

図5.2.2. 温熱耐性の発現と減衰
　各点は、マウス細胞（SCCVII）を最初44℃ 30分間加温したあと、37℃で0～120時間回復させ（これが間隔時間）、ふたたび44℃で15～90分加温したときの生存率（コロニー形成法にて計測）を示す。最初の44℃ 30分加温で細胞の生存率は約25％に低下している。間隔時間が0時間というのは連続で44℃加温した細胞である。間隔時間が2～16時間と増加するにつれて細胞は44℃では死ににくくなっている。これが温熱耐性である。その後間隔時間が長くなるにつれて徐々に温熱耐性は減衰し、120時間ではもとの細胞とほぼ同じ生存率になる（Radiation Research, 142: 91-97, 1995を改変）。

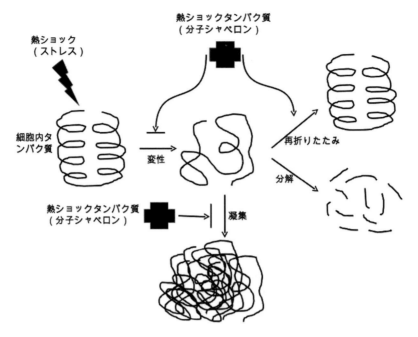

図5.2.3. 熱ショックタンパク質（分子シャペロン）の機能の概念図
　タンパク質はアミノ酸が数珠のように連なったひも状の構造であるが、通常は折りたたまれて熱力学的に安定な立体的な構造をとっている（基本的に疎水性アミノ酸は内側に、親水性アミノ酸は外側に配置されている）。細胞に熱ショックなどの環境ストレスが加わるとタンパク質は部分的にほぐれた（変性した）状態になる。このとき疎水性アミノ酸が露出することになり、互いに凝集しやすくなる。Hsp70、Hsp90、Hsp40などのHSPsは、露出した疎水性アミノ酸領域に結合して凝集体形成を防ぎ、修復可能であれば再折りたたみを促進し、修復不能であれば分解系（ユビキチン・プロテアソーム系[注5]など）にもっていく。

2.-4　HSPsの分子シャペロンとしての機能

　1980年代から90年代にかけて、HSPsのさまざまな機能が解明されてきた。図5.2.4に示すように、まず、未熟なサブユニットタンパク質[注6]に一時的に結合してその正しい複合体形成を介添えする（図5.2.4、④）、新生ポリペプチドに結合してその正しい折りたたみを手助けする（①）、ミトコンドリアへのタンパク質輸送に関与する（②）、などの実験事実が明らかになってきた。このようなことから、未熟な不安定なタンパク質に一時的に結合するが、最終的な構成要因とはならない介添タンパク質のことを分子シャペロンと呼ぶようになった。シャペロンとは、もともと社交界にデビューする若い女性に付き添い行儀作法などの世話をし、お目当ての男性とのカップル成立を手助けする年配の婦人のことをいい、HSPsのもつ介添タンパク質としての機能がシャペロンの働きとよく似ていることから、分子シャペロンと命名されたのである。したがって、現在では分子シャペロンとHSPsはほぼ同義語と考えてよい。

　図5.2.4に示すように、上記のほか、③小胞体内でのタンパク質品質管理（protein quality control）、⑤ストレス時に、タンパク質の変性を防ぎ、再折りたたみを促進する、⑥変性タンパク質の凝集体形成を抑制し、ときには凝集体を解きほぐすこともある、⑦修復不能タンパク質の分解を手助けする、⑧細胞内で分解されたペプチドをシャペロンして抗原提示を促進

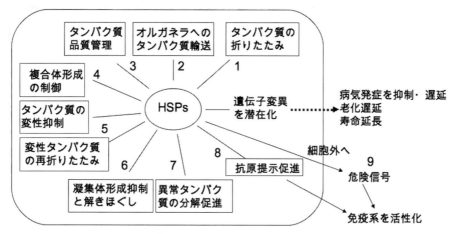

図5.2.4. HSPsの分子シャペロン機能
　HSPsは分子シャペロンとして、①新生ポリペプチド鎖の折りたたみ、②オルガネラ[注7]へのタンパク質輸送、③小胞体でのタンパク質品質管理、④複合体形成の制御、⑤ストレス時のタンパク質変性抑制や再折りたたみ、⑥異常タンパク質の凝集体形成抑制と解きほぐし、⑦異常タンパク質の分解促進、など種々の細胞機能を制御している。そのほかに、⑧HSPsは抗原提示過程でのペプチドのシャペロンとしても機能しており、⑨またHSPs自身が細胞外に放出されて危険信号として免疫系を活性化する。さらに、HSPsは遺伝子の変異を潜在化することで、病気の発症を抑制・遅延したり、老化遅延や寿命延長の効果も知られている。

する、⑨細胞外では**危険信号**（danger signal）として働く、などさまざまな機能を持っている。

　さらに、HSPsは遺伝子に変異があってもそこから合成されてくる変異タンパク質の機能を正常化することで遺伝的変異を潜在化することができ、病気の発症を抑制・遅延させたり、老化遅延や寿命延長の効果も知られている。このように分子シャペロンはタンパク質の一生（生成から分解まで）のさまざまな過程に「黒子」のように深く関わっており、多くの細胞内機能を制御していることがわかっている。多くのHSPsの共通の特徴としては、ペプチド結合部位を持っていることであり、部分的にときほぐれた標的タンパク質の疎水性領域に結合することで変性タンパク質の凝集体形成を抑制している。

2.-5　まとめ

　生物は、遺伝子（DNA）に傷が生じた場合にはDNA修復系がこれを修復し、修復がうまくいかないときにはアポトーシス[注8]によってその細胞を排除する機構をもっている。しかしその傷が固定されてしまうとその遺伝子から転写・翻訳されてくるタンパク質は正常に機能できなくなったり凝集体を形成したりして、さまざまな病気（遺伝子病やがん）を引き起こすことになる。分子シャペロンというのはこのような異常なタンパク質をうまく処理（正常機能回復、分解、凝集体形成抑制、など）して、タンパク質の品質管理を行うことで細胞の機能を正常に保つようにしていると考えられている。つまり、分子シャペロンは内因性の防御因子としての機能をもっている。言い換えれば、分子シャペロンは、環境からのストレスを受けた細胞の中に生じた異常なタンパク質をうまく処理して、細胞内タンパク質の恒常性維持を担っているということになる。このことを、タンパク質恒常性（protein homeostasis、略してproteostasis）[注9]と呼ぶことも提案されている。分子シャペロンのもつこのような有益な機能は、タンパク質の折りたたみ異常による疾患（神経変性疾患など）や老化など、さまざまな病的

状態の予防や治療に有効であることが徐々に解明されつつある。

本稿で述べたことは、いわゆるマクロのレベルの環境問題（生態系の破壊、地球温暖化など）ではなく、ミクロ（細胞レベル）の環境問題ということができる。

大塚健三

【注釈】

注1．ホメオスタシス（恒常性維持、homeostasis）
　多細胞生物において、個々の細胞を取り巻く環境、つまり内部環境、の諸条件がほぼ一定に保たれている状態のこと。たとえば、哺乳類においては、外部環境が大きく変化しても体温や体液の組成（pH、溶存ガス濃度、塩濃度、血糖値、浸透圧など）は、ほぼ一定に保たれている。ホメオスタシスにはおもに神経系や内分泌系が働いている。生理学における中心的な概念であり、Walter Canon（1871-1945）が提唱した。

注2．HSP100
　分子量100キロダルトン（10万）のheat shock proteinという意味。ファミリーの名称のときには、すべて大文字のHSP100と表記し、個々のメンバーのタンパク質を表すときにはHsp105などとする。それぞれのファミリーに属するメンバーは互いにアミノ酸配列がよく似ているが、分子量は大きく異なることがある。

注3．ネガティブフィードバック機構
　フィードバックとは、あるシステムにおいて出力側の信号を入力側にもどすことをいう。そのフィードバック信号を入力側に加えた場合、出力信号が低下する場合がネガティブフィードバックであり、出力信号がさらに増加する場合がポジティブフィードバックである。ホメオスタシスなど生体の反応系の多くはネガティブフィードバック機構によって制御されている。HSPsの合成においても必要なだけ合成したあとは、それ以上合成されないように抑制するようになっている。

注4．疎水性アミノ酸領域
　タンパク質は20種類のアミノ酸がじゅず状に連なったものであり、これが折りたたまれて立体構造を形成し機能を発揮する。個々のタンパク質は固有のアミノ酸配列をもっている。20種類のアミノ酸には親水性（水に溶けやすい）ものと疎水性（水には溶けにくく油の性質をもつ）ものがあり、折りたたまれるときには親水性アミノ酸は立体構造の外側に、疎水性アミノ酸は内側に配置されてエネルギー的に安定な状態となる。タンパク質がストレス（たとえば熱ショック）にさらされると立体構造がゆるみ（変性または解きほぐれ）、疎水性領域が外側に露出するようになる。疎水性領域は互いに凝集し、タンパク質は機能できなくなる。分子シャペロンはこの疎水性領域に結合する性質があり、タンパク質の凝集を防ぐ機能をもっている。

注5．ユビキチン・プロテアソーム系
　　タンパク質分解系の一つ。分解されるべきタンパク質には、一連の酵素反応によってユビキチンという分子量約8,000のペプチドが連なって付加される。そのポリユビキチンが目印となってプロテアソームという大きな筒状のタンパク質複合体に運ばれて、その筒のなかでアミノ酸まで分解される。

注6．サブユニットタンパク質
　　タンパク質のなかには1本のポリペプチド鎖が折りたたまれて単独で機能する場合もあるが、複数のポリペプチド鎖が会合して複合体として機能するものも多い。この複合体の中の1つのポリペプチド鎖のことをサブユニットという。タンパク質複合体の形成に分子シャペロンが関与している典型的な例として、一つは、大腸菌に感染するウイルス、λファージのDNA複製の際に、複製にかかわるタンパク質複合体の形成に宿主（大腸菌）の分子シャペロン（DnaK、DnaJ、GrpE）が必要であることが知られている。もう一つは、植物の光合成において二酸化炭素の固定にかかわるリブロース二リン酸カルボキシラーゼ-オキシゲナーゼという酵素の場合である。この酵素は8個の小サブユニットと8個の大サブユニットからなる大きなタンパク質複合体であるが、この複合体の形成にはHsp60とHsp10が必須である。

注7．オルガネラ
　　細胞小器官のこと。ミトコンドリア、小胞体、ゴルジ体、リソソームなど。植物では葉緑体や液胞などもある。オルガネラへのタンパク質輸送の場合には解きほぐれた状態でなければならないので、細胞質側ではそのタンパク質を解きほぐすのに分子シャペロンが必要であり、オルガネラの中ではまた折りたたむときに別の分子シャペロンが関与している。

注8．アポトーシス
　　細胞死には壊死とアポトーシスの2種類がある。壊死は物理的に障害を受けたりやけどなどの場合で、細胞膜が壊れ、核やミトコンドリアなどの細胞の内容物が外に出て炎症を引き起こす。一方、アポトーシスとは予定された細胞死ともいわれ、細胞みずからが積極的に死ぬことがある。たとえば、発生の過程で手の指の形成や、オタマジャクシの尾の消失のときにはアポトーシスがおこっている。また、細胞のDNAが損傷を受けて修復が不能になった場合には、アポトーシス機構が作動しその細胞を個体から排除することもある。

注9．タンパク質恒常性
　　細胞のなかのタンパク質濃度は非常に高く、そのなかでタンパク質は絶えず、合成され、働くべき区画に輸送され、機能を発揮し、また損傷を受けたり不要になれば分解されている。合成途上や、細胞小器官へ輸送されるときのポリペプチド鎖は解きほぐれた状態であり、疎水性領域が露出していて非常に不安定である。そういう状況でも細胞が正常に機能できるのは、必要なタンパク質は必要なだけ合成され、不要なまた異常なタンパク質が細胞内に蓄積しないように分解系がうまく働いているからである。このようなタンパク質レベルの定常状態のことをタンパク質恒常性という。Rick Morimotoが2009年に提唱した。

3．植物の環境適応のしくみ

　植物は動物のように場を移して周囲の環境変化に対応することが出来ないため、その場において様々な環境変動に対応せねばならない。そのため、植物の生育や働きを妨げる様々な不利な環境条件、すなわち、環境ストレスに常に曝されることとなる。これらの環境ストレスに対抗するために、植物はストレスに対して細胞の状態変化（ストレス応答）を介して組織の構造変化さらには形態変化を起こすことによって、その場において環境変化に対応している。環境ストレスには生物学的ストレス（biotic stress）と非生物学的ストレス（abiotic stress）とがある（表5.3.1）。非生物学的ストレスには、光、水分、浸透圧、高塩濃度、重金属、生体酸化、栄養状態、土壌pH等によるストレス。生物学的ストレスには、病原菌、病害虫、植物同士、他生物との競争等によるストレスがある。植物は環境ストレスに対応するために、それらのストレスに対する耐性や抵抗性を持つ。耐性（tolerance）とは植物の環境変化への対応の許容限界、我慢強さ、忍耐力と理解できる。抵抗性（resistance）は環境変化により生じる敵対する作用に対して積極的に反対して逆らう機能であり、各々の植物によってその程度は異なる。これらの能力を獲得することによって植物は周囲の環境ストレスや外敵に対抗できるようになる。植物はこれらの耐性や抵抗性機構をさらに発展させ、周囲の環境に順応（acclimation）したり適応（adaptation）したりするようになる。順応とは一定期間の環境の変化に対して植物が応答した可逆的そして弾力的な変化、そのため環境条件が変わればすぐに元に戻ってしまう生理学的適応のことである。この環境変化への順応が継続するようなストレス条件（選択圧）のなかで植物に有利な遺伝子の突然変異がおこれば、不可逆的そして可塑的な形質の変化が起こり、その耐性形質は後代に安定的に遺伝し引き継がれていく。つまり適応は生態学的適応や生物進化に関わっている。例えば、同一種が異なる環境に置かれた場合、それぞれの環境条件に適応して分化した形質が遺伝的に固定され生態型（ecotype）を生じる。つまりこれは適応の結果である。このように植物は与えられた環境に対して耐性や抵抗性を持つことによって、それに順応あるいは適応することによって存続することが出来る。

表5.3.1．環境ストレスの種類

環境要因	ストレスの種類
（非生物的ストレス）	
光	強光・光酸化ストレス
	紫外線ストレス
温度	高温ストレス（45℃以上）
	冷温ストレス（0〜15℃）
	低温・凍結ストレス（氷点下）
水分	乾燥・脱水ストレス
	冠水・酸欠ストレス
浸透圧	浸透圧ストレス
塩	塩ストレス
金属	重金属ストレス
生体酸化	酸化ストレス
栄養	飢餓ストレス、多肥ストレス
土壌pH	低pHストレス、高pHストレス
（生物的ストレス）	
病原菌	感染ストレス
病害虫	被食・傷ストレス
競争（同種・異種）	競争ストレス

3.-1 環境ストレスへの対応策

一般に植物は、様々な環境ストレスを一部の組織で受けると、そこでアブシシン酸（ABA, abscisic acid）、エチレン（ethylene）、ジャスモン酸（jasmonic acid）、サリチル酸（salicylic acid）などの細胞間シグナル伝達物質（1次シグナル）を生産し、各組織へ伝達する。各組織での細胞は細胞膜表面または細胞質に存在するそれぞれのストレスシグナルに特異的な受容体（レセプター）によって各シグナルを感知し、カルシウムイオンやイノシトールリン酸、さらには上記1次シグナル物質などの細胞内シグナル伝達物質（2次シグナル）を生産する。そのシグナルは細胞内のMAPK（mitogen activeプロテインキナーゼ）やCDPK（カルシウム依存性プロテインキナーゼ）によるリン酸化カスケードやレドックス制御（酸化還元状態の制御）などによる情報伝達を経て、核内においてそれぞれのストレスに特異的な転写調節因子を誘導する。転写調節因子はストレス耐性遺伝子がコードされているDNAの上流にある特定のプロモーター領域に結合し、転写を調節する。この転写調節因子によって誘導されたタンパク質はそれぞれの目的部位に移動し、ストレスタンパク質として機能する。このようにして植物は種々の環境ストレスを感知し、それを細胞内の遺伝子まで伝達し、耐性を示すタンパク質の合成を誘導しストレスに対応している（図5.3.1）。

3.-2 植物の非生物学的ストレスに対する生存戦略

3.-2-1 光によるストレス

多くの植物は強い光を受けると生体にとって毒となる活性酸素種を発生し蓄積する。そのため葉緑体の色素や膜脂質が破壊され、結果的に生育が阻害される。これらに対抗するために生体内では様々な酸化還元酵素やアスコルビン酸、グルタチオン等の抗酸化物質が合成され活性酸素を消去する。さらに構造的には、葉の角度を変えたり、表面を変化させ光を散乱させたり、細胞の葉緑体の回避運動によって受光量を減らしたりする。あるいはアントシアンフィル

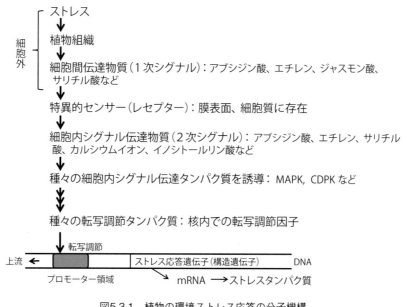

図5.3.1. 植物の環境ストレス応答の分子機構

ターで光を吸収して葉緑体での受光量を減少したりする。

紫外線のUV-A（波長315〜400nm）やUV-B（波長280〜315nm）により、植物は光酸化傷害やDNAの損傷を引き起こす場合がある。しかし、UV-Aは青色光との協同でDNAの損傷を除去したり修復したりもする。また、紫外線はアントシアン、カロテノイドなどの色素物質やロウなどの保護物質を誘導したりする。つまり、紫外線は植物にとって損傷を引き起こすこともあるが、適度な受光は植物の生育にとって必要でもある。

3.-2-2 温度ストレス

地球上には、日昼50℃以上になる灼熱の地域から、南極、北極圏や高山のように−30〜−40℃となる極寒の地域。また、日昼は40℃にもなるが夜間は氷点下、つまり1日の温度差が40℃以上になる砂漠地域にも、植物はじっと耐えて生存し続ける戦略をもっている。日本国内においても、沖縄のような亜熱帯地域から北海道のような亜寒帯地域、そして富士山上層のような亜高山帯地域があり、様々な種類の植物がその地域に適応して生き抜いている。このような大きな温度差の中で植物はどのような生存戦略をとっているか考えてみたい。

a．高温に対する対応

高温による障害は主に高温に伴う蒸散の増加による脱水障害であり、細胞質の構成成分であるタンパク質や酵素の変性でもある。それ故、①どの程度の高温まで日昼の蒸散を抑えて体内に必要な水分を保持できるか、②強い日射による体温の上昇に対して細胞や組織が高い耐熱性を持つことが出来るか、によってその生存範囲は決まる。一般に、多くの高温感受性植物の高温に耐えうる限界温度は、長時間なら35〜40℃と思われる。例えば、元々熱帯性のイネですら35℃の高温では、枯死はしないが葉にクロロシスを生じ、発芽、幼穂の分化、花粉の成熟や発芽が阻害され、そのため地上部や地下部の生育が抑制される等の障害を受ける。また、高温による脱水を防ぐため蒸散抑制が生じた結果、気孔より二酸化炭素を吸収できず光合成能が低下し生育が抑制される。さらに、トマト、カキ、リンゴ等の多くの果実に見られるように、高温ではカロテノイドやアントシアニン色素の合成が誘導されないため、着色（特に赤色）不良が発生する。やや高温耐性の高等植物には50℃以上の砂漠に生育するサボテン等があり、高温耐性のものは原核生物の中に存在する。このような植物は葉の針葉化、茎葉の多肉化、葉表層にクチクラ層を形成するなどの形態的な特徴、あるいは夜だけ気孔を開くCAM型光合成[注1]

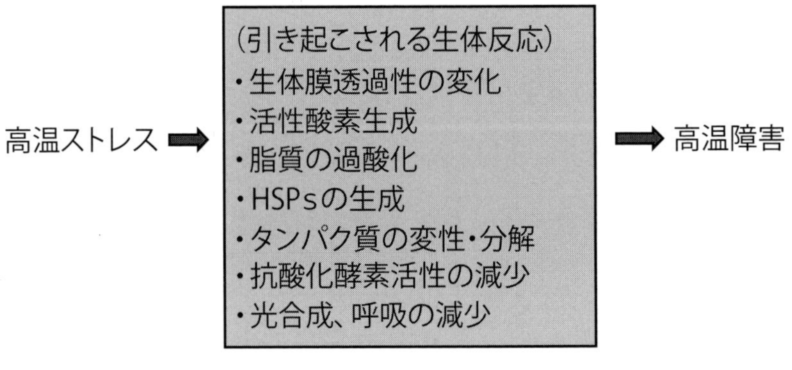

高温ストレス ➡ （引き起こされる生体反応）
・生体膜透過性の変化
・活性酸素生成
・脂質の過酸化
・HSPsの生成
・タンパク質の変性・分解
・抗酸化酵素活性の減少
・光合成、呼吸の減少
➡ 高温障害

図5.3.2. 高温障害の発生機構

を行う等の生理的特徴を持つことによって適応している。

ではどのようにして多くの植物は30〜40℃の高温に耐えうるのだろうか。高温になると生体内の様々なタンパク質や酵素に変化そして異常が現れ、その結果として細胞膜の透過性の変化、活性酸素生成や抗酸化酵素活性の減少による生体酸化、エチレン生成阻害、光合成や呼吸の変化などが起きる。一方、高温によって多様な**熱ショックタンパク質**（HSP：Heat Shock Protein）が誘導され、変化そして異常を生じたタンパク質や酵素を修飾、修復、あるいは分解したりして生体を維持しようとする生理反応が起きる。このようにして植物は高温に耐えることが出来る（図5.3.2）。

b．低温に対する対応

低温（冷温）耐性機構： バナナ果実やサツマイモ塊茎を10℃付近の低温に数日間曝すと褐変などの障害を生じ、ついには腐敗していく。また、イネ、トマト、キュウリ等、熱帯や亜熱帯原産の植物が0〜15℃の凍らない低温に曝されると様々な生育障害が現れる。これらを**低温（冷温）障害**（chilling injury）という。低温障害が起きる原因としては次のようなことが考えられる。①低温障害を受けやすい植物のある酵素やタンパク質の機能が、低温によって急激に変化するために異常な代謝変動を生じるため。②タンパク質−リン脂質の複合体から構成されている細胞膜が柔軟性を保持することによって、物質の選択的透過性などのダイナミックな機能を果たしているが、その機能が低温によって失われるため。細胞膜の柔軟性はリン脂質を構成する**飽和脂肪酸**（パルミチン酸、ステアリン酸など）と**不飽和脂肪酸**（リノール酸、リノレン酸など）が適度に混じり合うことによって作り出されている。前者は室温でも低温でもゲル化（固まった状態）し、後者は室温はもとよりかなり低温においても液晶状態（軟らかい液体状態）にあり、その両者が混合することによって適度な柔軟性を保持できる。つまり、不飽和脂肪酸の割合が多いほどより低温においても膜の柔軟性を保持でき、飽和脂肪酸の割合が多過ぎると低温では膜の柔軟性が失われ機能できなくなり、障害を起こすことになる。このことは低温障害を生じやすい植物の細胞膜の脂肪酸組成をより不飽和脂肪酸の割合が多くなるように、遺伝子レベルで調節すると低温障害を受け難くなったことからも明らかである。また、低温耐性植物では不飽和脂肪酸の割合を増すことによって低温耐性を強くしている。さらに、魚類の例ではあるが、回遊魚であるマスは暖かい海から冷たい海に回遊すると不飽和脂肪酸の割合が多くなることが知られている。低温感受性植物は、ある低温以下になると急激にタンパク質や脂質の構造が変化することによって細胞膜機能に異常を生じて障害に至るものと思われる（図5.3.3）。

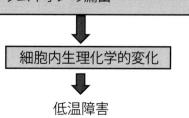

図5.3.3．低温障害の発生機構

耐凍性（低温順化）機構： 温帯や亜寒帯地域に生育する多くの木本性植物は、冬の氷点下の凍結した状態でも生き抜き、春になると再び萌芽、成長することが出来る。ではどのようにして生き抜くことが出来るのだろうか。一見凍結したように見える樹木も、細胞レベルで見ると凍結しているのは細胞外（細胞間隙）だけであり、細胞の内部は決して凍結してはいないのである。そのため、暖かくなり細胞外の氷が解ければまた細胞は活動できるのである。細胞外が凍ることによって細胞内の水分の一部が引き出され、その結果細胞は収縮し細胞内の溶質濃度を高めることにより、また氷核が細胞内部に入らないように細胞膜をタンパク質で補強することなどによって、凍結による物理的な破壊を防いでいる（過冷却の状態）。耐凍性(freezing resistance)の獲得のための生理反応、すなわち低温順化（cold acclimation）は温度が徐々に低下するとアブシシン酸が増えることによって誘導される。たとえば、可溶性炭水化物(糖類、オリゴ糖)、ポリオール、アミノ酸、ポリアミン、ストレスタンパク質などを蓄積して、凍結にともなう脱水によって引き起こされる細胞の収縮に対する耐性を得る。さらに氷結防止物質（cryoprotein）等の親水性ポリペプチドを蓄積して、凍結による脱水にたいしての耐性を獲得する。さらに膜の脂質の不飽和脂肪酸の割合を増やすことで膜機能の崩壊を防ぐ。このようにしてこの地域で生育する植物は氷点下の低温にも生き抜くことが出来るのである。

3.-2-3 乾燥ストレス（水ストレス）
a．水ストレスの影響

植物が水ストレスを受ける（乾燥する）と、初期反応として起きるのは葉面積の減少である。つまり、細胞が脱水によって縮むことで体積が減少し、膨圧（turgor pressure）が低下し、細胞内の溶質は濃縮される。そして成熟した葉は植物ホルモンによって老化して脱離する。一方、根は湿った土壌を求めて伸長を促進する。水ストレスが大きくなると、アブシシン酸合成が促進され、それにより孔辺細胞からカリウム

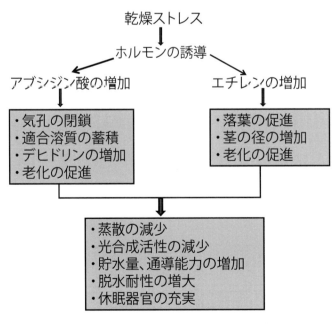

図5.3.4. 乾燥ストレスによる生理反応への影響

イオンなどの遊離が起こり膨圧が減少することによって、気孔が閉鎖し蒸散を抑制する。しかしながら気孔を閉じることによって二酸化炭素の取り込みが出来なくなり、また脱水によってRuBPカルボキシラーゼ、PEPカルボキシラーゼ、リブロース-5-リン酸キナーゼ、カルボニックアンヒドラーゼなどの光合成に関係した酵素活性が低下するために、明反応と暗反応の活性が低下する。すなわち、葉緑体での光合成が制限されることになり、生育が抑制される。また、切り花などでよく見られるように、脱水により茎の導管の水に気泡が入り（空洞現象）、水の流れが切断され吸水できなくなり、枯死したりする（図5.3.4）。

　b．水ストレスに対する回避と耐性

　水ストレスから回避（avoidance）するために、植物は葉の表面にワックスの沈着を増やしたり、多肉化により多くの水を貯水したりする。一方、脱水によって生じる**浸透圧ストレス**（osmotic stress）に対抗するために細胞内に糖やアミノ酸の蓄積など様々な変化を引き起こす（次の浸透圧ストレスを参照）。砂漠に生育するサボテン等は、暑い昼間は気孔を開かず、涼しい夜間に気孔を開いて炭酸ガスを吸収しリンゴ酸として蓄え、それを分解して生じる炭酸ガスを昼間光合成に利用するという特殊な光合成系（CAM型）を持って対抗している。一般に、水ストレスを認識すると植物ホルモンのアブシシン酸とエチレンが生成され、それらによって様々な遺伝子発現が誘導され、脱水に対する耐性を増大すると言われている（図5.3.4）。

3.-2-4　水過剰ストレス（湛水ストレス）

　植物が洪水などによって冠水（湛水、flooding）すると、**低酸素状態**（hypoxemia）あるいは**無酸素状態**（anoxemia）のいわゆる嫌気状態となる。植物にはこのような状態に弱い冠水感受性植物と強い冠水耐性植物とがある。酸素が少ない状態で特に損傷を受けるのは根である。一般に根端は非常に代謝活性が高く、それを維持するための呼吸活性やATP生産とその利用の回転率は動物組織に匹敵すると言われている。そのため嫌気呼吸に切り替えての少量のATP生産だけでは不十分であり、障害を受けることとなる。根が嫌気状態になると、エチレンの前駆物質のアミノシクロプロパンカルボン酸（ACC）合成を促進し、そのACCが地上部の茎葉に移りエチレンとなるため、葉は**上偏成長**[注2]し垂れ下がったようになる。さらに、エチレン作用により老化が進む。冠水耐性の植物は**嫌気ストレスタンパク質**（解糖系や発酵経路の酵素）の活発な誘導によって嫌気呼吸を強化したり、あるいは特殊な構造で酸素を獲得することが出来る。例えばスイレンや浮きイネは、冠水により内部エネルギーを生成して葉柄の伸長を促進し、葉が水面に出ることによって空気を取り込めるようにする。また、多くの湿地帯植物は気体を満たした通気組織を根に作ることによって空気を保存している。

3.-2-5　浸透圧ストレス

　植物の浸透圧ストレスは乾燥や塩濃度による脱水によって形成される。一般に、細胞外の塩濃度が高くなると膨圧が減少し、細胞内から水分を奪われ細胞質が濃縮する。この状態が長時間続くと様々な不可逆的生理変化を起こし、障害となる。そのため植物はこの浸透圧変化に応じて多様な調節作用を行っている。

　a．浸透圧調節溶質（適合溶質）

　脱水などによって細胞外の塩濃度が高くなると、細胞内から水分を奪われるのを防ぐために細胞内の浸透圧を高くする必要があり、積極的に低分子の溶質を合成する。この低分子物質が**適合溶質**（compatible solute）である。適合溶質の代表的なものとして、プロリンやベタインなどのアミノ酸類、グリセロール、ソルビトー

第5章　生物の環境適応戦略

ル、マンニトール、ピニトールなどの糖アルコールが知られており、いずれも細胞質に蓄積し親水性に優れている。これらの物質の生成により細胞内の浸透圧を上げ、膨圧を形成することによって脱水を防いでいる。

b．浸透圧ストレスによって変化する遺伝子発現

浸透圧ストレスを細胞が感じると、アブシシン酸に依存的あるいは非依存的なストレス応答性遺伝子の発現、例えばプロリン合成酵素、グリシンベタイン蓄積関連酵素、ピニトール蓄積関連酵素等の活性促進、アクアポリンの閉孔、細胞壁強化のためのリグニン合成関連酵素活性の上昇、水環境維持やタンパク質保護に役立つ親水性タンパク質の合成等の遺伝子レベルでの発現を引き起こす。

3.-2-6　塩ストレス

塩による害（塩害）は日本ではそれほど多くないが世界的には非常に多く知られている。特に、岩塩が多い地域や乾燥した地域では、潅水によって土壌の下部に蓄積している塩分が毛細管現象によって根圏まで上昇してきて大きな害を及ぼすことがある。そのような地域に生育する植物はそれなりに塩に対する適応性を持っている。一般に、塩に感受性のもの（トウモロコシ、タマネギ、カンキツ、レタス、マメ類など）は、光合成がナトリウムイオンやクロルイオンによって阻害され、成長が抑制される。塩に対して耐性のあるものとしては、ワタ、オオムギ、サトウダイコン、ナツメヤシ、マングローブ等が知られている。

では、どのようにして塩害から回避、あるいは塩に適応しているのだろうか。根より吸収した塩を細胞の中に取り込まない方法がある。あるいは細胞内に取り込んでもすぐに細胞外に排出して、葉の表面にある塩腺等から組織外に放出するものもある。しかし、高塩濃度環境下に適応していくためにはもっと複雑な機構が作用する。高塩環境下では、細胞外液の浸透圧と塩イオン濃度とが同時に上昇するため、この2つのストレスに対して次のように対抗する。①

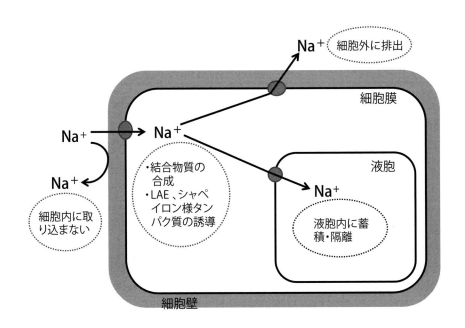

図5.3.5. 高塩環境下での耐塩性機構

細胞外液の浸透圧に対抗するため細胞内の浸透圧を上げねばならなく、細胞質ではベタインなどの適合溶質が合成される。②細胞内に侵入してくる塩イオンを排除するために、トノプラストのイオン輸送系を活発にして液胞内にイオンを溜め込んだり、細胞膜のイオン排出系を活発化させて細胞外に排出したりする。さらに③イオン濃度の上昇によるタンパク質の不活性化を防ぐために、親水性タンパク質やシャペロン様タンパク質が誘導されたり、あるいは様々な物質に結合することによってイオンを除去したりする。このようなシステムを持つことによって高塩環境下にも適応して生育することが出来る（図5.3.5）。

3.-2-7 重金属ストレスに対する耐性

植物にとって銅や亜鉛等は必須微量元素としての金属であるが、水銀、カドミウム等は非必須金属であり、これら非必須金属を蓄積することによって生体膜の損傷、重要な酵素反応の阻害、ラジカルの生成、電子伝達系の不活性化など様々な機能障害を生じ、結果的にエネルギー代謝が低下し成長が抑制される。このような機作で殆どの植物は非必須金属によって障害を起こすが、なかにはそれらに対して耐性を示し生存するものもある。それらは金属を生体内に取り込むのを防いだり、あるいは積極的に取り込み細胞内で無毒化したりする。そのため、後者の植物についてはそれらの蓄積機構を利用して土壌の重金属汚染の浄化などに用いられる（ファイトレメディエーション、6章5を参照）。

一般的に、重金属に対する耐性機構は次のように考えられる（図5.3.6）。①重金属を細胞壁で不動化させ、アポプラストを介しての拡散を防ぐ、②重金属が細胞膜を透過することを抑制する、③細胞質に入った重金属をフィトケラチンなどのポリペプチドや、SH基を含む金属結合タンパク質とキレート結合をつくり無毒化する、④重金属を液胞内に隔離し、有機酸、フェノール物質などと複合体を形成し蓄積する、⑤重金属を能動的に排出する、などの機能を持つことで耐性を示す。酸性土壌では植物にとって過剰に存在すると毒であるアルミニウムが多く溶け出し、根が吸収することによって細胞内リン酸と結合して障害を起こす。しかし、アルミニウム耐性コムギは、根よりリンゴ酸を多く分泌し、土壌中でアルミニウムと結合させることにより根より吸収できなくし、アルミニウ

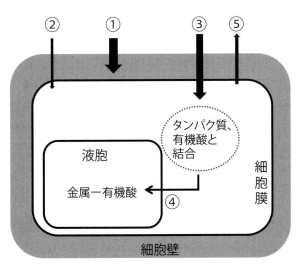

図5.3.6. 重金属耐性機構

ム耐性を持つことが出来る。また、酸性土壌ではプロトンが多いためカルシウムなどの吸収が阻害されるので、カルシウム要求性の強い植物は影響を受ける。さらに、リン酸の不溶化が強いためリン酸吸収を悪くしリン酸欠乏が生じやすい。アルカリ土壌では、鉄イオンが土壌と結合し鉄欠乏を生じやすい。イネ科植物は積極的にムギネ酸を合成し、これをムギネ酸トランスポーターによって分泌し、土壌に結合した鉄を可溶化しムギネ酸とキレート結合をつくり、これをトランスポーターで吸収し鉄欠乏を防いでいる。

3.-2-8 酸化ストレスに対する対応

植物、動物は酸素を酸化的リン酸化でのエネルギー生産や、代謝産物の異化作用に利用しているが、酸素は強い化学毒性を持つ。さらに植物は光合成反応で光エネルギーを利用して水から酸素を放出するが、その際酸素よりも毒性の強い**酸素ラジカル**、すなわち**活性酸素種**を発生する。過剰な酸素や活性酸素種は酸化反応を介して様々な機能障害を引き起こす。そのため、生体内に出来た活性酸素種を消去せねばならない。これらの活性酸素種は上述の反応によって生じるだけでなく様々な環境ストレス、例えば高温や低温ストレス、凍結ストレス、脱水や乾燥ストレス、強光や紫外線による光酸化ストレス、オゾンや二酸化硫黄などの大気汚染物質、農薬などによっても引き起こされる。では、どのようにして活性酸素種を消去しているのだろうか。酸化反応によって出来た過酸化水素や、ストレス受容によって誘導されたアブシシン酸やジャスモン酸がシグナル応答因子となり、アスコルビン酸、トコフェロール、ポリフェノール類等の**抗酸化物質**と、スーパーオキシドジスムターゼ、アスコルビン酸ペルオキシダーゼ、カタラーゼ等の**抗酸化酵素**が生成され酸化ストレス状態になるのを制御している。

その他にも様々なストレスを受けることが知られている。例えば、栄養状態が良過ぎると多肥ストレスによって過剰元素障害を生じる。貧栄養によって生じる飢餓ストレスは栄養障害や若芽の枯死などを引き起こす。土壌のpHが酸性になり過ぎると低pHストレスとなり、根の先端が壊死したりする。また、アルカリ過ぎると葉や芽の発育障害を生じる。さらに大気汚染、特に亜硫酸ガスによるストレスは葉の白化などの障害を引き起こすことが知られている。しかしこれらのストレス環境下においても、ある範囲内では耐性や抵抗性を持つことによって対応し堪え忍んでいる。

3.-3 植物の生物学的ストレスに対する生存戦略

植物が自然界で生育する過程では、同種または異種の植物との、あるいは様々な動物や微生物との密接な関わりを持つ。そのためには植物自身が自分の意志を表さなければならない。その一つが化学物質を自ら合成して**忌避物質**として分泌したり、**誘引物質**として発散したり、あるいは**防御物質**として蓄えたりする。ある植物が他の植物、微生物、動物に影響を与える物質をアロケミカルといい、その作用をアレロパシー（allelopathy）と呼ぶ。

3.-3-1 アレロパシー

アレロパシーとは他感作用といい、ある植物が生産する特殊な物質（他感作用物質）が同種あるいは異種の植物（微生物や昆虫などの動物を含む）に対して及ぼす作用のことである。他感作用物質には通常、発信者と受信者が受ける利益、不利益から次の4つに分類される（表5.3.2）。

a．アロモン：外敵に対する防御物質や餌となる生物を誘引するような発信者にとって有利、受信者にとって不利になるような物質であ

表5.3.2. 他感作用物質（allelochemicals）の種類

他感作用物質	発信者	受信者
アロモン（allomone）	有利	不利
カイロモン（kairomone）	不利	有利
シノモン（synomone）	有利	有利
アンチモン（antimone）	不利	不利

る。例えば、日本に戦後繁茂したセイタカアワダチソウはポリアセチレン類を周辺土壌に分泌し、他植物の生育を積極的に阻害しているのでこの化学物質はアロモンである。クルミはジュグロンを葉中より発散するため、クルミの木の下では他の植物の育ちが悪いといわれる。さらに、オオムギはグラミンによる雑草抑制、マリーゴールドはアルファテルチエニルがネグサレセンチュウの生育抑制を起こすことが知られている。また、除虫菊が出すピレスリンやタバコのニコチンなどは、昆虫に対する毒物や忌避物質となることが知られ、ウリ科植物に含まれるククルビタシンは苦い物質で、多くの昆虫はこれを嫌い食餌しないことが知られている。これらの物質はアロモンとして作用する。

　ｂ．カイロモン：アロモンとは逆に受信する生物にとって有利になる化合物であり、摂食刺激物質などがある。例えば、ウリ科植物に含まれるククルビタシンは多くの昆虫にとってはアロモンであるが、共進化種のハムシはこれを摂食誘引物質とし、これがないと食べないのでハムシにとってはカイロモンとなる。昆虫は植物の二次代謝物質を情報源、すなわち誘引物質として植物を発見し摂食や産卵をする。これらの誘引物質はカイロモンとなる。

　ｃ．シノモン：発信者と受信者の両方にとって利益になる化合物である。例えば、花は特異的な香りを発散して花粉媒介昆虫を誘引し、昆虫は密を得ることが出来る。このような物質はシノモンである。さらに、ナミハダニがマメの葉を食害すると、マメは揮発性の物質を出してナミハダニを捕食するチリカブリダニを呼び寄せる。この誘引物質はやはりマメとチリカブリダニにとってはシノモンとなる。このように植物が昆虫に食害された時、特異的物質（シノモン）を生成してその昆虫の天敵を誘引することはしばしば見られる。

3.-3-2　植物の病原菌に対する防御機構

　植物は病原性の細菌や菌類が感染し広がるのを防ぐために次のような防御法をとっている。①過敏感反応（hypersensitive response）：感染を受けると感染部位の細胞を枯死させ、病原体の成長をごく小さな範囲に閉じ込めて、それ以上の侵入を阻止する。②侵入してきた微生物を多糖質から成る細胞壁やリグニンなどで物理的に封じ込める。③植物は感染前に作っておいた抗微生物物質、あるいは感染後すぐに作り出した抗微生物物質（ファイトアレキシン、phytoalexin）を作用して防御する。感染前から合成されている殺菌物質としてはアルカロイド類、フラボノイド類、タンニン類、テルペン類が知られている。感染後生成されるファイトアレキシンという抗生物質にはマメ科植物でのピサチン、ファゼオリンなど、ナス科植物のセスキテルペン、キク科植物のポリアセチレン、ジャガイモのリシチン、サツマイモのイポメアマロンなど、多くの物質が知られている。

　このように、植物は生育する環境において上に述べたような様々な非生物学的あるいは生物学的なストレスに曝されており、それらを回避したり耐性や抵抗性を持つことによって同じ場所において堪え忍ぶことが出来る。場合によっては植物はそれらのストレスを積極的に受け入れ生存のための力とし、より旺盛に繁殖できる潜在的能力を持っていると思われる。

山木昭平

【参考文献】

Larcher, W.（2001）「植物生態生理学」第2版（佐伯敏郎、舘野正樹監訳　2004）シュプリンガー・フェアラーク東京KK.

伊豆田猛（2006）「植物と環境ストレス」　コロナ社

塩井祐三等（2009）「ベーシックマスター植物生理学」　オーム社

山木昭平（2007）「園芸生理学」文永堂

【注釈】

注1：CAM型光合成：ベンケイソウ型有機酸代謝（Crassulacean Acid Metabolism）のこと。夜間に気孔を開いて炭酸固定をしてリンゴ酸として液胞内に蓄え、昼間に光とそのリンゴ酸を用いてカルビンサイクルによって光合成を行う。半乾燥地の多肉植物、例えばサボテン、パイナップルなどの葉や茎に見られる。

注2：上偏成長：葉や側枝などで上側（向軸側）の成長が下側（背軸側）の成長よりも早く、その結果上側が凸のまがりを示す現象。主にオーキシンの移動量が背腹で異なるために起こる自立運動の1つである。

4. エピジェネティクス

エピジェネティクス（epigenetics）のepiとは「上の、後の」を、geneticsとは「遺伝学」を意味する語で、もともとはイギリスのWaddingtonにより1950年代に発生学の「後成説epigenesis」[注1]にちなんで、受精から成体になるまでのすべての制御された過程を表すために提唱された言葉である。遺伝学は遺伝子が生物の様々な形質を規定するという考えに基づいた学問である。しかし、様々な実験結果から個体の発生に伴い、遺伝子の変化を伴わずに伝えられる仕組みがあることが示唆された。その後「エピジェネティクス（後成遺伝学）」は遺伝子の配列の変化によらない遺伝を表すため、「遺伝学」と対比して使われるようになり、1990年代に「遺伝子の配列変化を伴わずに、細胞分裂を介して遺伝子機能の情報が伝達される現象やその仕組み」または「それを解析する学問」と定義された。現在でも、エピジェネティクスには、複数の意味合いが含まれるが、ここでは上記定義に基づいたものとして解説する。エピジェネティクスの影響で一番想像しやすい例は、遺伝的には全く同じ情報を持っているはずの一卵性双生児同士が、かなり似た性質を示すものの、全く同じではない点である。この差は、発生あるいは成長の段階で、偶発的または環境の違いにより、遺伝子が異なる制御を受けた結果、生じると考えられる。ではどのような分子メカニズムでそのような制御が行われているのだろうか。

4.-1 エピジェネティックな変化をもたらす分子的変化

現在、エピジェネティックな変化をもたらす現象として、DNAのメチル化、ヒストンの修飾、クロマチンリモデリングによるヌクレオソームの配置変換、非コードRNAによる遺伝子抑制などが知られているが、ここでは主要な2つの分子変化について述べる。

4.-1-1 DNAメチル化

DNAは遺伝物質であり、遺伝子の情報が書き込まれている。遺伝子の情報以外にもその遺伝子が働くタイミングを調節する領域なども含まれている。高等真核生物の中で、脊椎動物や高等植物ではCpG配列のシトシンの5位の炭素がメチル化されることが知られてい

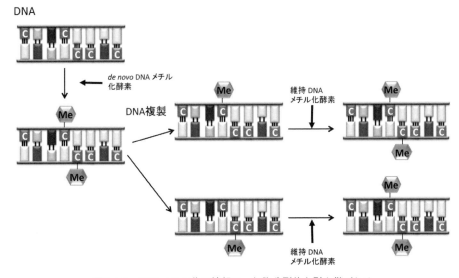

図5.4.1. DNAメチル化の情報は、細胞分裂後も引き継がれる

る。DNAのメチル化されたシトシンは、複製の後も**維持メチル化酵素**（哺乳類ではDNA methyltransferase1, Dmnt1など）により認識され、新しく合成されたDNA鎖のシトシンにもメチル基が付加される（図5.4.1）。その結果、細胞分裂後も、DNAのメチル化の情報は娘細胞に引き継がれる。一般に、遺伝子の発現調節領域であるプロモーター（promoter）のDNAがメチル化されると、遺伝子の転写が抑制される。哺乳類では、生殖細胞で一度DNAメチル化がリセットされ（初期化という）、その後発生や細胞分化に伴って発現しない遺伝子セットが決まると、*de novo* DNAメチル化酵素（de novo DNA methyltransferase）によりDNAが新たにメチル化されることが知られている。しかし、遺伝子に塩基配列の変化（変異）が起こるわけではないので、何らかの要因でDNAのメチル化レベルが低下すると、遺伝子が再び機能するように変化する場合もある。なお、DNAのメチル化は、脊椎動物やショウジョウバエ、高等植物で報告されているが、酵母や線虫では確認されていない。また、細菌のDNAはメチル化されているが、自身のDNAと外来のDNAを区別するために使われており、エピジェネティックな調節としては使われていない。

4.-1-2 ヒストン修飾

真核生物のDNAは様々なタンパク質と結合してクロマチン（chromatin）という複合体の状態で、核の中に存在している。例えば、ヒトのDNAは22対の染色体と2本の性染色体からなり、これらのDNAはすべてを引き延ばすと約2mの長さとなる。クロマチンは、$10\mu m$（$10^{-6}m$）以下の核（nuclear）内に非常にコンパクトに納められている。

染色体中でDNAに結合するタンパク質のうち、もっとも主要なものが、塩基性のアミノ酸を含むヒストン（histone）と呼ばれるタンパク質である。DNAの折り畳みの基本構造はヌクレオソーム（nucleosome）で、四種類のヒストン分子（H2A、H2B、H3、H4）が2個ずつ集まり、集合体（八量体）となったヒストンコアに、DNAが約1.7回巻き付いたものが適度な間隔で連なっている（図5.4.2）。

ヒストンタンパク質のアミノ末端部分はヒス

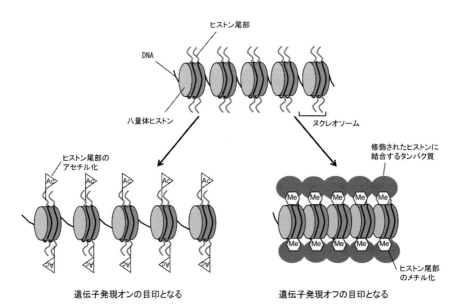

図5.4.2. ヒストン修飾によるクロマチンの構造変化の例

トン尾部と呼ばれ、外側に飛び出した状態となっており、様々な酵素により化学的修飾を受ける。ある遺伝子領域におけるヒストン修飾の状態と遺伝子発現のオン、オフの状態とが一致する例が多く報告されている。例えば、ヒストンH3の4番目のリジン残基のモノメチル化（H3K4me1）やトリメチル化（H3K4me3）は遺伝子の転写が活性化された領域、ヒストンH3の27番目のリジン残基のトリメチル化（H3K27me3）は、遺伝子の転写が抑制された領域で多く観察される。また、ヒストンH3、H4の複数のリジン残基のアセチル化は、一般には転写活性化された遺伝子領域で確認される。アセチル化はヒストン尾部の正電荷を軽減させ、DNAとヒストンの相互作用を弱め、転写に必要なタンパク質がDNAに近づきやすくなると考えられる。ヒストンは複製後のDNAにも受け継がれ、その修飾パターンが維持されるため、遺伝子発現に関する情報は分裂後の細胞にも引き継がれる（図5.4.3）。一方発現がオンになった遺伝子領域でも、ヒストン脱アセチル化酵素（HDAC）によりヒストンのアセチル基が除かれると、遺伝子の発現が抑えられる。このようにヒストン修飾パターンは環境や発生段階の違いにより変化し、それが次世代に伝えられることで真核生物のエピジェネティックな制御に関わる。

4.-2　動物の環境適応とエピジェネティクス

動物では、エピジェネティックな制御は、主に発生の際のプログラムとしての解析が進んでいる。特に、哺乳類では、①X染色体が2本ある場合に、どちらか1つが完全に不活性化する現象、②受精前の配偶子が、雄由来か、雌由来かのどちらか一方の遺伝子のみが働くように修飾を受けるゲノムインプリンティングなど、特殊な例も知られている。環境要因によるエピジェネティックな変化は因果関係が明らか

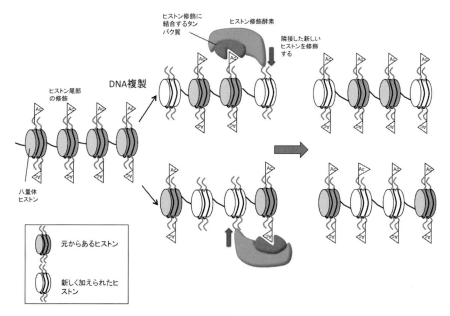

図5.4.3. DNA複製後にヒストン修飾が受け継がれる仕組み
　DNAの複製の際、DNAに結合していたヒストンは、ランダムに複製後のDNAに分配され、残りは新しいヒストンが加えられる。このため、複製後のヌクレオソームは、元の修飾されたヒストンを約半数受け継ぐ。その後、特定のヒストン修飾を認識するタンパク質がヒストン修飾に結合し、そこにさらにヒストン修飾酵素が結合し、隣接した新しいヒストンに同じ修飾をする。この結果複製後のDNAも元と同じヒストン修飾パターンを受け継ぎ、娘細胞に伝えられる。

にされている事例は少ないが、後述のようにがん患者の多くのDNAメチル化のレベルが、健康な人のものとは異なるという例が報告されている。今後個別のゲノムデータの蓄積から、環境変化によるエピジェネティックな制御について、より多くの知見が得られると期待される。

4.-2-1　がんとエピジェネティクス

がんは、遺伝要因や環境要因により細胞分裂の促進や、細胞の移動、細胞死の阻害などが、正常に制御されない事により生じる。発がんの際には、細胞の分裂や移動などを促進するがん遺伝子、またはこれらの経路を阻害するがん抑制遺伝子に持続的な変化が起こっている。遺伝子の変異により、これらの遺伝子が機能しない、または制御を失う事で、がん化する例が多く知られているが、以下のようなエピジェネティックな変化も認められる。(1)多くのがん細胞では初期にDNAのメチル化レベルが全体に低い状態となっている。DNAの低メチル化は染色体の不安定性を引き起こし、がん化につながる染色体異常の原因となりうる。(2)メチル化されたシトシンは、脱アミノ化するとチミンと同じ構造になるため、DNAに損傷が起きた際に修復されにくく、がん化につながる変異の原因となり得る。(3)特定のがん抑制遺伝子のプロモーター領域において高度なDNAメチル化が確認されている。このメチル化により、がん抑制遺伝子の働きが抑制されると、その下で働く様々な信号伝達系に影響を与え、細胞が正常に制御されなくなる。(4)前立腺がん、乳がん、胃がんなど多くのがんで、ヒストンのH3K27メチル化酵素であるEZH2の発現が上昇しており、がんの転移や予後の不良とも相関がある。エピジェネティックな異常は変異とは異なり、薬剤により軽減できるため、DNAメチル化阻害剤やヒストン脱アセチル化酵素阻害剤は、実際にがん治療薬として認可され治療に使われている。また、DNAメチル化の解析は、がんのリスク診断や抗がん剤に対する反応の予測にも利用できる可能性があるとして注目されている。

4.-2-2　幼少期の生育環境とエピジェネティクス

2004年、Weaverらは母親に良く世話をされて育ったマウスは、世話されなかったマウスに比べて脳の海馬におけるグルココルチコイド受容体（GR）の量が多いことを見いだした。海馬にGRが多いと、ストレスが起こった際に負のフィードバック調節が働き、過剰なストレス応答が抑えられる。よく世話をされたマウスでは幼少期の段階でヒストンのアセチル化レベルが上昇し、その後もGRの発現が高い状態が維持される。一方あまり世話をされなかったマウスでは、幼少期に*GR*遺伝子のプロモーター中のDNAが高度にメチル化された結果、*GR*の発現量が減り、生涯にわたってストレスに過剰に反応するようになる。また、親になった時にあまり子の世話をしない。しかし子を世話しない母から生まれた個体を、良く世話をする母に育てさせると、ストレスに過剰反応しなくなる。これらの結果から遺伝要因でなく、幼少期の環境によるエピジェネティックな変化が、その後のストレス応答や行動を変化させると考えられた。ヒトでも脳の海馬において同様な制御が存在するデータが示され、神経科学においても疾患とエピジェネティックな変化との関連が注目されている。

4.-2-3　ミツバチの女王バチ分化とエピジェネティクス

ミツバチでは、女王蜂と働き蜂はともに雌で、遺伝的に違いはない。しかし、女王蜂になる個体はロイヤルゼリーを摂取する事で体が大きくなり、卵巣を発達させ、寿命も働き蜂の20倍と長くなる。2008年、KucharskiらはDNAの

de novo DNAメチル化酵素遺伝子である*Dnmt3*の働きを人工的に抑えた個体では、ロイヤルゼリーの摂取をしなくても女王蜂と同様に分化することを報告した。従って、DNAメチル化レベルの低下が女王蜂への分化誘導を引き起こすと考えられる。また、哺乳類でもマウスの雌の食餌の内容が、子のDNAのメチル化状態に影響を与えるという報告がある。

4.-3 植物の環境適応とエピジェネティクス

植物では動物と異なり、エピジェネティックな情報の多くは、配偶子を通して次世代の個体にも受け継がれる。一方で個体のおかれた環境変化に応じて、柔軟にエピジェネティックな制御が変化することも知られており、ここでは後者の事例について報告する。

4.-3-1 春化処理のエピジェネティクス

春化（vernalization）は、植物が長期間の低温処理にさらされる事で花芽を分化できる状態にすることである。良く知られている例は冬コムギを、春化処理により早咲きにした実験である。その後、春化処理の記憶は細胞分裂や再生過程を経たあとも維持されることが明らかとなった。またモデル植物であるシロイヌナズナ（*Arabidopsis thaliana*）の春化に関わる制御は、植物では最も良く解析された例となっている。

実験室で使われているシロイヌナズナは、夏季一年生の系統だが、自然界では春化処理を経る事で花芽を形成する冬季一年生の系統が多く存在する。この調節には*FLOWERING LOCUS C*（*FLC*）遺伝子が関わり、冬を迎える前は花成促進因子の*FT*および*SOC1*を抑制している。冬季一年生の個体では秋までは*FLC*の発現が高いレベルで維持されているが、冬を越すと*FLC*が抑制され、春にc一定の長日条件になると花芽ができる。このエピジェネティックな制御では低温が40日以上続く事で、*FLC*遺伝子の発現調節領域のヒストンH3のアセチル化レベルが低下し、H3K9とH3K27のトリメチル化レベルが上昇する。この結果、花成を抑制する*FLC*の転写が抑制され、つまり、冬（長期の低温期）を過ごした事を、個体が経験して初めて花芽を作ることが可能となる。一方夏季一年生個体の*FLC*の発現は低い状態で保たれており、長日条件下で*FT*と*SOC1*の発現が誘導され、花芽が形成される。

4.-3-2 乾燥や冠水ストレスに対応したヒストン修飾制御

a. 乾燥ストレス

シロイヌナズナでは、乾燥ストレスにより、RD29A、RD29B、RD20などの乾燥応答性遺伝子の発現が誘導されることが知られている。乾燥処理後、これらの遺伝子領域では、転写活性化の目印となる修飾（H3K4me3、H3K9アセチル化）が増加する。また再吸水処理により、H3K9アセチル修飾はすみやかに減少し、発現量も低下する。一方H3K4me3のレベルは、再吸水処理後も緩やかにしか低下しないことから、乾燥ストレスがあったことを記憶する役割を果たしているのかもしれない。これらの結果から乾燥ストレスの有無により、エピジェネティックな制御を介した発現制御が行われていると考えられる。

b. 冠水ストレス

アジアのモンスーン気候においては、大雨や洪水により、しばしば植物の地上部全体が水につかる冠水という状態となる。イネでは、この冠水ストレスに応答して、好気呼吸から嫌気性の解糖系、エタノール発酵系のエネルギー代謝に切り替わる。この際、嫌気性の呼吸に関わるアルコール脱水素酵素ADH1遺伝子のmRNA量が冠水処理後2時間で上昇する事が知られている。また、冠水処理後ADH1遺伝子領域のH3K4me3の修飾が増え、冠水解除後すみやかに元のH3K4me2修飾の状態にもどるこ

とが、中園らにより報告されている（2006）。H3K4me3の修飾をもつヒストンは、転写が活性化した領域に多く見られる。従って、冠水という環境変化により生じたヒストン修飾の変化が転写を誘導する可能性が示唆された。

4.-3-3　病原菌感染に対するエピジェネティック制御

2012年、Eckerらのグループは、*Pseudomonas syringae*という病原菌が感染したシロイヌナズナ個体で、DNAのメチル化パターンが変化することを報告した。また、**DNA維持メチル化酵素**のシロイヌナズナの変異体 *methyltransferase1*（*met1*）では、通常の個体に比べて病原菌に対する抵抗性を示し、病原菌に対する免疫応答にかかわる遺伝子の発現が上昇していた。これらの結果から免疫応答にかかわる、一部の遺伝子のDNAは通常メチル化されて抑制されているが、感染後にDNAのメチル化レベルが低下し、発現が誘導されている可能性がある。植物では、DNAメチル化が環境要因により変化するという報告は少ないが、今後の報告が期待される。

小島晶子

【更に詳細に学びたい場合の参考文献】

入門書

リチャード・フランシス（2011）「エピジェネティクス　操られる遺伝子」野中香方子　訳　ダイヤモンド社

佐々木裕之（2005）「エピジェネティクス入門」岩波科学ライブラリー　岩波書店　東京

専門書

アリス・D，ジェニュワイン・T，ラインバーグ・D著，堀越正美 監訳（2010）エピジェネティクス　培風館　東京

島本功　飯田滋　角谷徹仁　編著（2008）「植物のエピジェネティクス 発生分化、環境適応、進化を制御するＤＮＡとクロマチンの修飾」細胞工学別冊　学研メディカル秀潤社　東京

田嶋 正二（2013）「エピジェネティクス: その分子機構から高次生命機能まで（DOJIN BIOSCIENCE SERIES）」化学同人　東京

【引用文献】

Dowen, RH., Pelizzola, M., Schmitz, RJ., Lister, R., Dowen, JM., Nery, JR., Dixon, JE. and Ecker, JR. (2012) Widespread dynamic DNA methylation in response to biotic stress. Proc Natl Acad Sci USA. 109: E2183-E2191

Kim, J.M., To, T.K., Ishida, J., Matsui, A., Kimura, H. and Seki, M. (2012) Transition of chromatin status during the recovery process from drought stress in Arabidopsis thaliana. Plant Cell Physiol. 53: 847-856.

Kucharski, R., Maleszka, J., Foret, S. and Maleszka, R. (2008) Nutritional Control of Reproductive Status in Honeybees via DNA Methylation. Science 319: 1827-1830.

Tsuji, H., Saika, H., Tsutsumi, N., Hirai, A. and Nakazono, M. (2006) Dynamic and reversible changes in histone H3-Lys4 methylation and H3 acetylation occurring at submergence-inducible genes in rice. Plant Cell Physiol. 47: 995-1003.

Weaver, IC., Cervoni N., Champagne, FA., D'Alessio, AC., Sharma, S, Seckl , JR., Dymov, S., Szyf, M. and Meaney, MJ. (2004) Epigenetic programming by maternal behavior. Nat Neurosci. 7: 847-854.

【注釈】

注１：後成説　まだ顕微鏡などの設備が精子や卵などの配偶子に、すでに小さいがすべての器官を持つ子ができているとする前成説（preformationism）が提唱された。これに対し、１個の受精卵が細胞分裂を何度も行い、できた細胞がそれぞれ分化して後から個体を形づくるという、現在の発生の考えに近い説を後成説と言った。

第6章 生活環境との関わり

1. 微生物による水の浄化

はじめに

地球上の生物は人類も含め、それぞれ大小様々な生態系（ecosystem）の中で生活している。生態系が安定的に維持されるためには、第3章で述べられているように、系内での物質循環（mass cycling, nutrient cycling）が定常的に行われる必要がある。18世紀以前は、世界的にみても人口の増加は非常に緩やかであった。しかも人間による生産活動も低調なものであったので自然界に排出される物質の循環は安定的に推移していたものと考えられる。すなわち、地球上の様々な地域において、人間活動などにより排出される有機物質は、環境中の微生物を中心とする分解者により分解されることにより、無機物に変換され、その無機物は再び植物などの光合成や窒素固定により有機物に変換されるという定常的な物質循環が成立していたと言える状況であった。しかし、産業革命が起こった18世紀の後半ごろから、最初にイギリスを中心とするヨーロッパで、続いてアメリカにおいて都市への急激な人口の集中が始まった。さらに、近代工業が急速に進展し、様々な工業製品が大規模に生産され始めた。日本では、欧米に1世紀以上遅れて20世紀初頭ごろから産業の近代化が始まった。産業革命と人口増加、さらには都市への人口集中の結果、大量の生活廃水や工場廃水が、都市部に集中的に発生し、河川や海域の汚染状態が極めて深刻になった。このような状態になると、もはや自然界の自浄作用だけでは有機物の浄化を行うことは不可能である。このような背景で、当初は小規模であったが徐々に実用レベルでの水浄化を目指した様々な試みがなされてきた。1912～1915年頃には、アメリカとイギリスで好気性微生物（aerobic microorganism）を利用した活性汚泥法（activated-sludge process）という廃水浄化法の実用化が始まった。日本では、1930年に名古屋において、日本初の活性汚泥法を用いた下水処理場の運転が始まった。さらに、1971年に、本田技研工業浜松製作所で活性汚泥方式の総合廃水処理場が建設された。

廃水処理は水という物質の循環として捉えることができる。日常生活との関連では、原水としての河川や地下水を浄化して水道水（上水）がつくられ、各家庭などで様々な人間活動に使用される。その結果、汚染された生活廃水が排出される。生活廃水は日常生活の結果生じる生活雑廃水と屎尿からなる。生活廃水は、通常、廃水処理場（廃水処理施設、水処理センター、水浄化施設、下水処理場、終末処理場などとも呼ばれる）において浄化されて湖沼、川や沿岸海域などの公共用水域に放流され、再び、自然界に戻る。工場においても、河川や地下水から導入された水が物質生産などの産業活動に使用されて汚染するが、発生する廃水は浄化された後に公共用水域に放流される。なお、公共用水域に放流される排水の水質レベルは、下水道法、浄化槽法、水質汚濁防止法や湖沼水質保全特別措置法などの法律・法令により規制されている。廃水処理施設においては様々な微生物が汚染物質分解のために活動している。

本章では、廃水浄化法とその特徴について概説する。さらに。水質浄化で関与している微生物のはたらきについても述べる。

1.-1 廃水処理施設

廃水処理施設は目的に応じて分類すると、1）下水道（終末処理場・下水処理場を含む）、2）農業集落排水処理施設、3）合併処理浄化槽（コミュニティプラントを含む）の3つに大別される。下水道は主として人口が多い都市で整備されている。人口が100万人以上の大都市では下水道普及率は99.4％（平成21年度）であり、全

国的には74％程度である。中小都市の人口がまばらな区域では合併浄化槽が整備されている地域が多く、農村地では農業集落排水処理施設が整備されている。さらに、地方公共団体や民間開発者の開発による住宅団地などに設置される屎尿と生活雑排水を合わせて処理するための小規模な合併処理施設として、環境省所轄の地域屎尿処理施設整備事業により設置されているコミュニティープラントがある。これらの廃水処理施設では、廃水中の有機汚濁物質は主として微生物の作用により浄化されている。

1.-1-1　生物的廃水処理の概要

図6.1.1に生物的廃水処理（生物処理法）の基本的な工程を示す。通常、一次処理、二次処理の後に、塩素消毒処理されて公共用水域に放流される。一次処理工程は、物理的操作によりゴミや沈殿物を除去する工程である。すなわち、処理場に入ってきた廃水中のゴミなどをスクリーンにより除去後に、沈砂池（ちんさち）で沈降性のゴミや砂利・土砂を沈殿させて除去する。続いて、最初沈澱池（primary sedimention tank）内で廃水を緩やかに流して、沈降性の汚濁物などを沈殿させる。二次処理工程は、主として微生物群を利用する生物処理法により廃液中に溶解している有機汚濁物質を分解処理する工程であり、通常、余剰の微生物菌体が発生する。なお、近年、一次処理や二次処理では十分に除去できない浮遊物や窒素・リン化合物などの富栄養化物質の除去を目的として、三次処理（高度処理）が行われている。

1.-1-2　生物処理法の分類

生物処理法の分類の概要を図6.1.2に示すが、好気性微生物を利用する好気性生物処理法（aerobic water-treatment process）と嫌気性微生物（anaerobic microorganism）を利用する嫌気性生物処理法（anaerobic water-treatment process）に大別される。近年、高度浄化を目的として、好気性微生物と嫌気性微生物の両方を利用する方法も開発されている。

一方、微生物を用いる形態に着目すると浮遊生物法と非浮遊生物法に分類される。非浮遊生物法は生物膜法ともいう。浮遊生物法は液中に微生物菌体を懸濁（浮遊）させて用いる方法であり、非浮遊生物法は微生物を担体表面に付着させて用いる。好気性微生物を用いる浮遊生物法は、標準活性汚泥法と活性汚泥変法に大別される。活性汚泥変法は汚濁物質量が比較的少量の場合に用いられ、完全混合式活性汚泥法、長時間曝気法、超深層曝気法、回分式活性汚泥法、オキシデーションディッチ法など多様な方法がある。非浮遊生物法には散水ろ床法、回転円板法、接触曝気法など多数の方法が開発されている。嫌気性微生物を用いる嫌気性生物処理法にも、浮遊生物法と非浮遊生物法がある。

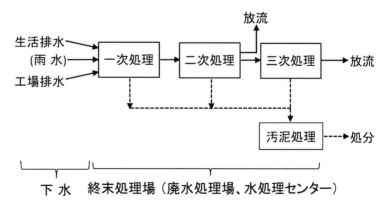

図6.1.1．廃水浄化工程の流れ
図中、実線は廃水の流れを、点線は汚泥など廃固形分の流れを示す。

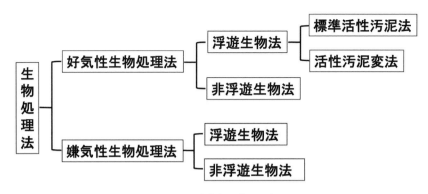

図6.1.2. 生物処理法の分類

1.-2 好気性生物処理法

1.-2-1 浮遊生物法

a. 標準活性汚泥法

標準活性汚泥法は、浮遊状態の微生物を用いる好気性生物処理法の代表的な方法である。都市下水道の終末処理場では最も多く用いられている。最大処理水量が10,000 m³/d以上の処理場の約76％が標準活性汚泥法を採用しているという（2006年現在）。標準活性汚泥法の工程は、上述した、一次処理と二次処理から構成されるが、典型的には、図6.1.3に示す様に、①最初沈澱池（primary sedimention tank）、②曝気槽（aeration tank）および③最終沈澱池（final settling tank）の3つの要素からなる。

廃水処理場に流入してきた廃水は、先ず、スクリーンや砂沈池で、その中に含まれている大きなゴミや砂利・土砂などが除去される。廃水中の油分を除去するために油水分離機が設置されている場合もある。続いて、最初沈澱池内を緩やかに流すことにより沈降性の汚濁物などを沈澱させる。この上澄み液を、次の曝気（バッキ）槽に送る。曝気槽では、液中に空気を吹き込む（曝気する）ことにより、空気中の酸素の液中への溶解速度を高くし、微生物の増殖に必要な溶存酸素（dissolved oxygen）濃度を確保する。曝気槽内を緩やかに撹拌する場合もある。好気性や通性嫌気性の細菌は、この溶存酸素を利用して廃水から細胞内に取り込んだ有機物を二酸化炭素と水にまで酸化分解する。細胞内の解糖系→TCAサイクル→呼吸系の代謝経路で有機物を酸化分解する過程で、大量のATPが生成する。生成したATPは菌体の増殖（細胞分裂）に使用される。曝気槽内では、好気性や通性嫌気性の細菌だけではなく菌類、原生動物、後生動物を含む生物集団が食物連鎖を形成している。具体的には、この生物集団は*Pseudomonas*（シュードモナス）、*Flavobacterium*（フラボバクテリウム）、*Enterobacter*（エンテロバクター）、*Eschirichia*（エシェチリヒア）などの好気

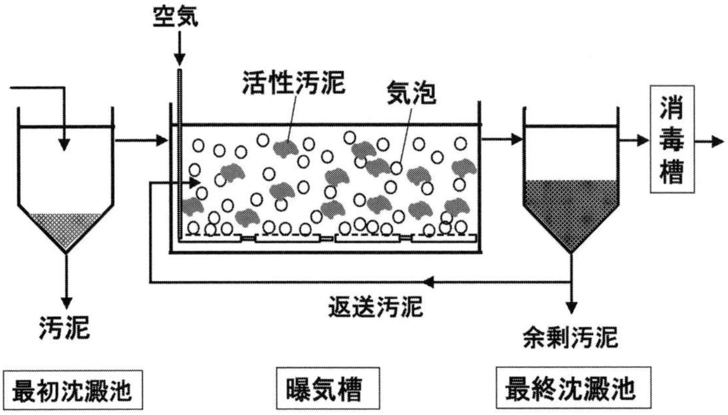

図6.1.3. 標準活性汚泥法

性細菌（通性嫌気性菌も含まれる）や酵母や糸状菌などの菌類、真核単細胞生物の原生動物からなる。細菌中には多糖などの粘性物質を生産・分泌する菌も多い。このような多様な生物・微生物が、それぞれ単独あるいは共代謝を介して有機物を分解・資化している。

曝気槽内では、上述したように、増殖した好気性細菌を主体とする生物集団が、粘性物質により凝集して200〜1,000μm程度のフロック（かたまり）を形成しているが、これを活性汚泥（activated sludge）とよぶ。活性汚泥を含む懸濁液が最終沈澱池に送られ、汚泥と上澄み液が分離される。上澄み液は、塩素消毒された後に公共用水域に放流される。したがって、沈降性は極めて重要な因子である。汚泥の沈降性は十分に高くなければならない。汚泥の沈降性が良好でない場合には、汚泥懸濁液のバルキング（膨化; bulking）現象が起こり、汚泥が排水中に混入してしまう。

最終沈澱池で沈降した汚泥の一部は曝気槽の入り口に返送される。汚泥の一部を返送する理由は、曝気槽内での活性汚泥の濃度を十分に高くするためである。さらに、廃水の流速が高くなり過ぎると、生物集団が曝気槽から流失してしまうという、いわゆるウォッシュアウト（洗い流し; wash-out）という現象が起こるが、ウォッシュアウトを起こさないようにしなければならない。活性汚泥を有機物濃度の低い最終沈殿槽から高い曝気槽入り口近傍に返送することにより、ウォッシュアウトを防ぐことができるだけではなく曝気槽中の活性汚泥の代謝活性が再活性化される。曝気槽で有機物を分解する微生物は、多様な好気性の微生物が主であるが、その菌叢は廃水中に含まれている有機物の種類により変動することが知られている。

b．活性汚泥変法

比較的小規模の処理場では、地域のニーズに応じて、原理的には標準活性汚泥法と類似であるがそれぞれ特徴的な様々な方法（変法）が採用されている。代表的な変法として、完全混合法、長時間曝気法、超深層曝気法、回分式活性汚泥法、オキシデーションディッチ法などがある。

完全混合法では、曝気槽内の懸濁液が充分に混合された状態であり、液中の溶存酸素濃度や汚濁物質濃度、さらには、汚泥の濃度、懸濁液のpHなどが場所によらずにほぼ均一となる。出口から排出される液中の汚濁物質の濃度と曝気槽内の濃度は等しくなる。酸素消費量も場所により変化しない。したがって、この方法では、曝気槽内懸濁液中の有害物質の濃度も十分に低くすることができる。

長時間曝気法では、曝気槽内で廃水と活性汚泥の混合液を長時間接触させて、微生物の増殖条件を制御することにより、余剰汚泥を少なくできる。

超深層曝気法（図6.1.4）では、直径1〜2m程度で深さ50〜150mの深い井戸型の曝気槽を使用する。図6.1.4の方式では、廃水を曝気槽

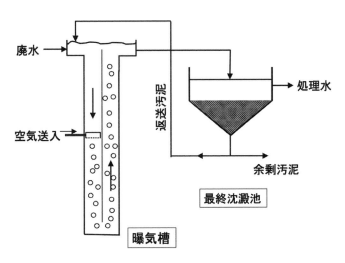

図6.1.4．超深層曝気法

第6章 生活環境との関わり 185

中の左側の間隙内を通して底部に送り、真ん中近傍から空気を吹き込み曝気を行う。気泡を含む密度の小さい懸濁液は底部に達した後に、管右側の間隙の中を通って上昇する。その結果、循環流が生じる。処理された懸濁液は上部から抜き取られ、沈澱池に導入される。生成する汚泥の一部は、標準活性汚泥法の場合と同様に曝気槽に返送される。この方法の長所は、①水圧が高いことによる溶存酸素濃度の増加と、②曝気槽$1m^3$当たりに1日間に供給されるBOD(容積負荷)を大きくできること、③設置面積を小さくできることである。

回分式活性汚泥法は、一つの曝気槽を用いて、廃水の投入、曝気、静置(沈殿)、上澄み液(処理水)排出と汚泥の部分的引抜きのサイクルを繰り返し行う方法である。すなわち、本方法は廃水を常に一定流速で供給・排出する連続方式ではなく、廃水を、1回毎に処理する回分方式で行われる。廃水投入時やフロック沈殿時には、曝気を停止するので、曝気槽内は嫌気状態となる。このため、脱窒(脱窒素)効果も期待できる。沈殿時間を長くとれるので汚泥の沈降状態を高めることが可能である。さらに、一つの槽が曝気槽と沈殿槽を兼ねるので装置の構造が単純になるという長所もある。

オキシデーションディッチ法(oxidation ditch process; 酸化溝法)(図6.1.5)は、1956年にオランダで小規模酪農廃水を処理するために開発された方法である。曝気のための回転翼などを備えた水深1m程度の浅い循環水路(ディッチ)を曝気槽として用いる。回転翼を動かすなどにより空気(酸素)を供給するほかに、活性汚泥と流入廃水を混合撹拌し、混合液に流速を与え汚泥が沈降しないようにする。通常、最初沈殿池は設けない。

1.-2-2 非浮遊生物法(生物膜法)

原理的には、基材の表面に微生物を付着させ、廃水と接触させて浄化を行う方法である。本方法では、基材に微生物が付着・増殖することにより生物膜(biofilm)が形成されるので、汚泥を沈降分離して返送する必要はない。しかし、基材に付着した生物膜の厚さは次第に増加するので、基材表面近傍では嫌気状態になり微生物菌体が死滅する。その結果、生物膜の一部が剥離して廃水中に混入するので、最終沈殿池を設けて剥離した汚泥を除去する必要がある。生物膜法には、数多くの方法があるが、散水ろ床法、回転円盤法及び接触曝気法が代表的な方法である。

散水ろ床法(図6.1.6)では、砕石、陶磁片、プラスチック粒子などの担体(ろ材)を充填したろ床(充填層)に廃水を散布してろ材の表面に生じた生物膜と接触させ浄化する方法であ

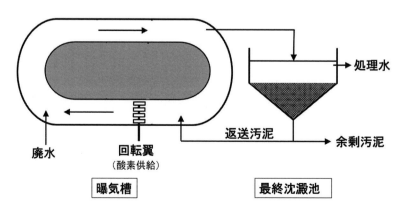

図6.1.5. オキシデーションディッチ法

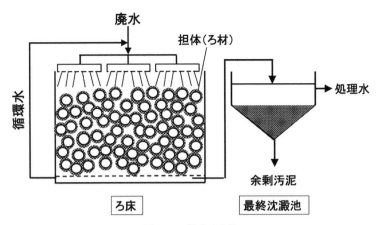

図6.1.6. 散水ろ床法
廃水は間欠的にろ床に散水する。

る。歴史的には最も古い生物膜法である。本方法は、一時、衰微していたが、取扱い易く、比表面積の大きい特殊なプラスチック製のろ材が開発されてから再び盛んになったという。運転を開始すると、ろ材の表面には好気性のバクテリアが増殖し生物膜が形成され始める。本方法では、ろ床への廃水の散水は空気（酸素）を供給する時間も考慮して間欠的に行われる。好気性微生物が、溶存酸素を利用して廃水中の有機物を分解するので、生物膜量は経時的に増加する。生物膜量は、季節、温度などの条件により変動するが、標準的には、10〜40 kg/m² 程度であるという。生物膜の密度を1,000 kg/m³と仮定すると、その厚さは10〜40 mm程度である。上述した様に、生物膜の厚さが増加すると、ろ材との接触部近傍の溶存酸素濃度が低下し、嫌気状態に変わる。溶存酸素濃度が低下する理由は、生物膜内部の酸素の拡散が遅く、その供給が菌体による酸素消費に追いつかないためである。嫌気状態になった生物膜内部では、嫌気性菌による代謝反応により有機酸やアルデヒドなどが生成する。最終的に、好気性のバクテリアだけではなく嫌気性のバクテリアも死滅し、生物膜の断片がろ材表面から脱落する。菌体の脱落した場所では、再び代謝活性の強い菌体からなる生物膜の形成が始まる。

回転円板法（図6.1.7）も古くから使用されている。よくみられる装置では、発泡ポリスチレン、高密度ポリエチレン、金属などでつくられた直径3m程度の円板を、20mm位の間隔で50〜200枚並べて使用される。この円板の外周面あるいは側面が微生物菌体の付着表面となる。浸漬部の面積は円板全体の40％程度であるという。運転を開始すると、7〜10日程度で円板表面上に微生物膜が形成される。円板を1 rpm（回転/分）程度の速度でゆっくり回転させる。円板が廃水中に浸漬されている間に、円板上に形成されている生物膜が有機物質を細胞内に取り込む。円板が回転して空気中にでると、空気中の酸素が生物膜表面近傍の液薄層部分に溶解するが、この溶存酸素が生物膜の呼吸に使用される。散水ろ

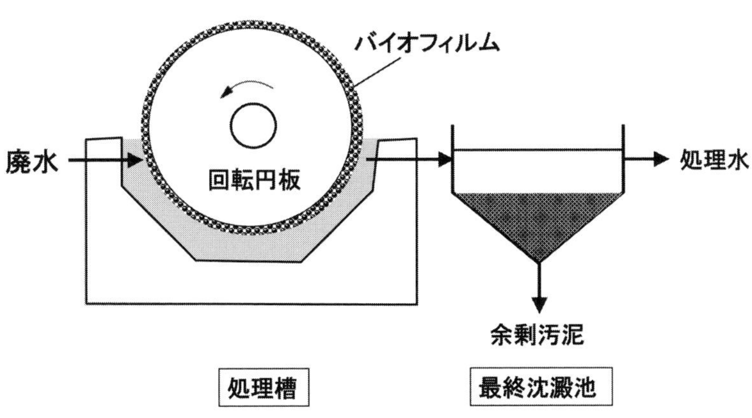

図6.1.7. 回転円板法

床法の場合と同様に、生物膜が厚くなるとその内部の菌体が死滅するので、剪断応力（ずり応力）により円板から脱落し、その後に新しい生物膜が再び成長し始める。

接触曝気法は、散水ろ床法の場合と同様に生物を固定化するための様々な形状のろ材を水槽中に浸漬して、これに曝気する方法である。水槽、ろ材ユニットと曝気管からなる。ろ材の形状はブロック状、板状、ハチの巣状（ハニカム）などがある。材質としては、軽量で丈夫なプラスチックが用いられる場合が多い。

上述したいずれの生物膜法においても、標準活性汚泥法や活性汚泥変法とは異なり、処理槽から排出される活性汚泥を返送する必要はない。

1.-3 嫌気性生物処理法

嫌気性生物処理法は、溶存酸素を含まない条件で生育・活動できるメタン細菌などの嫌気性微生物を用いて、有機物を分解することにより廃水を浄化する方法である。通常、有機物濃度の高い廃水（BOD換算で10,000 mg/L以上）の処理に適用される。

表6.1.1に、活性汚泥法と比較した場合の嫌気性処理法の主な特性の比較を示す。表6.1.2には、嫌気性処理法の長所と短所を示す。

嫌気性生物処理における有機物の分解過程は大別して3つの代謝過程からなる。第1段階では、タンパク質、多糖、脂肪などの高分子有機物が加水分解され、アミノ酸、単糖、高級脂肪酸などの低分子化合物が生成する。第2段階では、発酵により低分子化合物から低級脂肪酸やアルコールなどが生成する。第1段階と第2段階の代謝反応に関与する微生物には *Clostridium*（クロストリヂウム）、*Bacillus*（バシラス）、*Pseudomonas*（シュードモナス）*Staphylococcus*（スタフィロコッカス）、などの通性嫌気性菌が知られている。これらの微生物は加水分解酵素を分泌することにより高分子有機物を低分子化する。第3段階では、メタン生成菌により酢酸または水素と二酸化炭素から、主としてメタンが生成する。硫化水素やアンモニアも生成する場合がある。酢酸からメタンが生成する割合は72％程度と高く、水素からメタンが生成する割合は28％程度と低い。メタンを主成分とする硝化ガスは燃料として利用される。メタンの生成は偏性嫌気性菌に属する*Methanobacterium*（メタノバクテリウム）、*Methanosarcina*（メタノサルシア）、*Methanococcus*（メタノコッカス）、などの嫌気性メタン細菌の働きによる。メタン細菌の増殖の至適pHは中性近傍である。pH、温度、酢酸濃度に対する感受性は高い。一般に増殖速度は遅い。

嫌気性処理のための装置の開発は、1875年にフランスのL. Mourasがし尿の固形分が汚水溜めの中で液化し溶解することを見出したことが始まりである。当初、家庭用の小型処理槽が開

表6.1.1. 嫌気性生物処理法と活性汚泥法の特性比較

	嫌気性生物処理法	活性汚泥法
主な微生物	嫌気性菌	好気性菌
有機物濃（BOD）	高濃度（>10,000 mg/L）	低濃度（<5,000 mg/L）
処理温度	35〜38℃, 53〜56℃	10〜35℃
BOD容積負荷*	2〜4(kg/m^{3}d), 2〜4(kg/m^{3}d)	1〜3(kg/m^{3}d)
処理時間	20〜30日, 10〜20日	3〜24時間
BOD除去率	80〜95％	80〜99％

＊処理装置単位容積(m^3)当たり、1日間に供給されるBOD量

表6.1.2. 嫌気性生物処理法の長所と短所

長　所	短　所
・濃厚な有機物を含む廃水の処理に適している。 ・余剰汚泥発生量は、好気性処理の場合の1/3～1/10程度。 ・汚泥の粘性が少ないので、活性汚泥の場合よりも脱水が容易である。 ・空気の供給が不要であるので、エネルギー消費量が1/2～1/3程度である。 ・メタンガスを主成分とするガスが得られるので、燃料として利用できる。 ・病原微生物や寄生虫は速やかに死滅する。 ・処理装置の構造と操作方法が簡単。	・有機物濃度の低い廃水では、効率的な処理が困難。 ・嫌気性菌の増殖速度が遅いので、処理時間が長い。 ・嫌気性菌の温度、pHなどの環境因子に対する依存性は、好気性菌よりも強い。 ・好気性処理ほどの良好な水質は得られない場合が多いので、通常、二次処理が必要。

発されたが、活性汚泥法の出現に刺激され、大型装置の開発が進められるようになった。日本では、1932年に名古屋市天白汚泥処理場で実用運転が始まった。現在、様々な嫌気性処理槽を備えた方法が開発されているが、①標準的消化法、②固定化微生物を用いる嫌気性処理法と③上向流式嫌気性汚泥床法（UASB法: Upflow Anaerobic Sludge Blanket法）の3種類に大別される。用いる微生物の形態に着目すると、標準的消化法は浮遊生物法に、固定化微生物を用いる嫌気性処理法は非浮遊生物法に分類されるが、上向流式嫌気性汚泥床法はどちらの分類にも属さない。

標準的消化法では、先ず、円筒状の槽内に十分量の嫌気性菌からなる種汚泥を投与する。続いて廃水を浄化槽内に取り入れ、撹拌しないか、あるいは緩やかに撹拌しながら10～30日程度滞留させ処理液を取り出す。この間、消化ガスは常に外部へ取り出す。

固定化微生物を用いる嫌気性処理法では、先ず、消化槽内で嫌気性菌をプラスチック、砕石などの担体の表面に付着させる。その後、表面上で増殖させてバイオフィルムを形成させて用いる。通常、廃水を槽底部から取り入れ、上部から処理水と消化ガスを取り出す。

上向流式嫌気性汚泥床法（図6.1.8）は、代表的な嫌気性処理法の一つである。1970年代にオランダで開発されて以来各国で導入が進められている。特に、食品産業を中心として中・高濃度廃水処理装置として広く普及している。本方法では、固定化担体を用いるのではなく、嫌気性微生物の凝集・集塊作用を利用して、消化槽内で代謝活性が高く沈降性に優れた直径2～3

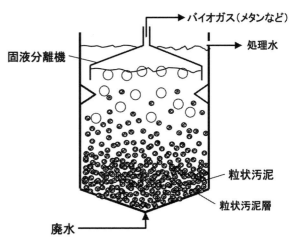

図6.1.8. 上向流嫌気汚泥床（UASB法）

第6章　生活環境との関わり　189

mmの粒状汚泥粒子(granule; グラニュール)を形成させる。装置の構造は、①汚泥(スラッジ)層部、②汚泥層上部の比較的汚泥粒子濃度の低いスラッジブランケット部、及び③生成ガス、処理水、汚泥粒子を分離する固液分離部から構成される。消化装置の底部から汚水が供給される。廃水は装置の底部から供給され、粒状汚泥からなる層内を上方に流れる。層の上部では粒状汚泥が懸濁状態になっている。固液分離部で懸濁液から粒状汚泥が除去され、処理液と消化ガスのみが外部に取り出される。本方法は、嫌気性菌の粒状化に3〜4ヶ月かかることが短所であるが、構造が単純で、撹拌や汚泥の返送が不要、有機物負荷が大きいこと、低濃度の有機物を含む廃水も浄化できるなど、様々な長所をもつ。

1.-4　廃水の高度処理

上述したように、廃水処理における二次処理は、廃水中のBODを排水基準値以下に低減させることは可能である。しかし、二次処理だけでは富栄養化現象を起こす窒素やリンの除去は不十分な場合が多く、三次処理を必要とする。琵琶湖を擁する滋賀県では、「滋賀県琵琶湖の富栄養化の防止に関する条例(琵琶湖条例)」が制定され、下水道整備と高度処理設備の設置が積極的に進められた。

三次処理(高度処理)では、二次処理水中に残っている窒素、リン化合物などの富栄養化物質や難分解性物質を①化学的処理、②物理的処理、及び③生物学的処理で除去する。表6.1.3に三次処理対象物質と具体的方法の概要を示す。

下記では、窒素とリン化合物の生物的処理法について紹介する。

1.-4-1　窒素化合物の生物学的除去

廃水中の窒素は、タンパク質やアミノ酸などの有機性窒素、及びアンモニア性窒素、硝酸性窒素、亜硝酸性窒素などの無機性窒素の形態で存在する。廃水中の窒素を除去するためには、"好気的で窒素化合物が酸化され易い環境"と"嫌気的で窒素化合物が還元され易い環境"を処理槽の中に作り出す必要があるが、これらの条件を満たす高度処理法が開発されている。図6.1.9に代表的な生物学的窒素除去法の順流式脱窒素法の概要を示す

順流式脱窒素法では、先ず、好気槽(硝化槽)で廃水中の有機態窒素とアンモニア態窒素が硝酸にまで酸化される($NH_4^+ \rightarrow NO_2^- \rightarrow NO_3^-$)。この過程を硝化過程(nitrifying process)という。この硝化反応にはアンモニア酸化細菌と亜硝酸酸化細菌が関与する。その後、硝酸は嫌気槽で、脱窒菌により分子状窒素に還元される($NO_3^- \rightarrow NO_2^- \rightarrow NO \rightarrow N_2O \rightarrow N_2$)。この過程を脱窒過程(denitrification process)という。分子状窒素は大気中に放出されるので、狭い意

表6.1.3. 三次処理対象物質と具体的方法

除去物質	具 体 的 方 法
リン	化学的・物理的方法:ポリ塩化アルミニウムなどの凝集剤の添加 生物学的方法:嫌気・好気法(AO法)
濁り成分	物理的方法:砂ろ過、限外ろ過膜法
色素除去	化学的・生物学的方法:オゾン酸化+生物活性炭
COD	化学的・生物学的方法:オゾン酸化+生物活性炭
窒素	生物学的方法:順流式脱窒素法など多数
窒素とリン	生物学的方法:嫌気無酸素好気法(A2O法)

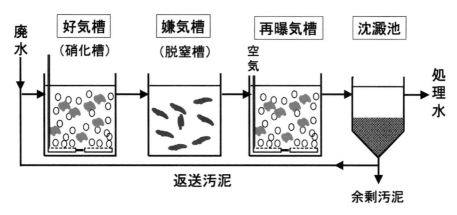

図6.1.9. 順流式脱窒素法

味での窒素循環が行われたことになる。脱窒過程では、還元反応が行われるので有機物がエネルギー源として消費される。なお、再曝気槽では活性汚泥に付着している窒素ガスを除去するために曝気が行われる。

1.-4-2 リン化合物の生物学的除去法

リンは、窒素とは異なり、気体として系外に除去することはできない。生物学的脱リン法では、リンをポリリン酸として蓄積する細菌（ポリリン酸蓄積細菌）を利用して汚泥として除去する。ポリリン酸蓄積微細菌は、嫌気性条件下で細胞中のリンを処理水中に放出し、好気性条件下では菌体が含有していた量よりも多くのリンを吸収する性質をもつことが知られている。このポリリン酸蓄積細菌の性質を利用した方法が、図6.1.10に示す嫌気・好気法（AO法；anaerobic/oxic process）である。AO法の工程は嫌気槽、好気槽及び沈澱池からなる。最初の嫌気槽では、汚泥からリンが放出されるが、次の好気槽ではポリリン酸蓄積細菌が、嫌気槽で放出された量よりも多くの量のリンを水溶液から吸収する。

1.-4-3 窒素とリンの生物学的な同時除去法

近年、窒素とリンの生物学的な同時除去法についても、いくつかの方法が開発されている。A2O法はその代表的な方法である。A2O法の名前は、"anaerobic（嫌気的な）/anoxic（無酸素の）/oxic（有酸素の）プロセス"に由来

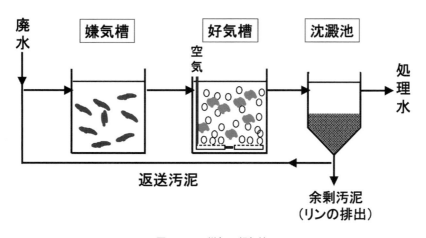

図6.1.10. 嫌気・好気法

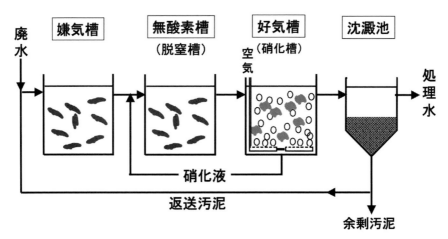

図6.1.11. A_2O法による窒素とリンの生物学的同時除去法

する。すなわち、本方法の主たる構成は、1つの嫌気槽（溶存酸素だけではなくNO_3^-, NO_2^-も含まれない）、1つの無酸素槽（溶存酸素は含まれない）、及び1つの好気槽からなる（図6.1.11）。窒素については、好気槽で硝化されて生成したNO_3^-を含む液を、BODが未だ十分に高い無酸素槽に戻し、脱窒素を達成する。リンについては、過剰にリンを含む汚泥を、沈澱池から嫌気槽に返送する。この槽ではBODは十分に高くNO_3^-の濃度が十分に低い状態であるので、活性汚泥は溶液中に通常より多量のリンを放出する。無酸素槽では、溶存酸素は含まれているないので活性汚泥はリンを放出した状態のままである。この汚泥が好気槽に送られると、活性汚泥は放出したリンよりも多くのリンを吸収し、菌体内にポリリン酸として蓄積する。その結果、処理水中のリン濃度は低下する。

中西一弘

【参考・引用文献など】

武田育郎（2010）「よくわかる水環境と水質」 オーム社
三好康彦（2011）「汚水・排水処理－基礎から現場まで」 オーム社
大森俊雄（2000）「環境微生物学－環境バイオテクノロジー」 昭晃堂
久保幹ら（2012）「環境微生物学－地球環境を守る微生物の役割と応用」 化学同人
片岡直明（2010）エハラ時報　No.229, 27-38（2010-10）

2. 生活環境と森林病害

2.-1 はじめに

　天然森および手入れのゆき届いた人工林は、我々人間の生活に欠かせない重要な役割を担っており、例えば二酸化炭素吸収による大気組成調整・浄化機能や水源かん養機能だけでなく、木材等資源生産機能、災害防止機能、生活環境保全機能、そして保健文化機能といったものが挙げられる。森林の主役ともいえる樹木と、動物、植物、微生物といった様々な生物の共同体である「森林生態系」は、長い進化の過程で築きあげられたこれら生物間相互関係の絶妙なバランスによって成り立っている。森林生態系のなかで生物間を網目状に広がっている、生物間相互関係の豊富さ・複雑さが健全に機能して維持されることで、我々はこういった森林の恩恵を享受することができるのである。

　我が国では、盛夏が去ってもまだまだ厳しい残暑の続く観月の頃、青々とした山肌のあちこちで立派なマツの針葉がみごと赤茶色く「紅葉」するのがみられるようになる。最近はナラやカシといった広葉樹も加わって、季節外れの紅葉がより目につくようになったが、これも今となっては季節の移ろいを感じずにはおれない日本の風物詩と言ってもいいかもしれない。しかしながら、常緑のマツは決して紅葉することはなく、ナラやカシもこの季節に紅葉することもない。マツが紅葉してしまう原因は**マツ枯れ病**、ナラやカシは**ナラ枯れ病**とよばれる萎凋病に罹ってしまったからであり、このふたつの森林病害はほぼ全国に流行して日本の森林生態系に劇的な被害を及ぼしている。とくにマツ枯れ病は、韓国、中国、台湾といった東アジア一帯のアカマツ *Pinus densiflora*、クロマツ *P. thunbergii*、チョウセンゴヨウ *P. koraiensis* 林を破壊しつつその分布域を広げてきており、そして最近ではポルトガルからスペインへとEU圏にまでその被害が拡大しつつある。主病原体は体長わずか1ミリにも満たない線虫で、感染したマツの枯死率は非常に高く、樹齢数十年、樹高数十メートルにもなる大木を1カ月足らずで死に至らしめる。その進展は速く、青々としていたはずの針葉が短期間でいっぺんに褐変してゆくため、この病気の推移を見届けたものに衝撃を与えるだろう。本病は宿主マツと病原体である線虫、媒介昆虫や種々の共生微生物との相互関係が絡んだ複雑で巧妙な森林病害であり、病原性の深刻さとともに非常に興味深い生物間相互関係も垣間見ることができる研究対象でもある。

　本節では、近年稀にみる世界的森林病害マツ枯れ病を題材に、病原体の発見から発病メカニズムが明らかになるまでの研究の経緯、世界における本病の被害と対策、さらにそこに見られる巧みな生物間相互関係について紹介してゆく。

2.-2 マツ枯れ病の歴史－病原体の発見

　マツは古来よりアジア文化の象徴でもあり、人間生活と大きくかかわりを持った非常に身近な樹種であった。京都の天橋立、宮城県の松島といった日本の美しい海岸風景は白砂青松と歌に詠みあげられ、立派に育った幹や松脂は建築材や燃料として、その実は良質な脂質栄養源として重宝され、さらにその根元には共生関係を結ぶ様々なきのこを育んでいた。東日本において人間の生活領域に密接する里山は、「コナラ－アカマツ混交二次林」[注1]と言われるくらいふつうにみられる景色であったが、現在ではマツ枯れ病の蔓延によって健康なマツ林を目にすることがほとんどなくなってしまった。

　記録によると、松枯れ病は20世紀初頭（明治38年つまり1905年）に長崎県下で最初に確認さ

れ、その後九州、四国、中国地方へと拡大していき、今では北海道、青森を除く全国に被害が及んでいる。第2次世界大戦前後にその被害が爆発し、戦後、惨憺たる森を見た連合国軍最高司令官総司令部（GHQ）は、米国農務省（USDA）の昆虫・植物検疫官R. L. ファーニス（R. L. Furniss）に調査を依頼した。彼が出した答えは「枯れマツを伐倒・焼却を徹底すること」であり、この「ファーニス勧告」のもと、日本政府は枯れマツの処置を徹底したため、マツ枯れ病被害を「抑えること」に成功したのであった。

枯れたマツの樹皮下には様々な甲虫類の幼虫が見出されることから、かつてはこれらの幼虫が食害することでマツが枯死に至ると想定され、「まつくいむし」という名前で呼ばれてきた。戦後の徹底した枯れマツの伐倒・焼却処置の甲斐があって、一時は抑えることに成功したものの、1960年代にはいって再び被害が拡大するようになった。林業試験場（現森林総合研究所）の特別研究プロジェクトが1968年より始まり、マツ枯れ病の真の原因を調べるために昆虫学、樹病学、微生物学、樹木生理学、造林学、土壌学のあらゆる専門家が集結した。

当時知られる樹木三大病害[注2]のように、樹病といえば糸状菌が病原体である可能性が高いため、樹病学者は被害木から材片を集めてきてはひたすら糸状菌を分離してマツに接種し、病原性試験を繰り返す日々が続いていた。あるとき、シャーレ内に分離した菌叢の一部が溶け、そこに無数の線虫がうごめいていることを発見し、これを集めてマツに接種したところ見事に枯らすことがわかったのであった。マツ枯れ病の真の病原体が発見された瞬間である。その後綿密な計画のもとにおこなわれた研究結果から、(1) マツ枯死材から本線虫が例外なく分離されること、(2) 本線虫は糸状菌で培養することができること、(3) 培養した線虫をマツ健全木に接種すると同様の病兆がみられること、(4) 接種後枯死したマツから線虫を再分離できること、これらの項目がすべて満たされたことから、菌食性線虫に属するマツノザイセンチュウ *Bursaphelenchus lignicolus* がマツ枯れ病の病原体であることが決定づけられた。その後の詳細な検討を経て、既知種 *B. xylophilus* と同種であることがわかったのであった。以後マツノザイセンチュウといえば、本種をさす。

また、体長1ミリほどしかない線虫に木から木へと移動する能力があるはずもなく、したがって「まつくいむし」のなかにマツノザイセンチュウのベクターがいるはずであるとの想定で、カミキリムシ、ゾウムシ、キクイムシといった甲虫類を捕まえて、そこにマツノザイセンチュウが乗車しているかどうかが調べられた。すると、マツノマダラカミキリ *Monochamus alternatus* からのみマツノザイセンチュウが分離され、本病を拡大させる要因であることが明らかとなった。

2.-3　線虫とはどんな生物か

線虫の1種であるマツノザイセンチュウが、マツ枯れ病の病原体であることがわかったが、そもそも線虫とはどんな生物なのか。もっとも、線虫の実物を見たことのあるひとは、特に若い世代にはまずいないだろう。ヒトの寄生虫であるカイチュウやギョウチュウは聞いたことのあるひとはいるかもしれないし、また、かつて多くの日本人がそれらの線虫をお腹の中に飼っていたともいう。土壌中にいるごく普通の線虫は、体長が1ミリほどしかない、ヘビのようなミミズのようなかたちをしていて、実験室に来てはじめて線虫を見た人の第一声は「かっこ良い！」「きもち悪い！」「かわいい！」と様々である。実体顕微鏡（10〜50倍）を用いることでようやくその姿を確認することができるほどの小さな動物であるため、ふだん目にすることもなければ、線虫について考える機会もほとんどない。

しかし実のところ、地球上のあらゆる場所に非常に多様な生態で生活し、膨大なバイオマスを占めている。我が家の庭やいつも通っている大学キャンパス内の土壌中はもちろんのこと、田畑の土壌中や海洋中から線虫をふつうに検出することができるし、さらには地下数キロの地下水中や砂漠の土壌、北極海に浮かぶ氷床下面からも検出されたという報告もある。寄生性を持たず、微生物や有機物を餌に増殖する線虫を「自由生活性線虫」と呼ぶ。また、さまざまな動植物種に対して、その種専門に寄生する線虫種がいるといわれているので、なんとも種類が多いことであろうか。農林作物に寄生して枯死させたり品質を低下させたりする「植物寄生性線虫」もいて、ヒトや家畜に寄生して病気を引き起こす「動物寄生性線虫」も存在し、社会・経済的に重要で我々の生活に大きくかかわる生物なのである。昆虫に寄生する能力を持つ「昆虫病原性線虫」は、農薬に替わり農林作物害虫を駆除する生物防除資材として販売されているものもあり、マラリア原虫の媒介昆虫であるハマダラカを駆逐する目的に研究がすすめられているものもある。このような地球上の至る所に生活する線虫の普遍性・多様性を紹介する際に、線虫学の父といわれる元アメリカ農務省のコッブ (Nathan Augustus Cobb, 1859-1932) が残した次のような言葉が良く引用される。

「線虫以外すべてのものを地球上から除くと、地球の輪郭に沿った線虫の層が残るであろう。そして、残った線虫を見れば、そこがかつて海であったり、畑であったり、牛が立っていたりと、もとあった地球の様子がわかるであろう！」

さらに生命現象の基礎研究を進めるうえで、酵母やショウジョウバエ、シロイヌナズナ、マウスとともに、線虫が実験しやすい「モデル生物」としてよく使われている。培養しやすく、遺伝学的手法や遺伝子操作法が確立されているため、特に線虫は基礎研究のモデル生物として世界中の研究者に用いられているのである。「器官発生とプログラム細胞死の遺伝学的制御」に関する研究業績が2002年のノーベル医学・生理学賞に、「dsRNAによる遺伝子発現阻害・RNAi」が2006年の医学・生理学賞に、「緑色蛍光タンパク質の発見と応用」が2008年の化学賞に、これまでに計6人の線虫研究者がノーベル賞を受賞しているのである。

2.-4 マツ枯れ病の感染・拡大メカニズム

マツノザイセンチュウの核相は2n=12、雌雄異体の両性生殖であり、生活環には2つのサイクルが存在する。餌が豊富にある場合は(1)卵、(2) 第2期幼虫 (J2)、(3) 第3期幼虫 (J3)、(4) 第4期幼虫 (J4)、そして (5) 成虫となり、雌雄が交尾をおこない次世代が産まれる、という増殖型サイクルで個体数を指数関数的に増加させてゆく。マツノザイセンチュウのばあい、受精後胚発生がすすみ、第1期幼虫 (J1) からJ2へと卵内で脱皮したのち、J2で孵化する。樹体内では、生きた植物細胞や材内で増殖する糸状菌に口針を突き刺し、細胞液を吸汁して栄養を摂取する。研究室では、寒天培地上の植物培養細胞、糸状菌、酵母を餌に培養することが可能である。餌不足など環境が悪化してくると、J2は形態の異なる分散型第3期幼虫 (JⅢ) へと脱皮する。JⅢの時点で再び餌を得ることができれば脱皮してJ4へ、つまり増殖型サイクルへと戻るが、蛹化したマツノマダラカミキリが存在するとJⅢは蛹室のまわりに集まり、カミキリ羽化時に分散型第4期幼虫 (JⅣ) へと脱皮する。これが分散型サイクルであり、マツノマダラカミキリが羽化したときにJⅣは気管内に潜り込み、新たな健全木へと伝播される (図6.2.1)。

羽化直後の未成熟カミキリは、生きたマツの一年生枝を食べることで (後食という) 成熟するが、このときにマツノザイセンチュウはカミキリの気管より出てきて、カミキリの後食跡か

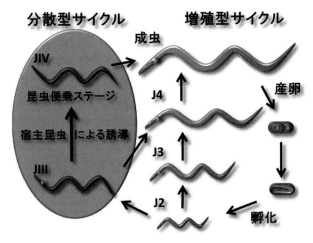

図6.2.1. マツノザイセンチュウの生活環

らマツ樹体内に侵入する。この瞬間、感染の成立である。マツ樹体内を移動しながら生きている細胞を食べ、再び増殖型サイクルへと転換する。線虫に感染したマツは水分通導機能が破壊され、萎凋病「マツ枯れ病」に罹って枯死してしまう。ところで、衰弱もしくは枯死したマツは、カミキリにとって絶好の産卵場所である。健全なマツは様々な病害虫に対する防衛機構も健全であるため、そこにカミキリが産卵したとしても樹脂分泌や二次代謝産物などの攻撃によりカミキリの幼虫が殺されてしまう。マツノザイセンチュウに感染した枯死木にカミキリが産卵すれば、カミキリの幼虫は思う存分に餌の材を食べることができ、マツノザイセンチュウもカミキリに新しい生活環境へと運んでもらうことができるので、両者は相利共生関係であり、

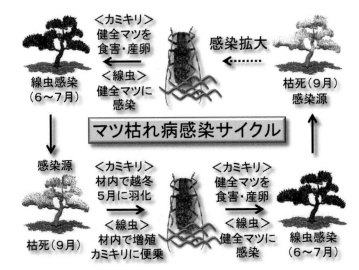

図6.2.2. マツ枯れ病感染サイクル。マツ材内で越冬したマツノマダラカミキリ幼虫は、気温上昇とともに蛹となり、5月ごろに羽化・脱出する。このとき、カミキリ気管内に多くのマツノザイセンチュウを保持している。羽化直後のカミキリは未だ未成熟であり、「生きた」マツ当年枝を後食することで性成熟する。後食の最中に線虫は気管内から下りてきて、後食跡から生きたマツ樹体内へと侵入する。感染後、僅か1、2ヶ月の間にマツは枯死し、これがカミキリにとって絶好の産卵場所となる。

この組み合わせによって病気が加速的に蔓延していくのである（図6.2.2）。

2.-5 マツノザイセンチュウはどこからきてどこへゆくのか

マツ枯れ病の感染・拡大メカニズムが明らかになってくると、なぜ20世紀に入って突如マツノザイセンチュウが日本のマツを枯らすようになったのかを調べる研究が始まった。マツノザイセンチュウが属するBursaphelenchus属線虫は現在およそ100種類が知られており、そのほとんどが菌食性の昆虫嗜好性という生態である。彼らBursaphelenchus属線虫は、生きた木の一部枯死した枝や、自然災害や病気などが原因で枯死した樹木材内で生活し、そこにはびこる糸状菌を餌に増殖し、同様にそこで暮らす甲虫類（二次性昆虫といって、彼らにも病原性はない）に「便乗」して移動する。世界中のマツ属樹種からBursaphelenchus属線虫が分離され、分子系統関係を調査しながら交配試験およびマツ樹種に対する病原性試験が繰り返された。すると、日本のマツに病原性を発揮するマツノザイセンチュウは北米原産であり、北米マツに対する病原性を持たず、何らかの原因で枯死した樹木材内で細々と生活していることがわかった。これらが輸入材内に交じって、日本や東アジアに広まったと考えられるようになった。北米ではマツノマダラカミキリと同属のMonochamus属カミキリが存在し、木から木へと移動する手段としてマツノザイセンチュウに利用されている。

さらに調査・研究が進められていくうちに、マツノマダラカミキリから別の線虫が分離された。マツノザイセンチュウと形態がほとんど同じだが病原性をもたない新種の線虫は、ニセマツノザイセンチュウ B. mucronatus と名前が付けられた。マツ枯れ病研究を進めていく中で発見された「偽」マツノザイセンチュウであるが、何とこの線虫こそ、古来より日本のアカマツやクロマツとともに日本で生活していた在来種であった。

マツタケをはじめさまざまな菌類と菌根共生を結ぶことができるマツは、貧栄養土壌でも育つ陽樹であり、植生遷移の初期や森に開通させた道路脇で真っ先に生える木本である。ところが、土壌の栄養状態が良くなると、その他の土壌微生物との競争に弱い菌根菌が弱ってしまい、共生関係がうまくいかなくなることでマツ自体も弱ってしまう。また、植生遷移が進むにつれ他の木に被陰されても、マツは弱ってしまう。ニセマツノザイセンチュウは日本のマツに対する病原性はなく、こういった被陰や自然災害などで枯れたマツやその枝内を住みかとし、マツノマダラカミキリとともに細々と生活していたのであった。

世界中のマツノザイセンチュウ、ニセマツノザイセンチュウ、その近縁種を調べたところ、これらの原種は西ヨーロッパで発生したらしく、ここを起点にユーラシア大陸をとおる東回り径路で分布拡大していきながら、生殖隔離と種分化を経て日本にやってきたものがニセマツノザイセンチュウである。いっぽう、西回り経路で北米大陸へ移動したものがマツノザイセンチュウであるが、人為的移動により両者が日本で出会ったのではないかといわれている。マツノザイセンチュウはニセマツノザイセンチュウとおなじように、マツノマダラカミキリを乗り物として利用でき、マツを枯らす病原力も持っていたため、日本に定着することができて分布域を急激に拡大していったのであった。日本で猛威を振るいはじめたマツ枯れ病は、中国、韓国、台湾へとその分布を拡大してゆき、1999年にはポルトガル、2008年にはスペインへと、EU圏にまでその脅威が拡大しつつある（図6.2.3）。現在マツノザイセンチュウと媒介昆虫 Monochamus属カミキリは、EU圏における最重要検疫貿易対象のひとつとなっ

図6.2.3. 世界規模でのマツ枯れ病拡大は、輸入材に混入したマツノザイセンチュウによる侵入種問題であった。

ている（European and Mediterranean Plant Protection Organization, http://www.eppo.org/）。

2.-6 マツ枯れ病発病メカニズム

初夏にマツノザイセンチュウの感染が成立したマツは、その後1、2ヶ月足らずのうちに針葉が褐変するという外的病徴がみられ、そして死に至る。この間、外的病徴が見られないもののマツと線虫との間で激しい攻防が繰り広げられており、万策尽きてなす術もなくなったマツがやがて枯死してしまうのであった。マツが枯死し始めたのを見計らって、マツノザイセンチュウはその数を一気に増やし、乾燥材1gあたり1,000頭以上にもなる。これまでにマツ枯れ病のメカニズムについて諸説あったが、マツ枯れ病抵抗性マツの育種、マツノザイセンチュウのゲノム解析やプロテオーム解析といった、現在のマツ枯れ病研究を担う若き研究者たちの成果により、以下に説明するメカニズムが近年明らかになってきた。

当年枝に付けられた後食跡より侵入したマツノザイセンチュウは、樹脂道を通って数時間のうちに素早くマツ樹体内に広がってゆく。樹体内に垂直・水平方向に伸びる樹脂道は、エピセリウム細胞（樹脂分泌細胞）[注3]に囲まれており、傷害部位からの病原体侵入を防ぐために樹脂を分泌するための器官である。樹脂道内を移動するマツノザイセンチュウにエピセリウム細胞を食い荒らされ、樹脂分泌で応戦する暇もないまま樹脂分泌機能が低下してしまう。ただ、そのまま黙って食べられるわけにはいかず、もともと備わっている病原体侵入に対する別の防衛手段を駆使し、タンニンやエチレン、活性酸素などファイトアレキシン[注4]を作り出してこれに応えようとするのであった。病原性のない日本産ニセマツノザイセンチュウや、マツノザイセンチュウでも病原力の弱い系統は、こういった

マツの防衛線を突破する能力を持たないが、病原力の強いマツノザイセンチュウは、抗酸化・解毒酵素を体表面に大量分泌し、マツからの攻撃をかわす術を持っているのであった。

マツの防衛反応の効果もなく、むしろファイトアレキシンの過剰生産がいわゆる過敏感反応[注5]となってマツ自身の細胞膜変性や液胞崩壊をひきおこしてしまう。漏洩した細胞内容物が仮導管を詰まらせたり、あるいは気体の充満がキャビテーションを引き起こし、水分を全身に運べなくなってしまい、萎凋・枯死してしまうのであった。

2.-7　世界のマツ枯れ病

中国では1982年、江蘇省南京市の森林で本病がはじめて発見されたのを発端に、2000年前後のピーク時には8,000ヘクタール／年、本数にして5,000,000本／年ものマツが枯死するまでになってしまった。被害樹種はタイワンアカマツ P. massoniana で、媒介昆虫はマツノマダラカミキリである。マツ枯れ病が発見されて間もなく、中国政府はマツノザイセンチュウに感染した材を国内に持ち込ませない、国外に持ち出さないよう、防疫所の強化が図られた。被害木を速やかに伐倒・焼却もしくは燻蒸することが何よりも効果的であり、カミキリをターゲットとした農薬散布や天敵生物（寄生蜂、昆虫寄生菌など）を併用した防除が図られているものの、被害を抑えることはできていない。世界遺産として登録されている安徽省の景勝地、黄山（Huang Shan）のまわりに、幅4km、全長100kmの「マツフリーベルト」をつくり、そこのマツすべてを伐倒することで黄山へのマツ枯れ侵入を防ぐ対策をおこなっているが、生活に必要な材として現地の人々が感染マツ木を運搬・使用しているようで、なかなか防除対策効果が発揮されていない。中国南東部に広がる33,330,000ヘクタールもの広大な森林のうち、すでに80,000ヘクタールがマツ枯れ病により破壊されており、現在も拡大し続けているのが現状である。

韓国ではじめて本病が報告されたのは1988年の釜山であり、はじめは釜山近辺の海岸沿いに拡大していったが、2001年より内陸へと広がっていった。クロマツ、アカマツとともにチョウセンゴヨウ P. koraiensis が被害樹種であり、南部でマツノマダラカミキリが、北部でカラフトヒゲナガカミキリ M. saltuarius が媒介昆虫としての役割を担っている。移入経路は日本からの輸入材で、韓国国内における本病拡散は媒介昆虫とともに人間の活動によると考えられている。森林の23.5％がマツ林であり、毎年8,000ヘクタールもの森林が被害にあっている。2005年の5月、韓国政府は「マツ枯れ病対策特別法」を制定し、検疫の強化による移入防止と国内のマツ枯れ終息に向けた対策を取り組んでおり、一定の成果がみられているという。基本はやはり被害木を速やかに伐倒・焼却もしくは燻蒸することであり、商用価値の高い苗畑や庭園のマツへは、コストがかかる殺線虫剤の樹幹注入をおこなっている。

1999年にはとうとうポルトガルのセトゥバル（Setúbal）半島で、フランスカイガンショウ P. pinaster が本病によって枯死したことが報告された。東アジアからの移入であるとされ、EU圏にわたる脅威となるのも時間の問題であると考えられるようになった。翌年よりマツ枯れ病対策法（PROLUNP: Programa de Luta Contra Nemátodo da Madeira do Pinheiro）が施行され、510,000ヘクタールの「被害ゾーン」とその周り500,00ヘクタールのバッファーゾーンを含めた1,010,000ヘクタールをマツ枯れ境界地域とし、その地域内におけるマツ属樹種の調査と被害木処理が集中的に徹底しておこなわれた。さらにこの地域をぐるりと取り囲むように、130,000ヘクタールもの「クリアカットベルト」をつくり、その中のマツ属樹種をすべて伐倒除

去したのであった。このような徹底した対策にもかかわらず、2008年には国境を跨いでスペインにまで拡大したのであった。

マツ属樹種は世界中におよそ100種類が知られており、その生息域は北半球ほぼ全域にわたる。各地域の自然生態系において重要な役割を果たし、また人間の生活と密接なつながりを持っている。さらに産業上たいへん有用であるため、南半球の国々でも大規模なマツ属樹種の植林がおこなわれている。オーストアリアやニュージーランドにはそれぞれ800,000と1,400,000ヘクタールもの植林があり、いずれもマツ枯れ病に感受性が高い樹種であるため本病が侵入してこないように細心の注意がかけられている。

2.-8 おわりに

線虫類は地球上の様々な無機的・有機的生物環境に適応し、捕食、寄生、共生といった「生物間相互関係」を繰りひろげながら、生態系のなかで絶妙なバランスをとって生活している。マツノザイセンチュウ近縁種と媒介昆虫であるヒゲナガカミキリ族（Tribe Lamiini）との関係は特異性が高く、宿主植物ともバランスの良い関係が築かれている。線虫に移動能力がなく、目的の場所に運んでもらうためには正しい媒介昆虫を選んで乗せてもらう必要があり、乗り間違えると生育に不適な環境へと運ばれてしまうので、これは線虫にとって命がけの判断であろう。カミキリも、森のなかから産卵に好適な樹種や木のコンディションを厳選しなければならない。マツノザイセンチュウ近縁種は、長い進化の過程で広葉樹から針葉樹へと宿主樹木を広げていき、そのため自分専用の便乗昆虫を選んできたのではないかと考えられている（図6.2.4）。

マツ枯れ病研究をとおしても浮き彫りとなった、人間の経済活動が原因である移入生物問題

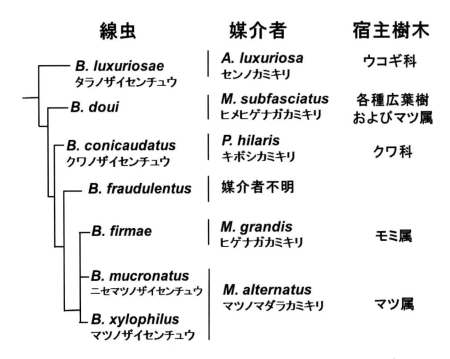

図6.2.4. マツノザイセンチュウ近縁線虫、媒介昆虫、宿主植物との関係。三者の関係は特異性があるが、ヒメヒゲナガカミキリだけ針葉樹と広葉樹の両方で生活することができる。

は、長い進化の過程で築きあげられてきた自然の叡智ともいえる生物間相互関係の絶妙なバランスを崩してしまい、我々人間の生活をも脅かすほど深刻な森林環境破壊を引き起こしてしまっている。残念ながら、日本の樹木や森林に対する価値は甚だ低く、林業の衰退著しく産業として成り立っていないのが現状である。しかし我々の生活にとって重要であることは述べるまでもなく、知られざる生物間相互関係を学び教えられることで、地球の財産である自然・文化を未来へ継承する知恵を絞り、人類が今後も自然とともに共存して発展してゆく必要がある。

長谷川浩一

【注釈】

注1．コナラ-アカマツ混交二次林

自然の植生は、気候などの環境要因の影響を受けながらその場所特有の遷移が進み、長い年月をかけて樹種の構成が安定した極相林となる。極相林が自然災害や人為的な攪乱などを受けたばあい、もとの極相に戻るまでの過程を二次遷移と呼び、植生を再構成した二次林が成り立つ。落葉広葉樹であるコナラと、常緑針葉樹であるアカマツが優先する二次林を特にこうよぶ。

注2．樹木三大病害

クリ胴枯れ病（Chestnut blight）、ニレ立ち枯れ病（Dutch elm disease）、ゴヨウマツ発疹さび病（White pine blister rust）のこと。それぞれ *Cryphonectria parasitica*（クリ胴枯れ病菌）、*Ophiostoma ulmi*（ニレ立ち枯れ病菌）、*Cronartium ribicola*（ゴヨウマツ発疹さび病菌）という糸状菌が病原体であり、マツ枯れ病でみられるように在来生物と外来生物との組み合わせにより顕著な病原性を発揮する。現在ではマツ枯れ病を含めて「世界四大樹病」と呼ばれる。

注3．エピセリウム細胞（樹脂分泌細胞）

マツ属樹種の木部（形成層内側にある仮道管の集まり）細胞間隙には、垂直方向および水平方向の樹脂道が存在し、その周囲をエピセリウム細胞が取り囲んでいる。樹脂道内は通常ほとんど空っぽであるが、病原体の侵入や傷害をうけるとエピセリウム細胞内で速やかに樹脂がつくられたのち樹脂道へと分泌される。

注4．ファイトアレキシン

病原体の攻撃を受けたことをきっかけに、植物体内に合成・蓄積・放出される低分子の防衛物質の総称をさす。

注5．過敏感反応

病原体の侵入を受けた植物は、感染部位の細胞を殺して病原体を封じ込める。植物でみられる最も重要な防御反応である。

3．化学物質と環境汚染

　環境汚染は人間が作り出していることは誰もが承知しているが、社会的にも技術的にも解決できていない。そのことは論じないが、環境科学を専門とする理系の学生には、汚染を生み出している人間社会に目を向け、また化学物質汚染を化学的、物理学的に理解する力を磨いて欲しい。それを「環境」だけでなく人間活動の様々な分野で応用することが、環境汚染解決の重要なプロセスである。本節では、学生の皆さんが環境汚染の背景にある社会と、汚染物質の環境、食品、生活用品、人体での挙動などに目を向けるひとつの機会となるよう、環境汚染の話題を広く浅く紹介する。

3.-1　生活を豊かにする化学物質、生活を脅かす化学物質

　読者は、「化学物質」ということばから何を連想するだろう。プラスチック、洗剤、化粧品、医薬品、農薬、ダイオキシン…これらはすべて化学物質である。

　化学物質の多くは、元々は人々の生活を支えるために作り出され、その役割を果たしているが、化学物質による環境汚染もしばしば起こっている。著者は、化学物質環境汚染の根本的な原因が以下の2つであると考えている。

(1) 化学物質の利便性に比べ、人と環境への影響評価が足りない。

　　企業は便利な化学物質を開発して利益を得るが、企業間の競争が激しい今日の社会では、人と環境への影響を評価する時間と経費を法律や社会通念上必要な最小限にしなければ生き残れない。

(2) 大量消費によって利益を増やす社会構造が、化学物質の作り過ぎ、使い過ぎを生み出している。

　　企業は、便利な化学物質を開発し、それを「消費」してもらうことで利益が得られるので、ちょっと便利な化学物質を沢山「消費」するよう開発し、宣伝し、販売する[注1]。

　では、化学物質は使用された後、どのような経路をたどって人や環境に影響を及ぼすのだろう（これを化学物質の運命（fate）と呼ぶ）。それは、化学物質の性質によって異なる。以下の節では、性質、運命などの特徴、法律上の取り扱いなどで分類された化学物質のグループを紹介する。

3.-2　地球規模の汚染化学物質 POPs

3.-2-1　POPs（残留性有機汚染物質、Persistent Organic Pollutants）とは

　化学的変化を起こしにくく環境中に数十年、数百年残留し、食物連鎖を通じて人の健康や生態系に影響を及ぼす有害性の高い物質をPOPsとして、国際条約（ストックホルム条約）で規制している。この中にはPCB、ダイオキシン類、DDTなどの有機塩素系農薬が含まれ、有機フッ素系界面活性剤（PFOS）もこのグループに加える検討が進められている。以下にPOPsを代表する地球最大の汚染物質であるPCBについて解説する。

3.-2-2　代表的POPsであるPCB

a．PCB汚染の歴史と現在の規制

　PCB（Polychlorinated Biphenyl）は20世紀半ばに発電、送電系の絶縁油はじめ燃えない油として世界中で使用されたが、それに伴い人や生態系に重大な影響を及ぼしてきた。PCBは完全に分解しないとダイオキシンができるため分解処理のコストが高く、所有している企業は環境に漏れないよう管理が義務づけられているが、管理されているはずのPCBの一部が毎年行方不明になっている。我が国ではPCB専用の分

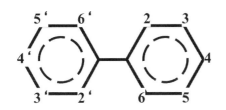 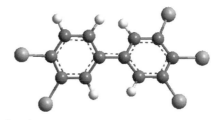

PCBの炭素骨格と位置の番号　　3,3',4,4'5-pentachloro-biphenyl(Co-planer-PCB)

図6.3.1　PCBの分子構造

解処理施設を作りPCB分解の事業を始めた[注2]。

b．PCBの化学

PCBの分子構造を図6.3.1に示す。右の環、左の環のそれぞれ2～5に合計2個以上のCl原子、残りはH原子が結合している。Clが結合している位置によって性質が異なる209種類の同族体の混合物である。とくに2,2',6,6'の位置にClがないとPCB分子は平面に近い形になりこれをCo-planer-PCBと呼ぶ。Co-planer-PCBのうち分子の両隅4カ所（3,3',4,4'）に塩素原子が結合したものは、最も強い毒性を持つ2,3,7,8四塩素化ジベンゾダイオキシン（2,3,7,8-tetrachloro-dibenzo-para-dioxin）に近い毒性がある。言い方を変えると、生物に強い毒性を示すのは、生物の生理作用に関係する「鍵穴」に合った形の分子で、その幾つかが分かっている。

3.-2-3　POPsの行き着く先

POPsはほとんど分解しないため、大気、水などによって地球に広がる。この広がりには、決まった傾向がある。地球の空気の流れと海流の大循環によって、これらの物質は移動するが、低温度地域で濃縮され、その地域の人や生物に高い濃度で蓄積される（図6.3.2）。

3.-3　農薬

農薬は農作物の生育を阻害する害虫、病原菌、雑草などを「防除」する有用な化学物質であるが、他方食品や環境に残留することで人や生態系に悪影響を及ぼす有害性も懸念される。すなわち、有用性と有害性が同居する化学物質である。

また、農薬は典型的な地域汚染化学物質である。環境中には常に検出されている農薬、使用後暫く付近の大気、河川、土壌で検出される農薬、使用しても環境でほとんど検出されない農薬など、農薬の性質によって環境汚染の状況は様々である。とくに5～6月は比較的多量の農薬が使われるため、河川水、水道水などから年間の最高濃度で検出されることが多い。農薬でとくに有害性が心配されるのは農薬登録が失効した農薬である。

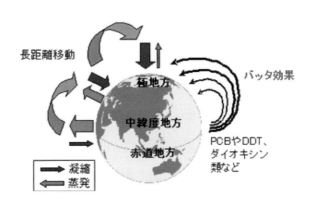

図6.3.2　地球上を移動するPOPs

第6章　生活環境との関わり

3.-3-1　農薬の登録制度と登録を失効した農薬

我が国の農薬取り締まり法ではメーカーが登録した農薬のみが販売でき、3年ごとに再登録を行うことで販売を継続できる。他方、再登録しなかった農薬は自動的に失効するが、ここに問題が潜んでいる。メーカーは安全上の問題が生じた登録農薬があっても、大きな問題にならないと判断できれば登録の期限まで放置して失効させることができる。DDT、パラチオン、ディルドリン、クロルデンなど登録失効後に特定化学物質に指定される事例は多い[注3]。

3.-3-2　散布された農薬の挙動

散布された農薬の挙動は、農薬の性質によってかなり異なる。図6.3.3は散布された農薬が経過日数とともに変化する様子を大まかに描いたものである。揮発性の農薬は分解しなければ、日中散布とともに急激に大気中の濃度が上昇し、日没による気温の低下とともに濃度が減少する。数日間これを繰り返し、消失する。揮発性の乏しい農薬は散布してもほとんど大気中の濃度は変化しないで地中に残留し、雨水などでゆっくりと地中を移動する。中間的な揮発性の農薬は、前の2つの中間的な挙動をする（例えば、散布後1ヶ月程度、大気中の濃度が少し高くなり、その後この傾向が認められなくなる農薬がある。)

3.-4　生活用品に含まれる化学物質PPCPs

石けん、シャンプー、歯磨き、化粧品、ヘアカラー、人工甘味料などの生活用品に含まれる化学物質は、人に取り込まれることを前提にしているが、安全性評価は十分ではない。PPCPs（Pharmaceutical and Personal Care Products）に該当する代表的な化学物質として、石けん、シャンプー、歯磨き、化粧品、ドリンク剤に含まれるパラベン、乳幼児用品から溶出する化学物質について以下に紹介する。

3.-4-1　パラベン

パラベン（パラヒドロキシ安息香酸エステル、para-hydroxybenzoic acid, esters）はパラヒドロキシ安息香酸のメチル-、エチル-、プロピル-、ブチル-、ベンジル-などのアルコールのエステルで、それぞれメチルパラベン、エチルパラベン…と呼んでいる。パラベンを様々な生活用品に添加するのは2つの理由がある。一つは殺菌、もう一つは他の化学物質を「体内に運ぶ」ためである。院生、学生が卒業研究でパラベンについて調べたことの一部を図6.3.4に紹介する。パラベンは、歯磨き、洗顔、化粧、入浴、洗髪などにより体内にしみ込み、その一部は数時間後に尿中に排泄される。摂取した量のうち

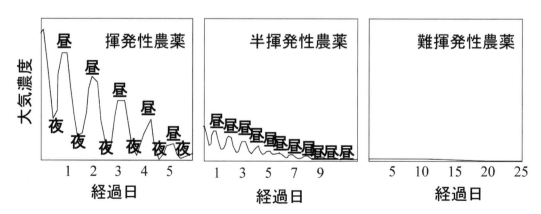

図6.3.3　農薬散布経過日と大気中の農薬の濃度

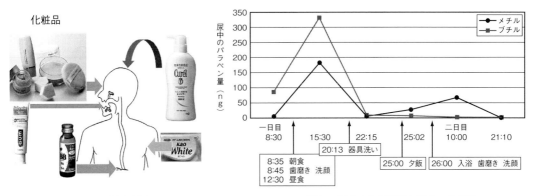

図6.3.4　パラベン摂取経路と尿への排泄（原田・鈴木、2009；武田・鈴木、2009；岩田・鈴木、2009）

どれくらい排泄されるか、摂取したパラベンが体内でどんな作用をするのかはまだ解明されていないが、これまでの研究で環境ホルモン作用が疑われている。

化学物質の運び屋パラベン：パラベンは他の化学物質の分子を自分の分子で包み込んで体内に効率良く運ぶ働きがある。大凡は次の通りである。：人の皮膚、皮下脂肪は油脂に近い性質があり、その内側には血液、リンパ液などは水に近い性質がある。人の体にしみ込む物質は、水と油脂のどちらにもある程度溶けやすい性質がある。オクタノール水分配係数Pow[注4]の対数（log Pow）の値が2前後の物質が最も体にしみ込みやすい。

3.-4-2　乳幼児用品から溶出する化学物質

乳幼児は、ものを口に入れる習性が強くまた旺盛に物質を吸収するため、乳幼児用品の安全性には特別気をつける必要がある。図6.3.5は、乳幼児が玩具類を噛む、しゃぶることを想定して、唾液と口に着いた脂に溶け出す物質を調査した卒業研究の一部である。溶出成分を見ると、電気製品に使われる臭素系難燃剤とその分解物があり、電気製品に使われたプラスチックのリサイクル材料が混入していることが疑われる。調査した製品は日本の一流メーカーの18品

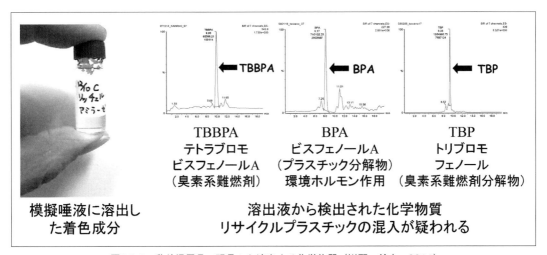

図6.3.5　乳幼児用品・玩具から溶出する化学物質（川野・鈴木、2011）

目で製造は中国製が多く、ほとんど全ての乳幼児用品から臭素化難燃剤を含む化学物質が溶出した。

3.-5 廃棄物とそのリサイクルで出現する化学物質

我が国で廃棄物を環境省が取り扱うようになったのは西暦2001年からである。それ以前、廃棄物は厚生省（現在は厚生労働省）が管理する事業であった。言い換えると、廃棄物の主な問題を環境問題として国が管理するようになったのは21世紀に入ってからである。このことは、廃棄物に関係する環境影響について、国や地方公共団体、一般社会の取り組みが他の環境汚染に比べて遅れていること意味している。大学の環境研究でも同様である。このような背景から、廃棄物関連の化学物質による汚染の研究は、優先的に進める必要がある。表6.3.1は東海地域の17カ所の廃棄物処分場と不法投棄埋め立て地から浸出した水に含まれる化学物質の調査結果である。表に示した物質の他にも、ゴム、化学工業で使用される原料、縮合剤など様々な化学物質が検出された。不法投棄の浸出水中の化学物質濃度が特別高いことを記憶して欲しい。不法投棄は大規模で、現在でも廃棄物の48%を占めている。

3.-6 化学物質環境汚染の調査と大学の研究

3.-6-1 化学物質環境汚染の調査はどれくらい実施されているのか

化学物質の開発は年々加速している。学生の皆さんがこのテキストを読む頃には7000万種類を超える化学物質が開発リスト（cas registry）に登録されているだろう。実際に人々が接する化学物質は20万～30万種類くらいと推定されるが、それでもこれらの化学物質の1%でも調査することは難しい。理由は、分析方法を作って調査するのに手間と時間が掛かるからである。日本は、世界で最も沢山の化学物質を系統

表6.3.1　浸出水中の化学物質の調査結果（単位:ppb（μg/L）（桑名・鈴木、2009）

	ビスフェノールA	オクチルフェノール	ノニルフェノール	PFOS	PFOA	PFOS
管理型1	8.660	0.058	ND	ND	0.315	ND
管理型2	0.045	0.049	ND	ND	0.299	ND
管理型3	0.051	0.024	ND	ND	ND	ND
管理型4	0.022	0.027	ND	ND	ND	0.024
管理型5	0.042	0.025	0.034	0.022	0.067	ND
管理型6	10.007	0.200	0.164	0.273	0.204	ND
管理型7	12.474	0.140	0.201	0.144	0.679	ND
管理型8	0.057	0.026	ND	ND	ND	ND
管理型9	0.067	0.015	1.594	ND	ND	ND
管理型10	1.002	0.048	0.213	ND	0.058	ND
安定型1	0.096	0.040	ND	ND	0.044	ND
安定型2	0.028	0.039	0.014	ND	ND	ND
安定型3	17.327	0.049	0.135	0.046	0.075	ND
安定型4	10.291	0.070	0.036	0.092	0.768	ND
安定型5	2.227	0.038	0.033	ND	ND	ND
安定型6	3.332	0.289	0.177	ND	0.033	0.032
安定型7	0.124	0.046	ND	ND	ND	ND
不法投棄	93.826	0.524	1.226	0.056	7.750	ND

的に調査している。1970年前後に化学物質汚染を国と地方公共団体が調べる法律（化学物質審査規制法、略称「化審法」）が出来、それ以来40年以上に渡って化学物質調査を行い、これまでに調査したのは1200種類である。

3.-6-2　化学物質環境汚染について大学が貢献できる研究は何か

結論は、「大学が貢献できる研究はいろいろある」となる。理由は以下のとおり。

- 3.6-1で述べたように、化学物質を調査する人手、技術を持つ研究室が少ない。
- 調べる必要のある化学物質はまだまだ沢山ある。
- 様々な分野での化学物質調査は社会に貢献する。
- 化学物質調査では微量化学物質分析、とくに質量分析（mass spectrometry）を必要とする。この技術は、環境分野だけでなく医薬品、食品、化学工業などの製造業で求められる高度な技術であるが、その技術を持つ学生を育成する環境の整った研究室が少ない。

【質量分析とは】分子の質量を計ることを質量分析、その装置を質量分析計（Mass Spectrometer）と呼ぶ。質量分析の原理を図6.3.6に示す。イオン化された分子は、質量/電荷の違いで電場、磁場などを使って分離され、検出器に到達する。質量の違いを利用して化学物質を分析する方法である。

しかし、大学の研究室で研究するには、幾つかの条件をクリアーする必要がある。それは…

- 化学物質分析と環境分析に関心のある学生が居ること。
- 化学物質分析と環境分析を行う分析設備、とくにLC-MS、GC-MSと呼ばれる質量分析装置があること。
- 沢山ある化学物質の中から何を調査すべきか、研究室で判断することができること。
- 化学物質の分析方法を作る経験を持つ研究室であること。

である。本学には、その条件が整っているので、化学物質調査や微量分析技術の開発に携わることができる。

鈴木　茂

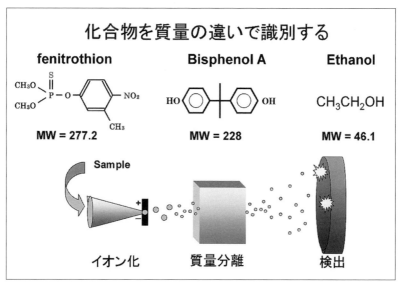

図6.3.6.　質量分析の原理

【引用文献】

原田祥行・鈴木茂（2009）LC/MSによる環境水中のパラベン類の動態に関する基礎研究. 第43回日本水環境学会講演集Mar 16-18、p.301

岩間由希子・鈴木茂（2009）LC/MSによる化粧品由来の化学物質汚染に関する研究. 第43回日本水環境学会講演集Mar 16-18、p530

川野亜由美・鈴木茂 (2011) LC/MSによるプラスチック製の乳幼児用品・玩具から溶出する化学物質に関する研究. 環境化学3: p.245-250

桑名里実・鈴木茂（2009）LC/MSによる廃棄物浸出水に含まれる化学物質に関する基礎的研究. 第43回日本水環境学会講演集Mar 16-18、p.531

武田年喜・鈴木茂（2009）LC/MSによるヒトのパラベン類の摂取と排泄に関する研究. 第43回日本水環境学会講演集Mar 16-18、p.577

【注釈】

注1：You Tubeで"the story of stuff"、"the story of bottled water"、"the story of cosmetics"というアニメーションを検索して見ることをお勧めする。アメリカの社会学者Annie Leonardさんのグループが、ものを消費（consumption）させて利益を得る社会が、環境問題を大きくしていることを世界に配信している。英語版だがアニメーションだけでも十分に理解できるし、リスニングの上達にも役立つと思う。

注2：PCBの被害については、カネミ油症、フライドチキンのPCB汚染(ベルギー)などインターネットで検索すれば沢山の事例がわかる。

注3：登録が失効した農薬は、数年間シロアリ駆除などに使われ、やがて有害性がはっきりすると使用禁止になることが多い。パラチオン、ディルドリン、クロルデンはすべてこの経路をたどっている。

注4：オクタノール水分配係数Powは、オクタノールと水が入った分液ロートに対象物質を加えてよく混ぜた後、その物質の（オクタノール相の濃度／水相の濃度）を指す。logPowはその対数で、正の値は疎水性（親油性）、負の値は親水性で、絶対値が大きいほど疎水性、親水性が高まる。

4．環境と生物と生理活性物質

4.-1　生物は環境に対応するために生理活性物質を用いている

生物は、種の繁栄のためには環境の変化に柔軟に対応しなくてはならない。例えば、日差しが強くなったらどうするだろうか？おそらく日傘を差したり、帽子をかぶったり、サングラスをかけたりして、強い日差しから身を守るだろう。このようにヒトは環境適応行動に優れた生物であると言える。しかし、このような適応行動とは別に、生物には様々な環境の変化に対応するための様々な機能が備わっている。例えば、日差しが強くなったら、ヒトは日焼けをしたり、汗をかいたりするが、これらはわざわざ日焼けをしようとか、汗をかこうとする適応行動ではない。太陽からは様々な波長の光が放射され、UVC（200～280nm）、UVB（280～315nm）、UVA（315～400nm）に分類されている紫外線のうち、UVCとUVBは直接的にDNAを破壊し、UVAは活性酸素を発生させることで間接的にDNAを破壊する。従って、紫外線は生物にとって基本的に有害である。ヒトは、この紫外線による損傷を防ぐために日焼け、すなわち、ユーメラニンや、フェオメラニンといったメラニン類を生成する（図6.4.1）。メラニン類は特にUVBを吸収する化学構造を有しているため、DNAの損傷を軽減する働きがある。

また、ビタミンC（アスコルビン酸）やビタミンE（トコフェノール）が生成されることで、活性酸素と反応しやすいこれらの物質が、UVAによる間接的なDNAの破壊を防いでいる（図6.4.2）。なお、UVCは、基本的に地球の成層圏に存在するオゾンが遮るため、生物はこれらに対する防御は必要なく、対応する機能も進化させてこなかった。しかし、フロンガスはオゾンと反応して破壊するため、フロンガスの大量消費は無防備な状態で直接危険なUVCが差し込むことになる。従って、現在ではフロンガスの使用は禁止されている。

また、日焼けをするのはヒトに限った話ではない。微生物にとっても紫外線は有害であり、むしろヒトよりも構造が単純な微生物の方が紫外線によるDNA損傷は深刻な問題となる。そこで、ある種のカビはユーメラニンに加えてアロメラニンも生成し、身を守っている（図6.4.3）。言い換えれば、微生物も日焼けをするのである。

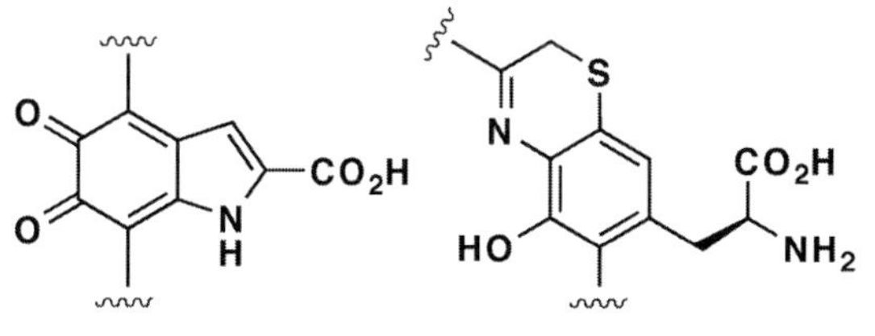

ユーメラニン　　フェオメラニン

図6.4.1. メラニン類の部分構造

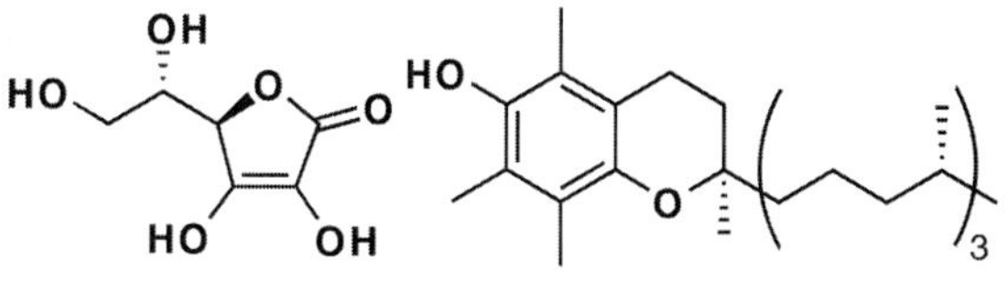

ビタミンC
（アスコルビン酸）

ビタミンE
（トコフェノール）

図6.4.2. ビタミン類の化学構造

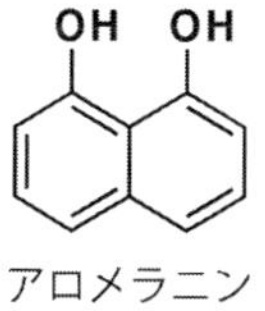

アロメラニン

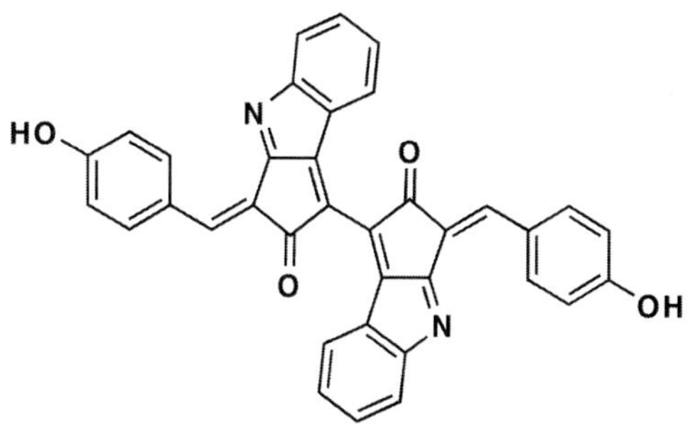

シトネミン

図6.4.3. 微生物特有のメラニン類の化学構造

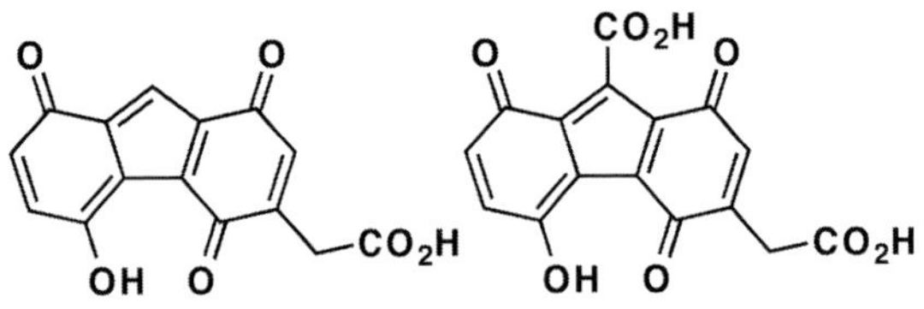

ノルヒポスドリック酸　　ヒポスドリック酸

図6.4.4. カバの赤い汗の原因物質の化学構造

また、光合成細菌の中には、シトネミンを生成する種がある（図6.4.3）。シトネミンは、紫外線は吸収するが、可視光はほとんど吸収しない独特の化学構造を有するため、この光合成細菌は可視光を光合成のために有効利用するとともに有害な紫外線によるDNA損傷を防いでいる。

一方で、汗をかくことは主に体温を下げる働きがあるが、これはヒトなど数種の動物が有する特殊な機能であり、ほ乳類全てが行うわけではない。例えば、汗かきのイヌやネコを見たことはないだろう。ちなみに、イヌは汗ではなく、主に舌を出して体温を下げる。一方、カバは独特の赤い色の汗をかくことが知られているが、水辺に生活するカバは暑ければ水の中に入ればよいので、これは体温を下げるためではないと考えられる。実はカバの汗には、オレンジ色のノルヒポスドリック酸や、赤色のヒポスドリック酸が含まれており、これがカバの汗の色の正体である（図6.4.4）。ノルヒポスドリック酸や、ヒポスドリック酸は紫外線を吸収することができ、さらに抗細菌活性を有しているため、カバは紫外線や、細菌から身を守るために汗を出すと考えられる。このような例からもわかるように、生物には様々な環境の変化に対応するための様々な機能が備わっており、そこでは様々な生理活性物質が処方薬として生合成されている。

4.-2 生物はコミュニケーションをとるために生理活性物質を用いている

多くの生物は、集団での環境適応行動や、敵対行動、求愛行動などの目的で、お互いに情報伝達を行い、種の繁栄を維持している。我々ヒトは、主に言葉や文字などといった方法でコミュニケーションをとっているが、多くの生物では、コミュニケーションをとるために化学物質が用いられている。例えば、犬などは自分の縄張りを主張するために尿でマーキングをする。尿には揮発性の化学物質が含まれているために、その臭いをかがせることで他者に縄張りであることを伝えることができる。なお、鼻は大変優れた検出能力を有した器官であり、ヒトの嗅覚でも最新の分析機器に匹敵、あるいはそれ以上の検出感度を有し、さらにイヌなどでは遙かに優れた検出感度を有している。一方、求愛行動の際にホタルが発光することは有名だが、これもルシフェリンという化学物質が原因である（図6.4.5）。ルシフェリンは、ルシフェラーゼという酵素を触媒として、酸化される際に光を放出する。すなわち、ホタルの発光の正体はルシフェリンの化学反応の際に放出されるエネルギーである。なお、ノーベル化学賞を受賞したオワンクラゲの蛍光も有名だが、これはGFPと呼ばれる緑色蛍光タンパクそのものに蛍光部位が存在するためである（図6.4.5）。このように生物はお互いの情報伝達のために様々な生理活性物質を生合成している。

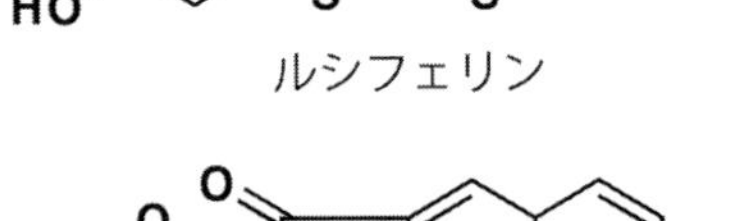

ルシフェリン

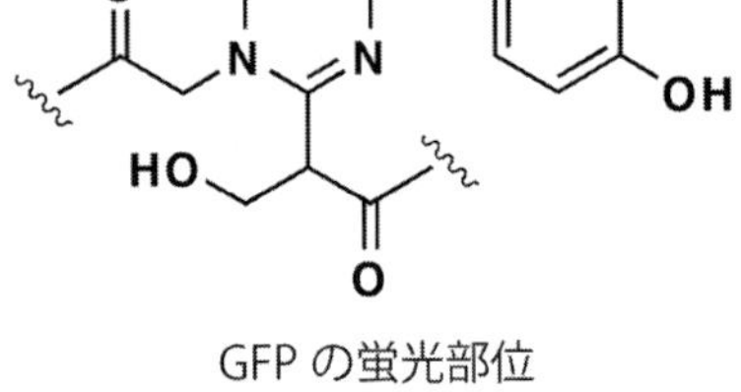

GFPの蛍光部位

図6.4.5. ルシフェリンとGFPの蛍光部位の化学構造

4.-3 フェロモン〜生物の行動を制御する生理活性物質〜

4.-3-1 フェロモンとは

生物は様々な環境の変化に対応して生存していくために生理活性物質を生合成して対応している場合が多い。このような、内生の生理活性物質のうちで、微量で自分自身に対して作用する生理活性物質のことをホルモンと呼んでいる。ちなみに、焼き肉料理のホルモン焼きについては、これは諸説あるものの、ホルモンを分泌する器官である内蔵の料理であることや、食べることで自分自身が元気になるところから、ホルモンを想起させる料理と言うことで命名されたと言われている。一方で、微量で同種他者に対して作用する生理活性物質のことをフェロモンと呼んでいる。元々はホルモンと呼ばれていたが、後述するカイコの性フェロモン発見の際にホルモンからの造語として新たに名付けられた。おそらく、この性フェロモンの研究から、フェロモンというと異性を引きつける能力というイメージが一般的についてしまっているが、これは全くの誤解であり、フェロモンという言葉は状態や性質を表す語句ではなく、微量で同種他者に対して作用する生理活性物質の総称である。

4.-3-2 フェロモンの発見〜カイコの性フェロモン〜

ガのメスがオスを誘引する現象は古くから知られており、メスが腹を上に上げ羽ばたく行動をとると、オスが引き寄せられる。その検出能力はすさまじく、数キロ離れたメスでさえオスは探し出すことが出来ると言われている。ファーブルが1901年に出版した有名な昆虫記のなかの「オオクジャクガの夕べ」の章にもその現象が記載されており、ファーブルは、オオクジャクガのオスが触角を使用してメスの居場所を突き止めていることを明らかにしている。しかし、当時はその原因が化学物質なのか、電磁波や赤外線なのか、あるいは放射線などなのかは解明できなかった。その後も様々な研究者によって誘引現象の解明研究が行われ、ドイツのブテナントらが、1939年に性ホルモン（当時はまだホルモンと呼ばれていた）の研究でノーベル化学賞を受賞している。さらに、ブテナントは、第二次世界大戦の影響で一時中断されてしまったが、戦後に研究を再開し、1959年にカイコの雌のはらの抽出物からその原因物質を同定し、ボンビコールと名付けた（図6.4.6）。このボンビコールは化学構造としては分子式$C_{16}H_{30}O$を有するアルコールであり、空気中に散布することでオスが感知すると言う仕組みである。ちなみにボンビコールの同定に用いられたカイコのメスはなんと50万匹以上におよび、当時、絹の世界的な生産国の一つであった日本から絹ではなくカイコの蛹を輸入して育てたということであった。

ボンビコール

図6.4.6. カイコの性フェロモンの化学構造

4.-3-3 フェロモンの特徴

ボンビコールの発見を契機として、現在までに様々なフェロモンが見つかっているが、それらは極めて微量でも活性を示す場合が多い。また、様々なフェロモンを用途に応じて分泌する生物も多く、種、属、あるいはグループごとにそれぞれ異なった化合物を分泌する場合もある。さらに単一の化合物では活性を示さず、複数の化合物の混合物でしか活性を示さない場合もある。一時的に存在するフェロモンにおいては、その役割のため化学的に不安定な物質も多い。これらの特徴はいずれもフェロモンの研究を困難な方向に向かわせるものであり、過去に

報告されたフェロモンが後に別の物質であることが判明する場合や、現象は確認されているもののその原因物質が特定されていない場合もあるなど、現在でも研究対象として実に挑戦的であると言えるだろう。フェロモンを利用する生物種は、微生物から高等動物まで実に様々であるが、昆虫のフェロモン研究が比較的多くの報告がある。なお、高等動物の場合では、他の情報による影響も大きく受けるため単純ではなく、ヒトにおいては活性がはっきりしない場合が多く、化学的な研究報告はあまり進んでいない。もちろん惚れ薬のような薬も開発されていない。

4.-3-4　様々なフェロモン
4.-3-4-1　昆虫の分泌するフェロモン

ここでは比較的研究の進んでいる昆虫が生産するフェロモンをいくつか紹介する。特に、ハチやアリなどのいわゆる社会性昆虫は、実に様々な用途で様々なフェロモンを使用して社会を形成している。

・性フェロモン

昆虫に限らず、**性フェロモン**の研究が最も行われてきている。**性フェロモン**は、異性を誘引し、配偶行動を促進させる活性を有しており、様々な昆虫に見られる。カイコのメスの場合は、単一のフェロモンを用いているが、他の種においては、ある複数のフェロモンの混合物のみが活性を示す場合や、混合物においてもある一定の割合比でないと活性を示さない場合や、複数のフェロモンの割合比を変化させることでメスがオスを、オスがメスをそれぞれ誘引する活性に変化する場合もある。

・集合フェロモン、マーキングフェロモン

集合フェロモンは他者を誘引させる活性を有しており、その結果、フェロモンの存在する場所に定住するようになり、集団の形成や維持、拡大を促すことになる。集団生活を営むカメムシやゴキブリなどで用いられている。ゴキブリを1匹見つけたら30匹はいるとよく言われるが、これはゴキブリの繁殖力とともに、この**集合フェロモン**によるところが大きいからであろう。チャバネゴキブリの**集合フェロモン**はアミンやアルコール類の混合物であるが、種やグループごとに異なるフェロモンや異なる混合比を用いている場合も多い。実際にこれらの物質を用いたゴキブリホイホイが市販されるなど応用もされている。**集合フェロモン**とは逆に、マーキングフェロモンは忌避行動を誘導する活性を有しており、縄張りを主張するためなどに分泌される。昆虫の場合は、アズキゾウムシなどが産卵時に分泌することで、同じ場所に他の卵を産卵させないようにする産卵済みマーキングフェロモンがよく知られている。

・警報フェロモン

アリやハチなどのように集団で社会生活を行う昆虫に見られるフェロモンで、外敵に巣などが襲われた際に分泌され、仲間を興奮状態に誘導し、凶暴にする活性を有する。蜂の巣をつついてしまい、一斉に飛び出してきた蜂に襲われてしまう事例がよく報告されるが、これは**警報フェロモン**がハチを怒り狂わせてしまうためである。例えば、オオスズメバチは3種類のフェロモンの混合物を用いて警報を発している（図6.4.7）。

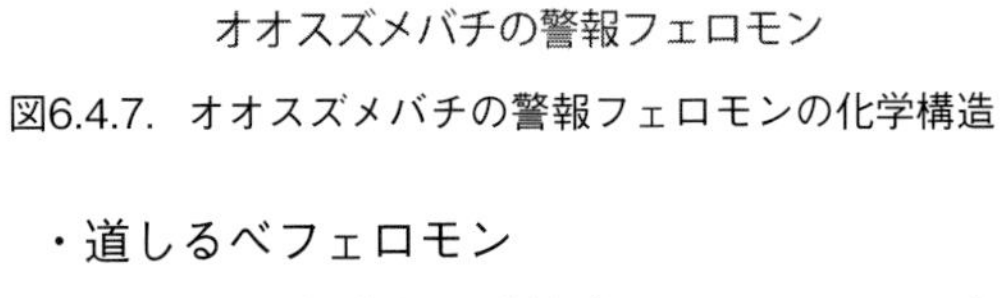

オオスズメバチの警報フェロモン

図6.4.7. オオスズメバチの警報フェロモンの化学構造

・道しるべフェロモン

アリなどが移動中に分泌するフェロモンであり、これにより自身の帰巣に用いられるだけでなく、他者をそのフェロモンに従わせて誘導することが出来る（図6.4.8）。これにより、例え

ば自分自身だけでは運ぶことが出来ない大きな餌を発見した場合に、仲間にそれを運ぶのを手伝わせることが可能となり、巣に確実に持ち帰ることが出来るようになる。このフェロモンの特筆すべき点は、その感度にある。報告によれば1mあたりわずか数ngの濃度のフェロモンでも迷わず巣に帰ることが出来るということである。これは、1gあたりにすれば、なんと地球を数千周もできるほどの濃度である。もちろん、途中で息絶えて数1000周もすることはできないのだが。

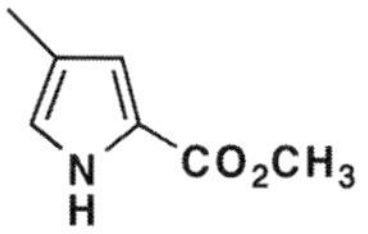

ハキリアリの道しるべフェロモン

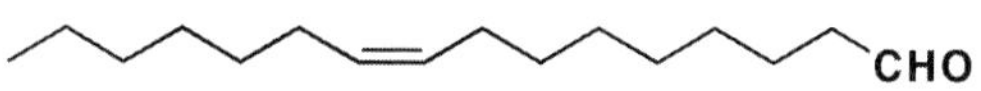

アルゼンチンアリの道しるべフェロモン

図6.4.8. アリの道しるべフェロモンの化学構造

・クィーンフェロモン

いわゆる階級フェロモンの中でも興味深いフェロモンが女王バチや女王アリが分泌するクィーンフェロモンであろう（図6.4.9）。このフェロモンはメスの卵巣の形成を阻害し、産卵行動を抑制する活性を有している。また、このフェロモンは女王の産卵行動によって分泌が促進される。従って、クイーンフェロモンの効果によって、女王のみが産卵を行うことが出来るようになる。しかし、なんらかの事情で女王がいなくなってしまうと、フェロモンの抑制効果がなくなるため、女王以外のメスでも産卵行動が可能となり、その結果として女王が誕生する。

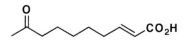

ミツバチのクイーンフェロモン

図6.4.9. ミツバチのクィーンフェロモンの化学構造

女王が誕生すれば再び他のメスの産卵行動は抑制される。このようにして女王を筆頭とした階級社会が形成、保持されている。実に巧みな仕組みである。

4.-3-4-2　植物のフェロモン

多くの水生植物においては、昆虫などと同じように性フェロモンが用いられている。例えば、雄性配偶子と雌性配偶子が受精を行う褐藻においては、雌性配偶子が分泌するフェロモンとして不揮発性の不飽和炭化水素が見つかっており、これらは雄性配偶子を誘引する活性を有する。一方で陸上植物においては傷害の際に分泌される揮発性炭化水素がよく知られている。これは、主に炭素数10からなるモノテルペンと呼ばれる様々な化学構造の混合物で、これらは抵抗性を増大させる活性を有する（図6.4.10）。なお、このモノテルペン類はフェロモンとしての機能を有するが、自分自身の抵抗性を増大させることが目的であるとも考えられ、その意味ではホルモンに属すると言える。逆に植物ホルモンに属するエチレンは、果実の熟成や老化を促進させる活性を有しており、腐ったミカンがあると、周りのミカンも腐りやすくなるとよく言われるが、これは腐ったミカンが生成するエチレンの作用によるところが大きい（図6.4.10）。このエチレンは揮発性であり、他者にも作用するため、フェロモンとしての役割もあると言える。

テルピネン　ピネン　リモネン　エチレン

図6.4.10. 植物の生産するテルペン類（一部）とエチレンの化学構造

4.-3-4-3 微生物のフェロモン

微生物においても性フェロモンが用いられている。これは有性生殖期における分生胞子、接合管、卵胞子などの形成を誘導する。ただし、異形の間でそれぞれ別のフェロモンを用いてそれぞれの接合管などの形成を促進する場合や、はっきりとした異形を表さないため同じフェロモンを用いている場合もある。一方、微生物に特徴的なフェロモンがクオラムセンシングフェロモンと呼ばれる、細胞の数や密度依存的に作用するフェロモンのことである。このクオラムセンシングフェロモンについては後で詳しく述べることにする。

4.-4 集団の密度効果
4.-4-1 動物の密度効果

生物にとって重要な環境要因は様々であるが、その中の一つに空間における集団の数、すなわち集団密度というものがある。1958年にドキュメンタリー映画として「白い荒野」で発表された、大増殖したレミング（タビネズミ）の集団自殺が集団密度効果を一躍有名にしたが、後にこの映像はねつ造であり、実際にはレミングは集団自殺をしないことが明らかにされている。しかし、1962年、動物行動学者のコルホーンは、ラットを檻の中に過密状態で育てると、次第にその集団は凶暴化し、ついには共食いなどの異常行動を起こすようになって破滅へと向かうという実験結果を発表し、集団密度の上昇がラットの集団に悪影響を与えることを明らかにした。これは、ヒトに置き換えた場合、大都市などに一極にヒトが集中し、その結果、人口密度が上昇すれば、人類は絶滅に向かうというシナリオを想起させる衝撃的な内容だが、チンパンジーの実験では、ラットとは異なる密度効果が表れた。チンパンジーが過密状態におかれた場合は、積極的に他者との関わりを持つようにし、戦闘状態にならないように振る舞うのだが、自傷行為がみられ、自身のストレスは増大した。ではヒトはどうだろう。皆さんも想像してみて欲しい。例えば満員電車や、箱詰めのエレベーターではどのように振る舞うだろうか？おそらく、音楽を聴いたり、寝る（ふり）、路線図や階数表示を眺めているのではないだろうか。このようにヒトは、過密状態では集団の混乱や自身のストレスを増大させないように社会性を絶ち、逃避するようになる。これを行動心理学では、エレベーター効果と呼んでいる。一方で、寄宿舎効果（女子寮効果、修道院効果）と呼ばれる、寄宿舎などの限られた空間で共同生活を営む女性において月経周期が同調するという現象が知られている。1998年にSternとMcClintockは女性の脇の汗を他の女性がかぐことで、月経周期が同調したことから、これはフェロモンの作用であると結論付けた。ただし、実際にどのようなフェロモンかは明らかにされていない。このように、高等動物における密度効果の研究は、主として行動学、心理学、社会学的研究が中心で、科学的研究は少なく、ヒトにおいて密度効果を誘導するフェロモンが特定された例はない。

4.-4-2 植物における密度効果

植物ではある一定以上の密度になると、果実などの収量が逆に減少し、さらに自己間引きが生じることが知られている。作物の栽培においても多くの場合は人為的に間引きを行う。一方、セイタカアワダチソウが繁殖すると他の植物を駆逐して寡占化してしまう現象がよく見られるが、これは化学的な研究によって、セイタカアワダチソウが分泌する成長阻害物質が、他種植物の成長を阻害することによって集団の成長を促していることが明らかとなっている（図6.4.11）。このようなある植物が分泌する化学物質が、他種植物に影響を与えることで自集団の成長を促す現象を、アレロパシー（他感作用）

と呼び、多種に対しても生理活性を有する分泌型の化学物質のことを、アレロケミカルと呼んでいる。なお、このアレロケミカルは自分自身や同種に対しても抑制効果を有しており、実際に、アレロケミカルは連作障害の原因の一つであると考えられている。しかし、これでは一定の繁栄の後に自集団は消滅することになってしまう。また、逆に成長促進活性を有するアレロケミカルも知られているが、これでは多集団の侵入も促すことになってしまう。従って、生態学的調査によって明らかにされた様々な植物の密度効果現象の全てがアレロケミカルによって説明がつくとは言えず、より詳細な解明研究が必要であると言える。

セイタカアワダチソウのアレロケミカル
(*cis*-DME)

図6.4.11. セイタカアワダチソウのアレロケミカルの化学構造

4.-4-3 昆虫の密度効果

飛蝗と呼ばれるバッタなどの大発生が農作物などに甚大な被害を加える現象は有名であるが、これは単に個体数が増大するだけではなく、個体の性質自体が大きく変わってしまうことが被害を拡大させる原因の一つである。このような昆虫の集団密度依存的な形態変化を**相変異**と言い、バッタの他にもカメムシ、ガ、ヨトウムシなどでも相変異が起こることが知られている。例えば、主にアフリカの砂漠地帯に生息するサバクトビバッタが有名で、サバクトビバッタが大発生すると通常の孤独相と呼ばれる緑色の個体から、数世代を経て、群生相と呼ばれるやや小さめの黄色の個体へと変化する。この群生相は、色や形だけでなく、その跳躍力が数百メートルに達する特筆すべき能力も有している。これは村を壊滅させるほどの驚異的な威力があり、現在では国連や政府が常にサバクトビバッタを監視し、**相変異**が見られそうになると即座に殺虫剤の散布を行う体制が整備されるほどである。これについて2009年にAnsteyらは、サバクトビバッタの足への接触がセロトニンの分泌を促し、その結果、群生相へと変化することを明らかにした（図6.4.12）。すなわち、密度が高くなると増大する物理的接触がホルモンの分泌を促進し、その結果として相変異が引き起こされているのである。

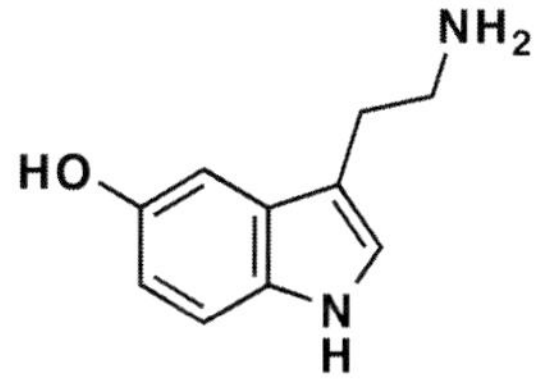

セロトニン

図6.4.12. セロトニンの化学構造

4.-4-4 微生物の密度効果
4.-4-4-1 クオラムセンシング

増殖速度の大きい微生物にとって集団の細胞密度は、極めて重要な環境要因であり、様々な現象が集団の細胞密度の増加に伴って引き起こされる。特徴的な微生物の現象がほぼ全て細胞密度依存的に行われていると言っても過言ではない。例えば、発光現象がある。漁師は普通のイカが光ったら食べてはならないことを経験上知っているが、これは腸内細菌の一種が、細胞密度の上昇に伴って発光するためである。また、バイオフィルムの形成もよく知られており、物理耐性や薬剤耐性が向上し、洗浄などによる除去が困難となる。これは、歯垢や、日和見感染の原因であり、また、フィルターの目詰まりを誘導するなど産業上問題にもなっている。その他にも、抗生物質や毒素の生産、胞子形成、形質転換など様々な現象が細胞密度依存的に引き起こされる。これらの現象を引き起こす細胞密

度依存的な遺伝子発現制御系のことをクオラムセンシングと呼んでいる。直訳するとクオラムとは定数、センシングとは感知、すなわちクオラムセンシングとは定数感知である。では我々のように目を持たない微生物が、一体どうやって集団の数を知るのだろうか？その仕組みは単純明快で、恒常的にクオラムセンシングフェロモンを分泌するというものである。つまり、細胞密度が低い場合は分泌されるフェロモンも少なく何も起きないのだが、細胞密度の増加に伴って、分泌されたフェロモン濃度が上昇して、ある閾値を超えた場合、特定の遺伝子が発現し、その結果、様々な現象が引き起こされるというものである。言い換えれば、細菌はフェロモンの濃度を細胞密度に置き換えて監視しているのである。

4.-4-4-2 クオラムセンシングフェロモン

クオラムセンシングフェロモンは基本的には種あるいは属特異的に作用し、また、複数のフェロモンを分泌している場合もある。これらクオラムセンシングフェロモンの化学構造は、一般的にグラム陰性細菌ではアシルホモセリンラクトン構造を有する低分子化合物であり、グラム陽性細菌ではオリゴペプチドである（図6.4.13）。しかし、研究が進むにつれて、これら一般則に当てはまらない化学構造を有するフェロモンや、種にまたがって活性を示すフェロモンなどが発見されている。また、真菌であるカンジダ菌ではファルネソールなどの低分子アルコールがクオラムセンシングフェロモンとして機能している（図6.4.13）。微生物では様々なクオラムセンシングフェロモンにより、様々な現象が引き起こされており、言い換えれば、微生物は、クオラムセンシングフェロモンという"言葉"でお互いに会話をしているのである。このように、クオラムセンシングフェロモンが様々な現象を制御していることから、応用利用も検討されており、特に抗菌剤の開発には大きな期待が寄せられている。従来の抗菌剤は耐性菌の出現との戦いであり、不用意な使用が代えって耐性菌の出現を促してしまうこともある。薬の服用を途中で辞めてはいけない理由はこのためである。しかし、クオラムセンシングフェロモンのみを効率よく除去出来れば、原理上、「罪を憎んで菌を憎まず」となり、現象のみを抑制することが出来るため、耐性菌の出現を防ぐことが出来る。このような次世代の共生型抗クオラムセンシング剤が実現されるかもしれない。

さらに近年になって、これらのクオラムセンシングフェロモンを他の生物も感知しているという報告がされている。例えば、腸内細菌の分泌するフェロモンに対応したサイトカインの分泌量の増加や、感染性の細菌のフェロモンに反

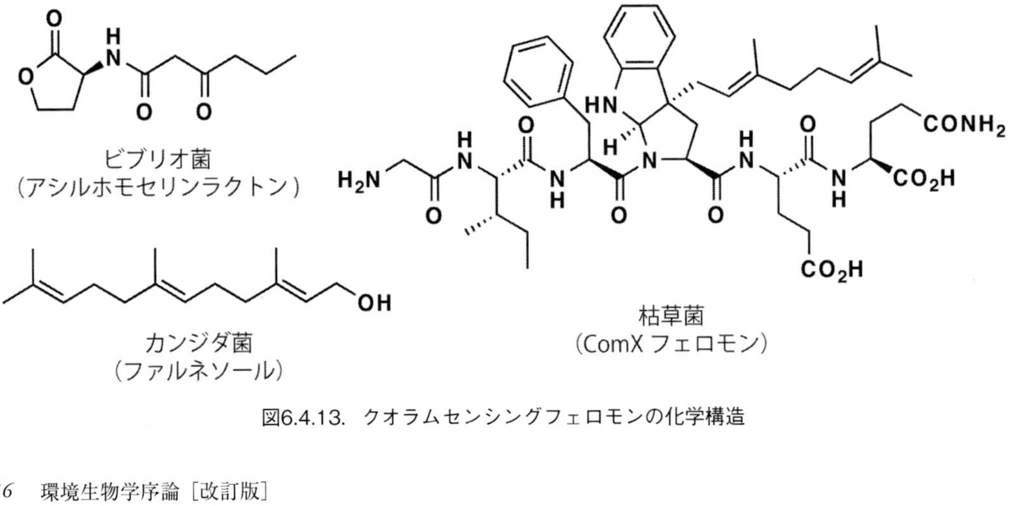

ビブリオ菌
（アシルホモセリンラクトン）

カンジダ菌
（ファルネソール）

枯草菌
（ComX フェロモン）

図6.4.13. クオラムセンシングフェロモンの化学構造

応して植物の抵抗性が高まるといった研究報告がある。言い換えれば、宿主は寄生細菌の会話を盗み聞きして対策を練っているのである。このようなクオラムセンシングフェロモンが介在する種を超えた情報伝達機構の解明研究は、今後ますます進められていくだろう。

4.-5　まとめ

　生物は、様々な生理活性物質を生合成し、それらを環境の変化などに対する自分自身への対策として用いるだけでなく、他者への情報伝達や行動制御などにも用いている。その中には極めて微量でも活性を示す生理活性物質や、劇的な変化をもたらす生理活性物質もある。しかしながら、そのような生理活性物質の化学的な解明研究は困難であり、未発見の原因物質も多い。今後、生物の発する化学物質による"会話"をより深く理解し、それを利用することが出来るようになれば、化学物質という"言葉"を用いて命令を下すことで、まるでおとぎ話の花咲かじいさんや、ハーメルンの笛吹きのように生物の行動を制御できるかもしれない。

岡田正弘

5．観賞植物と生活環境

人は植物と関わりながら生きている。我々は植物を食べ物としてだけでなく、紙・衣服・建材などの道具、嗜好品、薬などとして幅広く利用し、また庭や道ばたに花を植え鑑賞することで心を癒したりもする。人と植物との関わりを表す言葉には「農業（agriculture）」や「園芸（horticulture）」などがあるが、「農業」は農耕を生業とすることの意味として使われ、暮らしの一部として一般市民が行う活動は「園芸」と呼ばれる。園芸とは植物の成長に関わってその手入れや世話をする活動であり、園芸学とは人と植物との関わりの学問と言える。従来の学問としての「園芸学」分野では、植物学を中心としてその生産性を向上させるための学問であり、果樹園芸・蔬菜園芸・花き園芸などに大別され、大学、試験研究機関などにおいて取り上げられてきた。これに対して、ガーデニングブームなどのように「趣味園芸」「家庭園芸」などは、園芸学とは切り離して考えられていた。しかし、我々が生活している環境と密接に関係している園芸の多面的機能を学問としてとらえる動きが強まり、「社会園芸学」という新たな研究領域が提唱されるようになった。ここでは、主に観賞植物と人との関わりについて、生活の中の鑑賞園芸学、都市園芸学、社会園芸学の3つの分野を紹介する。

5.-1　鑑賞園芸学
5.-1-1　観賞植物と癒し

我々人類はもともと植物に囲まれた生態系の中で暮らしており、植物を食料や道具として利用してきた。その中で、花には特に観賞の対象としての価値を見出し、「花を楽しむ」ということを行うようになった。ヨーロッパではルネッサンス以降、一年中花を楽しむための栽培技術が発達し、また美しさを求め花の品種改良が盛んに行われてきた。バラはその典型であり、18世紀には7種ほどの原種バラから数多くの栽培品種が育種され現在に至っている。このようにいつの時代でも花は人を魅了し、人に心の豊かさをもたらす重要なアイテムとなっている。

表6.5.1．平成25年度の我が国における切り花作付面積と出荷量

類・品目	作付（収穫）面積（a）	出荷量（×1,000本）
切り花類全体	1,535,000	4,067,000
キク	509,300	1,598,000
（輪ギク）	(270,100)	(863,000)
（スプレイギク）	(72,900)	(251,500)
（小ギク）	(166,400)	(483,800)
カーネーション	34,800	304,000
バラ	39,500	287,000
ガーベラ	9,420	165,800
ユリ	78,800	148,300
スターチス	19,100	118,600
トルコギキョウ	43,200	102,300
リンドウ	44,400	79,500
アルストロメリア	8,840	59,200
洋ラン類	15,100	19,000
切り葉	70,900	141,400
切り枝	373,700	213,500

平成25年度の我が国における切り花作付面積と出荷量を表6.5.1に示したが、キク・カーネーション・バラは我が国において代表的な切り花として多くの人に利用されている事が分かる。我々の生活環境が都市化し、人口の集中・過密化が進むと、人は心の安らぎのある快適環境（アメニティ、amenity）を求めるようになる。アメニティ効果には、野菜や果樹に比べ花による貢献度が大きく、鑑賞花きの重要性は今後ますます高まって行くものと思われる。

5.-1-2　花の文化・芸術

人が花を観賞や装飾として利用するようになったのは、旧人の時代までさかのぼると考えられている。1960年に発掘されたネアンデルタール人の遺骨の周りから多くの植物の花粉が見つかり、死者にたむけた花だったのではないかと想像できる。また、古代文明発祥の地であるメソポタミアには、豊かな自然を首都バビロンに再現するために空中庭園（hanging gardens）が造られ、様々な植物が栽培されていたと考えられている。実際にどの様な植物が何のために栽培されていたかははっきりとしていないが、メソポタミア王の神話を粘土板に記した「ギルガメッシュ叙事詩」には、ブドウ、ナツメヤシ、スギ、アシ、バラ、ヤナギなどの名が書かれている。さらに古代エジプトでも、宮殿に花壇や庭園が造られていたことも分かっている。古代ギリシャ・ローマの時代になると自然を科学的な視点で観察する学者が現れ、哲学者アリストテレスの弟子であったテオフラストス（Theophrastus）は科学的に植物を調べ、多くの植物の形状や生態、利用法などを「植物誌（Enquiry into Plants）」としてまとめた。その後、これらの古代ギリシャ・ローマ時代の文化を見直そうというルネッサンス運動がヨーロッパで広まると、植物は宗教美術にも多く描かれるようになった。キリスト教美術では、ブドウは教会やキリスト自身、白いユリは聖母、セイヨウオダマキは聖霊、アイリスはキリストの受難や聖母の悲しみ、白いバラは聖母の純潔の象徴として現れている。一方、仏教の世界では睡蓮が重要な意味を持ち、日本では極楽浄土の象徴と考えられるようになっている。

16世紀から18世紀のオランダでは、花や葉を精密に描く絵画が好まれた。フランドル地方を代表する画家のヤン・ブリューゲル父子やオアシス・ベールトらは、一枚の絵に多くの種類の花を満開の状態で描き、同じ時期には咲かない花を一枚の絵に描くのも特徴の一つだった。また彼らの絵画には斑入りのチューリップが多く描かれている。この頃は、斑入りのチューリップが人気を集め、特に1634年から1637年の期間は、チューリップの球根が投機の対象となり珍しい品種の価格が一時的に高騰し、「チューリップ狂時代」と呼ばれるほどであった。もっとも高価な品種は、球根一つが当時の金額で1万1千ギルダーにもなり、高級大邸宅と同じ価値があったと言われている。日本でも江戸時代にはアサガオの育種が盛んに行われ、花弁の形が珍しい変化アサガオが好んで作出され、現在でも多くの愛好家が存在している。キクも江戸時代頃から流行になり、花の品評会などを通して人々の中に広まっていった。また、我が国では古くから生け花として花を楽しんできた。生け花の歴史は室町時代にまでさかのぼり、桃山時代になると茶道の流行に伴い、茶室の生け花が創作された。生け花の世界では、花を長く鑑賞するために、水の中で茎を切り落とす「水切り」の他、茎の表皮をむく、ハサミなどで茎に縦に筋を入れる、茎の切断面を焼く、水を含んだ新聞紙で切り花全体を包み保管する、水に深くつけて保管する「深水」、切り花を逆さまにして上から水をかけて保管する「逆水」などの技術が考案されてきた。

人が文明を築いて以来、花は文化の中で重

要な素材となり、常に深く関わり合ってきた。さらに、私たち人間の「生活の質（quality of life）」の向上に伴い、花と緑が日常生活や文化の発展に及ぼす役割がますます大きくなってきている。花には、人の心に安らぎを与え、豊かな文化を創り出させる大きな魅力があると言える。

5.-1-3 切り花の観賞価値の向上

鑑賞目的の植物としては、葉物や果実などもあるが、おもに利用されているのは花き類である。切り花や鉢花ではつぼみからいかに美しく咲き、そしていかに長く観賞できるかが品質のひとつの指標と言える。現在では観賞花きの品質については花の老化を遅らせることを中心に研究されており、観賞期間の延長のため多くの技術が実用化され、切り花に対する様々な延命剤（鮮度保持剤、floral preservative）が市販されている。例えば、バラでは切り花に糖処理することで開花後の老化を遅らせ花色の発現を改善することができる。またエチレン生成（ethylene production）の抑制あるいはエチレン作用（ethylene action）の阻害によって老化を遅延できることが知られており、エチレン感受性（ethylene sensitivity）が高い切り花（表6.5.2）においては、エチレン作用阻害剤であるチオ硫酸銀（silver thiosulphate、STS）処理により老化を著しく抑制できる。ただし、STSの効果は切り花のエチレン感受性の違いにより、大きく日持ちを延長するものからほとんど効果を示さないものまで様々である（表6.4.3）。

一方、老化だけでなく開花現象そのものにも着目し、その機構を明らかにすることで観賞花きの品質向上につなげることも重要である。特に切りバラなどは、つぼみから徐々に花弁が成長し開花して行く過程が消費者を引きつける大きな魅力の一つでもある。また、トルコギキョウ、デルフィニウムなどのように一本の花茎に複数の小花があり、まだ開花していないつぼみを完全に開花させることも切り花品質向上につながる。今までの植物生理学や園芸学の分野では花弁成長（petal growth）そのものにターゲットをおいた研究が少なく、開花現象の分子機構はそれほど解明されていない。開花とは、多くの場合、花弁組織の背軸側への反り返りを伴う成長であり、その成長は花弁表層と裏層の肥大成長差によって引き起こされる。開花における細胞肥大成長は、花弁細胞内での貯蔵糖の分解やアポプラストからの糖の流入などによってまず浸透圧調節物質（osmolyte）が蓄積し、その結果花弁細胞内の浸透圧が高まり水の流入が引き起こされる（図6.5.1）。さらに、花弁

表6.5.2. 切り花のエチレンに対する感受性の違い

感受性	切り花品目
高い	カーネーション、スイートピー、デルフィニウム、
やや高い	トルコギキョウ、キンギョソウ、バラ、アルストロメリア
やや低い	ストック、スイセン
低い	キク、ガーベラ、チューリップ、ダリア、ヒマワリ、グラジオラス、テッポウユリ

表6.4.3. STSが切り花の日持ちに及ぼす効果

効 果	切 り 花 品 目
大きく日持ちを延長	カーネーション、スイートピー、デルフィニウム
若干日持ちを延長	トルコギキョウ、キンギョソウ、ストック、アルストロメリア、スイセン
ほとんど効果無し	キク、ガーベラ、ユリ、チューリップ、ダリア、ヒマワリ、グラジオラス

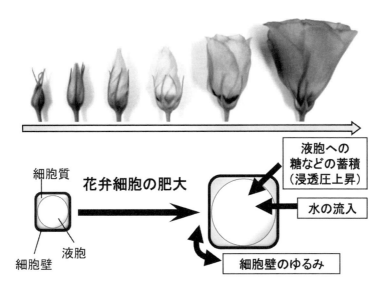

図6.5.1　開花に伴う花弁細胞肥大のメカニズム
開花現象は、つぼみの細胞における「浸透圧の上昇」・「細胞壁のゆるみ」・「水の流入」による肥大成長に起因する。

細胞の急激な肥大には、呼吸基質として、また細胞壁（cell wall）合成のために多くの糖が必要となる。また、植物細胞は強固な細胞壁を有するため、細胞が肥大成長するためには細胞壁のゆるみ（cell wall loosening）も必要となる。細胞内への水の流入は浸透圧差と細胞壁強度の両方で制御されており、細胞壁強度は開花速度を決める重要な要因の一つであると言える。細胞壁は酸性下で強度がゆるむことが知られているが、細胞壁に局在する様々な酵素も開花と関係があることが調べられている。現在、セルラーゼ（cellulase）、ペクチンメチルエステラーゼ（pectinmethylesterase）、エンド型キシログルカン転移酵素/加水分解酵素（Xyloglucan Endotransglycosylase/Hydrolase: XTH）といった酵素やエクスパンシン（expansin）というタンパク質が細胞壁のゆるみに関係していると言われており、その中でも特にXTHやエクスパンシンは開花時の花弁成長との関係が示唆されている（図6.4.2、Yamada *et al.*, 2009）。花においては、遺伝子レベルでの研究がすでに実用化につながっている。例えば、サントリーの研究グループはアントシアニン（anthocyanin）生合成関連の遺伝子をバラやカーネーションに導入することで、従来の育種では作ることのできなかった青いバラや青いカーネーションを作出し、販売している。また、エチレン生合成および感受性に関与する遺伝子を導入することで花の観賞期間を延長させたという実験結果が、カーネーション、トレニア、ペチュニアで報告されている。花き産業においては、分子生物学的研究成果から実用化技術へと応用されることが今後ますます増えていくものと考えられる。開花に関わる遺伝子の研究がさらに進めば、老化抑制だけでなく、つぼみから開花に至る花弁成長速度を制御することで、切り花鑑賞期間の飛躍的な向上が期待できる。

花きの開花現象に関する分子生物学的研究はまだ始まったばかりだが、今後多くの研究者が様々な観点から開花に関わるタンパク質、遺伝子の解析がなされるものと思われる。これらの知見は、切り花の輸送・貯蔵方法の改善、開花のコントロール、さらには切り花日持ち性向上など花き産業に有用な情報となるものと思われる。

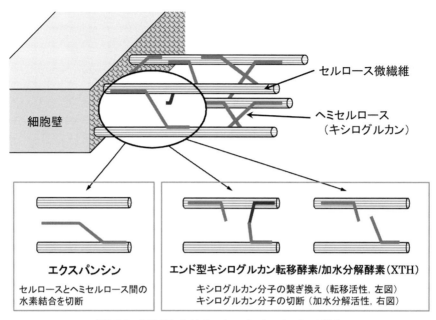

図6.5.2. 細胞壁におけるエクスパンシンとXTHの働き

5.-2 都市園芸学 (urban horticulture)

　花や植物は、鑑賞や装飾の対象としてのみではなく、都市環境の分野にも貢献している。街が発達し近代的な都市の中においても、人は花と緑がもたらす「安らぎ」を求めている。緑豊かな郊外だけでなく、都会にも公園が作られ、街路樹が植えられ、**壁面緑化**（vegetation covering on wall surface, wall greening）や**屋上緑化**（roof planting）も見られるようになった。学校の花壇では「花育」として子供たちが花を育て、家庭でもガーデニングがブームとなったりもしている。都会の緑化では、「点在する緑地」から「緑のネットワーク」を形成する試みがすすんでいる。これは、従来では街路樹や緑地などが点在して存在していることが多かった緑地帯を、街路樹などの「緑のネットワーク」で緑地帯同士をつなぐように工夫することで、野鳥や虫などの生態系への影響を考慮した質の高い緑地を目指す取り組みである。街全体が協力し、商店街の店先に植物を飾ったり、道路際の植栽を整備したりする動きもある。また、都会のヒートアイランド現象を抑制するために、屋上緑化や壁面緑化が積極的に取り入れられてきている。壁面緑化は、建物の壁面だけでなく、道路や鉄道の橋など様々なコンクリート構造物に植物を這わせて、景観的アメニティの確保や日よけ効果による省エネ効果が期待されている。省エネ効果としては、直接太陽の日差しを遮るだけでなく、葉からの水の蒸散による冷却効果も期待できる。壁面緑化には、ツタ類を利用した「壁面登はん」、プランターなどにヘデラ類を植栽し下へ垂らす「壁面下垂」、壁面にパネルを設置し植物を植える「壁面前植栽」、壁面の際に樹木を仕立てる「エスパリア」などがある。一方、屋上緑化は断熱効果や省エネ効果だけでなく、保水効果による都市洪水予防や紫外線を遮断することによるコンクリート劣化防止なども期待されている。しかし、屋上の床にかかる土の荷重を支える強度と防水性、さらに根の侵入を防ぐ対策などが課題となっており、壁面緑化・屋上緑化ともにきちんとした施工と維持・管理がなされないと、景観的にも構造物の安全面でも逆効果となってしまう懸念も指摘されている。

5.-3 社会園芸学 (socio-horticulture)

　社会園芸学では、園芸における生産行動やその生産物の利用が人間にもたらす直接的・間接的な効果、さらにはそれらを媒体とした人間関係など、植物と人間との関わりが重要なテーマとなっている。人は見る・触る・嗅ぐ・味わうなどの感覚を通して植物と関わり、またそのために植物の種をまき、成長の手入れをし、収穫し、加工する。その感覚と作業の二つの関わり方そのものがまさに「園芸」であり、どちらか一方、つまりただ単に花を観賞したり、果物を食べたりするだけの行為は「園芸」とは言えない。多くの人々は、花を見ることで癒され心が安らかになる。花を美しいと感じる気持ちは万国共通であり、地域文化を越えてセレモニーやイベントでは必ずと言って良いほど多くの花が飾られる。我々は美しい花によって、喜び・悲しみや人への感謝といった感情を表現する。古くから、農耕や園芸が心身の健康に有効であることが知られていたが、美しい花が人の心を安らかにすることを利用し、園芸を福祉や病気の治療に役立てようとする発想が生まれてきた。特に近年では、花や緑が健康の維持・増進などに役立つことにも注目され、「園芸福祉 (horticultural well-being)」、「園芸療法 (horticultural therapy)」といった考え方が広まってきている。

　園芸療法とは、我が国へ1990年代頃アメリカから導入された作業療法の一つで、病気の治療や心身の健康増進を目的として医学、心理学、園芸学の専門知識に基づいて、草花を育てるといった園芸作業を行うものである。特に高齢者福祉施設や精神的な障がいを持つ人のための施設などで盛んに取り入れられている。園芸療法の一例としては、播種・移植・定植・収穫などの作業がプログラムされ、効果的で持続的な園芸療法が考案されている。近年では屋外で行う園芸作業だけでなく、室内で簡単にできるフラワーアレンジメントが考案され、フラワーアレンジメントプログラムとして脳機能の回復などを目指した研究が行われている (Mochizuki-Kawaiら, 2010)。この研究は、統合失調症患者を対象にしてフラワーアレンジメントを用いた認知リハビリテーションを目指したもので、視空間ワーキングメモリーの向上に有効であり、また認知機能訓練への参加意欲を高める効果も期待できるものとして注目されている。さらに、園芸療法は人間関係も円滑にさせる効果もあるとされている。園芸療法は、花を見たり植物に触れたりすることが人の感情にプラスに働くことを利用しているが、花や緑が人間の視覚に働きかけ安らかな気持ちを増大させることは科学的にも調べられている。Ulrichら (1991) は不快なストレスを与えた120名の学生に対し、ストレスを与えた直後に都市風景又は自然風景のビデオを視聴させた実験を行っている。その結果、自然風景のビデオを視聴した被験者は否定的な感情が減少し、肯定的な感情が増加した。また、胆囊摘出手術後に、緑が見える部屋で過ごした場合と、窓越しに隣接した建物の壁面が見えるだけの部屋で過ごした場合とでは、患者の術後の痛みの程度や退院までの日数に有意な差があった事が報告されている (Ulrich, 1984)。この結果は、緑の風景が術後の痛みを和らげ、心身の回復を助けたと考えられている。これらのように、園芸療法は医療・福祉関係施設でいろいろな実践活動が試みられるようになり、大学や専門学校による園芸療法士養成課程も創設されるなど、日本においても徐々に浸透しつつある。今日における園芸療法の定義や解釈はさまざまだが、日本園芸療法学会では、園芸療法とその実践者である園芸療法士を次のように考えている。すなわち、園芸療法とは、「医療や福祉の領域で支援を必要とする人たち（療法的かかわりを要する人々）の幸福を、園芸を

通して支援する活動」であり、園芸療法士とは、「これを実践するために欠かせない豊かな人間性と高度の知識・技術をもつ専門家」である。「園芸福祉」や「園芸療法」は新たな園芸の活用法であり、花や緑に触れたり、自らが育てたりすることで得られる心地よい感覚や達成感など、人に対する様々な効果をもたらす可能性がこれからもますます期待されている。

　　　　　　　　　　　　　　　山田邦夫

【引用文献】

Mochizuki-Kawai, H. *et al.* (2010) Structured floral arrangement programme for improving visuospatial working memory in schizophrenia. Neuropsychological Rehabilitation 20: 624-636

Ulrich, R.S. (1984) View through a window may influence recovery from surgery. Science 224: 420-421

Ulrich, R.S. (1991) Effects of interior design on wellness: theory and recent scientific research. Journal of Health Care Interior Design 3: 97-109

Yamada, K. et al. (2009) Cell wall extensibility and effect of cell-wall-loosening proteins during rose flower opening. J. Japan. Soc. Hort. Sci.78: 242-251

6．植物による環境修復

近年、人類は豊かで便利な生活を手に入れるために膨大な量の廃棄物を生み出し、地球環境を悪化させてきた。これらを軽減するためにそして持続可能な発展と循環型社会の形成を目指し、様々な試みがなされている。そのなかで重金属、残留農薬、環境ホルモンなどの有害物質による土壌汚染の浄化を目的とした方法の1つとしてバイオテクノロジーを利用した環境修復技術、すなわちバイオレメディエーション（bioremediation）の技術に注目が集まってきた。そして、微生物を用いたバイオレメディエーション技術はすでにプラント化され、各種の汚染浄化に利用されている。

我々の生活環境は多くの植物の存在に依存しており、その機能の恩恵を被っている。例えば、植物は光合成によって炭酸ガスを吸収し酸素を供給し、大気組成の保全機能を持っている；植物は直接我々の食糧となり、また家畜の飼料として間接的にも我々の食糧になっており、食や医に欠かせない；木材や製紙原料、さらには繊維となり、衣・住に欠かせない；植物は森林を形成することによって、水分の保持や蒸散による大気への還元など、水の循環と土壌形成にも重要である；日常生活の中で木が茂ることによっての微気象緩和、森林浴効果、そして景観維持によるアメニティーを提供してくれる；植物の多様性は生物多様性の中心であり、人の生活環境に大きな影響を与える：このような植物の持つ潜在的な能力を利用して、人間生活によって起きた環境汚染を浄化しようとする方法の1つとしてファイトレメディエーション（phytoremediation）もまた環境浄化・修復に効果的である。ここではファイトレメディエーションの詳細について述べる。

6.-1　ファイトレメディエーションとは？

ファイトレメディエーションとは、「植物の機能を利用して環境修復および汚染浄化を行うこと、あるいはその技術のこと」である。他にバイオレメディエーションがあり、これは生物一般を利用する環境汚染浄化技術という広い概念であるが、特にその中でも微生物を利用する環境修復および浄化に対して用いる場合が多い。

6.-2　ファイトレメディエーションの歴史

1980年代から米国のスーパーファンド法を始め、欧州各国でも様々な土壌保護法が制定され、汚染土壌の修復義務が法律で規定された。日本でも2002年に土壌汚染対策法が公布され、修復義務が法律で規定された。そのため、莫大なコストがかかる従来の方法では汚染土壌を浄化することは困難な場合も多く、より低コストの方法の開発が必要となった。現在、米国やヨーロッパで土壌汚染、地下水汚染の浄化に求められる方法は、環境に対する負荷が少なく、従来の方法に比べ低コストであり、メンテナンスフリーであることである。そこでファイトレメディエーションが注目されるようになった。米国においては多くのベンチャー企業の台頭を招き、主に石油産業での有機溶剤汚染の浄化への展開が試みられ、その有効性が認められ、コストも従来の工学的な浄化法の数分の1以下であった。その後、主に米国、欧州を中心にしてこの技術は進展し、様々な汚染物質の浄化に適した植物の開発もなされてきた。日本においては、古くよりイネ栽培のカドミウム汚染が問題とされ、今後も安全なコメ栽培のために土壌中のカドミウム含量を下げる必要があり、本技術の利用が期待されている。また、富栄養化した河川や湖沼の環境修復のために水耕生物濾過法（ビオパーク方式）が開発され、その効果が期待さ

れるなど様々な取り組みがなされている。

6.-3 ファイトレメディエーションのメリットとデメリット

メリットとしては、①低コストであり、経済的である、②メンテナンスフリーである：植物の生育にはそれほど手間はいらない、③原位置（オンサイト）での浄化が可能である：従来方の場合は汚染土壌を処理場まで運ばねばならなく2次汚染が心配であるが、その場で処理できるのでその心配は無い、④低濃度広域汚染に適している：植物を一面に栽培するだけでよい、⑤バイオメディエーションと組み合わせて効果を高めることが出来る。

デメリットとしては、①即効性が低く、修復に時間を要する：植物のライフサイクルに依存する、②浄化能力が弱い：植物が生存できる範囲内の汚染物質の吸収と蓄積であるので効率が悪い、③土壌に関しては比較的浅い汚染に限られる：その植物が根を張る範囲内でしか吸収できない、④高濃度汚染には適していない、⑤対象物質が限られる。

6.-4 ファイトレメディエーションの種類

ファイトレメディエーションには表6.6.1に示すように様々な具体的方法がある。

(1) ファイトエクストラクション

(phytoextraction　植物による汚染の濃縮)

この方法は最も良く用いられ、植物体内に環境中の汚染物質を吸収そして蓄積させ、それを除去することで浄化する。吸収された重金属は植物体内で生体化合物とキレート化を起こし無毒化され、蓄積される。カドミウム、鉛、クロミウム、水銀、コバルト等、多様な重金属類が回収できる。アメリカでは企業化され、工場跡地や水銀汚染地域などで活用されている。

(2) ファイトデグラデーション

(phytodegradation　植物による汚染の無毒化)

主に農薬、有機溶媒や環境ホルモン等の有毒有機物質を植物体内に取り込み、植物の代謝系により分解、無毒化する。

(3) リゾフィルトレーション

(rhizofiltration　水生植物による汚染の濃縮)

水耕栽培や水生の植物の根系に特化したphytoextractionであり、水中の重金属や富栄養化物質を吸収そして濃縮する。例えば、パピルスやホテイアオイを浄化池で栽培し、その水を陸生植物の栽培に使うことによって、生活排水をかなり浄化し、再利用できるようにした。

(4) ファイトスタビリゼーション

(phytostabilization　植物による汚染の固定)

植物体からある物質を分泌して重金属などの汚染物質を根圏の土壌に固定し、それ以上拡散しないようにする。

(5) ファイトボラティライゼーション

(phytovolatilization　植物による汚染物質の

表6.6.1. ファイトレメディエーションの具体的方法

方　　法	内　　容
ファイトエクストラクション	植物による汚染の濃縮
ファイトデグラデーション	植物による汚染の無毒化
リゾフィルトレーション	水生植物による汚染の濃縮
ファイトスタビリゼーション	植物による汚染の固定
ファイトボラティライゼーション	植物による汚染物質の揮発性化
ファイトスティミュレーション	植物による汚染の分解促進
ファイトプリベンション	植物による汚染の拡散防止

揮発性化）

根より汚染物質（特に有機物質）を吸収し、植物体内で分解あるいは無毒化して、大気中に放散する。

（6）ファイトスティミュレーション

（phytostimulation　植物による汚染の分解促進）

植物の根よりある物質を分泌して根圏の微生物を活性化し、その微生物の働きで汚染物質を分解あるいは無毒化する。

（7）ファイトプリベンション

（phytoprevention　植物による汚染の拡散防止）

汚染地に雨水がしみこまないように被覆植物を施し、その蒸散によって雨水のみをポンプアップして汚染の拡大を防ぐ。

その他、植物によっては大気中の窒素酸化物、硫黄酸化物等を、葉より吸収し、体内で代謝し、窒素源や硫黄源として大気汚染物質を植物の成長に変換することも可能である。

6.-5　ファイトエキストラクション

上記のようにファイトレメディエーションには様々な方法があるが、最も一般的で利用範囲が広いといわれるのがファイトエキストラクションである。ここではその詳細について述べる。金属汚染土壌に生育する植物には通常3つのタイプがある（図6.6.1）。①指標種（indicator）：土の中の金属濃度に応じて自らの濃度も上昇することが出来る、②排除種（excluder）：重金属類を取り込まないことで生体を防御するが、過剰な濃度になると抑制がきかなくなり多量に蓄積し枯死する。③集積種（accumulator）：土壌中の金属レベルよりも体内で高い濃度になるまで金属を取り込むことが出来る。この中には**超集積種**（hyperaccumulator　蓄積レベルが特異的に高い種）が含まれる。この中でファイトエキストラクションに最も適したタイプは集積種や超集積種である。

金属の集積法として、超集積種を用いれば連続的集積により高い濃度まで金属を集積できる。しかしながらこのような植物種は少ない。金属集積能力が比較的低い植物に対してはキレート剤の添加により集積能力を高めることが出来る。すなわち、植物のバイオマスがほぼ成熟した時期に土壌中にキレート剤（EDTA、EGTA、有機酸など）を添加するとキレート剤と金属が結合して水溶性となり金属は吸収されやすく、また植物体内を転流し易くなり、高濃度に集積することが出来る（図6.6.2）。

6.-6　ファイトレメディエーションにより処理可能な物質と利用できる植物

ファイトレメディエーションによって処理可能な物質として、金属等無機物ではホウ素、カドミウム、コバルト、クロム、銅、水銀、ニッケル、鉛、セレン、ヒ素、過塩素塩、フッ素、

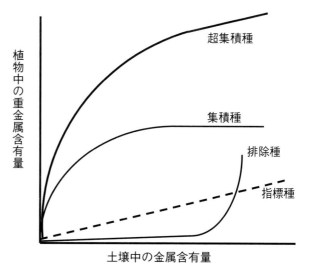

図6.6.1．重金属集積量と土壌中の金属含有量の関係

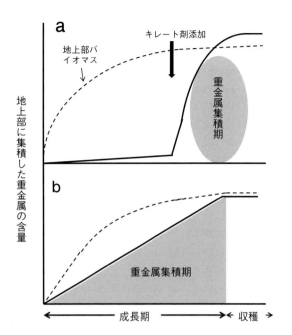

図6.6.2. 植物の地上部バイオマスと地上部の重金属集積量との関係
（D.E.Salt et al. 1998 による）
a：キレート剤添加法、金属集積能の比較的低い集積種に用いる
b：超集積種による集積

有機化合物では塩素化合物、爆発物、石油系炭水化物、木材防腐剤、農薬、殺虫剤などがある。

環境汚染物質を集積する多数の植物が報告されているが、その中で比較的よく知られている植物の一部を上げる（表6.6.2）。カドミウムの超集積種としてミゾソバ、セイヨウカラシナ、グンバイナズナ、ヘビノネコザ、ヒマワリ、鉛の超集積種としてミゾソバ、セイヨウカラシナ、ヘビノネコザ、銅の超集積種としてヘビノネコザ、ニッケルの超集積種としてタカネグンバイなどが知られている。その他、金属などの無機物の集積種として多くの植物が知られている。石油系化合物の吸収には、ク

表6.6.2. 環境汚染物質を集積する植物例（これまでに記載のあった植物の一部をリストアップ）

植物名	集積する金属	植物名	汚染物質への耐性
（無機化合物）			
ミゾソバ	Pb、Cd（超集積種）	ネズミモチ	大気汚染
セイヨウカラシナ	Pb、Cd（超集積種）	タマルゴ	塩害
グンバイナズナ	Cd、Zn（超集積種）	シルトグラス	塩害
ヘビノネコザ	Pb、Cd、Cu（超集積種）	キヌア	塩害
モエジマシダ	As（超集積種）	マングローブ	塩害
ホンモンジゴケ	Cu	地衣類	塩害
ヒマワリ	Pb、Cd（超集積種）		
コシアブラ	Mn（超集積種）		
タカネグンバイ	Ni（超集積種）		
イネ	Cd		
ソルガム	Cd		
植物名	集積する汚染物質	植物名	集積する汚染物質
（有機化合物）			
クローバー	PAH	メドーブロムグラス	TNT
イタリアンライグラス	ディーゼル油	ライグラス	PAH
フェスキュ	ディーゼル油	メドハギ	PCB、TNT、ピレン
ペレニアルライグラス	PCP、PAH、ディーゼル油 TNT	バミューダグラス	石油系化合物
		オオイヌフグリ	農薬
トウモロコシ	PAH	ホテイアオイ	淡水汚染物質
リードカナリーグラス	PCB、TNT、ピレン	スプルリナ	淡水汚染物質
スイッチグラス	PCB、TNT、ピレン	ゼラニウム	ホルムアルデヒド
トールフェスタ	PCB、TNT、ピレン、石油系化合物		

PAH（多環芳香族炭化水素）、TNT（トリニトロトルエン）、PCB（ポリクロロビフェニル）、PCP（ペンタクロロフェノール）、Pb(鉛)、Cd（カドミウム）、Cu（銅）、As（ヒ素）、Mn（マンガン）、Ni（ニッケル）

ローバー、イタリアンライグラス、メドーブロムグラス、ライグラス、メドハギ、バミューダグラス、塩素化合物の吸収にはリードカナリーグラス、スイッチグラス、トールフェスタなど、木材防腐剤の吸収にはペレニアルライグラス、農薬の吸収にはオオイヌフグリなどが用いられた。

6.-7 金属の吸収、無毒化そして蓄積

　土壌中の重金属は他の無機成分と同様、根の表面から植物体内に入る。重金属はまずアポプラストに入り、その後細胞内に吸収されるものと細胞壁の負の電荷に捕まり細胞壁に不動化されるものに分かれる。細胞内に吸収されるものは細胞膜にある重金属のトランスポーターによって取り込まれた後、原形質流動にのって細胞内に拡散、さらに原形質連絡を通って多くの細胞に拡散する。一方、根毛などから細胞内に取り込まれた重金属イオンは、細胞間を移動し、下皮組織、皮層組織、内皮組織を経て内鞘に達する。内鞘細胞内の重金属はトランスポーターによって細胞外に排出された後、導管などによって他の器官に輸送される。超集積植物の中にはグンバイナズナのように**重金属トランスポーター**の発現量が著しく高いものもある。金属の高集積の原因の1つはトランスポーターの機能が強いことによるものと思われる。

　細胞内に取り込まれた重金属は、ペプチド（フィトケラチンなど）、アミノ酸（ヒスチジンなど）、有機酸（クエン酸など）と結合することによって無害化、蓄積される。フィトケラチン（動物のメタロチオネインのクラスⅢに分類）と結合した金属は液胞内に蓄積し、隔離そして無毒化される。

6.-8 遺伝子組換え植物の利用

　ファイトレメディエーションの最大の課題は浄化効率を向上することである。一般に、それに適した植物を通常の育種技術で獲得することは難しく、画期的な技術、すなわち遺伝子組換え技術の利用により超集積植物を創出することである。前述したように重金属を細胞内に集積する機構は、遺伝子レベルでかなり明らかになっており、遺伝子組換え技術を用いてこれらの機能を制御することは部分的には可能となっている。具体的には次の機能を強化する方法がある。①根での重金属吸収能の強化：重金属のトランスポーターやカチオンチャネルを強化してより積極的に重金属を細胞内に取り込む；②吸収した重金属を無毒化して液胞内に蓄積するための機能の強化：フィトケラチン合成遺伝子やメタロチオネイン合成遺伝子の導入と液胞膜へのトランスポーターの導入により液胞内への蓄積を強化する；③重金属をキレート化して動きやすくさせる物質の生産の強化：例えばイネでの鉄吸収のためのムギネ酸分泌や有機酸分泌による吸収強化；等が考えられる。また、残留農薬などの薬剤除去のために、チトクロームＰ450モノオキシゲナーゼ遺伝子を導入した薬剤代謝型Ｐ450発現植物の作出などが考えられている。遺伝子組換え植物を利用することについては我が国ではまだ十分なコンセンサスが得られていないが、これらは食用ではないので環境に対する影響がないことが実証されれば利用が可能となろう。また、日本のように狭くて土地価格の高い国では、広範囲に土壌が汚染された場合に、汚染除去のため雑草、コケ、シダ等を用いたファイトレメディエーションによって、長期間その土地を付加価値なしで維持することはなかなか難しい。そこで上述の遺伝子を美しい花に付加することによって付加価値を高め、景観美化と環境修復の両方を同時に行うことを目的とした、すなわち野原一面に美しい花を咲かせ、景観を美化しながらファイトレメディエーション機能によって汚染を除去する方法（仮称：フラワーレメディエーション）に適し

た美しい花の作出も将来の夢である。一方、生物多様性の中心である野生植物や園芸植物の中から汚染物質の集積に関して超能力を持った新種の発見も期待できるかもしれない。

　以上述べたように、ファイトレメディエーションによる汚染浄化は時間はかかるが環境に負荷を与えなく、持続的な環境保全を掲げる21世紀に相応しい方法である。

山木昭平

【参考文献】

北海道大学大学院環境科学院（2007）「環境修復の科学と技術」　北海道大学出版会

日本土壌肥料学会　（2000）「植物と微生物による環境修復」　博友社

渡邊泉・久野勝治編　（2011）「環境毒物学」　朝倉書店

【引用文献】

Salt, D.E. *et al*. (1998) Phytoremediation. Ann. Rev. Plant Physiol. Plant Mol. Biol., 49: 643-668,.

7. 遺伝子組換え植物と環境

　組換えDNA技術を使って遺伝子を操作することで新しい形質を与えられた**遺伝子組換え生物**（Genetically Modified Organism; GMO）の一種である遺伝子組換え植物は、1990年代から農業で実用化されるようになり、約20年が経過した現在では除草剤耐性や害虫抵抗性などを付与した遺伝子組換え作物が世界の25カ国以上の国々で栽培されるようになっている。特に、ダイズは2009年の時点で全世界の作付け面積の70％が遺伝子組換えダイズであり、同様に全世界で栽培されるトウモロコシの26％、ワタの52％、カノーラ（ナタネ）の21％が遺伝子組換え作物になっている（ISAAA/FAOSTAT, 2009）。こうした急速な拡がりの背景には、これら遺伝子組換え作物が生産者である農家の農作業の負担を著しく軽減するだけでなく、農薬や殺虫剤などの散布を低減し、農地を耕さない不耕起栽培法を可能にすることで耕土流出が防がれるなど、環境に優しい農業の実現をもたらしていることが上げられている。植物遺伝子の働きの解明が進み、多くの植物種の全ゲノムDNA配列の解読が急速に進むなかで、遺伝子組換えを利用して様々な環境ストレスへの耐性能を高めて過酷な環境でも栽培できる作物や、環境汚染物質の除去能を高めた環境浄化植物の作出なども活発に進められている。一方、遺伝子組換えで作られた各種の食品や医薬品などGMO全般への消費者の抵抗や、GMOの使用拡散による新たな薬剤耐性植物の出現など生態系攪乱への危惧も強い。安全性確保への一層の努力と共に、社会全体のコンセンサスを得ながら開発を進めていくことが重要である。

7.-1 遺伝子組換え植物の作成

　1970年代に登場した遺伝子組み換え技術は、またたく間に様々な生物の遺伝子を大腸菌にクローニングして構造と機能を研究する分子生物学の必須の基礎技術となった。また、種々の産業用微生物で異種生物遺伝子を発現させて食品、化成品や医薬の製造のための有用酵素やタンパク質を大量生産することを可能にしてバイオテクノロジー発展の基礎となった。そして、1980年代に入ると植物の細胞に外から任意の遺伝子を導入して染色体DNAに組み込み、その細胞からすべての細胞が導入遺伝子をもつ**形質転換植物**（transgenic plants）、即ち遺伝子組換え植物が作られるようになった。植物への遺伝子導入技術は、単離した遺伝子が植物の体のどの細胞でいつ発現するか、あるいは植物の成長の中でどのような働きを担っているかなどを明らかにする上で極めて有益な技術として急速に世界中の研究室に普及した。特に、2000年のシロイヌナズナ（*Arabidopsis thaliana*）、2004年のイネ（*Oryza sativa*）を始め、様々な植物の全ゲノム情報の解読が加速する現在、遺伝子組換え技術を駆使してゲノム配列から推定された遺伝子の機能を解明することの重要性が益々高くなっている。

7.-1-1　遺伝子組換え植物作成技術

　遺伝子組換え植物は大きく2つのステップを経て作られる。まずは、目的遺伝子を植物の細胞の染色体DNAに組み込むステップであり、次に目的遺伝子を染色体に組み込んだ細胞を増殖させて個体へと再分化させる。植物への遺伝子導入に広く用いられているのは、土壌細菌であるアグロバクテリウム・ツメファシエンス（*Agrobacterium tumefaciens*）の病原性Tiプラスミド（Tumor-inducing plasmid）を無毒化改変して用いる方法である（図6.7.1）。アグロバクテリウムが植物の傷口に感染するとTiプラスミドの*Vir*遺伝子群が活性化され、Virタンパク質の働きでRBとLBの二つの25塩基対からな

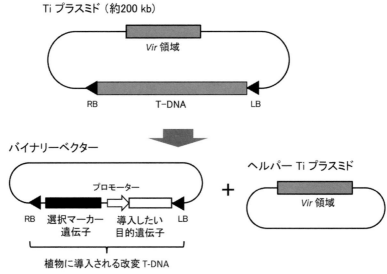

図6.7.1. 植物への遺伝子導入に用いられる Ti バイナリーベクター

るボーダー配列に挟まれたT-DNA（transfer DNA）領域が切り出されて増幅され、増幅したDNAは細菌細胞から植物細胞に移入して染色体DNAに組み込まれる。T-DNAの中にある植物ホルモンや特殊なアミノ酸誘導体の合成に関わる酵素の遺伝子は、細菌中では働かないが植物細胞の核の中で発現して**根頭癌腫病**（crown gall disease）を引き起こす。

植物への遺伝子導入用バイナリーベクター（binary vector）では、導入したい目的遺伝子を小さなプラスミド上のRBとLBの間に**選択マーカー遺伝子**（selective marker gene）と共に組み込みやすくなっている（図6.7.1）。選択マーカー遺伝子は、T-DNAが導入された植物細胞を選別するためのものであり、カナマイシン（kanamycin）やハイグロマイシン（hygromycin）のような抗生物質に対する耐性遺伝子が用いられる。目的遺伝子を組み込んだバイナリープラスミドを、アグロバクテリア中でT-DNA領域が欠失した**ヘルパー Tiプラスミド**（helper Ti plasmid）と共存させて植物組織切片に感染させる。ヘルパープラスミドの Vir遺伝子の働きでバイナリープラスミド上の目的遺伝子と選択マーカー遺伝子を含む改変

T-DNAが植物細胞へと導入される。感染後の組織を抗生物質入り培地で組織培養すると、抗生物質に耐性となったT-DNA導入細胞だけが生き残って増殖する。

植物細胞には**分化全能性**（totipotency）があり、根や葉などの分化した組織片を組織培養すると細胞は脱分化して増殖し、さらに適切な植物ホルモン条件下で培養を続けると**不定胚形成**（somatic embryogenesis）と呼ばれる種子の中での**胚形成**（embryogenesis）と類似したプロセスを経て分化した個体へと成長する。アグロバクテリア感染後に抗生物質耐性で選別した細胞を、植物ホルモンのオーキシン（auxin）やサイトカイニン（cytokinin）の適切な組み合わせのもとで組織培養すると、不定胚形成を経て目的遺伝子が導入された細胞からなる形質転換植物個体が再分化する。導入遺伝子は種子を経て子孫に伝えられる。

一般に、T-DNAの植物染色体DNAへの組み込みはランダムに起こり、染色体の組み込み部位やコピー数の違いにより、同じ導入遺伝子であっても個々の形質転換植物によって発現の強さや安定性などに違いが生じ、**位置効果**（position effect）と呼ばれる。導入遺伝子の効

果をみるには多数の独立した形質転換植物を調べることが不可欠で、また品種改良の素材として形質転換植物を利用するには適切な個体を選ぶことが重要である。遺伝子導入の選択マーカーとして、医療用、家畜用にも使われるカナマイシンなどの抗生物質に対する耐性遺伝子を使うことの安全性が問題にされた。そこで、抗生物質耐性遺伝子を形質転換植物選択の初期にだけ利用してその後は除去されて残らないようにしたり、元来は植物が利用できない炭素源を利用できるようにする遺伝子を選択マーカー遺伝子として使うなどの安全性を確保する技術開発も進んでいる。

7.-1-2 導入遺伝子の発現

植物に導入された遺伝子は、その遺伝情報が適切に発現して始めて機能を発揮する。導入遺伝子の発現は、遺伝子のプロモーター（promoter）配列によって制御される。一般に遺伝子のタンパク質アミノ酸配列を決めるコード配列（coding sequence）の上流側（5'側）に位置するプロモーターは、遺伝子DNA配列のmRNAへの転写を指令するいわばスイッチとなる情報が書き込まれた部位である。プロモーター領域が遺伝子の転写開始を制御する機構とその配列の特徴は生物種によって異なり、一般に細菌遺伝子をそのまま植物に導入しても正常な転写は起こらない。カナマイシン耐性遺伝子のような細菌由来の酵素遺伝子を植物に導入して働かせるためには、プロモーターを植物細胞で働くプロモーターと置き換える必要がある。

植物のDNAウイルスであるカリフラワーモザイクウイルス（CaMV）の35S RNA遺伝子のプロモーター（CaMV 35S promoter）は、基本的に植物の様々な組織のどの細胞でもいつでも働く**構成的発現**（constitutive expression）をすることから、植物での外来遺伝子の発現に広く使われ、単に35Sプロモーターと呼ばれることが多い。35Sプロモーターは転写活性も強力で、植物で導入遺伝子から大量のタンパク質を作らせる**過剰発現**（over-expression）にも用いられる。バイナリーベクターの抗生物質耐性選択マーカー遺伝子や、ウイルス抵抗性植物、除草剤耐性植物などの初期の形質転換植物作成での導入遺伝子の発現にはほとんどこの35Sプロモーターが使われている。

一方、葉や種子などの特定組織でだけ働く遺伝子のプロモーターを使うことで導入遺伝子に**組織特異的発現**（tissue-specific expression）をさせたり、更には維管束の中の師管伴細胞でだけ働く遺伝子や、雄しべの葯の花粉母細胞を取り囲むタペート細胞でだけ働く遺伝子のプロモーターを使うことで**細胞特異的発現**（cell-specific expression）をさせることができる。例えば、タペート細胞特異的プロモーターのもとで、細菌の強力なRNA分解酵素の遺伝子を発現させると、タペート細胞で正常な遺伝子発現が起こらなくなり、花粉ができない雄性不稔植物となる。この技術は、F1雑種作物の作成に利用されている。特定化学物質に応答して発現するプロモーターを使うことで、化学物質を与えたときにだけ導入遺伝子が発現する**誘導性発現**（inducible expression）をさせることもできる。

7.-1-3 遺伝子組換えによる植物遺伝子の発現抑制

植物への遺伝子導入によって、本来植物細胞に備わっていて発現している遺伝子の働きを抑えることもできる。プロモーター下流に、標的とする植物遺伝子のコード配列を本来の向きと逆向きに繋いで植物に導入すると、mRNAに相補的なRNA鎖が作られる。こうしたアンチセンスRNA（antisense RNA）はmRNAと二本鎖構造を作り、mRNAからタンパク質が

作られる翻訳過程を阻害したり、mRNAの分解を引き起こすことで標的遺伝子の発現を抑制する。二本鎖RNAがその配列を一部に持つmRNAの分解を起こす現象を利用し、人工的に二本鎖RNAを細胞の中で作らせて特定遺伝子の発現を抑制するRNAi（RNA interference）法も広く使われている。一般に、アグロバクテリウムによるT-DNAの植物染色体DNAへの組み込みはランダムに起こるので、T-DNAが染色体上の遺伝子配列の内部に組み込まれるとその遺伝子は破壊され、こうした植物は遺伝子破壊株（gene disruptant）と呼ばれる。

7.-2 代表的な実用化遺伝子組換え作物

遺伝子組換え植物の作成は、従来の方法とは全く異なる新しい植物の品種改良法をもたらした。即ち、従来の交雑育種（hybridization breeding）による品種改良では、積極的に突然変異を誘発したり、性質の異なる二つの生物を交配させて得られる多様な雑種の集まりの中から、目的にかなった性質を持つ個体を選抜することを何世代にもわたって繰り返していた。そのため、交配可能な生物種の遺伝資源しか利用できず、また新しい品種の作出には長い時間と多大な労力を要し、しかも試行錯誤によるところが多かった。しかし、遺伝子組換えでは、本来は交配不可能な他生物種のものであれ、機能が分かって育種目的にかなうと期待される特定遺伝子だけを結果の予測のもとに作物に導入することになり、比較的短時間で結果の評価ができる。従来の育種法では、優れた形質を示す雑種がみつかってもその実用化までには長時間かけて元親とかけ合わせる戻し交配（backcross）を行って遺伝的背景を純化する必要があるが、特定遺伝子だけを導入する遺伝子組換えではこうした期間を大幅に短縮できる。

米国で初めての遺伝子組換え植物が作られた1984年から8年後の1992年には、ウイルス外被タンパク質遺伝子を導入してウイルス病に強くなったタバコが始めて実用化された。最初の商業栽培された遺伝子組換え作物は、米国のカルジーン社が果実の成熟過程で細胞壁分解に働く酵素であるポリガラクチュロナーゼの遺伝子の発現をアンチセンスRNA遺伝子導入によって抑制し、果実が熟すのを遅らせて日持ちが良くなるようにした生食用フレーバーセーバー（Flavr Savr®）トマトである。様々な安全性の確認を経て1992年に認可され、1994年に販売が開始されている。その後、ウイルス抵抗性、日持ち性に加えて様々な有用形質が導入された遺伝子組換え作物の実用化が米国を中心に進んだが、これまで世界的に最も普及し、環境とも関わりが深いのは除草剤耐性作物と害虫抵抗性作物である。前者では除草剤に耐性を示す細菌の酵素や除草剤を無毒化する細菌酵素の遺伝子が植物に導入され、後者では害虫に特異的に働く細菌の殺虫性タンパク質の遺伝子が導入されており、共に従来の品種改良技術では全く作り得なかった作物である。

7.-2-1 除草剤耐性作物

遺伝子組換え作物として最も広く普及し、現在その約8割を占めているのが除草剤耐性作物である。例えば、アメリカのモンサント社が開発した除草剤ラウンドアップ（有効成分：グリホサートイソプロピルアミン塩）に耐性を示す作物はラウンドアップレディー（Roundup Ready®）と総称され、ダイズ、トウモロコシ、ナタネ、ワタなどが世界中で広く栽培されている。グリホサートは、植物の葉緑体の中で行われるトリプトファン、フェニルアラニン、チロシンといった芳香族アミノ酸の生合成に必要な5-エノールピルビルシキミ酸-3-リン酸合成酵素（EPSPS）の活性を特異的に阻害し、これらアミノ酸を含むタンパク質や代謝産物の合成をできなくしてどんな植物も枯らす除草剤であ

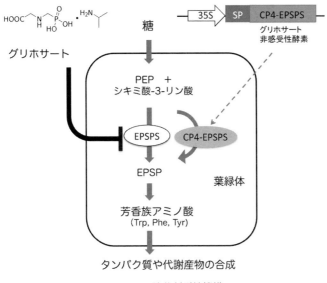

図6.7.2. 除草剤耐性機構

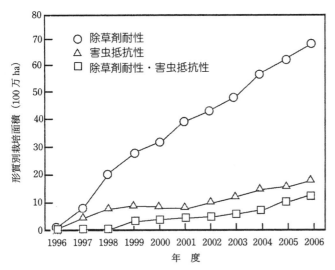

図6.7.3. 世界における主要遺伝子組換え作物の栽培面積の拡大

る（図6.7.2）。

　遺伝子組換え技術で作物にラウンドアップ耐性を付与する方法の一つが、グリホサートで阻害されない細菌由来の EPSPS 酵素遺伝子にタンパク質を葉緑体へと移行させるためのシグナルペプチド（SP）コード配列、それに植物で働くプロモーター配列を融合させ、植物に導入して発現させるものである。この遺伝子を導入した植物では、本来持っていた葉緑体のEPSPSはグリホサートによって阻害されるが、細菌遺伝子に由来する酵素が葉緑体に運ばれて働くために芳香族アミノ酸を合成することが出来る（図6.7.2）。この他、グリホサートを化学修飾して無毒化する細菌酵素の遺伝子を使う方法などもある。また、分岐鎖アミノ酸合成酵素を阻害するスルホニルウレア系除草剤や、窒素代謝に重要なグルタミン合成酵素の阻害剤として作用するビアラホスなどの除草剤についても耐性酵素や無毒化酵素の遺伝子を植物に導入した耐性植物が実用化されている。

　除草剤耐性作物の導入により、農家の雑草管理は格段に楽になった。作物の植え付け前に非選択的な除草剤を散布することで効果的に雑草を排除することができ、複数の薬剤を使用することもなく、散布する回数も抑えて残留農薬を低減することができる。また、除草剤耐性作物の栽培は不耕起農法を可能にし、土壌流出を大幅に防ぐことができることも大きな利点とされる。北米や南米諸国ではトウモロコシなどの単作農法と雑草防除法として農地を鋤き耕す耕起農法が広く行われ、そのために要する労働力や労働時間は多大なものである。更に、大型トラクターを用いる大規模な耕起農法では、やわらかくなった畑地の表土が雨で流出してしまうことが大きな問題になっていた。アメリカ中部穀倉地帯では深さ150cmあった肥沃な表層土が70cmにまで失われたとも言われている。除草剤耐性植物の耕作では、雑草の生育に合わせて除草剤を散布し、枯死した植物残渣はそのまま

放置して土壌の表面を覆う不耕起栽培によって表層土の流失を防ぐことが可能である。これらのことから、世界の除草剤耐性作物の栽培面積は拡大し続けている（図6.7.3）。

一方で、除草剤耐性植物の実用化から十数年を経て、除草剤に耐性を示す雑草が出現し、その種類が増えていることが問題になっている。この原因の一つは、ラウンドアップレデイーのような除草剤耐性植物は特定除草剤に対する耐性度が高くて除草剤を沢山まいても枯れないために、農家が必要以上に過剰に除草剤を散布するためとも言われている。正しい除草剤の使用法を守ることが推奨されるとともに、複数の除草剤を交互に使用するなどの対策が講じられているが、今後益々大きな問題になると懸念されている。

7.-2-2　害虫抵抗性作物

多くの作物にとって病害虫による被害は大きく、例えばワタでは生産量の15〜20％が害虫による被害で失われ、トウモロコシもアワノメイガの発生状況により6〜30％の減収になると言われる。病害虫防除のために様々な農薬が開発されて使用されてきたが、安全性評価技術の確立していなかった時代に開発された農薬の多くには、人や動物への健康被害、環境汚染や生態系の破壊といった問題がつきまとっていた。安全性が高いとされた化学農薬についても、長期間使用することで耐性を示す害虫が出現するなどの問題がある。こうした化学薬剤に頼らない害虫防除技術の一つとして既に1920年代から実用化されていたのが殺虫性Btトキシン（Bt toxin）を使った生物農薬である。

バチルス・チューリンゲンシス（*Bacillus thuringensis*）は自然環境に広く生育するグラム陽性細菌で、生育環境が悪化すると細胞内にδ-エンドトキシンと呼ばれるタンパク質の結晶体を作り芽胞となって休眠する。δ-エンドトキシンに殺虫性はないが、芽胞が害虫の幼虫に食べられると、アルカリ性という特徴を持つ食草性昆虫の消化管の中で結晶体が溶け出し、プロテアーゼによる限定分解を受けて殺虫性Btトキシンとなる。Btトキシンが幼虫腸管細胞の細胞膜にある特異的受容体タンパク質と結合すると腸管細胞が破壊され、幼虫は消化不良を起こして死に至る。Btトキシンの特異性は極めて高く、菌がもつプラスミドのδ-エンドトキシンをコードする*Cry*遺伝子には200種以上があり、菌株が異なると殺虫活性を示す昆虫が異なる。δ-エンドトキシンはヒトなど哺乳動物の酸性の胃や腸管の中ではアミノ酸にまで分解され、また昆虫以外の動物はBtトキシン特異的受容体を持たず、Btトキシンの哺乳動物への毒性は知られていない。こうしたことから、バチルス・チューリンゲンシスの芽胞や結晶タンパク質は古くから環境に優しい生物農薬として有機農業にも使われていた。

芽胞や結晶タンパク質を作物耕作地に散布する代わりに、植物に*Cry*遺伝子を導入して自身でδ-エンドトキシンを作るようにしたのがBtトキシン産生害虫抵抗性遺伝子組換え作物である。1995年のハムシに特異的な*Cry 3A*遺伝子を組み込んだバレイショを始め、種々の*Cry*遺伝子を導入したトウモロコシ、ダイズ、ワタなどが市場に出され、広く普及するようになった（図6.7.3）。この害虫抵抗性植物の栽培によって害虫被害が大幅に減少し、農薬散布量の減少という環境保全的な効果も得られ、収量も増加したとされている。除草剤耐性と害虫抵抗性の両方を併せ持つ組換え作物も様々な植物で作られて普及している。

インドでは、最初に商品化された単一の*Cry*遺伝子を発現する害虫抵抗性ワタの普及から約10年を経た2009年に、Btトキシンに抵抗性を示す害虫の出現が報告された。その後、複数の特異性の異なる*Cry*遺伝子を導入した第二世代

の害虫抵抗性作物が作られ、農業の現場で使われるようになっている。他の植物でも同様の抵抗性害虫が出現する可能性は高い。

7.-3 環境汚染物質の低減と遺伝子組換え植物

　遺伝子組換え技術を使って種々の化学物質による環境汚染を積極的に低減する試みが進められている。例えば、多くの国々でカーネーションなどの切り花は、硝酸銀を含んだ薬剤を用いて花弁細胞の老化を進める植物ホルモンであるエチレンの合成を抑えることで日持ちを良くするように処理されているが、硝酸銀は環境や健康に有害である。そこで、エチレン生合成酵素のアンチセンスRNA遺伝子を導入してエチレン合成を抑制することで硝酸銀を使わなくても日持ちが良いカーネーションが商品化されている。

　環境汚染の中で深刻なのは、土壌や地下水のカドミウムのような重金属や石油系化学物質による汚染、あるいは PCB, DDT, ダイオキシンなどの内分泌攪乱物質（endocrine disruptor）、いわゆる環境ホルモンや、トリクロロエチレン類などの有害化学物質の環境中への放出による汚染である。これら化学物質による汚染は、広範囲の領域に及び、長期間にわたる保全も必要であることから物理的除去による修復には限界がある。地表を覆う植物を利用した汚染物質の分解・除去による環境修復はファイトレメディエーション（phytoremediation）と呼ばれ、時間はかかるが安価で確実な方法として期待されている（第6章6 参照）。

　微生物を始め、様々な生物がダイオキシンなどの環境汚染化学物質を分解するメカニズムの研究が進められている。これらの研究が進んで鍵となる酵素遺伝子が同定され、環境汚染物質の分解・除去能力を高めた植物が育成されることが期待されている。重金属類による汚染では、土壌中の重金属を根から地上部に吸い上げて葉に溜め込む能力が高い超集積植物（ハイパーアキュムレーター；hyper-accumulator）が知られている。しかし、ヒ素の超集積植物であるモエジシダなどを除けば、野生植物である超集積植物の多くは重金属蓄積能力は高いものの生育速度が遅く、バイオマス（植物体総量）も小さくて重金属の総除去量は高くならずに実用レベルに至っていない。超集積植物が重金属を体内に取り込んで蓄積する上で重要な役割を担う遺伝子の同定と機能解明が進めば、それらをバイオマス生産量の高い植物に導入することで実用レベルの環境浄化能力を持つ植物の育成も可能になると期待されている。

　アブラナ科のインドカラシナは鉛や銅の超集積植物の中で成長も早く、環境浄化に役立つとされている。しかし、米国カリフォルニア州などで大きな土壌汚染問題を起こしているセレンの集積能力は低い。一方、マメ科植物の中にはセレンを細胞内で無毒化して高い濃度で集積する超集積植物があるが生長が著しく遅い。このマメ科植物に特有の、細胞毒性の高いセレノシステインをメチル化して無毒化する酵素の遺伝子が単離された。また、シロイヌナズナからはセレン酸を還元して体内への取り込みを促進する酵素の遺伝子が単離されていた。インドカラシナにこの2つの異種植物の遺伝子を導入したところ、セレン蓄積能力が7倍増加した。これはマメ科の超集積植物より3倍高い蓄積能力であり、生育速度も非組み換え体と変わらなかったことから、セレン汚染土壌での浄化能力の試験が進められている。

　この他、イタイイタイ病の原因となるカドミウムの根への吸収や植物体内での輸送に関わる膜輸送体タンパク質の遺伝子の解析が進み、それら遺伝子の発現改変によって生育が早く、カドミウム蓄積能の向上したカドミウム水田浄化用の遺伝子組換えイネ、あるいはカドミウムを

含む水田で栽培してもカドミウムを取り込まなくした遺伝子組換えイネも開発されている。ある種の細菌がもつ2価水銀イオンを毒性の低いメタル型に還元する酵素の遺伝子を導入し、水銀イオン耐性となって水銀を蓄積するようになったモクレン科のユリノキが作られ、樹木を環境浄化に使う試みとして注目される。

7.-4 環境ストレス耐性植物

植物の生長の様々な段階で、温度、水分、光、土壌pHなど生育に至適な環境条件があり、環境条件が適応可能な範囲を超えると植物の生育は阻害される。人類は作物の品種改良や土地改良によって地球上の耕作可能な土地を拡大してきたが、1960年代以降は耕作可能地の面積拡大は頭打ちになっている。また、温暖化などの地球規模の環境劣化や気候変動の深刻化も指摘され、干ばつ、水害、塩害などによる収穫ロスも大きい。今後の地球人口の急速な増加に見合う食糧供給のためには、様々な環境ストレスに強い性質を備え、これまで作物生育に適さないとされていた環境でも生育可能な作物、大幅な環境変動に耐える作物などの品種改良を推し進めることが急務である。

自ら動くことの出来ない植物は、環境変化を検知し、それに応答する形で多数の遺伝子の発現を変化させ、そして細胞の状態や組織形態を柔軟に変化させて適応して生きている（第5章3参照）。様々な極限環境に生きる植物が備えるストレス耐性機構や、シロイヌナズナなどモデル植物を使った様々な環境ストレスに応答した遺伝子やタンパク質のレベルでの変化の詳細な解析から、植物が巧妙に環境に適応して生きる仕組みが明らかになりつつある。環境ストレス耐性に関わる遺伝子の発現を改変した植物には、耐性能が顕著に向上して実用化に向けた試験がされているものもある。

7.-4-1 乾燥を中心とした環境ストレス応答遺伝子群

世界の未耕作地の大きな面積を占めるのが砂漠などの乾燥地域であり、世界の農作物の気象被害による収穫ロスの中でも干ばつによる被害が高い割合を占める。植物が乾燥という水ストレス環境を検知すると、ストレスホルモンとも言われるアブシジン酸（abscisic acid; ABA）の合成が促進され、ABAを介したシグナル伝達系が働いて葉の気孔を閉じて水分蒸散を防ぐなど、様々な細胞応答が体の色々な部位で起こって水分欠乏に耐えられるように適応する。こうしたストレスの検知から乾燥耐性を獲得するまでには、多くの遺伝子の発現変動が関与している。シロイヌナズナを乾燥ストレスにさらし、時間を追って組織から抽出したRNAを使ってどのような遺伝子のmRNAがどのように変化するか追跡することで、乾燥ストレスへの適応過程に関与する遺伝子が明らかにされてきた。最近では、マイクロアレイ（microarray）や次世代シーケンサーを使い、ゲノムの全遺伝子の転写産物を対象にした網羅的なトランスクリプトーム（transcriptome）解析が可能であり、シロイヌナズナでは300種以上の乾燥ストレスに応答して発現が大きく変動する遺伝子が明らかになっている。

乾燥に対するストレス応答遺伝子（stress responsive genes）は、大きく代謝や物質輸送などに関わる機能タンパク質とシグナル伝達や遺伝子発現制御などに関わる制御タンパク質の遺伝子の2つのグループに大別される。前者には、細胞内外での水や糖の輸送に関わる膜タンパク質、水ストレス下で変性したタンパク質の再生に関わるシャペロンタンパク質、水に変わって生体分子を保護する糖、プロリン、ベタインなどの適合溶質（compatible solute）と呼ばれる低分子化合物の合成酵素、生体高分子保護に関わるLEAと呼ばれるタンパク質などの

遺伝子が含まれる。類似した機能を担う遺伝子は、乾燥耐性が特に強く復活草とよばれるテマリタカヒバや、乾燥に加え塩に対する耐性も強いアイスプラント（ice plant）の研究でも見出されており、植物細胞が乾燥耐性を獲得する上で重要な役割を担うと考えられる。また、細胞が高濃度の塩類や低温にさらされると水分が失われることから、植物の塩ストレスや低温ストレスに対する応答反応には乾燥ストレス応答と重複するところが多い。

　乾燥ストレス耐性の獲得に重要な遺伝子の発現を遺伝子組換えによって増強することで、ストレス耐性度を高める試みが多くなされている。適合溶質の蓄積強化はその一例である。シロイヌナズナやイネが通常は作らない低温耐性植物に多く含まれる適合溶質であるグリシンベタイン（glycine betaine）を効率良く合成する細菌の酵素遺伝子をシロイヌナズナやイネに導入して発現させると、グリシンベタインの蓄積と共に低温ストレスだけでなく、乾燥や塩ストレスに対する耐性も強化される。他にも、LEAやシャペロンなどのタンパク質遺伝子を導入しても乾燥耐性が増強される。しかし、これら遺伝子導入植物の多くが見せる耐性度の増加程度は大きくはない。植物の環境ストレス耐性は、多くの遺伝子が関与して様々な要因が積み重なった複合的なものであり、一つの遺伝子を導入しただけでは高い耐性度を与えることが難しいことを示している。

7.-4-2　転写因子遺伝子導入による複合環境ストレス耐性

　同時に多数の遺伝子を植物に導入してその発現を制御することは困難である。しかし、少数の遺伝子の導入で多数の遺伝子の発現を一斉に制御することは可能である。乾燥ストレスに応答して発現が誘導される制御タンパク質の遺伝子には、ABAの合成やシグナル伝達に関わる各種タンパク質に加え、遺伝子発現を制御する転写因子の遺伝子が含まれる。乾燥後に増えるABAに応答して誘導されるMYC、MYBやAREBなどと、ABAが関与しない経路で誘導されるDREB2などの転写因子の遺伝子である。乾燥ストレスに応答してまずこれらの転写因子が作られ、次にこれらの転写因子が多数の標的遺伝子に作用して発現を一斉に活性化する**転写カスケード**（transcriptional cascade）が作動し、様々な細胞応答が起こると考えられる。例えば、AP2 DNA結合ドメインを持つDREB2は、乾燥ストレス応答性遺伝子の多くが共通してプロモーター領域に持つA/GCCGAC（A/CはAまたはC）の6塩基からなる**乾燥応答エレメント**（Dehydration Responsive Element; DRE）に結合してこれら遺伝子の転写を一斉に活性化する。低温ストレスで強く誘導されるDREB1はDREB2によく似たDRE結合転写因子であり、低温や乾燥に対する耐性に共通に働く多くの遺伝子を活性化する作用がある。*DREB1*遺伝子を植物で構成的に強く働く*35S*プロモーターのもとで過剰発現するシロイヌナズナは、種々のストレスに耐性を示すが成長が著しく抑制され、ストレス耐性機構を常に作動することは植物にとって大きな負担であることを示唆している。そこで、*DREB1A*遺伝子を乾燥ストレス時のごく初期に体全体で働く*Rd29A*遺伝子のプロモーターに繋いでシロイヌナズナに導入したところ、凍結、乾燥、塩のいずれのストレスに対しても極めて高いレベルの耐性を示すようになり、顕著な成長抑制は見られなかった（表6.7.1）。野生型株に比べ *rd29A:DREB1A* 導入シロイヌナズナでは、50種以上のストレス耐性遺伝子の発現レベルが顕著に増加し、適合溶質の蓄積量も顕著に高いことが示されている。乾燥ストレスで強く誘導されるDREB2の場合には、タンパク質の構造の一部を改変した遺伝子を導入することで、乾燥、高温、塩といった複数のストレ

表6.7.1. DREB1転写因子遺伝子導入シロイヌナズナの各種ストレスへの耐性

シロイヌナズナ		生 存 率		
		凍結[*1]	乾燥[*2]	塩[*3]
非組換え		0.0%	0.0%	13.8%
組換え	35S:DREB1Ac	35.7%	21.4%	―
	35S:DREB1Ab	83.9%	42.8%	16.7%
	rd29A:DREB1Aa	99.3%	65.0%	79.7%

[*1] −16℃, 2日　　[*2] H_2O, 2週間　　[*3] 0.9 w/v%

(篠崎ら、1999)

スに極めて高い耐性を示すようになることが示された。

この様に、環境ストレス耐性に関わる多数の遺伝子の発現を上位で制御している転写因子の遺伝子を導入することで、多数の耐性遺伝子の発現を一斉に活性化し、多数の遺伝子が働いて複合的に達成される乾燥、低温、塩といった環境ストレスに対して高いレベルの耐性を付与することができる。この技術は、イネを始め他の作物にも適用可能であることが示され、様々な環境下での実用化試験が行われている。

7.-4-3 アルカリ土壌抵抗性植物

温帯の乾燥気候下の土地のかなりの部分を占める塩類が集積したpH8.5以上のアルカリ性土壌では、土壌中の三価鉄が不溶性となって植物の根に吸収されないために、植物は生育に必須な鉄の欠乏状態に陥り成育は極めて悪くなる。アルカリ性土壌で作物栽培を行うために、石膏（硫酸カルシウム）やキレート剤のEDTAが大量に散布されて環境の一層の劣化をもたらしている。イネ科植物は鉄欠乏に陥ると根からムギネ酸類と呼ばれる金属キレート能を持つ物質を土壌中に分泌し、三価鉄をキレートして可溶性のムギネ酸-三価鉄の錯体として根から吸収している。同じイネ科でも、ムギネ酸分泌能力が高いオオムギはアルカリ性土壌でも比較的良く生育するが、その能力の低いイネやトウモロコシはアルカリ性土壌での生育は極めて悪い。

S-アデノシル-L-メチオニン（SAM）から、様々な植物が持つ鉄に加えてニッケルやカドミウムともキレートを作りうるニコチンアミンを経て最終的にムギネ酸の合成に至るオオムギの代謝経路が解明され、そこに関与する酵素遺伝子が単離された。オオムギ由来の二つのムギネ酸合成関連酵素遺伝子を導入したイネは、野外の隔離圃場での栽培実験でpH9.0以上の鉄欠乏条件下でも多量のムギネ酸を分泌して良く生育できることが示されている。可溶化されたムギネ酸類-三価鉄の錯体を植物の細胞内に取り込む働きをするムギネ酸類トランスポーターの遺伝子も同定されており、アルカリ性土壌での鉄吸収能を更に高めたイネ類の育成も可能であると期待されている。

7.-5 遺伝子組換え植物の安全性の確保

遺伝子組換え植物が農業その他の現場で栽培され、生産物が利用されるようになるためには、その作成計画の段階から様々な角度からの客観的な安全性の評価が不可欠であり、いくつもの法律に定められた審査を経た許可を得て安全性を確保する必要がある。遺伝子組換え植物の安全性への危惧には、大きく遺伝子組換え植物を栽培したときに環境の生態系を攪乱することへの危惧と、食品、飼料、あるいは医薬品としてヒトが直接、あるいは間接に摂取した場合に人体に及ぼす影響への危惧とがある。

遺伝子組換え植物を実験室で作り、野外で栽

培するまでの一連の過程での環境の生物多様性への影響は、「遺伝子組換え生物などの使用等の規制による生物の多様性の確保に関する法律（カルタヘナ法）」による安全性評価により、許可を受ける。カルタヘナ法は生物多様性を確保するための国際的規制の枠組みである**カルタヘナ議定書**（Cartagena Protocol on Biosafety）を日本で実施するための法律で、遺伝子組換え生物の利用に先立ち、遺伝子組換えによって「周辺野生生物が遺伝子組換え生物に代わり、在来種が減少しないか」、「生育が旺盛になり周辺野生生物を駆逐しないか」、「有毒物質をつくり、周辺野生生物の生育に影響を与えないか」、など様々な観点から安全性が評価される。

遺伝子組換え植物の食品としての安全性に関しては、導入遺伝子や選択マーカー遺伝子の産物であるタンパク質が毒性を示したり、アレルギーを起こすアレルゲンとなる可能性はないか、遺伝子導入によって植物の代謝が攪乱されて有害物質ができないか、などが危惧される。我が国では、用途に沿って品種ごとに内閣府食品安全委員会による「食品安全基本法」に基づく安全性評価と厚生労働省による「食品衛生法」に基づく安全性審査を受ける。ここでは、遺伝子組み換え体の安全性はその作成方法ではなく、生産物で判断されるべきという世界保健機関（WHO）や経済開発協力機構（OECD）で提唱された**実質的同等性**（substantial equivalent）の考えにたった安全性評価法が基本となっている。即ち、基本的には遺伝子組換え食品を既存の食品と比較し、導入遺伝子の特性が明白で、食品の性質と成分の組成などが従来品から変化していなければ、従来の食品と実質的に同等な安全性をもつ、というものである。遺伝子組換え植物の飼料としての安全性、即ち飼料を通じた食品の安全性や家畜に対する安全性に関しても、同様に実質的同等性の考えのもとに、「食品安全基本法」に基づく安全性評価と農林水産省による「飼料安全法」に基づく審査を受ける。

平成23年時点で、我が国で遺伝子組換え食品として承認された遺伝子組換え作物はトウモロコシ、ワタ、ナタネなどに関して157件あり、国内の隔離圃場での栽培が承認された遺伝子組換え植物も8植物種、58件ある。しかし、実際に国内で商業栽培されているのは一部の遺伝子組換えバラだけとなっている。我が国では、遺伝子組換え植物の基礎研究とイネを中心にした品種改良への応用分野の研究で世界をリードする研究も多いが、遺伝子組換え植物の安全性やメリットが国民に充分に理解されていないと思われる。より社会に貢献するメリットの高い植物の育成だけでなく、より高い安全性を確保する技術開発も進めて慎重にリスクを抑え、社会全体のコンセンサスを得ながら進めていくことが望まれる。

中村研三

【参考文献】

山田康之、佐野浩編著「遺伝子組換え植物の光と影」、学会出版センター（1999）

佐野浩監修「遺伝子組換え植物の光と影Ⅱ」、学会出版センター（2003）

松永和紀著、日本植物生理学会監修「植物まるかじり叢書5．植物で未来をつくる」、化学同人（2008）

日本学術振興会・植物バイオ第160委員会監修「救え！世界の食料危機―ここまできた遺伝子組換え作物」、化学同人（2009）

第7章 食料生産と環境との関わり

1. 水資源と食料生産

1.-1 地球規模でみた水資源

地球は水の惑星と呼ばれるように、地球上には大量の水が存在する。しかし、地球上の水のうち97％は塩類を含む水であり、淡水は3％に過ぎない。この淡水の内、83％は南極大陸やグリーンランドにあるような氷で、残りの17％の水のみが地上や海からの蒸発や植物の蒸散作用によって大気との間を循環している。この循環のなかで、雨として地上に供給されるわずかな水を地上の人や動植物が分け合い、繰り返し利用している。

陸地への降水量は110,000km^{3}と見積もられ、この内70,000km^{3}が天水農業や森林、草原に供給され、蒸発散によって大気へ戻る。これはグリーンウオーターと呼ばれる。グリーンウオーターの26％（18,000km^3）を人々が主に農業に用いている。一方、陸地の降水量からグリーンウオーターを差し引いた40,000km^{3}の水は、湖や河川の水として存在し、ブルーウオーターと呼ばれる。このブルーウオーターはすべて利用可能ではなく、河川や湖から離れているとかで、十分に利用できない水も含まれる。人間生活に必要な水はブルーウオーターのうち6,780km^{3}で、これは人類がアクセスし得る水資源の54％にすぎない（図7.1.1、7.1.2）。

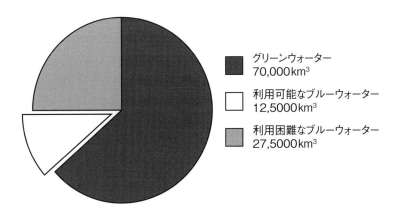

図7.1.1. 陸地のグリーンウオーターとブルーウオーター（FAO, 1996）

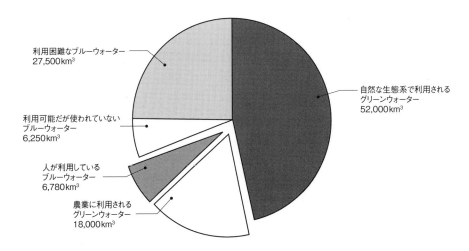

図7.1.2. 陸地におけるグリーンウオーターとブルーウオーターの利用（FAO,1996）

1.-2 世界の水問題の現状

70億人を突破した世界人口は、2025年には80億人に達すると予想され、水不足や洪水などによる被害が増大し、地域によっては危機的な状況になることも考えられる。また、すでに水をめぐる国際紛争にまで至っている地域もある。

一方、世界人口の急増、産業の著しい発展によって水不足が増大しており、現在、アジア、アフリカなど、31カ国で水の絶対的な不足に悩んでいる。また、水不足が深刻な食糧不足をもたらしている地域も拡がっている。ちなみに、水が原因で、年間500〜1,000万人が死亡していると推定され、12億人が安全な飲料水の確保ができない状況にある。また、8億人が1日2,000 kcal未満の栄養しか摂取できず、2025年には48ヶ国で水が不足すると推定されている（図7.1.3）。さらに、増大する水需要へ対応するために過剰な地下水のくみ上げが行われ、地下水位の低下や地盤沈下が世界各地で発生している。また、人間の様々な活動が地下水の水質に対しても影響を与えてきている。

一方、地球温暖化は、地球上の雨の降り方に影響を与えるため、地域的な分布や、降雨の量や強さに影響を与えると言われている。それにより洪水や渇水による被害をより大きくさせ、かつ頻発させる可能性があり、世界の農業生産への影響が懸念されている。

1.-3 食料生産と水利用

世界で使用される水の量のうち、農業で用いられる水の量は約70％で、残りの30％は都市部や他の産業で用いられている。この比率は気候や経済活動の多少により当然異なる。すなわち、湿潤な温帯地域で農業に用いられる水の比率は乾燥熱帯地域よりも低い。また、発展途上にある乾燥熱帯地域では農業に90％の水を用いるが、湿潤な温帯地域にある工業国では、農業に利用される水の比率は30％以下である。大陸別に農業、生活、工業で使用される水の量をみると（表7.1.1）、農業による水使用量はアフリカとアジアで85％、ヨーロッパで33％である。し

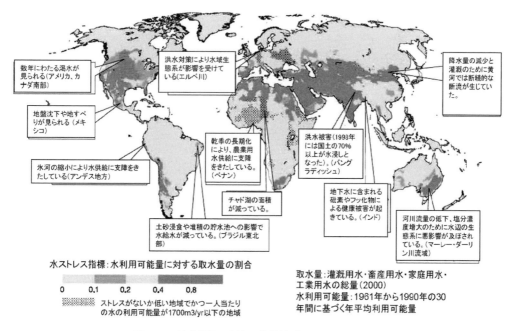

図7.1.3. 淡水資源の現在の脆弱性（IWMIより）

表7.1.1. 1990年における世界の水利用

大陸名	農業用水(%)	生活用水(%)	工業用水(%)	計(km^3/year)
アフリカ	88	7	5	144
アジア	86	6	8	1,531
旧ソ連	65	7	28	358
ヨーロッパ	33	13	54	358
北・中央アメリカ	49	9	42	697
オセアニア	34	64	2	23
南米	59	19	23	133
全世界	69	8	23	3,248

(WRI, 1994より)

かし、北米中米では50%以上が工業で使われている。表には示されないが一人当たりの水使用量はアフリカが最も少ない。これは水管理のための基盤整備が十分でなく、水資源の活用が十分でないことによる。

一方、地球上で農地の約2.5億haが灌漑されており、これは農地全体の17%にあたる。この灌漑水により食料の40%が生産されている。これは地球上で灌漑による食料生産に極めて重要であることを意味し、水管理技術の高度化により、高い生産性が達成され、かつ維持されている。したがって、灌漑農地を計画的に整備してゆくことは、地球上の食料問題を解決していく上で極めて重要である。温度条件が十分であれば、灌漑により生育期間を通じて作物の生長に適切な水を供給することができ、高い収量が期待できる。仮に温度環境に恵まれている熱帯地方において、水の利用が十分可能であれば、年に二作あるいは三作の作物栽培を行うことができる。湿潤地域では、灌漑は降雨の補助的な手段にすぎない。気候、作物、作付け体系により灌漑水量も年間2,000から20,000m^3/haと変化する。

1.-4 地下水の枯渇

農業に用いられる水のなかで、地下水への依存度はますます高まってきており、世界の穀物生産量の約10%が地下水によりまかなえられているとの試算されている（Postel, 1999）。インドでは、1951年に400万本だった井戸が1997年には1700万本に増加し、地下水による灌漑面積は6倍の3600万haになった。また、中国では1961年から1980年代の半ばまでの間に、灌漑用の井戸が20倍にも増加した。インド、中国についで世界第3位の灌漑面積をもつアメリカでは、20世紀後半から地下水の利用が増加し、カリフォルニア州のセントラル・バレーの地下から水を汲み上げ、付近一帯を全米一の野菜と果実の生産地に変えた。しかし、これらの地下水も揚水量が地下水の供給量を超えない範囲で利用されていれば持続的に利用できるが、個々の灌漑水利用者がほしいだけの水を汲み上げれば、全体として水資源の枯渇につながってしまう。とりわけアメリカでは数十年におよび、降雨による水の供給の少ないオガララ帯水層[注1]の水が大量に消費され、棉やトウモロコシの栽培が行われている。また、サウジアラビアなどの乾燥地帯では、年々汲み上げる地下水の塩類濃度の上昇傾向が認められている。

ある時点で地下水位の低下による揚水費用の高騰や井戸水の減少が生じると、農家はその土地での作物栽培をあきらめるか、二期作あるいは二毛作を一期作への転換や水分消費の少ない作物への転換や、点滴灌漑[注2]などの効率的な

灌漑方法を採用など、いずれかの選択をせまられることになる。

1.-5 仮想水（バーチャルウオーター）

農産物・畜産物の生産には水が必要である。これら農産物の生産や製品の製造、輸出入することは、その際に必要となる水（仮想水）を購入者が間接的に消費したことと考えることができる。すなわち、「国際的な穀物の輸出入等は、あたかも仮想水を輸出入しているのと同じである」、との考え方である。仮想水の考え方は、ロンドン大学のアンソニー・アラン教授によって1990年代初頭に提唱されたもので、農産物などの輸入（移動）による水資源が足りない地域における水資源の節約や水資源の自給率向上の議論などで使用されている。東京大学の沖大幹教授らは、ある農畜産物や工業製品を生産するのに必要とされる水資源量を、投入水量（required water）、生産国（輸出国）に於いて実際に使用された水資源量を現実投入水量（really required water）とし、消費国（輸入国）で栽培した場合に必要とされる水資源量を仮想投入水量（virtually required water）と呼び、これが本来の意味での仮想水であり、食料などの輸入に伴って、輸入国でどの程度の水資源が節約されたか、を見積もることができるとしている。

沖グループでは、「日本で灌漑水を用いて栽培したとしたら、米、小麦、とうもろこし、大豆1kgあたりどのくらいの水資源が必要とされるか」を体系的に推計した（図7.1.4）。ここでは、典型的な栽培日数に対し、毎日4mm（稲は15mm）分の水が蒸発散や浸透等に必要と仮定している。すなわち、灌漑してさらに加える分の水、ブルーウオーターのみならず、天水に起因する土壌水分、グリーンウオーターも消費される水資源としている。このようにしてこうして求めた使用水量を単位面積当たり収量で割ることにより、水消費原単位が求められる。ただし、飼料用とうもろこしの日本国内での生産量はきわめて少ないため、飼料用とうもろこしのみ世界平均の単収を用いて水消費原単位を算定している。これによると、C4植物[注3]で光合成効率の良いとうもろこしでも、粒重あたり1,900倍、精製後の小麦では2,000倍、精米後の米では約3,600倍の水を利用していると推定された。日本が年間に輸入している小麦やとうもろこし、大豆の量にこれらの水資源原単位を

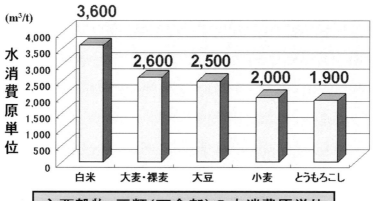

図7.1.4. 水消費原単位 （沖大幹、2002より）

かけて推計すると、アメリカやカナダ、オーストラリアや南米から年間約400億トン（m³）程度の仮想水が輸入されていることになる（図7.1.5）。なお、輸入量は2000年、単収は1996－2000年の平均値である。

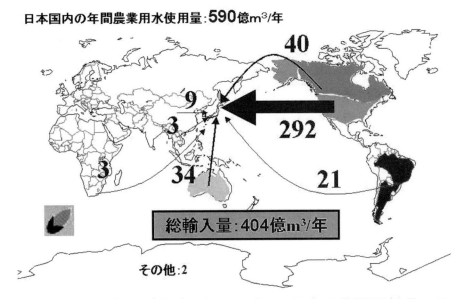

図7.1.5. 仮想投入水フロー（農作物）（沖、2002より）

矢島正晴

2. 地球環境の変化と食料生産

18世紀後半の産業革命以来、人間の産業活動が活発になるにつれて、二酸化炭素をはじめとする大気中の温室効果ガスの濃度が増加し、気候にも大きな影響を与えられるようになってきている。このような地球規模での気候変動は、ときに異常高温、異常低温や大雨・干ばつなどの異常気象の強度やその発生頻度の増加をもたらし、農業・食料生産をはじめとする人間生活に大きな影響を及ぼすことが懸念されている。そこで、地球の環境変動がどのように食料生産に影響を及ぼすかを考える。

2.-1 地球温暖化とは

地球の表面には窒素や酸素、水蒸気などの大気が取り巻いている。太陽光は地表での反射や輻射熱として、最終的には宇宙に放出されるが、大気の存在により、地上での急激な気温の変化は緩和される。特に大気中の二酸化炭素は0.03％とわずかであるが、地表面から放射される熱を吸収し、地表面に再放射することにより、地球の平均気温を約14℃に保つという大きな役割を演じている（図7.2.1）。

しかしながら、18世紀後半頃から、産業の発展に伴い人類は石炭や石油などの化石燃料を大量に消費しはじめた。これにより大気中の二酸化炭素濃度が上昇し始め、今後とも人類が同じような活動を続けるとすれば、21世紀末には二酸化炭素濃度は現在の2倍以上になり、2100年の平均気温は、最小で1.1℃、最大で6.4℃上昇すると予測されている（IPCC第4次評価報告書）。温暖化のメカニズムは図7.2.1に示されるように、入射する太陽光の約69％が大気や地表で吸収され、やがて大気・地表が吸収した太陽エネルギーと同じ量の赤外線エネルギーが宇宙空間に出てゆく。大気中の二酸化炭素などの温室効果ガス、雲（水蒸気）、塵などが吸収した赤外線は下向きに戻すため、地球の平均気温は約14℃に保たれている。これが大気の持つ温室効果である。

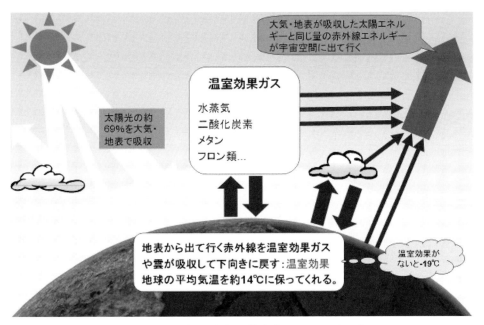

図7.2.1. 温室効果の模式図（気象庁ホームページより）
http://www.data.kishou.go.jp/obs-env/portal/chishiki_ondanka/p03.html

仮に大気の持つ温室効果がないとすれば、地球の吸収する太陽放射と地球から放出される赤外放射が等しくなるため、地球の平均気温はマイナス19℃となってしまう。

　このように、「温室効果」は地球に生息する生物にとっては必要不可欠な現象である。しかし、人間活動による化石燃料の消費の増加により大気中の温室効果ガスの濃度が上昇すると、大気のもつ温室効果が増幅され、それが気候変動をもたらし、我々の生活や、農業生産、自然の生態系など、様々な影響をあたえると予想されるのである。

　温室効果ガスには、二酸化炭素のほかメタン、一酸化二窒素、フロンなどがある。大気中の二酸化炭素濃度は過去数百年にわたって280ppm程度であったが、18世紀半ばから上昇を始め、特にここ数十年で急激に増加している。二酸化炭素以外の温室効果ガス（メタン、一酸化二窒素など）も、同様に18世紀半ばから急激に増加しており、これは、増加した人口をささえるための農業や畜産業などの活発化にともなう、耕地の拡大、肥料の使用の増加、家畜の増加などによるものと考えられている（図7.2.2）。

2.-2　地球温暖化の現状

　気候変動の原因や影響について、科学的に検討し、評価・助言を行う国際機関としては、WMO（世界気象機関）とUNEP（国連環境計画）の協力のもとに、1988年に設立されたIPCC（Intergovernmental Panel on Climate Change、気候変動に関する政府間パネル）があり、政府関係者や多数の科学者が参加している。IPCCでは総会の他に、作業部会が設置され、第1作業部会では科学的評価を担当し、第2作業部会では影響・適応・脆弱性についての検討を担当、第3作業部会では緩和・横断的事項を担当している。

　図7.2.3はIPCC第1作業部会が作成した、産業革命以降人為的に排出された温室効果ガスの地球温暖化への寄与度を示したものであるが、最も温暖化への寄与度の大きいものは二酸化炭素で60％、次いでメタンが20％、オゾン層を破

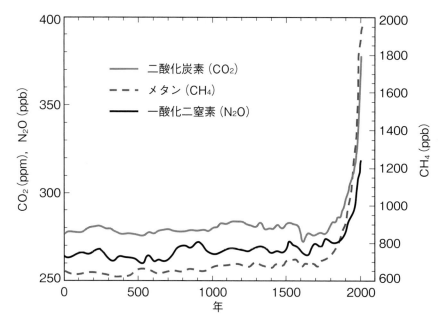

図7.2.2．過去約2000年間における大気中の温室効果ガス濃度の変化
（IPPC、2007より一部改図）

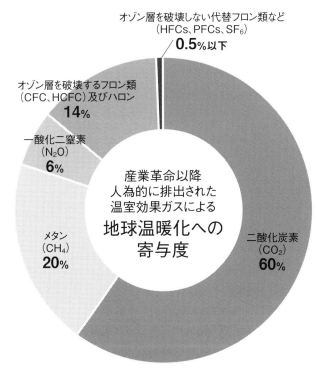

図7.2.3. 産業革命以降人為的に排出された温室効果ガスの地球温暖化への寄与度
（IPCC、2001より）

壊するフロン類が14％、一酸化二窒素が6％と推計されている。我が国でも気象庁が世界気象機関（WMO）をはじめとして、国内外の関係機関と協力し、気候変動に関する観測・監視等を積極的に行っており、平成3年度から「地球温暖化監視レポート」を、また平成8年度からは「気候変動監視レポート」を毎年公表している。

IPCCによると世界の地上平均気温は、1961年から1990年の平均気温を基準とすると、1906年から2005年までの100年の間に0.74℃気温が上昇しており、この気温上昇は、特に北半球の高緯度で大きく、また陸域は海域よりも早く温暖化していると報告している（図7.2.4、IPCC第4次評価報告書）。また、最近50年間（1956～2005年）の温度の上昇傾向は、10年間で0.13℃上昇しており、これは過去100年間（1906～2005年）の上昇速度のほぼ2倍となっている。

日本における気温の変化を「気候変動監視レポート2010」からみると、長期的な傾向として、1898年から2010年にかけての100年あたり約1.15℃の割合で上昇している（図7.2.5）。なかでも1940年代までは比較的低温の期間が続いたが、その後上昇に転じ、1960年頃を中心とした高温の時期、それ以降1980年代半ばまでのやや低温

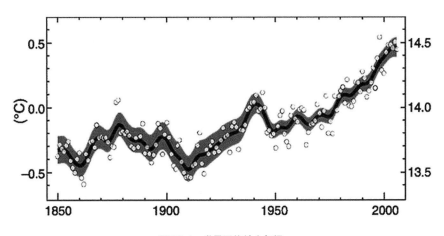

図7.2.4. 世界平均地上気温
図中で○印は各年の気温、滑らかな曲線は10年の気温の移動平均、網掛け部分は不確実性の幅を示す。
（IPCC、2007より）

第7章 食料生産と環境との関わり 251

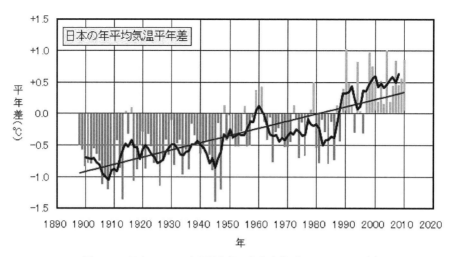

図7.2.5．日本における年平均気温の経年変化（1898～2010年）
棒グラフは，国内17地点での年平均気温の平年差（平年値との差）を平均した値．太線は平年差の5年移動平均を示し，直線は平年差の長期的傾向を示す．平年値は1971～2000年の30年平均値．
（気象庁、2010より）

の時期を経て、1980年代後半から急速に気温が上昇していることがうかがえる。

このように、20世紀半ば以降に観測された世界平均気温の上昇は、人為起源の温室効果ガスの増加による可能性がかなり高いといえる。この他にも、降水量をみると、北米・南米の東部、ヨーロッパ北部、北アジア、中央アジアでは降水量が大幅に増加してきているが、一方、サヘル地域、地中海沿岸、南アフリカ、南アジアの一部では乾燥化が進んでいる。また、多くの陸域で、温暖化や大気中の水蒸気の増加とともに、大雨の頻度が増加している。一方で、1970年代以降、特に熱帯と亜熱帯で、より厳しく長期にわたる干ばつが観測された地域が拡大している（IPCC第4次評価報告書第1作業部会報告書概要）。21世紀中に、最高気温及び最低気温の上昇、大部分の地域での大雨の増加、大部分の中緯度地域の内陸部における夏の渇水、一部の地域における熱帯低気圧の最大風力及び降水強度の増加等が起きる可能性が高いと予測されている。

2.-3 温暖化が生態系や農業に及ぼす影響

環境の変化は、一方で、食料・農業・農村にも様々な面で大きな影響を及ぼしている。IPCC第4次報告書によると、気候変動が自然環境に対して既に生じている主要な影響としては、①氷河湖の増加と拡大、②永久凍土地域における地盤の不安定化、③山岳における岩なだれの増加、④春季現象（発芽、鳥の渡り、産卵行動など）の早期化、⑤動植物の生息域の高緯度、高地方向への移動、⑥北極及び南極の生態系（海氷生物群系を含む）及び食物連鎖上位捕食者における変化、⑦多くの地域の湖沼や河川における水温上昇、⑧熱波による死亡、媒介生物による感染症リスクなどがあげられている。

また、食料生産に必須の淡水資源については、今世紀半ばまでに年間平均河川流量と水の利用可能性は、高緯度及び幾つかの湿潤熱帯地域において10～40％増加し、多くの中緯度および乾燥熱帯地域において10～30％減少すると予測されている。

生態系については、多くの生態系の復元力が、

気候変化とそれに伴う撹乱及びその他の全球的変動要因のかつて無い併発によって今世紀中に追いつかなくなる可能性が高い。これまで評価された植物及び動物種の約20～30%は、全球平均気温の上昇が1.5～2.5℃を超えた場合、絶滅のリスクが増加する可能性が高いと報告されている。今世紀半ばまでに陸上生態系による正味の炭素吸収はピークに達し、その後、弱まる、あるいは、排出に転じる可能性が高く、これは、気候変化を増幅する。また、約1～3℃の海面温度の上昇により、サンゴの温度への適応や気候馴化がなければ、サンゴの白化や広範囲な死滅が頻発すると予測されている。食物生産については、世界的には、潜在的食料生産量は、地域の平均気温の1～3℃の上昇幅では増加するが、それを超えて上昇すれば、減少に転じると予測される。

食料、繊維、林産物への影響についてみると、中緯度から高緯度の地域では、さほどひどくない程度の温暖化では穀物や牧草の収穫量が増加するものの、乾季のある熱帯地域では、わずかな温暖化でさえも収量が減少する。

また、作物モデルによる推定によると、温帯地域では、平均気温が1～3℃上昇し、これに伴う大気中のCO_2濃度の増加、降雨の変化により、わずかながら作物収量に良い影響を与え得る結果が得られている。一方、より低緯度の地域、特に乾季のある熱帯地域では、1～2℃程度の気温の上昇でも主要な穀物の収量に悪影響を及ぼす可能性が高く、それによって飢餓のリスクが高まることが予測される。これよりさらに温暖化が進むと、すべての地域において一層の悪影響を与え、飢餓リスクが高まる。最近の研究によると、熱ストレス、干ばつ、洪水の頻度の増大は作物の収量と家畜に平均的気候変動の影響を超える悪影響を及ぼし、特に低緯度地帯において予期しない事態を生む可能性があるとされる。気候の変動性と変化はまた、森林火

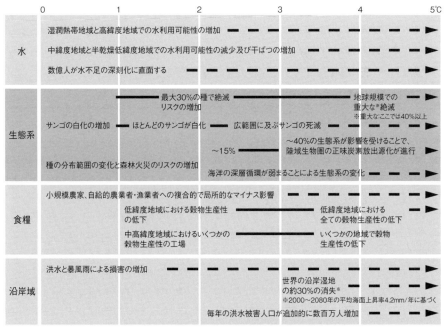

図7.2.6. 世界平均気温の上昇による主要な影響
（IPCC、2007より）

災、害虫、病原体発生のリスクを変化させ、食料、繊維、林業に悪影響を及ぼす。

以上をまとめると、世界的には低緯度地域、特に乾季のある地域や熱帯地域においては地域の気温がわずかに上昇するだけで作物の生産性が低下すると予測され、また、中緯度から高緯度の地域では、地域の平均気温が1～3℃までの上昇では、作物によっては生産性がわずかに増加するものの、それ以上に上昇すると生産性が低下する地域が出てくると予測されている。また、アジア地域の一部では、渇水の危険性が増大し、豪州では南部・東部で深刻な水問題が発生するといわれている（図7.2.6）。

我が国においても、農業に対する温暖化の影響はすでに現れ始めている。農林水産省では、平成18年度より毎年度、農業生産現場における高温障害など地球温暖化によると考えられる影響の発生状況について都道府県の協力を得て実態調査を実施しているが、平成21年の調査によると、水稲では白未熟粒の発生、斑点米カメムシ類の多発、リンゴの着色不良・着色遅延、などが報告されている（表7.2.1）。

また、高温の影響による主要作物の減収や生産適地の移動とともに、今後さらに、少雨、豪雨や高温等異常気象の頻度や規模の増大も懸念される。例えば、農業・食品産業技術総合研究機構果樹研究所によると、現在、みかんの生産適地は九州や四国から東海地方の沿岸地域であるが、2060年代には東北、北海道等に移ると予測される。りんごについても、現在の生産適地は長野県から東北地方にかけて広がっているが、2060年代には北海道まで移ると予測されている。

2.-4 温暖化と作物生産

作物（植物）とって大気中の二酸化炭素は土壌から吸収される水分とともに光合成の素材であり、温暖化等の気候変動は、作物の光合成活動を通じて作物生産に少なからず影響を及ぼす。そこで大気中の二酸化炭素濃度の上昇が作物の光合成・物質生産に及ぼす影響を考える。

2.-4-1 温暖化影響の調査法

作物生産への温暖化の影響を解明するためには、温暖化した場合と同様な環境下で作物を栽培し、生育・収量への影響を調査する必要がある。これには、気温、二酸化炭素濃度を任意に変えて作物を栽培できる人工気象室を用いた方法と、屋外の水田や畑に直径10m程度のリングを設置し、リング内の二酸化炭素濃度を人為的に高める開放系大気CO_2増加装置（FACE）がある。

①人工気象室

人工気象室による温暖化研究調査法の一例として（独）農業環境技術研究所のクライマトロ

表7.2.1. 都道府県における高温障害等の農作物への影響（例）（農水省、2009より）

作目	主な現象	発生の主な要因（障害発生時期）	主な発生地域
水稲	白未熟未熟粒の発生	出穂期～登熟期の高温（7～9月）	全ブロック（北海道を除く）
	斑点米カメムシ類の多発	冬期、出穂期以降の高温	全ブロック（北海道を除く）
りんご	着色不良・着色遅延	果実着色期の高温（8～10月）	東北、関東・北陸、九州・沖縄
かんきつ類	浮き皮	開花～収穫期の高温、多雨（6～12月）	関東・北陸以西のブロック
	着色不良・着色遅延	果実着色期の高温（6～12月）	関東・北陸以西のブロック
なし	発芽不良（施設・露地栽培）	落葉休眠期（秋冬期）の高温	関東・北陸、中国・四国、九州・沖縄

注：主な発生地域については、全国を5つのブロック（北海道・東北ブロック、関東・北陸ブロック、東海・近畿ブロック、中国・四国ブロック、九州・沖縄ブロック）に分けて示した。

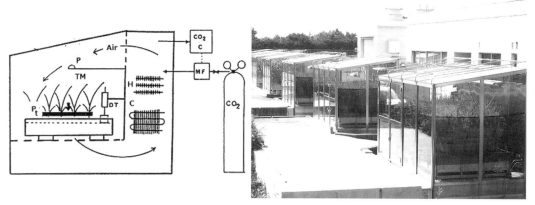

図7.2.7. クライマトロン（農業環境技術研究所）
ここで、CO_2 C：赤外線CO_2分析計、MF：マスフローメータ、P：光量子センサー、Pt：透過光測定光量子センサー、TM：温湿度計、DT：差動トランス、H：ヒータ、C：クーラ。

ンを示す（図7.2.7）。

この人工気象室は自然光を利用した閉鎖型で、室内の温度は常に外気温よりも2℃、4℃高めあるいは低めに制御でき、また、室内の二酸化炭素濃度も350ppm、650ppmなど一定のレベルに制御できる。室内への二酸化炭素は外部の液化炭酸ガスボンベからマスフローメータを介して供給される。試験室が閉鎖型であるため、試験室内への単位時間当たりの二酸化炭素供給量から試験室内で栽培される作物の光合成速度を測定することができる。また水稲の場合には田面に浮かしたフロート付の差動トランス（DT）により単位時間当たり水位の変化量から蒸発散速度が測定される。

②温度勾配型実験施設（TGC）

温室では日射熱により室内の気温が外気温よりも高くなる。そこで、温室の片方の妻面に換気扇を取り付け、他の妻面から外気をゆっくり流入させると、外気の入口近くでは外気温であるが、空気の排出される側に近づくにつれ室内に温度勾配が形成され、換気扇により排出される側では外気温より数度高まる。これに入口側からに二酸化炭素を供給し、濃度を一定に制御することによって、作物の温度と二酸化炭素濃

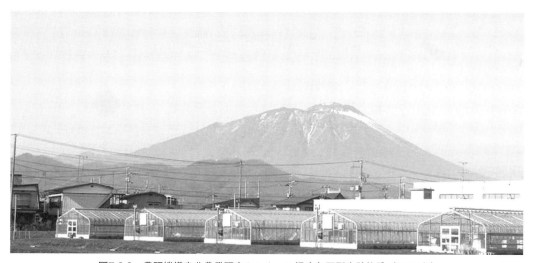

図7.2.8. 農研機構東北農業研究センターの温度勾配型実験施設（2006年）

図7.2.9. 実験中の温度勾配型実験施設の内部（東北農業研究センター）
写真の奥が排気側　（岩手大学岡田己益教授提供）

度の影響を調査するのが温度勾配型実験施設である（図7.2.8、7.2.9）。

③FACE（開放型大気二酸化炭素増加）

人工気象室や温度勾配型実験施設（TGC）は植物を透明な資材で覆い、二酸化炭素濃度や気温を変えて実験を行うが、イネやムギなどの作物が実際栽培されている屋外で、植被になにも覆わず二酸化炭素を大気中に付加して、大気中の二酸化炭素濃度を高め、作物等への影響を調査する方法が、FACE（開放型大気二酸化炭素増加）実験である。FACEとはFree Air CO_2 Enrichmentの略で、1989年に米国アリゾナ州マリコパでワタを用いて最初の実験が行われた。わが国では、1998年より岩手県雫石町の水田でイネを用いたFACE実験が行われた（図7.2.10）。

図7.2.10で水田中央に見える枠組みが、FACE装置である。差し渡し12mの八角形にパイプを組み、二酸化炭素を放出するチューブを吊して、風上側のチューブからガスを流す。八角形のリング内の二酸化炭素濃度はリング周辺の風向、風速の計測データを基に、周辺大気より約200ppm高く維持するようコンピュータにより制御される。二酸化炭素は、新潟から週2,3回ローリーで輸送され、

図7.2.10. FACE（開放型大気二酸化炭素増加）実験装置（東北農業研究センター）

写真上部のタンク（計25トン）に液化炭酸ガスとして蓄えられ、リングに供給される。

2.-4-2 二酸化炭素濃度の増加による作物への影響

二酸化炭素濃度の増加と作物の生育・収量の関係については、1980年代から多くの研究がある。1980年代の研究成果を取りまとめた結果をみると（表7.2.2）、二酸化炭素濃度の上昇による増収効果の大きい作物としては、綿、ソルガム、ナス、エンドウ、甘藷などで、キャベツはほとんど影響が認められない。我が国の代表的な作物であるイネは、二酸化炭素濃度の上昇による増収率の全作物の平均値（1.36）を下回り、1.15～1.25程度の増収率である。

二酸化炭素濃度の上昇による作物への直接的な影響については、十分な栄養と水分条件のもとでは、程度の差はあるもののプラスに作用する結果が多く報告されている。

一方、二酸化炭素濃度が上昇すると作物の葉の気孔が完全ではないものの閉鎖することが知られている。このことは作物の蒸散作用が減少し、作物の水利用効率が高まることを意味している。図7.2.11に農業環境技術研究所のクライマトロン（図7.2.7参照）内に水稲を二酸化炭素濃度が現在の350ppmと、数十年後に予想される650ppmとで栽培し、個体群光合成と蒸発散速度を測定した結果を示した。光合成と蒸発散速度の日変化をみると、両者とも日射の変化に追従して変化することが明らかである。また、高二酸化炭素濃度（650ppm）下では光合成速度に対して蒸発散速度の割合が低下し、水利用効率が高まることが示されている。大豆では、二酸化炭素濃度が330ppmと800ppmとで葉面積の違いにもかかわらず、800ppmで生育させると水利用効率が高まるこ

表7.2.2. CO_2濃度倍加と作物の増収効果

作物タイプ	作 物	平 均	作物平均 $(1.36)^3$	作物平均 $(1.12)^3$
繊維作物	綿[a]	3.09	1.68[4]	
C_4子実作物	ソルガム	2.98	1.62	
繊維作物	綿[a]	2.59 – 1.95	1.23	
需実作物	ナス	2.54 – 1.88	1.18	
マメ科種子	エンドウ	1.98 – 1.84	0.53	
根・塊茎作物	サツマイモ	1.83	0.42	
マメ科種子	ソラマメ	1.82 – 1.61	0.46[4]	
C_3子実作物	オオムギ[b]	1.70	0.29[4]	
需葉作物	フダンソウ	1.67	0.31	
根・塊茎作物	ジャガイモ[c]	1.64 – 1.44	0.28	
マメ科牧草	アルファルファ	1.57[4,5]	0.27[5]	
マメ科種子	ダイズ[d]	1.55[7]		
C_4子実作物	トウモロコシ[c]	1.55		
根・塊茎作物	ジャガイモ[c]	1.51	0.10[4]	
C_3子実作物	エンバク	1.42		
C_4子実作物	トウモロコシ[e]	1.40[7]		
C_3子実作物	コムギ	1.37 – 1.26	0.01	
需葉作物	レタス	1.325	– 0.01	
C_3子実作物	コムギ[f]	1.35	– 0.06[4]	
需実作物	キュウリ	1.30 – 1.43	– 0.06	
マメ科種子	ダイズ[d]	1.29	– 0.12[4]	
C_4子実作物	トウモロコシ[c]	1.29	– 0.12[4]	
根・塊茎作物	ダイコン	1.28	– 0.08	
マメ科種子	ダイズ[d]	1.27 – 1.20	– 0.09	
C_3子実作物	オオムギ[b]	1.25	– 0.11	
C_3子実作物	イネ[g]	1.25	– 0.11	
需実作物	イチゴ	1.22 – 1.17	– 0.14	
需実作物	シシトウガラシ	1.20 – 1.60	– 0.16	
需実作物	トマト	1.20 – 1.17	– 0.16	
C_3子実作物	イネ[g]	1.15	– 0.26[4]	
需実作物	エンダイブ	1.15	– 0.21	
需実作物	マスクメロン	1.13		
需実作物	クローバー	1.12		
需実作物	キャベツ	1.05		
花 類	キンレンカ	1.86		0.74
花 類	シクラメン	1.35		0.23
花 類	バラ	1.22		0.10
花 類	カーネーション	1.09		– 0.03
花 類	キク	1.06		– 0.06
花 類	キンギョソウ	1.03		– 0.09

（Krup and Kickert, 1989より）

（注）1：作物名に付されるランキングを示す。
2：Kimball（1983）、およびKimball（1986）による。
3：Kimball（1983）による。
4：Cure and Acock（1986）による。CO_2倍化による増収率は1.41である。
5：乾物生産量にもとづく値。
6：作物についての乾物生産の増加率は1：30。
7：Rogersら（1983）の置場試験による。

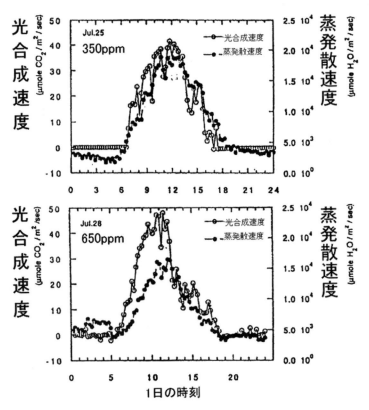

図7.2.11. 水稲個体群の光合成・蒸発散速度の日変化（矢島、1993）

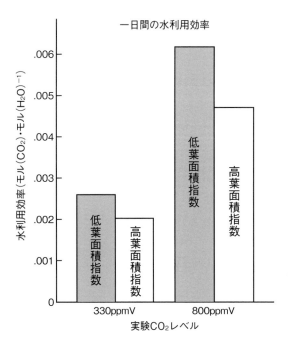

図7.2.12. CO_2濃度と大豆群落の水利用効率
CO_2濃度が330ppmで栽培された群落の葉面積指数は3.3、800ppmで栽培された群落の葉面積指数は6.0である。（Jones et al., 1985）

とが示されている（図7.2.12）。

FACE実験では二酸化炭素濃度上昇が水稲の病害に及ぼす影響についても調査されている。すなわち、1998年から2004年にかけて屋外の通常および高二酸化炭素条件で栽培されたイネ（品種あきたこまち）に、いもち病菌を接種し、葉に出現した葉いもち病の病斑数をみると、生育時期にかかわらず、明らかに高二酸化炭素条件で生育したイネの方が病斑数の多い傾向がみられる（表7.2.3）。また、紋枯病の発生についても同様な傾向が見られた。高二酸化炭素条件下ではイネ体最上位展開葉の珪素（Si）含有量（%）が通常大気区のイネよりも低く、これが、

いもち病に罹りやすい素因となっているものと考えられている。

この他、温度の上昇により水稲では高温による受精への影響により不稔籾や未熟粒の増加による品質の低下や、生育期間の短縮などにより収量の低下も懸念されている。

表7.2.3. 通常大気および高CO_2条件下においていもち病菌を接種したイネ（あきたこまち）に発現した葉いもち病の斑点数
（東北農業研究センター、2004より）

年次[c]	病斑数／数			
	分げつ期[a]		幼穂形成期[a]	
	通常	高CO_2	通常	高CO_2
1998	86.9	142.9*[b]	24.3	33.8*
1999	26.3	26.7	5.9	6.1
2000	17.8	24.9*	7.1	9.3*
2003	2.8	8.3*	−	−
2004	53.1	61.8	−	−

a) 分げつ期接種は、1998/7/1、1999/7/8、2000/7/3、2003/6/23、2004/6/25に、幼穂形成期接種は、1998/7/22、1999/7/21、2000/7/18に行った。
b) ＊印は通常大気区と高CO2区の平均値間に対応のあるt検定で有意差（$P<0.05$）があることを示す。
c) 1999年および2004年は高温年。

矢島正晴

3. 農業生産活動と環境

3.-1　農業の多面的機能

　農業・農村は、私たちの生存に必要な米や野菜などの生産の場としての役割を果たしている。また、農村で農業が継続して行われることにより、私たちの生活に色々な『めぐみ』をもたらしている。このめぐみは「農業の多面的機能」と呼ばれる。例えば、水田は雨水を一時的に貯留し、洪水や土砂崩れを防ぎ、多様な生きものを育み、また、美しい農村の風景は、私たちの心を和ませてくれるなど大きな効果を有しており、そのめぐみは、都市住民を含めて国民全体に及んでいる。このような農業・農村の持つ多面的機能により、国土の保全、水源の涵養、自然環境の保全、良好な景観形成、文化の伝承等、農村で食料の供給といった農業生産活動以外にも大きな役割を果たしている。農業の多面的機能を貨幣価値として評価する試みもおこなわれている（表7.3.1）。

3.-2　農業による環境負荷

　一方、過度の生産性の追求や不適切な資材の利用や管理によって環境への負荷の増大や、自然環境の劣化を招く可能性も否定できない。主な農作業別に環境へのリスクを示したのが図7.3.1である。施肥についてみると、不適切な施肥を行うと河川、湖沼、地下水の水質汚濁や富栄養化を生じさせ、肥料からは一酸化二窒素などの温室効果ガスの発生のリスクを生じさせる。また、品質の不良な肥料の使用による重金属の蓄積や化学肥料への過度な依存による土壌の劣化等の危険性を有している。また、不適切

表7.3.1.　農業の多面的効果の貨幣評価　（日本学術会議・三菱総合研究所、2001より）

作目	評価方法	
洪水防止機能	水田及び畑の大雨時における貯水能力を、治水ダムの減価償却費及び年間維持費により評価（代替法）	34,988億円
河川流況安定機能	水田のかんがい用水を河川に安定的に還元する能力を、利水ダムの減価償却費及び年間維持費により評価（代替法）	14,633億円
地下水かん養機能	水田の地下水かん養量を、水価割安額（地下水と上水道との利用料の差額）により評価（直接法）	537億円
土壌浸食防止機能	農地の耕作により抑止されている推定土壌浸食量を、砂防ダムの建設費により評価（代替法）	3,318億円
土砂崩壊防止機能	水田の耕作により抑止されている土砂崩壊の推定発生件数を、平均被害額により評価（代替法）	4,782億円
有機性廃棄物処理機能	都市都市ゴミ、くみ取りし尿、浄化槽汚泥、下水汚泥の農地還元分を最終処分場を建設して最終処分した場合の費用により評価（代替法）	123億円
気候緩和機能	水田によって1.3℃の気温が低下すると仮定し、夏季に一般的に冷房を使用する地域で、近隣に水田がある世帯の冷房料金の節減額により評価（直接法）	87億円
保健休養・やすらぎ機能	家計調査のなかから、市部に居住する世帯の国内旅行関連の支出項目から、農村地域への旅行に対する支出額を推定（家計支出）	23,758億円

（注）　農業の多面的機能のうち、物理的な機能を中心に貨幣価値が可能な一部の機能について、日本学術会議の特別委員会等の討議内容を踏まえて（株）三菱綜合研究所が評価を行ったものである。

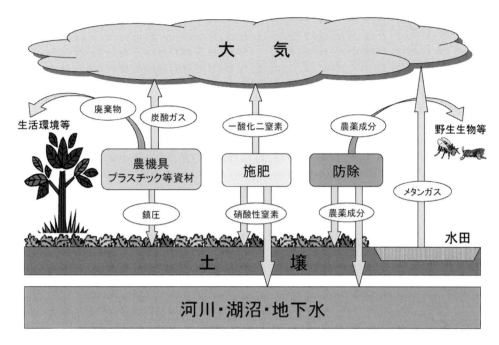

図7.3.1. 農業生産活動による環境負荷発生のリスク（農水省、2007より）

な農薬の使用による水質汚染や周辺生態系への影響、代かき用水の排出による水質汚染、富栄養化、さらに農業機械・加温施設等からの化石燃料使用による二酸化炭素などの温室効果ガスの排出などがあげられる。

これらのことから農業の持つ物質循環機能を生かし、生産性との調和に留意した環境保全型農業の推進が1992年から開始された。

3.-2-1 内在する土壌生産力の劣化

我々人類は30cmにも満たない地殻表層の表土を長年、繰り返し耕作し農業を営んできた。古代文明が栄えたエジプト、メソポタミアのように上流から定期的に肥沃な土壌表土が運搬され堆積する沖積土壌では、毎年耕作を続けることによる土壌生産力の減少は小さいが、丘陵地などの洪積土壌では耕作を続けることによる生産量の低下は著しい。そこで、古くは森林などで生産される下草などの有機物を耕地に施用して（耕地外部から物質を補給して）、土壌の生産力を維持してきた。このため、今では耕地の生産力を維持向上させるため、堆肥等を施用し、土壌の物理的、化学的、生物的性質の改善を通じて地力増進を図っている。一方、作物栽培において水管理を不適切に行うと土壌に塩類が集積し、作物の栽培ができなくなることがある。これは乾燥地、半乾燥地において見られる。近代的な灌漑農業では大量の灌漑水を用いて乾燥地・半乾燥地の原野を灌漑農地に変え作物栽培を行うが、灌漑によりこれらの農地の土層に一時的に帯水や地下水が形成されると、塩類を含んだ土壌水が毛管現象により上昇し、土壌表面に塩類が集積する。その一例として、米国カリフォルニア州では、1930年代以降、カリフォルニア水路（全長710km、通水量370m^3/s）等の大規模な水利開発が行われた。この大規模な水利施設の整備により、カリフォルニア州の耕地面積は311万ha、かんがい率は90％（1987年）となり、温暖な気候を最大限に活用し、カリフォルニア州の農産物生産額は米国で第1位を占め

ることができた。しかし、農地～河川～海洋に至る排水系統がないため、灌漑水中に低濃度で含まれる塩類が、徐々にかんがい耕地に累積され、1993年時点で、既に90万haのかんがい耕地が塩類の影響を受けるに至った。また、オーストラリアでは、年間降水量が約400mmに過ぎない乾燥地域に、遠方の貯水池からの送水による灌漑システムが構築され、12万haの水田地帯を含む一大かんがい地帯が形成された。ニューサウスウェールズ州の典型的な稲作農家では、優れた栽培技術と恵まれた日照の下、単収8トン/haの高収量が得られている。しかしながら、水田に大量の灌漑水が供給された結果、地下浸透により広大な地域の地下水が上昇し、周辺の畑地やブドウ畑などの樹園地において湿害や塩害（土壌表面への塩類集積）が生じた。このため、地下水をポンプや暗渠により排水しているが、その地下水は塩を多量に含み、河川下流に放流できないため、大きな蒸発池に送水した上で蒸発させており、巨大な塩田となっている。

これとは別に、中国黄土高原でみられるように、山地斜面での耕作や過度の放牧を行うと、土壌侵食を生じ、耕地のみならず自然植生をも消失させてしまうことがある。土壌侵食は土壌表面を流亡させ、肥沃性の低い下層土がむき出しとなるため、植生の定着や保水する機能が困難となり、一層土壌侵食が進むことになる。土壌侵食の被害が深刻な米国等では不耕起栽培技術の普及が進められている。

このように、農業自体に自然の生産力を劣化させる要因が内在していることを理解する必要がある。

3.-2-2 水質汚染・富栄養化

農耕地への化学肥料、農薬や有機質資材の施用は安定した作物生産には必要であるが、一方でこれらに由来する窒素・リン等の栄養塩類や農薬による水質の汚染や富栄養化の問題が1970年代以降問題となってきた。これは農業の集約化が進み、肥料農薬の多量施用や畜産廃棄物の投棄的な土壌還元がその一因と考えられた。ちなみに1982年に当時の環境庁が実施した地下水調査によると、1000ヶ所を上回る浅井戸のうち11％が飲料水の基準（NO_3-N：10mg/l）を超えていた。また、1991年に農水省が行なった農業用地下水についても約15％が基準を超えていた。その後、各地で調査が行われ、農村地域では、野菜作＞果樹＞普通作＞水田＞山地の順に高く、栽培される作物の種類による施肥量や家畜廃棄物の土壌還元量との関係が高いことが明らかとなった。ヨーロッパにおいても1960年以降、河川の硝酸態窒素濃度が急速に高まり、化学肥料の施用の増加した時期と一致したため、その原因物質として肥料由来の窒素が強く疑われた。1980年代には地下水の硝酸汚染地域が広範囲に認められるようになった。また、アメリカや中国各地においても基準値を大きく上回る井戸水、飲料水が検出されるようになった。硝酸性窒素濃度の高い水を多量に摂取すると、乳児や反芻動物の牛などにとって致命的となる。農耕地からの窒素の流出を軽減するには、①窒素投入量の削減、②窒素の下層への溶脱の制御を行う必要がある。すなわち、作物の吸収量に見合った適正な施肥量の厳守、マルチ栽培や深根性作物の導入などの輪作体系が効果的である。また、水田からの窒素やリンの流出は、代かきや田植え時の落水によるところが大きいため、掛け流しや施肥直後の落水を極力制御することが重要である。

3.-2-3 残留農薬

人類が農業を始めて以来、農作物を病害虫や雑草の被害から守るため多くの努力を行ってきた。そのため、病害虫に強い品種の開発や、病害虫発生対策などの耕種的防除、ビニールシートや敷きわらによる雑草抑制、太陽熱利用によ

る土壌消毒といった物理的防除、天敵等を利用した生物的防除などが行われている。一方、病害虫の有効な防除方法がなかった時代には、例えば我が国では、享保年間に稲にウンカによる大被害の発生によって多くの人が餓死したとの記録があり、また、1845年から4年間、アイルランドで主食のジャガイモに疫病が大発生し、100万人以上ともいわれる飢饉による餓死者を出した（ジャガイモ飢饉）。仮に現在、病虫害防除対策をしないで作物や果樹を栽培すると、病虫害により農作物の収量が大幅に減少することが報告されている。

わが国でも戦後、科学技術の進歩により化学合成農薬が登場し、収穫量の増大や農作業の効率化をもたらした。水稲における総労働時間と除草時間の変化をみると、除草薬を用いない1949年では除草時間10アール当たり50時間であったものが、除草剤の使用により1999年では約2時間となり、除草作業は効率的に行えるようになった。しかし、これらの農薬の中には、人に対する毒性が強く、農薬使用中の事故が多発したもの、農作物に残留する性質（作物残留性）が高いもの、土壌への残留性が高いものなどがあったため、このことが昭和40年代に社会問題となった。このため、昭和46年に農薬取締法を改正し、目的規定に「国民の健康の保護」と「国民の生活環境の保全」を位置付け、農薬登録の際には登録申請を行う農薬製造業者や輸入業者は、農薬のほ乳類に対する急性毒性試験成績書及び慢性毒性試験成績書、農作物及び土壌において残留する性質に関する試験成績書を新たに提出することになった。DDT（ジクロロジフェニルトリクロロエタン）、アルドリン、ディルドリンなどの有機塩素系殺虫剤であるドリン剤は、地上部の害虫に加え、ケラ、タネバエなどの土壌害虫の防除にかつて盛んに施用された。塩素を含んだ殺虫剤は土壌微生物に分解されにくく、その殺虫効果が長続きして、土壌、特に畑土壌に長期残留し、作物に吸収されて農産物の安全性を損なうとともに、食物連

表7.3.2. 農薬を使用しない場合の農作物の推定収穫減少率（農水省より）

日本の例	
作物名	推定収穫減少率（平均）%
水稲（10）	28
小麦（4）	36
大豆（8）	30
りんご（6）	97
もも（1）	100
キャベツ（10）	63
だいこん（5）	24
きゅうり（5）	61
トマト（6）	39
ばれいしょ（2）	31
なす（1）	21
とうもろこし（1）	28

作物名 右（ ）は試験例数（1991-1992年に実施）
・社団法人日本植物防疫協会「農薬を使用しないで栽培した場合の病害虫等の被害に関する調査」（1993年）

日本の例	
作物名	推定収穫減少率（平均）%
とうもろこし	32
わた	39
ピーナッツ	78
イネ	57
ダイズ	37
小麦	24
ばれいしょ	57
りんご	100
ぶどう	89
もも	81
オレンジ	55
レタス	67
タマネギ	64
トマト	77

（Knusuton, 1990-1993）

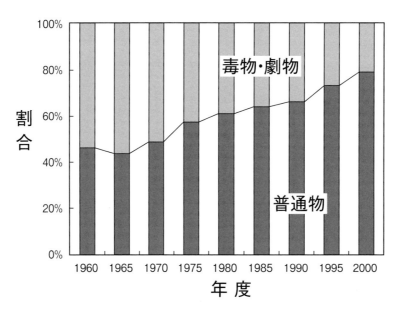

図7.3.2. 有効登録件数の急性毒性別割合（農水省より）

鎖を通じて生体濃縮されて野生生物の繁殖などに深刻な影響を与えた。その結果、これまで使用されてきたBHC（ベンゼンヘキサクロリド）、DDT、有機塩素系殺虫剤であるドリン剤などの残留性が高く、人に対する毒性が強いために農薬の販売禁止の措置が取られ、農薬の開発方向も人に対する毒性が弱く、残留性の低いものへと移行した（図7.3.2）。

通常、作物に散布された農薬は、大気中への蒸発、風雨による洗い流し、光や水、酸素などと反応して分解され、散布してから時間とともに減少するが、作物の収穫時に農薬が残留することがある。農薬の作物残留、土壌残留、水質汚濁による人畜への被害や水産動植物への被害を防止するため、農薬取締法によりそれぞれの農薬ごとに国により基準が定められている。

このような状況を背景として、農作物の生産性を維持しながら環境にも配慮した病害虫防除法として、「総合的管理技術」が注目されるようになってきた。これは、通常IPM（総合的病害虫防除、Integrated Pest Management）と呼ばれ、従来の化学農薬に依存した方法による病害虫の防除ではなく、化学農薬以外の防除方法、例えば、輪作体系や抵抗性品種、熱による消毒、機械などを用いた物理的防除、天敵やフェロモンの利用なども組み合わせる総合的な防除法である（図7.3.3、表7.3.3）。これにより、化学農薬をできるだけ用いずに、農作物の被害が経済的に許容できる水準以下になるよう病害虫の密度を低く保とうとするもので、今後の展開が期待される。

矢島正晴

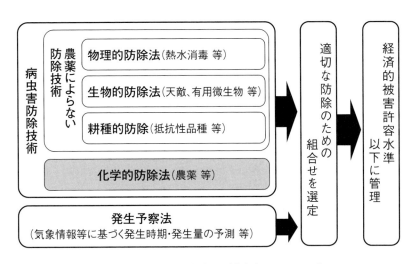

図7.3.3. 総合防除の概念図（農水省、2005より）

表7.3.3. IPMの個別技術の例（農水省、2005より）

			長　所	短　所
物理的防除	熱利用 （太陽熱土壌消毒、熱水土壌消毒）		臭化メチルの代替法として土壌病原菌に高い防除効果を示す。	処理後土壌の微生物相が単純化し、外部から病原菌が再侵入再侵入した場合は増殖増殖しゃすい。
	ネット利用		確実に害虫の侵入を防止できる。	ハウス等等施設に限られ、換気に悪影響。
生物的防除	天敵昆虫（バンカー法）		適切に管理できれば省力的に害虫を防除できる。	対象となる害虫の種類が限られる。
	フェロモン剤（交信かく乱）		導入しやすく省力的に処理できる。	対象となる害虫の種類が限られる。
化学的防除	選択性農薬 （天敵に影響しない農薬）		天敵を維持できる。	利用できる農薬数が少ない。
	局所的利用法 （土壌くん蒸剤の植穴処理）		くん蒸剤の使用量を大幅に節減できる。	パスツリア菌の灌注処理等他の技術と組み合わせる必要がある。
耕種的防除	栽培方法	ロックウール栽培	連作が可能。	病原菌が侵入した場合に急速に被害が拡大する場合がある。
	栽培作物	抵抗性品種／台木	安価で導入しやすく効果も高い。	抵抗性品種の市場での評価が低い場合がある。継続して栽培すると抵抗性品種や台木を犯す病原菌や害虫が発生する場合がある。
	作型	対抗植物	適切に管理できれば省力的に防除できる。	効果が植物の種類やセンチュウの種類などによって異なる。収穫の対象とならない。

第7章　食料生産と環境との関わり

4. 環境保全型農業

環境保全型農業とは「農業の持つ物質循環機能を生かし、生産性との調和などに留意しつつ、土づくり等を通じて化学肥料、農薬の使用等による環境負荷の軽減に配慮した持続的な農業」をいう。我が国では食料農業農村基本法においても、国全体として適切な農業生産活動を通じて国土環境保全に資するという観点から、環境保全型農業の確立を目指している。では、なぜ環境保全型農業という考え方が生まれたのか、その背景や目指すところを考える。

4.-1. 化学合成農薬の功罪

二次大戦後に開発されたDDT（ジクロロジフェニルトリクロロエタン）、BHC（ベンゼンヘキサクロリド）、パラチオンなどの殺虫剤や2,4D（2,4-ジクロロフェノキシ酢酸）などの除草剤は農作物の病虫害や雑草の駆除に優れた効果があり、これらの合成農薬の出現により農産物の収量が飛躍的に向上し、戦争直後の食料不足を克服することができた。また、20世紀半ばには25億人から現在の70億人にまで急増した地球人口を養えたのは、これら化学合成農薬と化学肥料の使用により食料生産が飛躍的に伸びたからである。

ところがこれらの化学合成農薬により農家の人たちはしばしば急性中毒や死亡事故などの被害をだした。また、多量に散布されたDDTやBHCなどの影響で田や畑からトンボ、蝶、ドジョウなどが姿を消した。もともと、病害虫を駆除するために散布する農薬であるから、駆除しようとする害虫以外の昆虫や魚、鳥などにも強いダメージがあるのは当然であり、さらに、当時の化学合成農薬は自然界で分解されずに大気、河川、土壌に残留し、蓄積することが多かった。その結果、野生生物の生態にも数々の異常現象が起き、人間の健康にも影響があるのではないかと心配された。

1962年、レイチェル・カーソン（Rachel Louise Carson）は農薬で利用されている化学物質の危険性を取り上げた著書『沈黙の春』（*Silent Spring*）を著し、アメリカで半年間に50万部も売り上げ、1972年の国連人間環境会議発足のきっかけとなった。また、環境問題そのものに人々の目を向けさせ、環境保護運動の嚆矢となった。

4.-2 代替農業の展開

20世紀に入ると、アメリカでは農耕や運搬などの労役に用いられる牛や馬などに代わり農業機械が導入されて、化学肥料や農薬を用いた農業が行われるようになり、一層の生産性を高めるために、機械の大型化、農場の拡大、作物の単作化が大規模に展開された。この結果、1）農薬、化学肥料および畜産廃棄物による土壌と地下水と大気の汚染問題、2）作物や食品中への農薬残留や蓄積に対する安全の問題、3）一部の地域での土壌侵食、塩類集積の顕在化、4）灌漑用地下水源の枯渇の問題、などを生じ、過剰な化学肥料・農薬の使用が一般の人々の生活にまで影響を及ぼすようになった（図7.4.1）。そこで、1989年に全米研究協議会（NRC）は「代替農業（Alternative Agriculture）」を発刊し代替農業の展開を促した。そのねらいは、1）農業生産を農地の潜在的生産力と自然的な特性に適合させること、2）農業の外からの投入資材を減らすこと、3）農地の管理を改善し、資源の保全を重視すること、4）生物による窒素固定や天敵などを用いるなどの自然のプロセスを利用すること、5）作物なども含め、生物種の遺伝的潜在能力を積極的に利用すること、などである。

代替農業には有機農業（生態学的農業、生物学的農業）、自然農法、低投入持続型農業（Low

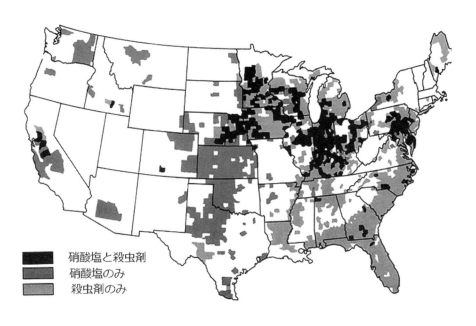

図7.4.1. 地下水に農薬が含まれる州（米農務省、1987より）

Input Sustainable Agriculture; LISA）、環境調和型農業、生態系調和型農業など各種の農法がある。

具体的な技術としては、1）雑草や病虫害を軽減し土壌窒素を増加するための輪作、2）病虫害の予察、抵抗性品種の利用、農薬によらない生物防除を中心とした総合防除（Integrated Pest Management; IPM）の推進、3）土壌や水の保全のための保全耕法の推進、4）家畜の健康維持と予防、抗生物質の不使用による健全な家畜の飼養、5）病害虫抵抗性品種、養分の効率的利用可能な作物の遺伝的改良などである。ここで、総合防除（IPM）とは、「あらゆる適切な防除手段を相互に矛盾しない形で使用し、害虫の生息密度を経済的被害許容水準以下に減少させ、低いレベルに維持するための害虫個体群管理システム」として定義されている。これには、複数の防除法の合理的統合、経済的被害許容水準、害虫個体群のシステム管理の三つを基本概念としている（FAO、1966）。

このように、代替農業はひとつの農作業体系を指すのではなく、合成した化学物質を一切使用しない有機的な体系から、特定の病害虫防除にあたって農薬や抗生物質を慎重に使用する体系まで、さまざまな体系が含まれている。したがって、代替農業は生物学的とか、低投入的とか、有機的とか、再生的あるいは持続的といった名を冠した農業ということになる。例えば、害虫の総合防除、集約度の低い家畜生産方式、輪作体系、土壌侵食軽減のための耕作方法などがある。したがって、代替農業はこれらの技術を農作業体系の中に組み込んでゆくことを目指す農業といえる（陽、2006）。

4.-3 環境保全型農業

環境保全型農業は代替農業の一つで、「環境保全型農業の基本的考え方」（農林水産省環境保全型農業推進本部、1994）によると、「農業の持つ物質循環機能を生かし、生産性との調和に留意しつつ、土づくり等を通じて化学肥料、農薬の使用等による環境負荷の軽減に配慮した持続的な農業」と定義されている。従来から地

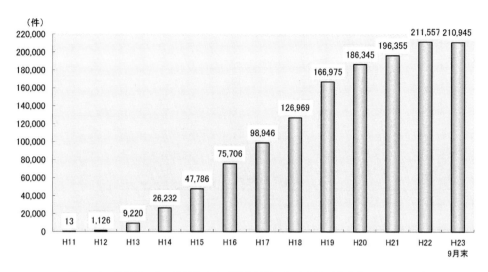

図7.4.2. 持続性の高い農業生産方式導入計画の認定状況（農水省、2012より）

域で行われている農法に比べ、化学肥料・農薬の使用量を減らしたり、堆肥による土づくりを行うなど、環境に配慮した農業のことをいう。有機農業、自然農法、低投入持続型農業（LISA）などが含まれるが、化学資材の使用をまったく認めない無農薬・無化学肥料栽培から、多少の使用は認めるという減農薬・減化学肥料という立場まで幅がある。

ここで有機農業とは、化学的に合成された肥料及び農薬を使用しないこと、遺伝子組換え技術を使用しないことを基本に、農業生産に由来する環境への負荷をできる限り低減した農業生産の方法を用いて行われる農業である。また、環境保全型農業を推進するため、1994年に生産関係者、流通関係者、消費関係者、学識経験者、行政機関など、農産物にかかわる幅広い分野の専門家からなる全国環境保全型農業推進会議が設置された。同会議では、環境保全型農業の推進に関する提言を行ったり、環境保全型農業推進憲章の制定を行っている他、コンクールやシンポジウムを開催して、環境保全型農業を国民に向けて幅広くPRし、理解を呼びかけている。

さらに、1999年には持続性の高い農業生産方式の導入の促進に関する法律（持続農業法）が制定された。同法によると、「持続性の高い農業生産方式」とは、「土壌の性質に由来する農地の生産力の維持増進その他良好な営農環境の確保に資すると認められる合理的な農業の生産方式」と定義し、具体的には、(1) 堆肥などの有機質資材の施用に関する技術で土壌改良効果の高いもの、(2) 肥料の施用に関する技術で化学合成肥料の施用を減少させる効果の高いもの、(3) 雑草・害虫等の防除に関する技術で化学合成農薬の使用を減少させる効果の高いものをあげている。

また、同法に基づき、「持続性の高い農業生産方式の導入に関する計画」を都道府県知事に提出して、その導入計画が適当であるとの認定を受けた農業者（認定農業者）には「エコファーマー」の愛称が与えられ、2011年9月現在では約21万人がその認定を受けている（図7.4.2）。

4.-3-1 環境保全型農業の成果の一例
1) 水質改善の効果

岐阜県各務原市では、1970年代、地下水の硝酸態窒素が基準濃度を大きく超えていることが市の調査で明らかとなり、その原因が、にんじん栽培の肥料によるとの報告がされた。そこで

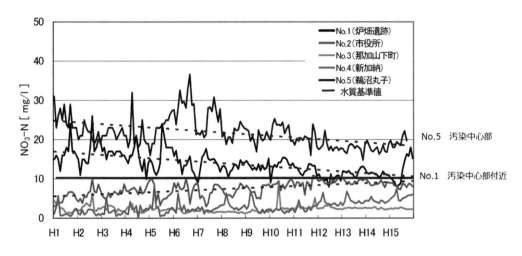

図7.4.3. 各務原市における観測井の硝酸体窒素の濃度変化（農水省、2008より）

同市のにんじん生産部会では、市、農協、県（試験場、普及センター）の協力を得て、施肥改善の実証に取り組み、施肥基準の見直しを行い、1970年には25.6kg/10aであった窒素施用量が1991年（平成3年）以降には15 kg/10a前後となった。その結果、問題となっていた地下水の硝酸体窒素濃度は徐々に減少し始め、汚染の中心部付近にあっても顕著な改善がみられた（図7.4.3）。

2) 温室効果ガスの発生抑制

土づくりや施肥の改善、不耕起栽培の実施等により、温室効果ガスであるメタン、一酸化二窒素の圃場からの排出を抑制できることが知られている。例えば、水田において稲わら施用の場合にはメタンの発生が$19g/m^2$であるのに対し、これを堆肥施用に変えること、メタンの発生量を大幅に削減できる。最近の農業環境技術研究所の調査によると、中干しの強化などの水管理の改良により、栽培期間のメタン発生量が慣行の水管理に比べて、6～73%削減するなど、日本の主要な土壌タイプの水田におけるメタン発生の削減に対して、中干しの強化が効果的であることが明らかにされた（平成22年度土水研究会資料）。また、化学肥料（窒素）の施用量を減らすことにより温室効果ガスである亜酸化窒素の排出を大きく抑制することが知られている。例えば、ホウレンソウで窒素肥料を約20%減らすと、37～77%、ブロッコリーでは76～95%の亜酸化窒素の発生が減少した（表7.4.1）。

表7.4.1. 施肥法の改善（減肥）による一酸化二窒素の排出抑制効果

作物	化学肥料（窒素）の低減割合	亜酸化窒素ガスの低減割合	備考
ホウレンソウ	22%	37～77%	（出典1）
ブロッコリー	20%	76～95%	
タマネギ	33%	82%	
茶	46%	75%	（出典2）

注）上記の研究報告以外に、化学肥料の代替として有機物を過剰に施用した場合、亜酸化窒素ガスの発生が慣行栽培より増加したことを示す研究報告も存在。
（出典1：野田ら（2001）、出典2：野菜・茶業試験場研究成果情報（2000）より）

3）生態系の保全

農薬の使用の低減、土づくり、冬期湛水等により、天敵等ほ場内外の生物が増加することが期待される。一方、こうした農業生産活動が生物多様性に与える効果を定量的に把握するための科学的指標は未開発である。

このような中で、農薬の使用量を減らすことで田畑に生息する生物の増加が報告されている。例えば、宮城県では水稲栽培で使用される農薬を50％減らすことにより、水田に生息するクモ類、ユスリカ類、トンボの幼虫が増加し、静岡県の茶畑では農薬を全く使わない場合にはクモ類やトビムシ目の昆虫が増加することが報告されている（静岡茶試、1995）。また、愛知県では有機農業により畑に有機物を施用すると、慣行栽培に比べ、ミミズやヒメミミズが際立って増加することが報告されている。このように、生物多様性の保全が重要な課題となる中で、取組の効果を把握する指標の開発と、多様な生き物を育む営農管理の普及に一体的に取り組むことが必要とされている。

環境保全型農業が、今後持続可能な農業として発展するためには、1）経済的に成り立ち、2）環境保全的であり、3）社会的に受け入れられ、4）自然資源を維持すること、などが必要とされる。これには、経営的に持続可能な農業を追求するための様々な努力と工夫が必要であり、さらに消費者や地域行政との連携、相互扶助的な運動が求められる。これからの環境保全型農業は必然的に、安全な食品・飲料水の確保、生ごみ処理、生物多様性の保全、景観維持、地域産業の発展等を念頭にした地域環境保全計画と密接な関係を持って発展することが必要であろう。

矢島正晴

【参考文献】

環境省（2007）「IPCC第4次評価報告書、第3作業部会報告書　概要（公式版）」

気象庁（2010）「気候変動監視レポート2010」

気象研究所（2008）地球温暖化の基礎知識　http://www.mri-jma.go.jp/Dep/cl/cl4/ondanka/cover.html

増田善信（2010）「異常気象学入門」p.190　日刊工業新聞社

National Research Council (1989) "Alternative Agriculture"p.448 National Academy Press, Washington, D.C.

西尾道徳等（2004）「6.農業と環境．新編農学大辞典」養賢堂

農研機構（2011）「農業・農村環境の保全と持続的農業を支える新技術」p.324　農林統計出版

農水省（2004）「農業生産活動に伴う環境影響について」

農水省（2005）　世界の水資源と食料生産への影響、http://www.maff.go.jp/j/council/seisaku/syokuryo/syokuryo_mondai/pdf/data01_7.pdf

農水省（2005）病虫害の総合防除．化学農薬だけに依存しない病害虫防除．「農林水産研究開発レポート」No.12．農林水産技術会議事務局

農水省（2009）「平成21年地球温暖化影響調査レポート」

農水省（2010）「平成22年度　食料・農業・農村白書」

農水省　農薬の基礎知識、http://www.maff.go.jp/j/nouyaku/index.html

沖大幹（2002）　世界の水危機、日本の水問題、http://hydro.iis.u-tokyo.ac.jp/Info/Press200207/

Rijsberman, F. R. (2006) "Agricultural Water Management"Elsevier

清野豁（2008）地球温暖化と農業　「気象ブックス024」p.150　成山堂

内嶋善兵衛（1996）「地球温暖化とその影響—生態系・農業・人間社会—」p.202　裳華房

Yajima, M. *et al.* (2002) Special Issue: Sustainable food production and water. Farming Japan. 36(3) : 9-40

矢島正晴（1991）作物の成長・収量へのCO_2影響に関する研究　「気象研究ノート」　日本気象学会

陽捷行（1995）「地球環境変動と農林業」p.176　朝倉書店

【注釈】

注１．オガララ帯水層：Ogallala Aquifer. アメリカ合衆国中部の地下に分布する浅層地下水層。世界最大級の地下水層で、総面積は450,000km²（日本の国土の約1.2倍）におよび、同国中西部・南西部8州にまたがる。3600を超える井戸の水位調査によると、灌漑農業が始まってから2007年までに平均で約4.3m低下した。

注２．点滴灌漑：Drip irrigation. 配水管、チューブやエミッタ、弁などからなる施設を用い、土壌表面や根群域に直接ゆっくり灌漑水を与えることにより、水や肥料の消費量を最小限にする灌漑方式。1930年代に発明され、それまでの無駄の多い湛水灌漑に取って代わったスプリンクラー以来のもっとも大きな技術革新となったといわれている。

注３．C4植物．植物が大気中の二酸化炭素を固定する際、カルビン回路とは異なる経路で炭酸固定する植物。C4植物では最初に炭素原子が4つのオキザロ酢酸が生成される。イネ、ムギなどのC3植物に比べ、個葉の光合成速度が大きく、蒸散速度が相対的に少ない。代表的なC4植物としてトウモロコシ、サトウキビ等がある。

5．植物工場の展開

近年作物栽培において、植物工場（Plant factory）が急激に注目されつつある。植物工場とは、野菜や苗を中心とした作物を施設内で、光・培養液組成・二酸化炭素濃度・温度・湿度などの環境条件を人為的に制御し、季節や場所に左右されず安定的に生産するシステムを指す。一般的農業における作物生産システムとしては、田畑を利用した露地栽培（開放型）および施設栽培に分けられ、施設栽培はビニールハウスやガラス温室などが用いられている。従来の施設栽培の延長として、電照ギク栽培など光条件を制御しながら栽培したり、切り花用のバラ栽培など培養液を用いた養液栽培などがある。植物工場は、環境をさらに高度に制御したもので、太陽光利用型（半閉鎖型）植物工場（図7.5.1）と人工光型（閉鎖型）植物工場（図7.5.2）

図7.5.2．人工光型植物工場の一例
LED照明を用いて様々な波長の光を組み合わせて栽培することで、作物の成長速度や機能性成分の蓄積量などを制御することが可能となっている。写真は、渡邊博之教授（玉川大学）より提供。

に大別される。我が国における人工光型植物工場の研究は1970年代にすでに始まっていたが、1980年代には実用化植物工場としてカイワレダイコン生産工場が現れている。植物工場の存在を広く知らしめたきっかけは、大手人材派遣会社が2005年に東京大手町のビル地下2階にオープンした都市型植物工場の出現であった。無農薬・新鮮・高い栄養価などの付加価値を持った農作物をLED（Light Emitting Diode: 発光ダイオード）を利用し東京の中心地で栽培するという発想が、食料の安全・安心、安定供給という需要と重なり、植物工場という考えは広く社会に認知されるようになった。

5.-1　植物工場の意義

植物工場を推し進める背景として、食の安全・安心が挙げられる。海外からの農作物の輸入が拡大する中、病原性大腸菌 O-157などによる食中毒、残留農薬、ダイオキシン汚染などが大きく取り上げられるようになった。また最近では、小学校の給食食材への虫の混入騒動など、食の安全・安心への関心は極めて大きくなっている。農業生産者としても、2006年に施行されたポジティブリスト制により農薬の利用が厳しく規制

図7.5.1．太陽光利用型植物工場の一例
豊橋技術科学大学などが管理運営する豊橋リサーチパークにおける太陽光利用型植物工場。太陽光を利用しながらLEDによる補光、温度・湿度管理や養水分管理などを高度に制御し、トマトの栽培を行っている。

されるようになっており、農薬散布時のドリフト（散布された農薬が風の影響などで隣接して栽培する別の作物に付着してしまう現象。付着した農薬が、その作物への適用登録がない場合、無登録農薬を使用したことになってしまう）も問題となっている。また近年野菜に含まれる硝酸態窒素に対しても残留農薬同様に関心が高くなっている。硝酸態窒素は過剰な化学肥料の投入によって植物体内に大量に残存してしまい、ヒトの体内でニトロソアミンに変化し発がん物質として働く危険性が指摘されている。以上のような食に関わる問題点は、作物栽培システムを人為的に正しくコントロールすることによって危険性を大幅に低減させることが可能であり、栽培環境を高度に制御できる植物工場の役割に期待が高まっている。

5.-2 植物工場を支える栽培技術
5.-2-1 養液栽培

植物工場では、太陽光利用型および人工光型

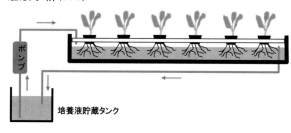

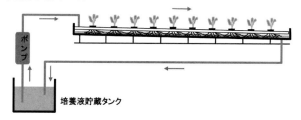

図7.5.3. 養液栽培の代表的な方式（模式図）
湛液栽培（上図）は、培養液を一定の深さにためて根を培養液に使った状態で栽培する。
薄膜水耕（下図）は、培養液は勾配のあるマット上を浅く流れており根をマット上にはわせて栽培する。

図7.5.4. ロックウール栽培（バラの苗木の例）
ロックウールマットの上に、苗木を挿し木した直方体型のロックウールを置いて、培養液をチューブより供給している。培養液を循環させる方式と、かけ流す方式とがある。

ともに**養液栽培**（Nutriculture）が行われている。養液栽培は培養液（液肥）を作物に与えて栽培する方式であり、一般的に作物の根域を畑などの土壌から隔離した状態での栽培法を指している。養液土耕栽培のように液肥を使用しながらも根域が隔離されていない土を利用する栽培法は、養液栽培には含めない場合が多い。培養液の利用法に関しては掛け流し式と循環式とがあるが、環境保全と資源節約の観点からも排液量を最小限に抑えた循環式が推進されるべきである。ただし循環式の場合、培養液の組成変化や雑菌の繁殖には十分注意する必要がある。養液栽培は固形培地を使用しない水耕および噴霧耕と、培地を使用する固形培地耕とに大別される。水耕には、**湛液水耕**（Deep Flow Technique: DFT）と**薄膜水耕**（Nutrient Film Technique: NFT）がある（図7.5.3）。湛液水耕は培養液をためる栽培槽（ベッド）があり、根がその培養液に浸かった状態で栽培される。一方、薄膜水耕では、培養液は栽培槽にためられず勾配をつけたマットの表面を浅く流れて

いる。流れる培養液は浅いため、根はマットの上をはうように広がり、根の一部は空気に直接触れ酸素供給も十分行われる。噴霧耕も固形培地を使用しないが、空気中にむき出しになった根に直接培養液を吹き付けるシステムであり、水耕栽培と比較して培養液の量を節約できるメリットがある。固形培地耕には、天然無機培地である礫（れき）や砂、人工無機培地であるバーミキュライトやロックウール、有機培地である籾殻、おがくず、ココピート（ヤシ殻）などを利用したものがある。このうちロックウール栽培は、現在の養液栽培では最もよく利用されているシステムである（図7.5.4）。ロックウールは、鉱滓や玄武岩などに石灰岩やコークスを混ぜたものを高温で溶かし、繊維状にしたものを圧縮してフェノールで固めた人工鉱物繊維である。天然鉱物繊維であるアスベストとは異なり、非結晶質であり短繊維径もアスベストの数十倍から数百倍太い特徴がある。素手で触れると一過的な皮膚刺激はあるが、アスベストとは異なり発がん性物質には分類されていない。

5.-2-2 二酸化炭素施肥

植物は光合成により、光照射下でCO_2を取り込み有機物を合成している。弱光下や夜間では呼吸によるCO_2放出が上回るが、光が強くなると光合成速度が上昇しCO_2放出量が高くなる。しかし、ある光強度を超えるとCO_2濃度が限定要因となり、光合成速度はそれ以上上昇しなくなる。その状態でCO_2濃度を上昇させれば、再び光合成速度は上昇する。一般的に、大気中に含まれるCO_2の濃度（約0.04％＝400ppm）は植物の光合成にとってはかなり少ない状態と言える。また屋外であっても風が弱い晴天時などは、植物密生地では昼間のCO_2濃度は250ppm程度まで低下することもあると言われている。温室栽培において、晴天時の日中では温室内CO_2濃度は屋外と比較して100ppmほど低くなる場合が多い。これらのことから近年では、温室内CO_2濃度をコントロールする「CO_2施用」が行われはじめている。また、夜間の暖房による排ガスからCO_2を回収・貯留し、昼間に植物へ施与して光合成を促進させることでCO_2排出削減を目指す試みも現在進んでいる。実際の日本における冬期の温室栽培では700から1000ppm程度に維持するCO_2施用が行われているが、温室の換気窓を終日全開にすることが多い夏期の栽培では外気へのロスが多いためCO_2施用は行われていない。半閉鎖系植物工場の場合、CO_2施用と換気のタイミングを工夫する必要も出てくる。閉鎖系である人工光型植物工場ではCO_2濃度を2000ppmまで高めている場合が多い。実

図7.5.5．パッド＆ファン法の冷却装置
左図：強制換気している温室の吸気側側壁に、湿らせたパッドを取り付けておく。右図：パッドの拡大写真。外気はこの湿ったパッドを通ることで気化冷却され、温室内に入る。

際の施用に当たっては、光強度との関係を明らかにするとともに、気孔の開閉に及ぼす湿度制御も同時に行う必要がある。

5.-2-3 温室内の冷房

半閉鎖型（太陽光利用型）植物工場の場合、夏期の昼間の温度を効率的に制御するには、換気や遮光だけでは不十分な場合があり、冷房を取り入れるケースもある。実用的な冷房方法としては、パッド&ファン法・ミスト冷房法・細霧冷房法などがある。これらは蒸発冷房法と呼ばれ、水の気化冷却を利用しているため、蒸発促進のために連続的な換気が必要となる。ミスト冷房法では直径0.1nm程度の微水滴を散布するため植物体の濡れが生じるが、細霧冷房法では直径0.01nm程度の霧状の水滴を散布するため空気中の細霧が蒸発し室温を低下させている。ただし、細霧冷房法でも環境条件によっては細霧が十分に蒸発せず植物上に付着し濡れを生じさせる場合もある。パッド&ファン法では、強制換気している温室の吸気側側壁に、水を滴下して湿らせたパッドを取り付けておき、外気は湿ったパッドを通して取り込まれるため、通過する際に気化冷却された空気が室内に入る（図7.5.5）。

最近では、空調機を利用した冷房も試みられており、ヒートポンプ冷房やスポットクーラー（局所冷房）なども一部では取り入れられている。ただし、この様な空調機利用冷房は、太陽光利用型植物工場での夏季昼間の利用はコスト的にも不向きであり、人工光型植物工場での利用が一般的である。

5.-2-4 光環境

植物の栽培には光は不可欠であり、栽培条件として光強度は重要な課題となる。そもそも光は放射の一部であり、放射は電磁波の一種である。電磁波は波の性質と粒子（量子）の性質を有している。光の量子は光量子と呼ばれている。300nm～800nmの光を「植物の生理的有効放射（physiologically active radiation）」と呼び、400nm～700nmを「光合成有効放射（PAR: photosynthetically active radiation）」と呼んでいる。植物の生理的有効放射ではあるが光合成には利用されない315nm～400nm（近紫外放射）や700nm～800nm（遠赤放射）は、光形態形成や2次代謝物質生産に関与している（図7.5.6）。ヒトの目の網膜が感じることができる放射は360nm～780nmで可視放射（可視光）と呼ばれる。ヒトの分光比視感度は波長により異なり、555nm付近の黄緑光が最も高く、青色光や赤色光は感度が低く、450nmや700nm

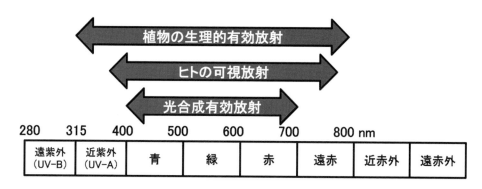

図7.5.6. 放射波長の分類
光の波長範囲300nm～800nmの放射を植物の生理有効放射と呼ぶ。そのうち、315nm～400nmと700nm～800nmは光形態形成や2次代謝物質生産に関与する。また、400nm～700nmは光合成有効放射と呼ぶ。ヒトの目の網膜が感じる放射は、360nm～780nmとされている。

での感度は555nmでの感度の数％程度と言われている。1秒間に放射される光のエネルギー（単位W）をこの視感度で除したものを光束といいルーメン（lm）で表す。1m²の面積あたりに照射される光束を照度といいルクス（lx）で表す。つまり、照度とは人の視感度で補正された値であり、光合成に対する光の効果を正しく評価することはできない。光合成などの光化学反応は基本的に電子の働きによるものであり、電子を励起させるのは光量子である。光量子数は一般的にμmolを単位として表される。よって、植物に対する光強度の単位は、1秒あたりの光量子数（光量子束、$\mu mol/s$）や単位面積あたりの光量子束（光量子束密度、$\mu mol/m^2/s$）で表される。真夏の直射日光は$2000\mu mol/m^2/s$、曇天時の屋外は$50\mu mol/m^2/s$程度である。光合成に有効な波長（400nm〜700nm）に限った光子束密度を特に光合成光量子束密度（PPFD: Photosynthetic Photon Flux Density）と呼ぶ。

太陽光利用型植物工場が主に太陽光を光源として利用しているのに対し、人工光型植物工場は人工光源(ランプ)を用いている。人工光型植物工場の人工光源として用いられるのは、蛍光灯（fluorescent lamp）、LED、CCFL（冷陰極管蛍光灯：cold cathode fluorescent lamp、別名ハイブリッド電極蛍光管：HEFL, Hybrid Electrode Fluorescent Lamp）および高圧ナトリウムランプ（high pressure sodium lamp）である。以前は高圧ナトリウムランプが多く用いられていたが、熱源となる・植物に必要な赤色や青色の割合が少ないことなどから、現在は蛍光灯が主流となっている。近年はLEDのコストパフォーマンスが向上しており、消費電力の低減や人為的な光波長制御が可能であるというメリットが期待できるため、これからの人工光型植物工場はLEDが主流となってくるものと思われる。LEDの急速な開発・普及により、植物の成長と光環境との関係は飛躍的に明らかとなってきている。植物に特定の波長を照射することで、含有栄養成分も増加することが分かりつつある。今後の人工光型植物工場の普及にはLED照明は欠くことのできない技術であるが故、技術開発によるさらなるコストダウンが望まれる。

5.-3 これからの植物工場

これまでにサラダ菜を用いて、光・温度・二酸化炭素濃度など主要な環境要因と成長との関係について定量的なデータが集められている。それによると、サラダ菜の乾物重量を最大にする気温条件は20℃であり、生重量は22℃で最大となった。日長は、24時間で乾物重・生重量ともに最大となり、気温に比べて成長促進効果が大きいとされている。その他、二酸化炭素濃度は1200ppm程度、光強度は$200\mu mol/m^2/s$が望ましいなど、主要な環境要因が調べられている。それらデータからサラダ菜の最大成長条件を求めたところ、露地栽培に比べ6倍程度早く育つことが分かった。この様に、植物工場では、各作物の最適な成長環境を整えることで生育速度を速め、生産サイクルを効率化することで採算性を追求することが可能となる。人工光型植物工場の場合、現状ではモヤシやキノコなど限られた品目しか完全な普及には至っていない。今後普及が進むと考えられる品目はリーフレタス・サラダ菜・ハーブなど葉菜類が中心になるが、トマト・イチゴさらには観賞用切り花であるバラも実用化を目指した技術開発が進むものと思われる。人工光型植物工場野菜のメリットとして、完全無農薬な安心安全な食材であること、糖度・抗酸化力・ビタミンCなど機能性成分含量を高めるといった付加価値をもつこと、周年で安定的に品質のバラツキの少ない野菜を提供できること、などが挙げられる。さらに近年、植物の花芽形成に及ぼす光強度や光質（波

長）の影響が細かく調べられ始め、効果的な開花促進技術も今後明らかになるものと思われる。衰退傾向が続く我が国の農業において、植物工場は新たな農業のあり方として一つの可能性を示している。今後は、エネルギー問題を含めたさらなる技術開発が求められ、より環境負荷の少ない栽培体系として世の中に認知される必要がある。

山田邦夫

【参考文献】
「養液栽培のすべて　植物工場を支える基本技術」　社団法人日本施設園芸協会・日本養液栽培研究会編、誠文堂新光社
「完全制御型植物工場」　高辻正基　著、オーム社
「人工光型植物工場　―世界に広がる日本の農業革命―」　古在豊樹 著、オーム社
「太陽光型植物工場　―先進的植物工場のサステイナブル・デザイン―」　古在豊樹 著、オーム社

第 8 章

生物資源（バイオマス）の利用と環境保全

1. 生物エネルギー

1.-1 はじめに

微生物と聞けば、大腸菌O-157[注1]など人の生命を危うくするほどの病原性を持つ菌や、食品や風呂場の壁に生えたカビなど、恐ろしいあるいは気持ち悪いなど、マイナスイメージのほうが一般に強いことだろう。しかし、本章では「良い微生物たち」の話題を紹介したい。微生物は肉眼では確認できない小さなものがほとんどであるが、私たちの周りのどこにでもおり、古くから人類は様々な恩恵を受けてきた。私たちの体の皮膚や腸に常在する様々な菌は、私たちの健康を保つために役立っている。また、微生物の貢献を感じ取りやすい例は食品分野である。菌体をそのまま食するキノコは専門的には担子菌と呼ばれ、酵母やカビに比較的近い微生物である。酒、味噌、納豆、ヨーグルトなどに代表されるように伝統的な醸造にも酵母、カビ、細菌など様々な微生物を積極的に活用してきた。このような微生物の利用は、人類が微生物を生物と認識するより以前から行われてきており、オールド・バイオテクノロジーと呼ばれる。一方、微生物にまつわる（一般に言う新しい）バイオテクノロジーとしては、タカジアスターゼなどの消化酵素製剤、ペニシリンなど各種抗生物質、脂質異常症治療薬であるスタチン[注2]などの製造が代表的である。本章では、酒造などから得られた知識や経験をもとに、21世紀に必要とされるバイオプロダクションについて最新の微生物バイオテクノロジーによる方法を中心に述べる。

1.-2 化石燃料依存社会からの脱却が必要な二つの理由

1.-2-1 地球温暖化問題

近年関心が高まっている地球環境問題に地球温暖化がある。大気中の二酸化炭素（CO_2）濃度の増大は温暖化の主要因とされ、最近は生活のあらゆる場面でのCO_2排出量削減が叫ばれている。地球温暖化は地球全体での平均気温が上昇することであり、近年は過去150年間で最も温暖で、温度上昇のペースも加速している。一説には、2100年には現在より平均4℃程度、最大で6℃程度上昇するともいわれている。地球の平均気温の上昇は、我々の生活に極めて大きい影響を与える。一般によく知られた温暖化の影響として、海水の熱膨張と南極やグリーンランドなどの氷床の融解を原因とする海面上昇が挙げられる。また、猛暑、大雨、台風の深刻化など、極端な気象になる頻度が増加すると考えられている。一方、温暖化により海洋温度が上昇すると、大気から海水へのCO_2の取込みは低下し、大気中にCO_2が残存しやすくなる。また、海洋温度が上昇すると、CO_2だけでなく、海洋に溶け込んでおり、CO_2の約20倍の温室効果を有するメタンガスの大気への放出が促進される。加えて、陸上では微生物の活動も活発化することから、地球規模ではこれらの要因が重なり合って温暖化が加速すると考えられている。この加速効果は「正のフィードバック」と呼ばれている。地球温暖化については未解明な部分が多いため様々な主張が存在するが、少なくとも産業革命以降の急激な変化は確実に起こっていることから、人為的なCO_2排出量の増加によって温暖化が引き起こされていることと、温暖化を防ぐにはCO_2排出量を削減しなければならないことは、全世界的にほぼ受け入れられている。

1.-2-2 エネルギー資源問題

　CO_2排出量の削減のために様々な方法が提案されているが、石油など化石燃料依存社会からの脱却や依存の縮小はいずれにも共通である。産業革命以降、石油は燃料あるいは樹脂など化成品の原材料として利用されてきた。石油を燃料として用いることは、地下に存在する有機液体を地上に汲み上げ、燃焼により元の数十倍の体積のCO_2を発生させ、地球表面に薄皮のように存在する貴重なスペースである大気圏にCO_2を放出するという行為を意味し、大気中のCO_2濃度増加の主要原因である。石油についてはもう一つ、石油資源の枯渇という大問題がある。生物が死んだあと、そこから石油が生成するには数十万年とも言われる時間が必要である。これに比べて人間が石油を汲み上げる速度は遥かに大きいため、石油が枯渇するのは時間の問題である。およそ40年前、「石油はあと40年で枯渇する」と言われていた。奇妙なことに、その後も「あと40年」と言われ続け、今日に至る。この理由は、新たな油田が発見された、油田の存在は知られていたが地形的に採掘が困難であったものが新技術で採掘可能になった、コストに見合わない質の悪い油田とされていたものが原油価格高騰を受けて採算が合うようになった、などである。しかし、新油田の発見もそろそろ限界と言われ、いずれ石油が枯渇することは間違いのないことである。恐らく、将来ある日突然石油が尽きるのではなく、需要と供給の市場原理によって今後徐々に原油価格の上昇が続き、いずれ埋蔵量が一定量を下回った時点で一般市民には購入できない高級品になる、あるいは様々な規制によって自由には入手できなくなる恐れがある。少なくとも、産油国ではない我が国にとって楽観的では居られない。このような予測に基づき、また石油ショックも契機となって、天然ガスや原子力などの新エネルギーの開発が盛んになった。だが、両者とも有限の地下資源を燃料とすることには変わりなく持続可能とは言い難いし、原子力については安全性の懸念がある。これらの他に、近年話題になることの多いエネルギー資源としてメタンハイドレートがある。メタンハイドレートはメタンと水からなる結晶であり、我が国の近海に豊富に存在するため極めて期待が大きい資源である。しかし、メタンハイドレートは一般的には海底に存在し、また結晶状であることから安価で効率的な採掘法は開発されておらず研究段階である。

1.-3 バイオマスとバイオ燃料
1.-3-1 バイオマスとは

　上述のような背景から、温暖化を緩和させる性質を持ちつつ、持続可能な石油の代替エネルギーとしても期待されているのが**生物資源**を原料とするバイオ燃料である。生物資源はバイオマスと呼ばれるが、バイオは生物、マスは量（重さ）のことである。直訳すると生物量となり、その意味で用いることもあるが、エネルギーや資源の分野では生物資源の意味で用いられている。現在普及し始めているバイオ燃料にはバイオエタノールとバイオディーゼルがあり、それぞれ乗用車など小型自動車用のガソリン、バスやトラックなどの大型車用の軽油の代替品として使用されている。「バイオ」などとあれば何となく新技術のようであるが、実は近年普及しはじめたバイオエタノールは古来より人類が嗜んできた酒と本質的には同じで、穀物やサトウキビに含まれる糖質を原料とした**アルコール発酵**によって製造されている。名称にバイオ（生物）をつけるのは、石油と対比してバイオマス由来であることや持続可能なエネルギーであることを強調するためである。バイオエタノールの原料となるバイオマスは主に植物である。バイオエタノールについてはこの後詳しく説明するので、ここではバイオマス由来のその他のエ

ネルギーについて少し説明する。

1.-3-3 バイオディーゼル

バイオディーゼルの原料は、バイオマス由来の油脂である。用いるバイオマスは、ナタネやパームなどの植物はもちろん、動物や魚由来でも使用可能である。また、元をたどればバイオマスである廃食用油なども原料となる。油脂を化学処理することにより得られる脂肪酸メチルエステルがバイオディーゼルの主成分であり、上記のように様々な物質が原料となり得ることと、比較的製造が容易なことから、規模を問わず製造が広がっている。安定した品質が得られる大規模な製造には、もっぱら植物油が用いられている。また、化学処理ではなく微生物由来酵素（リパーゼ）を用いる製法についても研究されている。

1.-3-4 バイオマス由来のその他のエネルギー

メタン発酵微生物を用いると家畜糞尿や食品廃棄物を原料として、先にメタンハイドレートで述べたのと同じメタンガスを生産することができる。ただし、メタンはCO_2よりも遥かに強力な温室効果ガスであることには注意が必要である。一方、水素生産微生物を用いてバイオマスから完全クリーンなエネルギーである水素ガスを生産する研究が進められている。さらに、微生物あるいはその酵素を用いてバイオマスから発電するバイオ燃料電池も研究段階である。また、生物的な変換ではないが、バイオマスを高温処理により熱分解して可燃性ガスを得る方法はガス化と呼ばれ、様々なバイオマスに対応しやすいことが特徴である。いずれにしてもバイオマスは、エネルギーは太陽エネルギーから得られ、原料の炭素は循環する、という特徴があり再生可能な資源であるため重要である。次に、バイオマス利用社会の持続可能性について、バイオエタノールを例に説明する。

1.-4 カーボンニュートラルとバイオエタノール製造に係わる微生物

ここ数年で、バイオエタノールという言葉はすっかり一般にも定着した。自動車燃料として用いる場合、バイオエタノールはガソリンに加えて用いるのが一般的である。現在、我が国で認められているのはE3と呼ばれるエタノールを3％含むガソリンであり、通常のガソリン車に改修を加えずに使用できる濃度である。米国ではエタノールを10％含むE10も普及しており、バイオエタノール先進国であるブラジルに至っては100％エタノールでも100％ガソリンでもその中間の混合比率でも、そのまま走ることができるバイフューエル車が販売されている。

バイオエタノールがCO_2増加を緩和する性質を説明する。最初に、図8.1.1右上の「①植物の光合成」から出発する。

① 植物は光合成により、一反応当たり6分子のCO_2を吸収する（酸素の生産も同時に起こる）。
② 光合成で得たエネルギーと糖により植物（＝炭素を固定した物質）が育つ。
③ 酵母を用いて、植物由来の糖からバイオエタノールを生産する（アルコール発酵時に2分子のCO_2ができる）。
④ エタノールを燃料として使用する（燃焼時に4分子のCO_2が排出される）。

ここで、①〜④のサイクルが回り続けると、CO_2の総量は変化しないことがわかる。このような性質をカーボンニュートラルと呼ぶ。実際には、太陽エネルギーに加えて製造や輸送に掛かるエネルギーが必要となるが、少なくとも物質（炭素）に限れば新たに地中から汲み出さないのでCO_2濃度の増加を抑えることが出来るという理論である。

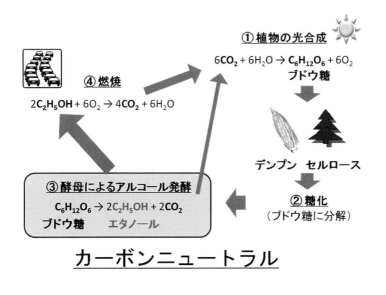

図8.1.1. バイオマスの無限循環系

　このようにバイオエタノールは温暖化問題と資源問題との両方の対策となる性質を持つため大変有望視され、近年急速に普及してきたことは良く知られるところである。しかし、バイオエタノールの普及は食糧問題という新たな問題を引き起こしている。現在のバイオエタノールはサトウキビに含まれる糖や穀物に含まれるデンプンを原料としており、これらは人類の食糧用途と競合する。そのため、バイオエタノールの生産拡大に伴い、食糧価格の高騰を世界中で引き起こしている。穀物は家畜の飼料でもあるため、穀物価格だけでなく酪農品の価格高騰をも引き起こしてしまっている。また、バイオエタノールの原料となるトウモロコシの価格高騰を見て、これまで他の農作物を生産していた農家がトウモロコシへ転作し始める悪循環が起こっている。

　この状況を打開するためには、食糧用途ではないバイオマスを原料とするバイオエタノールの製法を確立することが急務である。酵母によるアルコール発酵にはブドウ糖（グルコース）を利用するため、現在のバイオエタノールはブドウ糖を構成成分とするデンプンやショ糖から製造している。しかし、実は草木の成分の約半分を占める主成分であるセルロースも、数千、数万ものブドウ糖が結合して出来た物質である。セルロースは食糧との競合の心配が無いうえに、ここでいう草木は必ずしも専用に栽培したものでなくてもよく、稲ワラや、木造住宅の建築や取り壊し、剪定などから出た廃木材、古紙などもセルロースを含んでいる。このような、セルロース系バイオマスから生産したバイオエタノールは、現在普及しているバイオエタノールと区別して、次世代（第二世代）バイオエタノールと呼ばれ、実用化が期待されている。しかし、セルロースを利用するには先ずこれを分解してブドウ糖を得る（これを糖化と呼ぶ）必要があるが、千年以上昔の木造建築が現存することからも分かるように、セルロースは極めて強固で安定な物質である。現時点では環境負荷が大きい硫酸処理による糖化法しか実用化されていない。また、硫酸処理法には過分解の問題や、糖化後の中和の手間などもある。では、環境にやさしい穏やかな条件でセルロースを分解するのは無理なのだろうか。ヒントは自然界にある。森林の木が寿命を迎えると、いずれ朽ち果てて土に還るが、これはいろいろな生物の力によるものである。これら生物は、微生物とシロアリなどの昆虫に大別されるが、産業的に利用しやすいのは微生物である。

　森林には草木を分解する様々な微生物が生息しており、大きく分けて細菌、カビ（糸状菌）、キノコ（担子菌）がある。カビは草木の主成分であるセルロースと、それ以外の多糖であるヘ

ミセルロースの分解における主役である。キノコは、木の構造において接着剤の役割をしているリグニンを分解する過程で活躍する。自然界において、草木の分解はこれら微生物が長い時間をかけて協力して行っていると考えられている。また、草食動物であるウシなどが草を食べることが出来るのは、消化器官にセルロースを分解する微生物を共生させているからである。何れの微生物においても、セルロース分解は微生物が有する酵素によるものである。近年、微生物の能力を利用して、環境にやさしい温和な条件でセルロース系バイオマスから次世代バイオエタノールをつくることが精力的に研究されている。酒や現在普及しているバイオエタノールの製法と、次世代バイオエタノールの製法について図8.1.2に示した。

1.-5 強力なセルラーゼを生産する微生物

既に述べたように、セルロース系バイオマスの有効利用にはその糖化が必要で、中でもセルロース分解酵素であるセルラーゼを用いた酵素糖化法が期待されている。しかし、自然界では酵素による糖化はゆっくりとした速度で進行するため、バイオエタノールの工業生産に用いるには力が足りないのが現状である。強力なセルラーゼ、あるいは何らかの特色を持ったセルラーゼを生産する生物の探索が世界で始まって半世紀ほどになるが、現在も新規なセルラーゼ生産生物の探索は続けられている。ここで扱う生物は主に微生物だが、シロアリをはじめとする昆虫やその他の生物についても研究が進められている。

セルラーゼ生産微生物のうち、カビについては様々な研究が行われてきた。強力なセルラーゼ剤を生産することで知られるのはトリコデルマ属やアスペルギルス属、アクレモニウム属に分類されるカビである[注3]。一般に、セルロースの分解には多種類のセルラーゼが関わっており、大まかにセルロースを分解するのが得意な酵素や、ある程度分解されたセルロースを完全に単糖まで分解するのが得意な酵素などが協力していると考えられている（図8.1.3）。セルラーゼは単独でも比較的高い能力を持つが、特性の異なる酵素を混合することにより能力が大幅に

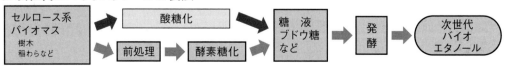

図8.1.2. バイオマスからのエタノール生産

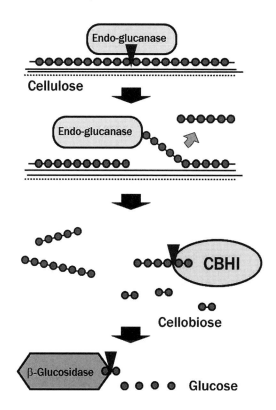

図8.1.3. カビ由来酵素によるセルロースの分解様式
　最初にEndo－glucanaseがセルロース鎖を大まかに分解し，次いでセロビオヒドロラーゼ（CBH I）がセルロース鎖の末端から二糖（セロビオース）単位で順に分解する．最後にβ－Glucosidaseが単糖であるブドウ糖にまで分解する．

向上することがある。一例として、トリコデルマ属カビ由来酵素とアスペルギルス属カビ由来酵素を混合すると、稲ワラなどをほぼ完全に分解するほどの高い相乗効果を示すことがわかっている。微生物種によってセルラーゼ酵素群を構成する各酵素の特性や割合が異なっており、トリコデルマ属カビのセルラーゼはセルロースを大まかに分解する能力に優れている。一方、アスペルギルス属カビのセルラーゼは大まかに分解する酵素も持っているが、特に優れているのは、ある程度分解されたセルロースを単糖のブドウ糖まで分解する能力である。両カビ由来酵素を混合した際に見られる高い相乗効果は、酵素特性の異なるセルラーゼがうまく補い合うことによって現れたと考えられる。

1.-6　セルロース性バイオマスの将来性

セルロースを効率的に糖化することができるようになれば、得られたブドウ糖から微生物を用いてエタノール以外にも、様々な医薬品原料や化学工業原料など高価な物質を生産することも可能となると期待される。これは、石油が燃料だけでなく樹脂などの原料として用いられていることと同様である。また、物質生産だけでなく、ブドウ糖を原料として微生物由来酵素を用いて直接的に発電する、すなわちバイオマスを燃料とする微生物燃料電池を開発することも可能であるため期待は大きい。セルロース性バイオマスの利用には糖化の効率化が第一歩であるため、現在、遺伝子工学を駆使するなどして、精力的に実用化を目指した研究が行われている。

1.-7　生物エネルギー以外のバイオマス利用

ここまでバイオマスを微生物やその酵素を用いたエネルギーへの変換について述べてきた。しかし、バイオマスとは生物資源の意であり、その用途はエネルギーに限定されない。これは、従来の石油がエネルギーと化学原料の両方に用いられるのと同様である。近年、太陽光発電は効率が大変向上してきたものの化学原料を生産することはできないことから、バイオマスの利用は意義深い。ここでは、化学原料の生産について紹介する。

1.-7-1　有機酸、核酸、アミノ酸の発酵生産

微生物を用いた工業原料の生産は第一次世界大戦の頃から本格的に研究が始まり、現在では多くの物質が化学法ではなく発酵法で生産可能になっている。尚、微生物を用いた物質生産の分野で「発酵」の用語は、生物学的な意味合いでの発酵、すなわちエネルギー（ATP）を獲

得するための代謝反応のみに限らず、微生物を用いた物質生産に対しても用いられる。ここでは、発酵法や微生物酵素を用いて製造される有機酸ならびに核酸、アミノ酸について述べる。

有機酸とは広義では文字通り有機化合物である酸である。しかし、一般的にはカルボキシル基を有する酸を指し、核酸やアミノ酸のうちカルボキシル基を有さない酸は含めないことが多い。微生物を用いて生産される主な有機酸にはクエン酸、酢酸、乳酸、グルコン酸、イタコン酸などがあり、最も年間生産量が大きいのはクエン酸である。いずれの有機酸も食品添加物や医薬品、工業原料などとして広く利用されている。

核酸は遺伝子情報を伝えるためのDNAやRNAが有名であるが、食品製造分野ではうま味成分として重要である。核酸がうま味を持つ、すなわち呈味性ヌクレオチドとなるにはいくつかの分子構造に条件があり、全ての核酸が美味しいわけではない。呈味性ヌクレオチドの一つにイノシン酸があり、鰹節のうま味として有名である。鰹節のうち、鰹の切り身にカビを生育させたものは高級品として扱われるが、これはカビの酵素の作用によりうま味成分が生成されるからである。

アミノ酸はタンパク質の構成成分であるが、産業的な重要性から大量に生産されている。うま味成分として有名なグルタミン酸ナトリウムは細菌が生産するグルタミン酸が原料である。現在では20種類全てのアミノ酸について微生物による製法が確立されている。

1.-7-2　食品廃棄物

食品廃棄物の利用については、既にメタンガス生産（メタン発酵）について少し触れたが、ここでは肥料化（コンポスト化）について述べる。今日、我が国では毎年2,000万トン前後もの食品廃棄物が発生し、その半分近くが実際には食品として食用可能なまま廃棄されているとも言われている。食品廃棄物は一般家庭のほか、食品製造業や食品卸売業、食品小売業、外食産業など食品に関わる全てのステップにおいて発生する。国は食品リサイクル法により食品廃棄物の発生抑制とリサイクルを進めているが、食品廃棄物をバイオマスと捉え、有価物質へ変換することは重要課題である。リサイクルの一つの柱は肥料化である。肥料化にはいろいろな工程が試されているが、何れにおいても初期に微生物が食品残渣を分解し、その後熟成させることで肥料となる。分解の工程は、単に食品廃棄物を積み上げておいて時折かき混ぜる程度のものから、積み上げた廃棄物の下部から強制通気するもの、攪拌装置で攪拌して通気しながら温度調整も行うものまである。後者の装置では、1日以内に元の廃棄物重量の2割程度まで減量した分解物が得られ、これを1ヶ月程度熟成させることにより肥料となる。

金政　真

【注釈】

注1：腸管出血性大腸菌O157：H7はベロ毒素と呼ばれる人体に毒性のあるタンパク質をつくる食中毒細菌であり、少数が食品に混入するだけでも毒性を発揮する。

注2：スタチン：コレステロールの合成にかかわるHMG-CoA還元酵素の働きを阻害するカビ由来の薬剤であり、血中のLDL（悪玉コレステロール）を減少させる効果がある。この画期的な薬剤の研究開発には多くの日本人が貢献した。

注3：セルラーゼ生産菌としては、トリコデルマ・リーセイ、アスペルギルス・アクレアタス、アスペルギルス・ニガー、アクレモニウム・セルロリティカスなどが有名である。何れのカビも森林などの土壌に生息する。これらの菌がセルラーゼを分泌するのは、セルロースを分解して生物が代謝可能なブドウ糖を得るためであると考えられる。

2. バイオプラスチック

2.-1 プラスチックに係わる環境問題

軽くて、割れない、透明である、丈夫であるなど利用面で様々な利点をもつプラスチックは、包装材料や各種の食品用容器、家電製品、自動車をはじめとするありとあらゆる産業に多量に使用され、現代文明社会に欠かせないものとなっている。ポリ塩化ビニル（1928年）、ナイロン（1938年）、ポリエチレン（1955年）、ポリプロピレン（1957年）などの発明と工業化は20世紀の中頃までであったが、それ以来半世紀ほどの間にプラスチック産業が驚くほど発展した。プラスチックは、世界で2.45億トン（2008年）、日本で1,118万トン生産されている（2010年）。日本におけるこの生産量がどれほどのものかは私たちの日常生活の感覚からは理解しがたいが、2011年の日本の米の生産量がおよそ860万トンであることを考えると、おおよそ想像できるであろう。

一方、プラスチック製品の使い捨て増加や新しい素材製品の開発などにより、プラスチックゴミ処理問題が深刻化している。すなわち、廃プラスチックは2009年で約912万トンもあった。この量はプラスチック素材生産量の約81%、日本国内消費量の100%になっている。その内訳は、産業系廃棄物（51%）、一般系廃棄物（49%）となっている。廃棄プラスチックは、単純焼却されるか、埋め立て処分されるか、回収される。2009年の日本での統計によると、この3者の割合は、10%、14%、76%となっている。回収の内訳は、表8.2.1のようになっている。熱回収と単純焼却処理とを合計すると65%となり、廃プラスチックの約65%は焼却されているのである。筆者は、プラスチックの回収としてはマテリアルリサイクル（reuse）とケミカルリサイクル（recycle）が本来の姿で、サーマルリサイクルは次善の策と思う。

プラスチックゴミが処理や自然界に廃棄されることには、次のようないくつかの深刻な問題がある。

1）プラスチックの焼却処理はゴミの高カロリー化を招き、また、塩化水素・ダイオキシン（塩化ビニル樹脂由来）、NOx（ポリウレタン樹脂由来）など有毒ガスが発生する。

2）プラスチックの原料は言うまでもなく、ほとんど石油であり、焼却により大気中のCO_2（二酸化炭素）は増大し、地球温暖化を促進する。

3）プラスチックの埋立処理では、かさばるため埋立地の広い用地を占有し、空隙が多いため、埋立地の陥没を招く。また腐食・分

表8.2.1. プラスチック廃棄物の処理割合（2009年）

処理種別		量（割合）
マテリアルリサイクル	再生利用	200万トン（22%）
ケミカルリサイクル	高炉・コークス炉原料、ガス化、油化	32万トン（4%）
サーマルリサイクル（エネルギー回収）	固形燃料	42万トン（5%）
	廃棄物発電	328万トン（36%）
	熱利用焼却	116万トン（13%）
未利用	単純焼却	107万トン（12%）
	埋立	88万トン（10%）

（社）プラスチック処理促進協会

解しないため、いつまでも土中に残存する。フィルム類は埋立地で飛散する。
4) 地球環境保全の観点から見ると、自然環境に放出されたプラスチックは、分解されないため環境中に長時間とどまり蓄積して、様々な問題を引き起こしていることが、生態学的研究から判明している。とくに、海洋汚染が問題であり、様々なルートから捨てられたプラスチックは最終的には海に至るが、海洋に存在する廃棄プラスチック(洋上ゴミの70％。その中にはいわゆるレジンペレットといわれるプラスチック細片も含まれる)が、魚類や鳥類など海洋生物に与える被害がきわめて深刻である。

例えば、少し古い情報であるが、1991年5月16日の朝日新聞に動物学者内田 至さんの「海ガメの無念」と題する、次のような記事が載っている。

「日本の海岸に死んで打ち上げられる海ガメがいる。日本の浜辺は彼らにとっての生まれ故郷。その浜に死体となって打ち上げられる。産卵のため、はるばると大洋をわたってやっと故郷の海に戻ってきたのに。昭和47年から17年間、海ガメの漂着情報が寄せるたびに、東奔西走し、死体を解剖して死因を調べた。その結果、死んだ海ガメの76％が好物のクラゲと間違えて、ビニールやプラスチックを食べていた。いや、食べさせられていたと言うべきかも知れない。海を漂うビニール袋やプラスチックの破片は、海ガメにはクラゲに見えるのだろう。産卵に備えて海ガメは一所懸命、餌を食べるが、日本列島に近づくと腹一杯それらの漂流物を食べて死ぬ。何気なしに捨てた日常のゴミが海ガメを苦しめている。海ガメの死体は、ビニールなどの人工廃棄物がすでにかなりの密度で日本列島を取り囲んでいることを物語っている。今これに気づいている人は少ない。」同じような誤飲・誤食は深海魚や海鳥でも多数報告されている。

2.-2 バイオプラスチック (bioplastic)

上述のような廃プラスチックの問題点(ゴミ処理上の問題、焼却によるCO_2排出および生態系への悪影響)を解決するプラスチック材料として、バイオプラスチック(バイオマスプラスチック、生分解性プラスチック(biodegradable plastic)、植物プラスチック、エコプラスチック、グリーンプラスチックなどとも呼ばれている)がある。バイオプラスチックとは、「原料として再生可能な有機資源由来の物質を含み、化学的又は生物学的に合成することにより得られる高分子材料」である。生分解性プラスチックは「使用している間は優れた性能を持続的に発揮し、廃棄後は自然界の微生物によって速やかに分解され、最終的には土の有機物や二酸化炭素になるプラスチック」である。以前は「生分解性プラスチック」という言葉がよく使われていたが、最近はバイオプラスチックと呼ぶのが一般的となっている。

バイオプラスチックとしては、セルロース系、デンプン系、キチン・キトサン系も含める考えもあるが、ここでは本来、プラスチックとは「熱可塑性(加熱すると溶融してフイルム、シート、容器など任意の形状に成型できること)のポリマー」と定義されることを考慮して、熱可塑性を有するバイオポリマー(biopolymer)に限定する。

バイオプラスチックのうち、原料が植物由来のものに限定して、植物プラスチックという。また、バイオプラスチックのうち、微生物がつくるものを微生物プラスチックともいう。もし、微生物プラスチックで、原料が植物由来であれば、植物プラスチックの範疇に入る。

バイオプラスチックのもつ重要なメリットは、バイオマス起源の原料を使用するので、地球温暖化対策に寄与し環境に優しいことである。したがって、バイオプラスチックは循環型社会の概念に合致する環境低負荷材料である。

2.-2-1 カーボン・ニュートラル

これらバイオプラスチックはエネルギーとして燃焼すれば、ガソリンと同様にCO_2が発生するにもかかわらず、地球温暖化に対して問題ないとされその使用が推進されている。

その根拠は、もとの原料が植物由来であり、植物が成長中に光合成によって大気中のCO_2を吸収固定したものであるから、燃焼によって再放出しても大気中のCO_2はトータル的に見て増加しない（減少もしないが）からである（CO_2収支はゼロ）。この考え方を専門用語で「カーボンニュートラル（carbon neutral）の原理」といわれている。カーボンは炭素、ニュートラルは中立という意味である。直訳すれば炭素中立となるが、一般にはカーボン・ニュートラルとそのまま言っている。また、化石燃料は燃焼してしまえば資源としては一方的に減少するだけであるが、バイオマスは太陽が光り輝いている限り枯渇しない再生可能資源（renewable resource）であり、持続可能な循環型社会の実現によく合致していることも大きな利点である。

現在、人類の利用しているエネルギーと天然資源の大部分は石油や石炭、天然ガスなどの化石燃料・化石資源である。これをエネルギーとして燃やしたり（火力発電所と自動車）、プラスチックとして利用し廃棄・焼却することによって、多量のCO_2が大気に放出され、地球温暖化の主な原因となっている。

それとともに、これら化石資源はそう遠くない将来枯渇してしまうといわれている。これに対して、植物由来のバイオマスは太陽が輝いてくれる限り、植物の光合成によって永続的に得られ、再生可能な資源である。バイオマスを上手に利用することが、持続可能な循環型社会の実現に向けて大きな力となる。

植物プラスチックとしてPLA（ポリ乳酸、後述）の場合についてこのカーボン・ニュートラルの概念を図8.2.1に示す。より詳しくカーボン・ニュートラルの原理をPLAについて化学式で説明すると図8.2.2のように証明される。結果的に0（左辺）＝0（右辺）となり、なにも変化がなかったことになる。

ただし、ここで断っておかなければならないのは、たとえばPLAついて述べると、バイオマスの栽培段階（肥料の製造も含めて）、それを収穫して発酵可能な単糖類（グルコースなど）にする糖化工程、それを使用した乳酸発酵工程、および発酵液から無水乳酸を回収・精製する工程、無水乳酸を重合する工程、最後にこう

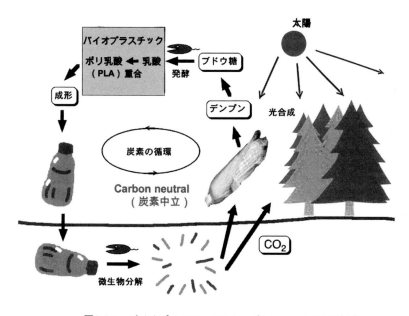

図8.2.1．バイオプラスチックのカーボンニュートラルの概念

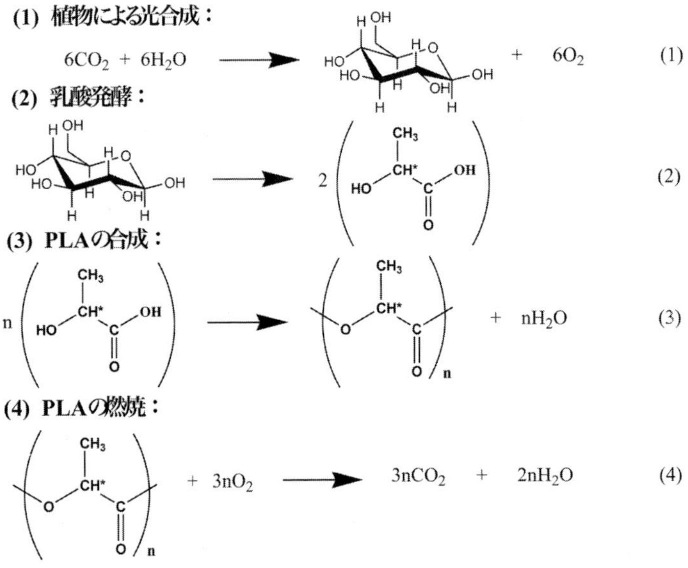

(1) 植物による光合成：

$$6CO_2 + 6H_2O \longrightarrow C_6H_{12}O_6 + 6O_2 \quad (1)$$

(2) 乳酸発酵：

$$C_6H_{12}O_6 \longrightarrow 2\,CH_3CH(OH)COOH \quad (2)$$

(3) PLAの合成：

$$n\,(HOCH(CH_3)COOH) \longrightarrow (-OCH(CH_3)CO-)_n + nH_2O \quad (3)$$

(4) PLAの燃焼：

$$(-OCH(CH_3)CO-)_n + 3nO_2 \longrightarrow 3nCO_2 + 2nH_2O \quad (4)$$

n×(1) + n×(2) + 2×(3) + 2×(4) より、

0（左辺） ＝ 0（右辺）

図8.2.2. PLAにおけるカーボンニュートラル原理の化学式による証明

して作られたPLAのペレットを用途に応じて成型する段階でもエネルギーが必要である。これらのエネルギー（主に電力など）を得るのにCO_2が発生するので、全体としてみればCO_2の発生がまったくゼロではない。このことを総合的に定量的に扱う評価手法は、ライフサイクルアセスメント（Life Cycle Assessment; LCA）と呼ばれている。一般にバイオプラスチックのLCAでは、カーボンニュートラルの考えを考慮して最後にプラスチックごみの焼却する工程でのCO_2排出量のみをゼロとする。一方、例えばガソリンのLCAの場合は、地下に眠っている原油の採掘、輸送、分留（蒸留の一種）からガソリン燃料を得てそれをガソリンスタンドまで運送する工程にもエネルギーが要るので、これら総てを考慮し最後に燃料として燃やすまでの全工程でのCO_2排出量で議論される。

2.-2-2　植物度・非可食性植物度

カーボンニュートラルの考え方と関連深い考えに「植物度（bio-based content）」がある。この考えはカーボンニュートラルほど一般的には広まっていないが、一般市民や消費者に分かりやすく伝えることができ、より広い概念である。製品中に含まれる植物由来成分の含有量（重量％、体積％を明示する場合もある）を示す指標であり、環境負荷低減効果を評価する尺度として用いられている。現在は主としてプラスチック製品に対して用いられているが、どのような化成品に対しても適用できる。バイオエタノールについては、さしあたりガソリンに5〜10％混合される。10％混合される場合はE10ガソリンと表示されるが、この場合は植物度10％となる。現在バイオプラスチックとして最も注目されているPLAについて言えば、PLAに石油系の高分子を40％混合したもの（植物度60％）より、植物材料であるケナフ繊維を40％混ぜたものの方が植物度は高くなり(植物度100％)、環境負荷は小さい材料であると評価できる。

その名前から分かるように「カーボンニュートラル」はアメリカ生まれの考え方であるが、「植物度」は日本生まれである。三井化学（株）がカーギルダウ社のPLAを扱うようになって提唱したのが最初だそうだ。

アメリカやブラジルではバイオエタノールの生産が増大しているが、その原料は、アメリカではトウモロコシであり、ブラジルではサトウキビである。アメリカのトウモロコシは主として家畜の飼料に使用され一部は食品加工に使用されている。これら食料・飼料用に使われ

ていたバイオマスに加えて、新たに燃料用と化学材料用が加わってきたことになる。そのために、数年前にはトウモロコシの国際価格の高騰をもたらした。エタノールの生産に使われるトウモロコシは12年前には総生産量の6％に過ぎなかったが、2006年には20％を占めるまで拡大した。米政府は中東原油の依存度を減らすため2005年に施行した「包括エネルギー法」で2012年までに年間75億ガロンのバイオエタノールをガソリンに混ぜて販売するように精製業者に義務づけた。この結果シカゴの商品市場でトウモロコシ価格が急騰し、2006年1月で2.2ドル/ブッシェルが2007年1月では4.2ドル/ブッシェルと約2倍となった。その後、2011年4月に最高価格7.72ドル/ブッシュルをつけ、2011年末現在は5.8ドル/ブッシュルとなっている。この米国でのトウモロコシ相場高騰のあおりを受けて日本の畜産業・養鶏業の配合飼料価格が2から3割近く上昇し、困窮と倒産が急増した。かなり以前から多くの有識者（たとえば、数々の地球環境問題や食糧問題を警告してきたWorld Watch Instituteのレスター・ブラウン博士など）が指摘していたように、限られた量の中で食糧とエネルギーの競合が現実となったのである。

　地球環境問題との関連でバイオ燃料やバイオプラスチックが大いに期待されているが、原料としてデンプンを使う限り、国際商品市場での価格形成に影響し、環境負荷低減用への用途が多くなればなるほど今後も価格が高騰するだろう。その結果、日本のように食糧自給率が低く輸入に依存する国では、国際価格の上昇のあおりを受けて、食料・飼料輸入にさらに多くの金を支払わざるをえなくなり、また飢えと貧困に悩んでいる発展途上国は益々飢えに苦しむことになる。「食と環境の競合」は避けられない。つまり、食糧に振り向けるバイオマス（biomass）をエネルギーやバイオプラスチックへ振り向けるには問題がある。しかし、よく考えてみると、これは可食性バイオマス（すなわち食糧・飼料）を使用するからである。バイオマスは、それを人間が食べるか食べないかで、可食性バイオマスと非可食性バイオマスに2大分類される。可食性バイオマスは、米、麦、トウモロコシの3大作物と、サツマイモ、キャッサバ、サゴなど主としてデンプン系材料と、サトウキビ、テンサイなどの砂糖系、および菜種油、大豆油、パーム油、ひまわり油など食用油である。一方、非可食性バイオマスは、セルロース・ヘミセルロース系を主成分としており、リグニン含量の高いハードバイオマス（木質類）と稲わら、麦わら、バガス、ケナフ、コーンストーバー、それに最近注目されているエネルギー作物（ネピアグラス、エリアンサス、スイッチグラスなど）などのリグニン含量の少ないソフトバイオマス（草本系）に分けられる。これら非可食性バイオマスから効率よくバイオプラスチックが生産できれば、食糧と競合することはない。そもそもこれらの非可食性バイオマスの国際商品市場は存在しない。問題はその技術であり、現在のところ、例えば酵素を使用してセルロース系ソフトバイオマスから経済的に効率よくグルコースを生産する工業的技術は実現していない。しかし、バイオテクノロジーの進歩は著しいので、近い将来高力価のセルラーゼやヘミセルラーゼの生産、またリグニン含量の少ない植物の育種などは必ず実現すると期待されている。

　上述のように、同じバイオマスでも、可食性バイオマスと非可食性バイオマスは峻別されるべきであろう。これと対応して、バイオ燃料やバイオプラスチックを使用する一般市民や消費者に対しても、この区別をわかりやすく理解して貰うために、単に「植物度」とせず、「可食性植物度」と「非可食性植物度」という指標を使うのがよい。単に植物度だけでは不十分である。この用語が少し長く硬い用語であるという

ならば、「食べられる植物の度合い」と「食べられない植物の度合い」でもよい。現在、非可食性植物度100%のバイオ燃料もバイオプラスチックも存在しない（例外は、フランスの化学会社、アルケマ社、が製造する、ひまし油を原料とするナイロン様のプラスチック、ポリアミド11、商品名リルサン）けれども、いずれ世界の潮流はそうなるだろうと予測される。

現在、市販されているか、されようとしているバイオプラスチックを各論的に以下に述べる。

a．PLA（ポリ乳酸）

PLA（ポリ乳酸、Poly Lactic Acid、より正確にはpoly L(+)-lactic acid）は乳酸を重合させたポリエステルである（構造式は図8.2.3(a)）。乳酸は多糖類を糖化して単糖類にして、これを炭素源にして微生物の働きで発酵して作る。多糖類としては、現在はデンプンであるが、前述したように将来的にはセルロース・ヘミセルロース系バイオマスが期待できる。2001年秋にCargill-Dow社（現在は子会社のNatureWorks社）が14万トン/年の製造プラントを竣工させ、大幅なコストダウンに成功し、現在最も普及しているバイオプラスチックである。 2005年の愛知万博で使用された食器やトレーはすべてPLA系統であった。国内でもいくつかの企業が量産化をめざしている。

PLAは透明性の高いプラスチックで、硬くてもろいという物性面での特徴があり、柔軟性を要求するシートやフイルムには不向きである。そこで、筆者らはPLA用の可塑剤の開発をめざして研究した。可塑剤は非可食性植物バイオマス（ひまし油）由来であり、得られる軟質プラスチックは植物度100%となる点がアピールできる。

b．PBSとPBS/A

PBSはポリブチレンサクシネート、Polybutylene Succinate（構造式は図8.2.3(b)）の、またPBS/Aはポリブチレンサクシネート/アジペート、Polybutylene Succinate/Adipateのそれぞれ略である。 前者は1,4-butanediolとsuccinic acid（コハク酸）から、後者は1,4-butanediolとsuccinic acid/adipic acid（コハク酸/アジピン酸）から重合して作られるポリエステルで、いずれも生分解性プラスチックである。現在はこれらの原料は石油であるが、コハク酸を発酵法でグルコースから製造する新技術が進展しており、近々実用化されようとしている。（1,4-butanediolはsuccinic acidから比較的容易に化学的に合成できる。）そうなれば、少なくともPBSは植物プラスチックとなる。 PBSとPBS/Aはしなやかな軟質プラスチックであり、すでにフイルムとして工

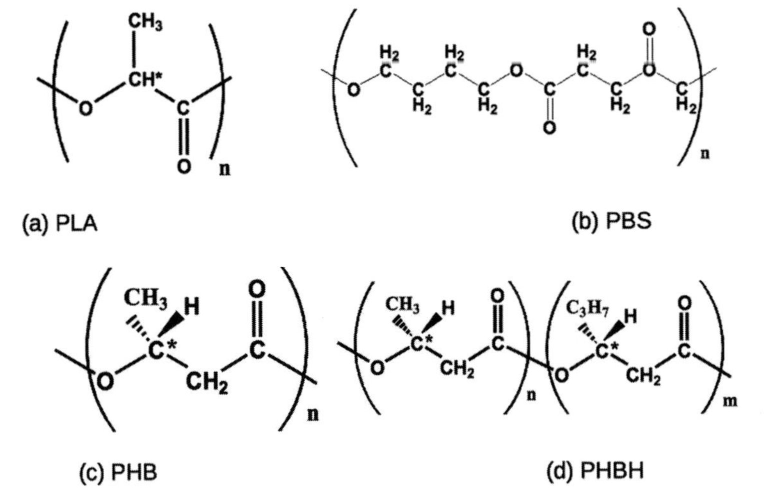

図8.2.3. 代表的なバイオプラスチックの化学構造
（*は不斉炭素であることを示す）

業生産されていて、いくつかの分野で使用されている。

c．PHA（微生物プラスチック）

PHAは微生物を利用して適当な原料（微生物にとっては炭素源）から生合成させる。高分子化学構造的にはポリエステルであり、代表的なものがPHB（P(3HB)、ポリヒドロキシ酪酸）というホモポリマーである（構造式は図8.2.3(c)）。炭素源を変えると種々異なる構造の共重合体が得られ、PHA（ポリヒドロキシアルカン酸、Polyhydroxy Alkanoate）と総称されている。多くの微生物が、炭素源は十分あるが窒素源が不足している状態でPHAを菌体内に顆粒として蓄積し、その蓄積量は条件が良ければ70%～80%にもなる（図8.2.4）。著者は、PHAの生産について培養工学的および遺伝子工学的研究を続けてきた。生産性を上げるには、まず短時間で高菌体濃度を流加培養法で達成し、その後窒素源供給律速にしてPHAの高含量化を達成するという、二段階培養法がよい。遺伝子工学的研究では、PHBの顆粒のサイズを制御する遺伝子を世界で最初に見出した。

最もポピュラーなPHAであるPHBは、微生物による分解性は非常によいが硬くてもろいという物性面・加工面の欠点があるが、この弱点は種々炭素源を工夫して微生物に共重合体PHAを合成させることにより克服された。

PHAの生産価格は、どんなに努力しても700円～1000円/kg以下にするのは難しい。高価格がPHAの最大の難点になっていて、現在のところ実用化されていない。特に、細胞内に存在するPHA顆粒を分離精製するコストが相当かかる。しかし、カネカ（株）は、PHBH（仮称）（(Poly（3-Hydroxybutyrate-co-3-Hydroxyhexanoate）、3-ヒドロキシ酪酸と3-ヒドロキシヘキサン酸の共重合ポリエステル）（構造式は図8.2.3(d)）の生産を商業化しようとして、生産実証設備（生産能力は年産約1000トン）を2011年6月に竣工した。カネカPHBHはポリエチレンやポリプロピレンに近い軟質の加工物性を示し、包装材料、農林水産用資材、自動車部材、繊維、塗料、紙製品、コーティング剤など、さまざまな用途への展開が期待されるという。

d．バイオプラスチックの生分解性（biodegradability）

バイオプラスチックは2.-2で述べたように、自然界で微生物により分解されるプラスチックである。したがって、その生分解性を実証する必要があり、そのため酵素や微生物による生分解性に関する基礎的研究も盛んに行われている。一般的には、前述の3種類のバイオプラスチックの自然界における生分解速度は、PHA>PBS>>PLAの順である。PLAは自然界の土壌中では分解はとても遅いが、PLA粉砕物はコンポストでは速やかに分解される。

図8.2.4．PHBを細胞内に多量に蓄積した微生物 *Paracoccus denitirificans* の透過型電子顕微鏡写真（白く見えるのがPHBの顆粒）

図8.2.5(a). バイオプラスチックフイルムの生分解性を示す写真（経時的変化）
Chromobacterium viscosum 産生lipaseによるPBSフイルムの分解（25℃）

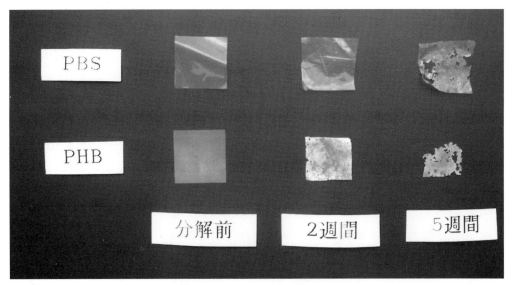

図8.2.5(b). バイオプラスチックフイルムの生分解性を示す写真（経時的変化）
PBSとPHBフイルムの土壌中での分解（30℃）

微生物分解は、まず微生物が菌体外に分泌する酵素によって高分子が低分子化され、菌体内に取り込まれる。著者らが行った酵素によるPBSの生分解性実験の写真を図8.2.5(a)に示す。PBS/AはPBSより150倍ほど速く分解される。

もともと、PBS/AはPBSの生分解速度を高めるために開発されたのである。

バイオプラスチックの土壌中での微生物による生分解性に影響する主な因子は土質（肥沃な土壌か痩せた赤土か）と温度と湿度である。著

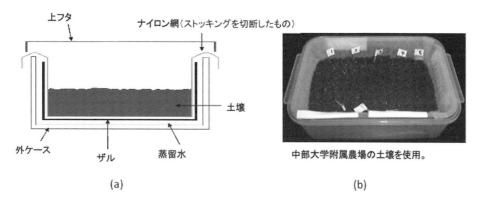

図8.2.6. バイオプラスチックフイルムの生分解性を調べるための簡便な土壌埋没実験装置
(a) 真横から見た実験装置
(b) 上フタを取った装置の様子を示す写真
(台所で使用する市販の食品用ザル付きシール容器を利用し、容器全体を恒温インキュベーターに入れた。中部大学農場の土を穴径1mmの篩に掛けて通過した土壌を使用した。)

者らは、実験室で土壌分解性を簡便に調べる装置（図8.2.6）を考案した。それを使用したPBSとPHBのフイルムの生分解性実験の写真を図8.2.5(b)に示す。

2.-3 総合的技術政策

環境保全・循環型社会の実現に向けてのバイオプラスチックについて述べた。しかし、バイオプラスチックが、現時点でプラスチックに係わる環境問題をすべて解決できるのではない。プラスチック環境問題の真の解決は、効率的かつ経済的なマテリアルリサイクルやケミカルリサイクルをもっともっと促進して、これらのリサイクルが難しいプラスチックゴミは焼却してサーマルリサイクルし、また環境に放出されやすいプラスチックは生分解性プラスチックを使用する、といったバランスのとれた賢明な総合的技術政策に見出される。

山根恒夫

【参考文献】

プラスチック処理促進協会：http://www.pwmi.or.jp/
日本バイオプラスチック協会：http://www.jbpaweb.net/
山根恒夫等(2002) 微生物を利用する生分解性プラスチック合成「グリーンプラスチック最新技術」（井上義夫監修）p.71-83 （株）シーエムシー

あとがき

　はじめに本書の執筆にご協力いただきました先生方に心から感謝の意を表します。本改訂版は初版の先生方に加えて新たに4名の先生に執筆いただいた。本学環境生物科学科の創設者の一人で現中部大学長の山下興亜先生には、序章において「生物学から学ぶ生活の知恵：たとえば昆虫の休眠現象に見られる静的活動戦略、変態現象に見られる動的活動戦略、ミツバチ社会に見られる集団知の創出と活用・一元的民主主義」など人間社会が他の生物社会から学ぶことについて執筆いただいた。応用生物学部長の中村研三先生には「遺伝子組み換え植物と環境」について科学的見知に基づいて、1．遺伝子組み換え植物の基礎的知識・作出方法・科学的問題点、2．遺伝子組み換え実用化作物、3．異常環境下での遺伝子組み換え植物の利用、4．遺伝子組み換え作物の食品および環境に対しての安全性などについて執筆いただいた。岡田正弘先生には「生理活性物質について、特に生物間相互作用・環境制御に重要なフェロモンなどについて」、また小島晶子先生には「エピジェネティクスと環境適応について、つまり遺伝子の配列変化をともなわずに環境変異などによって引き起こされる遺伝子機能の情報が後代に伝達される仕組み」について、さらに山田邦夫先生には「植物工場の展開」などの、昨今環境変異・制御との関連から話題となっている課題について執筆いただいた。あらためて感謝の意を表します。

　殆どの先生方は環境生物科学科に所属し、その経歴を拝見しますと様々な分野に広がり、例えば環境学・生態学はもちろん分析化学、生物化学、生物工学、園芸学、植物生理学、微生物学、応用昆虫学、魚類生物学、作物学、土壌学、分子生態学などで、それぞれ異なる学会で活躍されている。環境生物科学科とはこのように非常にヘテロな集団であり、当然そこで教える内容も広範囲にわたるものである。専門分野が大きく異なることは発想法も大きく異なることになる。私は元々農芸化学出身で生物化学を勉強し、農水省の果樹研究所で研究し、その後農学分野の園芸学研究室で教鞭をとることとなった。そこで、一番感じたのは農芸化学分野と農学分野では発想法が全く逆であるということである。

　例えば、ある現象を解決する場合、農芸化学的・生化学的発想ではその現象をどんどん掘り下げ、最近では分子レベル・遺伝子レベルでそのメカニズムを明らかにすることによって解決しようとする（ミクロの生物科学）。しかし、農学的・生態学的発想の場合には掘り下げるよりもより横に拡張し、周囲のものとの相互関係など集団の中の1つとして捉えることによって総合的に解決しようとする（マクロの生物科学）。具体的に述べると、病虫害防除について前者の発想ではその感染メカニズムを分子レベルで究明し、それに対する特異的な薬剤を開発し駆除しようとする。しかし後者の発想では病虫害の自然界での生態を明らかにし自然界の中での相互関係などの仕組みを利用して、たとえば天敵などを用いて病害虫の密度を低減する（自然界の密度以下にする）ことによって防除しようとする。当環境生物科学科にはこのように発想法から異なる先生方が所属し1つの集団になっているので、物事を考えるに当たっては様々なアイディアが期待でき、そこから新しいことが生み出される可能性が高い。しかし、環境生物科学科に入学した学生は指導が適切でないと大いに戸惑うものと思う。私が園芸学研究室の教授であったときは、当研究室を希

望する学生にはあらかじめ前者の発想法に属するか、後者の発想法に属するかを聞き、当研究室は園芸であるが前者の発想法で研究しており、そのために生物学は当然であるが化学や生物化学も特に勉強せねばならないと説明すると、半分くらいの学生は他の研究室に移っていく。つまり、前者の発想で展開しようとすれば特に、化学、生化学、分子生物学を必要とし、後者の発想で展開しようとすれば特に、生物学、生態学、環境学を必要とするからである。当環境生物科学科に入ってきた学生に同様の質問をしたならばおそらく後者に属する学生の方が多いであろう。それ故、カリキュラム編成に当たってはその当たりのさじ加減を十分に考慮したものでないと学生は失望し、不安に駆られるであろう。その意味でも異なった発想の先生方が執筆している本著は少なからず学生に好奇心・安心感を与えることが出来るものと期待している。たとえ化学・生化学が嫌いな学生でも生物が好きであれば、本著の第8章以外の各章であれば興味を持つことが出来、その能力を十分に発揮できる分野は多数ある。

　本著をご覧になれば分かるように、前半(第5章の中頃まで)は生態学・地球環境学を中心としたいわゆる環境学でそれなりに体系立っている。後半は生活と環境、農業と環境、バイオマス利用など、最近話題となっている課題を中心に網羅的・各論的構成となっているが、余りに範囲が広く十分に網羅できていないきらいがある。我々は出来れば環境生物学概論を出版したかったが、それにはまず環境生物学本論がなければならない。しかし我々が納得いく本論はまだ見つかっていない。そこでとりあえず環境生物学序論とした経緯である。本改訂版は初版の誤りと不備を正すとともに、中部大学学長と応用生物学部長にもご協力いただいて、新たに最近話題となっている課題を加えることによってかなり充実した内容になったと自負している。私の考えでは前半と後半とが上手くマッチし1つのストーリーが出来、そこに魂が入ることによって初めて環境生物学本論としての体系が出来、入学してきた学生が本著を読むことによって、迷うことなく今以上に希望と自信を持って勉学に集中できるものと思われる。最後に、本著の出版に関して大変有益なご助言とご協力を頂きました風媒社に厚く謝意を表します。

山木　昭平

用語さくいん

A
APG植物分類体系 Angiosperm Phylogeny Group system; APG system　28, 70

B
BARRIER　62
BLAST　Basic Local Alignment Search Tool　72

C
CAM型光合成　164
C4植物　247
Chromobacterium viscosum　294
C/N比　C/N ratio　94
Cronartium ribicola（ゴヨウマツ発疹さび病菌）　201
Cryphonectria parasitica（クリ胴枯れ病菌）　201

D
DDT　202, 263
DNAバーコーディング法　DNA barcoding　69
DNA多型　DNA polymorphism　39, 61
DNA二本鎖　DNA duplex　32

F
FAO-UNESCO分類体系　FAO-UNESCO system of soil clacification　88
Feタンパク質　iron protein　109
Fe-Sクラスター　iron-sulfur cluster　109

I
IPM（総合的病害虫防除）Integrated Pest Management　224
ITS　Internal Transcribed Spacers　23

K
K/Pg境界　Cretaceous/Paleogene boundary　127

M
maturase遺伝子　*mat*K　69
MoFeタンパク質　molybdenum-iron protein　109
Mo-Fe-Sクラスター　molybdenum-iron-sulfur cluster　109

O
Ophiostoma ulmi（ニレ立ち枯れ病菌）　201

P
Paracoccus denitirificans　293
PCB　polychlorinated biphenyl　202, 237
PFOS　202
PHA（ポリヒドロキシアルカン酸）Polyhydroxy alkanoate　293
PHBH　293
PLA（ポリ乳酸）Poly Lactic Acid　292
POPs　Persistent Organic Pollutants　202
PPCPs　Pharmaceutical and Personal Care Products　204
P/T境界　Permian/Triassic boundary　124

あ
アイソスタシー　isostasy　99
あいち森と緑づくり税　54
アウトグループ　outgroup　65
亜科　subfamily　29
アカマツ　49, 193
亜寒帯循環　Subpolar Gyre　102
亜寒帯針葉樹林　subarctic coniferous forest　51
アクレモニウム属　284
アグロフォレストリー　agroforestry　83
亜群（土壌分野）subgroup　88
亜酸化窒素　269
亜硝酸還元酵素　nitrite reductas; NiR　109
亜硝酸酸化細菌　190
アスコルビン酸　163, 209
アスペルギルス属　284
亜属　subgenus　29
圧密　consolidation　82
亜熱帯循環　Subtropical Gyre　102
アブシシン酸　abscisic acid; ABA　163
アミノシクロプロパンカルボン酸　ACC　167
アメニティ　amenity　219
アメリカ合衆国分類体系　Soil taxonomy　88
亜目（土壌分野）suborder　88
アライメント　aligment　65
アリソル　Alisol　106
アリ塚　147
アリディソル　aridisol　83
アルカリ土壌　alkaline soil　83, 170
アルコール発酵　281
アルベド　albedo　127
アレロパシー　allelopathy　70, 214
アレロケミカル　215
アロフェン　allophane　113
アロモン　allomone　170
安山岩　andesite　80
アンチモン　antimone　171
アンディソル（アンティソル、黒ボク土）Andisol, Antisol, Kroboku　82
アントシアニン　164, 221
アンブレラ種　umbrella species　73
アンモニア酸化細菌　190

い
意地悪行動　143
異質倍数体　allopolyploid (alloploid)　35
異数性　aneuploidy (heteroploidy)　33
遺存種　relict　51, 132
一次鉱物　primary mineral　81
萎凋病　193, 196
一酸化二窒素　dinitrogen oxide　110, 250
遺伝子間領域　intergenic region　21, 38
遺伝子型　genotype　21
遺伝子浸透　introgression　40
遺伝的多様性　genetic diversity　20, 62
遺伝子淘汰の理論　138, 139
遺伝子プール　gene pool　21
遺伝子変異　genetic mutation　33
遺伝的浮動　genetic drift　38
遺伝的変異　genetic variation　31, 159
移動農法　82
イリジウム　iridium　127
隕石　meteorite　127
隕石衝突説　Impact event　126, 127
インド亜大陸　Indian subcontinent　99, 130
イントロン　intron　21, 32

う
ウォレス線　Wallace Line　34
ヴュルム　Würm　49
ウルム氷期　Würm　131
雲母　sericite　81

え
エアリー・ハイスカネンモデル　Airy-Heiskanen Model　99
永久萎凋点　permanent wilting point　91
エクスパンシン　expansin　221
エコファーマー　268
エチレン　ethylene　163, 167
エチレン感受性　ethylene sensitivity　220
エチレン作用　ethylene action　220
エピジェネティクス　epigenetics　37, 173
エピセリウム細胞　198
縁海　marginal sea　129
園芸福祉　horticultural well-being　223
園芸療法　horticultural therapy　223
エンティソル　Entisol　82
エンド型キシログルカン転移酵素／加水分解酵素　xyloglucan endotransglycosylase/hydrolase　221
塩類土壌　saline soil　83

お

オーストラリア植物区系界　Australian Kingdom　47
オールド・バイオテクノロジー　246
オガララ帯水層　246
オキシソル項　oxisol　83
屋上緑化　roof planting　222
オクタノール水分配係数Pow　log Pow　205
オゾン層　ozone layer　110, 250
オルドビス紀　Ordovician period　55, 124
温室効果　green house effect　97, 249
温室効果ガス　111, 249
温帯落葉広葉樹林　temperate deciduous broad-leaved forest　51
温度勾配型実験施設　255
温熱耐性　thermotolerance　157

か

科　family　29
カーボンニュートラル　carbon neutral　107, 282, 289
階層　hierarchy　29
外帯　outer zone　132
回避　avoidance　167
回避ミティゲーション　avoiding impacts　77
開放型大気二酸化炭素増加(FACE)　256
海洋コンベア・ベルト　ocean conveyor belt　103
海洋循環　oceanic circulation　98
海洋深層水　deep ocean water　103
海洋熱塩循環　Thermohaline Circulation　103
海陸風　land and sea breeze　98
カイロモン　kairomone　171
化学的酸素要求量　Chemical Oxygen Demand; COD　101, 116
化学的風化　chemical weathering　81
化学物質環境汚染　202, 206
獲得形質の遺伝　inheritance of acquired characteristics　37
花崗岩質　granitic　80
火山岩　volcanic rock　80
火山灰土　volcanic ash soi　113
可食性植物度　291
可食性バイオマス　291
火成岩　igeous rock　80
仮想水　virtual water　247
仮想投入水量　virtually required water　247
活性汚泥法　Activated-sludge process　182
活性酸素種　163, 170
過敏感反応　hypersensitive response　171, 199
花弁成長　petal growth　220
カメラトラップ法　camera trap method　60
カラフトヒゲナガカミキリ　Monochamus saltuarius　199
カロテノイド　164

環境アセスメント(環境影響評価)　environmental assessment　23
環境NGOコンサベーション・インターナショナル　Conservation International Foundation　20
環境汚染　202
環境修復　225
環境ストレス　environmental stress　154
環境調和型農業　267
環境負荷　261
環境変異　environmental variation　31
環境保全型農業　266, 267
環境保全活動　enviromental conservation activity　94
環境ホルモン　205, 225
鑑賞園芸学　218
完新世　Holocene (epoch)　131
冠水　flooding　167
冠水感受性植物　167
完全連鎖　complete linkage　33
乾燥ストレス　166, 177
間氷期　interglacial stage　124

き

キーストーン種　keystone species　73
飢餓ストレス　170
危急種　vulnerable species　74
気候最適期　middle Miocene climatic optimum　129
気候変動監視レポート　251
記号放逐法　mark and release method　61
寄生　parasitism　35, 42, 194, 195
季節風　seasonal winds　99
木曽三川　Kiso Sansen　133
北大西洋深層水　North Atlantic Deep Water (NADW)　103
キノコシロアリ　Macrotermes bellicosus　147
基盤サービス　supporting services　23
忌避物質　170
ギャンツ　49
キュー王立植物園　Kew Royal Botanical Garden　27
究極要因(生存価)　140
吸湿水　hygroscopic water　90, 91
旧熱帯植物区系界　Paleotropical Kingdom　47
ギュンツ氷期　Günz　131
供給サービス　provisioning services　23
暁新世　Paleocene (ecpoch)　128
京都議定書　Kyoto protocol　110
強熱減量　ignition loss　46, 118
極循環　Polar vortex　98
極相林　climax forest　51
局地個体群　locality population　72
キレート化　chelation　81, 115, 226
近交弱勢　inbreeding depression　55
金属結合タンパク質　169

近隣接合法　Neighbor-Joining method; NJ　66

く

空中庭園　hannging gardens　219
区分種(識別種)　differential species　43
クライマトロン　254
クリ胴枯れ病　Chestnut blight　201
グリーンウオーター　244
グリーンプラスチック　288
グレックス名　grex name　30
クロマチン繊維　chromatin fiber　32
クロマツ　193
クロロフルオロカーボン　chlorofluorocarbon ; CFCs　106
クロンキスト体系　Cronquist system　28
群集　community　41
群淘汰　group selection　142
群落(植物群落)　plant community　43

け

景観　landscape　43
形質　character　31, 138
系図学的種　geneological species　24
形態種　morphospecies　24, 30, 70
系統進化要因　140
ケープ植物区系界　Cape Kingdom (South African Kingdom)　47
血縁淘汰　kin selection　144
結核　concretion　87
ゲノム分析　genome analysis　35
ケミカルリサイクル　287
嫌気呼吸　157
嫌気ストレスタンパク質　157
嫌気性微生物　Anaerobic microorganism　100, 183
原(始)植生　original vegetation　43
顕生代　Phanerozoic eons　124
原生代　Proterozoic era　126
玄武岩　basalt　80
玄武岩質　basaltic　80

こ

綱　class　29
高温感受性植物　164
高温耐性　164
好気性微生物　Aerobic microorganism　182
工業暗化　industrial melanism　35
光合成効率　247
黄砂　yellow dust　83
抗酸化・解毒酵素　199
光酸化傷害　164
抗酸化物質　163
後食　195
恒常性維持(ホメオスタシス)　homeostasis　11, 154
更新世　Pleistocene (epoch)　44, 131

299

公転軌道離心率　orbital eccentricity　131
行動生態学　138
抗微生物物質　171
コールドプルーム　cold plume　125
国際細菌命名規約　International Code of Nomenclature of Bacteria　26
国際自然保護連合　International Union for Conservation of Nature and Natural esources, IUCN　56
国際藻類・菌類・植物命名規約　International Code of Nomenclature for algae, fungi, and plants; ICN　26
国際動物命名規約　International Code of Zoological Nomenclature; ICZN　25
黒ボク土（アンディソル、アンティソル）　Kuroboku, Andhisol, Antisol　82
子殺し行動　142
古生代　Paleozoic era　55, 124
個体群　population　41
個体変異　individual variation　31
古第三紀　Paleogene period　55, 128
古第三紀要素　Paleogene element　48, 49
コドラート法　quadrat method　60
コドン　codon　32
固有種　endemic species　20
ゴヨウマツ発疹さび病　201
コリオリ力　coriolis force　97
昆虫病原性線虫　195
ゴンドワナ超大陸　Gondwana　125, 132

さ

サーマルリサイクル　287
歳差運動　precession　131
最終沈澱池　Final settling tank　184
最初沈澱池　Primary sedimentation tank　183, 184
最終氷期　last glacial stage　51, 131
最小化ミティゲーション　minimizing impacts　77
再生可能資源　renewable resource　289
細胞内シグナル伝達物質　163
細胞壁のゆるみ　221
最尤法　Maximum Likelihood method; ML　67
さえずり行動　140, 141
砂質土壌　sandy soil　86
里山　SATOYAMA　50
サリチル酸　salicylic acid　163
酸化還元酵素　163
酸化還元電位　Redox potential/Oxidation-Reduction Potential; ORP, Eh　101
三角座標　triangular diagram　86
酸化鉄鉱床　Iron oxide deposit　95
三畳紀　Triassic period　55, 124
酸化硫酸塩土壌　acid sulfate soil　83, 118
残留性有機汚染物質　Persistent Organic Pollutants; POPs　202

残留農薬　262

し

市街地型里山林　Urban SATOYAMA Forest　52
識別種（区分種）　differential species　43
至近（生理的）要因　140
ジクロロジフェニルトリクロロエタン　263
自然植生　natural vegetation　43
自然選択説　natural selection theory　34
自然の体系 第10版　Systema Naturae ed.10　25
自然淘汰　natural selection　138
自然分類　natural classification　28
湿地生態系　wetlands ecosystem　119
質的形質　qualitative character　31
質量分析　207
自転軸　axis of rotation　131
実容積法　effective volumetric capacity method　86
シトクロムオキシダーゼサブユニットI　cytochrome c oxidase subunit I; COI　69
シノ一日本区系　Sino-Japan　48
シノニム　synonym　26
シノモン　171
指標種　indicator species　73, 227
篩別法　sieve analysis　87
社会園芸学　socio-horticulture　218, 223
社会生物学　138
社会ダーウィン主義　146
ジャスモン酸　jasmonic acid　163
シャペロン様タンパク質　169
周伊勢湾地域　Circum Ise Bay area　44
周北極要素　circumpolar element　47
重金属トランスポーター　229
重埴土　heavy clay　86
自由生活性線虫　195
集積種　accumulator　227
臭素系難燃剤　205
樹形　topology　65
樹脂分泌　196
種　species　24
種間雑種　interspecific hybrid　30
種形容語　specific epithet　25
種小名　specific name (specific epithet)　25
種内倍数性　intraspecific polyploidy　24
種内変異　intraspecific variation　20
種の起源　On the Origin of Species　34
種の多様性　species diversity　20

種の利益論　145
樹木三大病害　194
ジュラ紀　Jurassic period　55, 126
準絶滅危惧　Near Threatened; NT　56
順応　acclimation　162
硝酸還元酵素　nitrate reductase; NR　110
象徴種　flagship species　74
消費者　42, 106
情報不足　Data Deficient; DD　56
上偏成長　167
縄文海進　Jomon (Holocene) transgression　133
照葉樹林　evergreen forest　49, 51
常緑広葉樹林　evergreen broad-leaved forest　49, 51
初期萎凋点　primary wilting point　91
触診法　palpation method　86
植生　vegetation　43
植物区系　phytochorion (floristic region)　47
植物区系界　Floristic kingdom　47
植物群落　43
植物相（植物誌）　flora　46
植物度　bio-based content　290
植物プランクトン　112
食物網　food web　42
食物連鎖　food chain　42
シルル紀　Silurian period　55, 124
シロアリ　147
人為分類　artificial classification　28
新エングラー体系　Engler system　28
進化　evolution　31, 138
真核生物　eukaryote　32, 173
人工気象室　254
人口論　An Essay on the Principle of Population　34
侵食　erosion　82
深成岩　plutonic rock　80
新生代　Cenozoic era　128
新第三紀　Neogene　129
浸透圧ストレス　osmotic stress　167
浸透圧調節物質　osmolyte　220
浸透性交雑　introgressive hybridization　40
浸透ポテンシャル　osmotic potential　91
新熱帯植物区系界　Neotropical Kingdom　47
森林生態系　193
森林病害　193

す

水過剰ストレス　167
水圏　hydrosphere　80, 100
水質汚染　262
水質基準　water quality standards　116
水質評価　water quality evaluation　100
水消費原単位　247
水分通導機能　196
水分特性曲線　soil moisture characteristic curve　92

スーパープルーム super plume 124
スカンジナビア氷床 Weichselian ice sheet 131
ストークスの定理 Stokes'theorem 88
ストレス応答 stress response 154
ストレス耐性 stress tolerance 156
ストレス耐性遺伝子 163, 239
ストレスタンパク質 stress protein 155, 163
スプライシング splicing 32
スポドソル spodosol 83

せ
斉一説 uniformitarianism 34
生活形 life form 47
生活形スペクトル life-form spectrum 48
西岸境界流 Western Boundary Current 101
生殖隔離 reproductive isolation 24, 197
成層圏 stratosphere 98
生態型 ecotype 162
生態系 ecosystem 22, 41, 192
生態系サービス ecosystem services 23
生態系の多様性 ecosystem diversity 20
性淘汰 sexual selection 35
生物化学的酸素要求量 Biological Oxygen Demand; BOD 100, 116
生物学的種 biological species (biospecies) 24
生物学的ストレス biotic stress 162
生物圏 biosphere 80
生物間相互関係 193
生物多様性 biodiversity 20
生物多様性オフセット biodiversity banking 76
生物多様性ホットスポット biodiversity hotspot 20
生物的風化 biological weathering 81
生物の多様性に関する条約 Convention on Biological Diversity; CBD 20
生分解性 biodegradability 293
生分解性プラスチック biodegradable plastic 288
正名 correct name 26
世界平均気温 252
石英 quartz 81
赤外放射 infrared radiation 97, 250
石炭紀 Carboniferous period 124
絶滅 Extinct; Ex 56
絶滅危惧種 endangered species 52
絶滅危惧ⅠA類 Critinally Endangered, CR 56
絶滅危惧ⅠB類 Endangered, EN 56
絶滅危惧Ⅱ類 Vulnerable, VU 56
瀬戸層群 Seto group 133
節(生物分類学分野) section 29
節(分子系統樹分野) node 65
セルラーゼ cellulase 221, 284

セルラーゼ生産微生物 284
セルロース系バイオマス 283
ゼロエネ・オフィス 148
先カンブリア代 Precambrian econ 95, 124
全球凍結の時代 Snowball Earth period 126
潜在自然植生 potential natural vegetation 43
先取権 priority 26
染色体変異 chromosome mutation 33
鮮新世 Pliocene (epoch) 129
漸新世 Oligocene (ecpoch) 128
全地球側位システム Global Positioning System, GPS 74
線虫 193, 194
セントロメア centromere 32
鮮度保持剤 floral preservative 220
全北植物区系界 Holarctic Kingdom 47
全有機炭素 Total Organic Carbon; TOC 101
戦略的環境アセスメント strategic environmental assessment 76

そ
層位 horizon 84
相互扶助行動 143
創始者効果 founder effect 38
増殖型サイクル 195
創造論 creationism 37
相同染色体 homologous chromosome 33
相利共生 symbiosis (mutualism) 42, 196
属 genus 29
属間雑種 30
属名 25
族 tribe 18
足跡法 footprinting method 61
塑性限界 plastic limit 87

た
ダイオキシン 202
大気圏 atmosphere 80, 95
大気循環 atmospheric circulation 98
大群(土壌分野) great group 88
代償植生 43
代償ミティゲーション compensating for impacts 61, 77
堆積岩 sedimentary rock 80
体積含水率 volumatic water content 92
堆積性ウラン鉱床 Sedimentary uranium deposit 95
堆積盆 sedimentary basin 133
代替農業 alternative agriculture 266
大腸菌O-157 272, 280
退氷期 133
太陽定数 solar constant 97
太陽放射 solar radiation 96
第四紀 the Quaternary (period) 128, 130

大陸移動 continental drift 124
大陸地塊 continental block 132
対流圏 troposphere 98
タイワンアカマツ Pinus massoniana 199
楕円軌道 elliptic orbit 131
タカジアスターゼ 280
他感作用物質 allelochemicals 170
濁度 turbidity 101
脱水障害 164
脱窒菌 denirifying bacteria 190
棚倉構造線 Tanagura tectonic line 132
多肥ストレス 170
タンパク質恒常性 protein homeostasis 159
タンパク質品質管理 protein quality control 158
タンパク質変性 protein denaturation 147
団粒 soil aggregate 85

ち
地域個体群 Local Population; LP 56
チオ硫酸銀 silver thiosulphate 220
地殻 crust 80
地殻均衡 isostasy 99
地球温暖化 global warming 249, 280
地球放射 earth radiation 96
地圏 pedosphere 80
地軸 earth's axis 131
地質学原理 Principles of Geology 34
地質年代 geologic time 124
窒素飢餓 nitrogen starvation 94
窒素固定 nitrgen fixation 108
窒素酸化物 227
中央構造線 Median tectonic line 132
中山間型里山林 Hilly-Mountainous Area SATOYAMA Forest 52
中生代 Mesozoic era 55, 124
中朝地塊 Sino-Korean block 132
超酸素欠乏事件 superanoxia 125
調整サービス regulating services 23
超集積種 hyperaccumulator 227
長石 feldspar 81
チョウセンゴヨウ 193
超大陸 supercontinent 125
地理情報システム Geographic Information System, GIS 74
沈降分析 sedimentation analysis 88
沈黙の春 266

つ
接ぎ木雑種 graft hybrid 30

て
低温順化 cold acclimation 166
低温(冷温)障害 chilling injury 165
低温(冷温)耐性機構 165
低酸素状態 hypoxemia 167

と

底生生物　benthos　119
泥炭湿地　peat bog　106
泥炭土　peat　83, 106
ディディウスモルフォ　Morpho didius　149
低投入持続型農業　Low input sustainable agriculture; LISA　266
適応　adaptation　138, 162
適応度　fitness　34, 139
適性指数　Suitability Index; SI　61
適合溶質　compatible solute　167
テクタイト　tektite　127
テチス海　Tethys Ocean　130
デトリタス　detritus　119
デボン紀　Devonian period　55, 127
デメニギス　Opisthoprctus soleatus　146
テレメトリー調査（遠隔測定法）　telemetry　62
転位　transposition　33
転換　transversion　33
電気伝導度　Electrical Conductivity, EC　46, 100
転向力　coriolis force　97
テンシオメータ　tensiometer　92
転写調節因子　163
点滴灌漑　246
点突然変異　point mutation　33

と

統（土壌分野）　series　88
糖化　283
東海丘陵要素植物群　Tokai hilly land elements　44, 75
同義置換　synonymous substitution　33, 38
同質倍数体　autopolyploid　35
透視度　transparency　101
透水性　osmosis　90
陶土　china clay, kaorin　133
動物相（動物誌）　fauna　47
動物哲学　Philosophie Zologique　37
同胞種　sibling species　24
土岐砂礫層　Toki sandy gravel bed layer　44
都市園芸学　urban horticulture　222
土壌緩衝能　soil buffer action　94
土壌圏　pedosphere　81, 106
土壌コロイド　soil colloid　83
土壌三相　three phases of soil　85
土壌水　soil water　86
土壌水分状態　soil moisture condition　91
土壌生産力　261
土壌断面　soil profile　84
土壌分布　soil distribution　82
土壌流亡　soil loss　83
土壌劣化　soil degradation　82
トリコデルマ属　284
ドリン剤　263

な

内帯　inner zone　132
ナイロン　287
ナラ枯れ病　193
並び替え検定　permutation test　63
南海トラフ　Nankai trough　133
南極植物区系界　Antarctic Kingdom　47

に

2,3,7,8四塩素化ジベンゾダイオキシン　203
2,4-ジクロロフェノキシ酢酸　266
二次鉱物　secondary mineral　81
二次植生　secondary vegetation　43
ニセマツノザイセンチュウ　197
日華区系区　Sino-Japan　48
日本海溝　Japan trench　133
日本DNAデータバンク　DNA Data Bank of Japan, DDBJ　71
日本植物誌　Flora Japonica　27
日本動物誌　Fauna Japonica　27
日本の統一的土壌分類体系　Unified Soil Classification System of Japan　88
二名法　binomial nomenclature　25
ニレ立ち枯れ病　Dutch elm disease　201

ね

熱ショック応答　heat shock response　155
熱ショックタンパク質　heat shock protein ; HSP　154, 165
熱ショック転写因子　heat shock factor; HSF　156
熱帯収束帯　intertropical convergence zone　98
ネットゲイン　net gain　77
ネットロス　net loss　77

の

農業の多面的機能　260
農耕地土壌分類　Classification of Cultivated Soils in Japan　89
濃尾傾動運動　tectonic tilting in the Nobi plain　133
ノーネットロス　no net loss　76

は

ハーバー・ボッシュ法　Haber-Bosch process　108
ハーバリウム　herbarium　28
バイオエタノール　281
バイオディーゼル　282
バイオ燃料電池　282
バイオプラスチック　bioplastic　288
バイオポリマー　biopoymer　288
バイオマス　biomass　281
バイオマスエネルギー　biomass energy　107
バイオミミクリー　biomimicry　138
バイオレメディエーション　bioremediation　225
媒介昆虫　193
背弧海盆　back arc basin　129
排除種　excluder　227
白亜紀　Cretaceous period　127
曝気槽　Aeration tank　184
撥水性　150
発達要因　140
ハドレー循環　Headley cell　98
ハビタット適性指数　Habitat Suitability Index; HSI　61
ハビタット評価手続き　Habitat Evaluation Procedures; HEP　61
ハビタット変数　Habitat Variable,HV　61
ハビタットユニット　Habitat Unit; HU　62
ハプロタイプ　haplotype　21
ハプロタイプネットワーク　Haplotype network　68
パラベン（パラヒドロキシ安息香酸エステル）　para-hydroxybenzoic acid esters　204
パンゲア超大陸　Pangea　125
ハンディキャップ理論　Handicap theory　35
反復名　tautonym　26
斑紋　mottling　85

ひ

ビオパーク方式　225
非加重結合法　Unweighted Pair Group Method using Arithmetic mean, UPGMA　66
非可食性植物度　290
非可食性バイオマス　291
ヒゲナガカミキリ　199
被子植物系統発生グループ　Angiosperm Phylogeny Group, APG　28
比重計法　hydrometer method　88
比重浮標理論　hydrometer theory　88
被食者　prey　42
ヒストソル　histosol　83
非生物学的ストレス　abiotic stress　162
非生物圏　abiotic sphere　80
非生物的環境　abiotic environment　20
微生物バイオテクノロジー　280
微生物プラスチック　293
非同義置換　nonsynonymous substitution　33, 38
氷河　glacier　128
氷期　glacial stage　124
氷結防止物質　cryoprotein　166
氷床　ice sheet　128
表現型　phenotype　21

表現型可塑性　phenotypic plasticity　32
標準和名　standard Japanese name　25
標徴種　characteristic species　43
費用便益分析　cost benefit analysis　141
非連続形質　discontinuous character　31
貧栄養　oligotrophic　44
貧酸素化　dissolved oxygen deficiency　119
品種　form　29

ふ
ファーニス勧告　194
ファイトアレキシン　phytoalexine　198
ファイトエクストラクション　phytoextraction　226
ファイトスタビリゼーション　phytostabilization　226
ファイトスティミュレーション　phytostimulation　227
ファイトデグラデーション　phytodegradation　226
ファイトプリベンション　phytoprevention　227
ファイトボラティリゼーション　phytovolatilization　226
ファイトレメディエーション　phytoremediation　225
フィトケラチン　169, 229
フィールドサイン法　fiield sign method　61
風化　weathering　81
ブートストラップ値　bootstrap value　67
富栄養化　100
フェレル循環　Ferrel cell　98
フェロモン　pheromone　211
フォッサマグナ　Fossa Magna　132
フォトニック結晶　150
不完全連鎖　incomplete linkage　33
父系遺伝　paternal inheritance　21
不耕起栽培技術　262
藤前干潟　114, 118
腐植　humus　85
普通名　common name　25
物質循環　Mass cycling, Nutrient cycling　106
フミン酸　humic acid　114
浮遊物質量　Suspended Solid; SS　116
ブラウン-ブロンケ法　Braun-Blanquet　58
プラット・ヘイフォードモデル　Pratt-Hayford Model　99
フラワーアレンジメント　223
フランスカイガンショウ　*Pinus pinaster*　199
ブルーウオーター　244
フルボ酸　fulvic acid　114
プレート　plate　81
プレートテクトニクス　plate tectonics　81
フローラ　flora　46
フロン　flone　106

分解者　decomposer　42, 106
文化的サービス　cultural services　23
分散型サイクル　195
分散分析　analysis of variance; ANOVA　62
分子系統樹　molecular phylogenetics tree　65
分子シャペロン　156, 158
分子進化の中立説　neutral theory of molecular evolution　34
分子時計　molecular clock　37
分子分散分析　analysis of molecular variance; AMOVA　62
分類群　taxon　29
分裂中期　metaphase　32

へ
ベイズ法　Bayesian method　67
壁面緑化　wall greening　222
ペクチンメチルエステラーゼ　pectinmethylesterase　221
ベタイン　167
ヘテロシスト　heterocyst　109
ペニシリン　280
ペルム紀　Permian period　55, 124
変異　variation　20
片害共生　amensalism　42
変種　variety　29
変成岩　metamorphic rock　80
偏西風　the Westerlies (Prevailing Westerlies)　83
ベンゼンヘキサクロリド（BHC）　266
ベントス　benthos　119
片利共生　commensalism　42

ほ
ボイル・シャルルの法則　Boyle-Charles' law　86
貿易風　trade wind　101
ボウエンギョ　*Gigantura chuni*　146
包括適応度　inclusive fitness　143
母岩　parent rock　82
母系遺伝　maternal inheritance　21
圃場容水量　field capacity　91
捕食者　predator　42, 140
ホットプルーム　hot plume　125
ポドソル　Podosol　82
ボトルネック効果　bottleneck effect　38
ホモニム　homonym　27
ポリエチレン　287
ポリ塩化ビニル　287
ポリ乳酸　292
ポリブチレンサクシネート　PBS　292
ポリブチレンサクシネート/アジペート　PBS/A　292
ポリプロピレン　287
ポリリン酸蓄積細菌　161
ボロノイ図　Voronoi diagram　63

ま
マージ土壌　māji soil　83
マスムーブメント　mass movement　44
マツ枯れ病　193
マツノザイセンチュウ　194
マツノマダラカミキリ　194
マテリアルリサイクル　287
マトリックポテンシャル　matric potential　91
マントル　mantle　80
マントルオーバーターン仮説　mantle over turn hypothesis　95

み
ミクロ生態系　microcosm　94
ミティゲーション　mitigation　76
ミトコンドリアDNA　mitochondrial DNA; mtDNA　21
ミランコビッチ・サイクル　Milankovitch cycle　131
ミレニアム生態系評価　millennium ecosystem assessment　23
ミンデル　Mindel　49
ミンデル氷期　Mindel　131

む
ムギネ酸　170, 229
ムギネ酸トランスポーター　170
無根系統樹　unrooted phylogenetic tree　65
無酸素状態　anoxemia　167
無性生殖　asexual reproduction　24

め
メイオベントス　meiobenthos　119
メタ個体群　metapopulation　42
メタロチオネイン　229
メタン生成アーキア　Methane-forming archea　107
メタンハイドレート　281
メタン発酵　Methane fermentation　107, 286
メトヘモグロビン血症　methemoglobinemia　110

も
毛管水　capillary water　90
毛細管現象　capillarity　90
目　order　29
森の健康診断　physical checkup activities of artificial forests　94
モルフォチョウ　148
門　phylum (division)　29
モンスーン　monsoon　99
問題土壌　problem soil　83

や
焼畑農業（移動農法）　sifting cultivation　82
野生絶滅　Extinct in the Wild, EW　56

303

揚子地塊　Yangtze block　132

ゆ
誘引物質　170
有機塩素系農薬　202
有機農業　266
有機フッ素系界面活性剤　202
有根系統樹　rooted phylogenetic tree　65
優占種　dominant species　43
誘電率土壌水分センサー　dielectric constant soil moisture sensor　92

よ
陽イオン交換容量　Cation Exchange Capacity; CEC　94
溶存酸素　Dissolved Oxygen; DO　100
溶脱　leaching　110
用不用説　use or disuse theory　37
葉緑体DNA　chloroplast DNA; cpDNA　40
養老山地　Yoro mountains　133

ら
ライフサイクルアセスメント　Life Cycle Assessment; LCA　290
ライン・トランセクト法　line transect method　59
ラムサール条約　Ramsar Convention　119

り
陸橋　land bridge　132
利己的行動　143
利他的行動　143
離心率　orbital eccentricity　131
リス氷期　Riß　131
リゾフィルトレーション　rhizofiltration　226
リター層　litter layer　84
リブロースビスリン酸カルボキシラーゼ大サブユニット遺伝子　ribulose-1,5-bisphosphate carboxylase large-subunit gene; rbcL　69
リボソームDNA　ribosomal DNA; rDNA　69
粒径区分　grain size distribution of soil particles　86
粒径組成　size distribution　87
硫酸処理法　283
流紋岩　rhyolite　80
量的形質　quantitative character　31
リンネ種　Linnean species (Linneon)　24
鱗粉　149
林野土壌分類　Classification of Forest Soil in Japan　89

る
累積的ハビタットユニット　Cumulative Habitat Unit; CHU　62
ル・シャトリエの原理　Le Chatelier's principle　109

れ
礫　gravel　86
レテノールモルフォ　*Morpho rhetenor*　148
レッドデータブック　Red Data Book: RDB　57
レッドフィールド比　redfield ratio　115
レッドリスト　Red List　56
レドックス制御　163
レトロニム　retronym　25
連　tribe　29
連続形質　continuous character　31

ろ
ロータス・エフェクト　Lotus Effect　150
ローラシア大陸　Laurasia　125
ローレンタイド氷床　Laurentide ice sheet　131
ロスビー循環　Rosby circulation　98

■執筆者略歴

山下 興亜（やました おきつぐ）
名古屋大学大学院農学研究科修士課程修了、農学博士（名古屋大学）。
名古屋大学農学部教授、同農学部長、名古屋大学副総長、名古屋大学名誉教授。現在、中部大学長。
専門分野：農学（資源昆虫学）。
学会および社会活動：日本昆虫科学連合代表、日本学術会議会員。
受賞：蚕糸学賞、日本農学賞、中日文化賞、読売農学賞、ルイ・パスツール賞、紫綬褒章、蚕糸功績賞、国際昆虫学賞など。

※以下 50音順

愛知 真木子（あいち まきこ）
1972年生まれ。中部大学応用生物学部応用生物化学科講師。
名古屋大学生命農学研究科博士課程後期課程生物機構・機能科学専攻修了（2001年）。博士（農学 2001年）。
専門分野：植物分子生理学
その他：植物やラン藻の持つ硝酸同化系システムから、植物の分子生理や貧栄養湿地に生育する植物の適応機構を明らかにしようとアプローチしています。

味岡 ゆい（あじおか ゆい）
1984年生まれ。中部大学現代教育学部児童教育学科助教。
中部大学大学院応用生物学研究科博士課程修了（2011年）。応用生物学博士。専門分野：分子生態学。
受賞：日本生態学会保全部門ポスター奨励賞（2010年）

石澤 祐介（いしざわ ゆうすけ）
1986年生まれ。中部大学大学院応用生物学研究科。
中部大学大学院応用生物学研究科博士前期課程修了（2013年）

上野　薫（うえの　かおる）
1969年生まれ。中部大学 応用生物学部 環境生物科学科講師。
岡山大学自然科学研究科博士後期課程修了（2003年）。博士（学術）。専門分野：土壌科学、哺乳類生態学。
主な著書：「農地環境工学」（文永堂出版）分担執筆
受賞：土壌物理学会論文賞（2003年）

大塚 健三（おおつか けんぞう）
1950年生まれ。中部大学応用生物学部環境生物科学科教授。
大阪大学理学研究科博士課程修了（1978年）。理学博士。
主な著書：「ベーシック生化学」（化学同人）分担執筆
受賞：日本ハイパーサーミア学会賞（阿部賞）（2004年）受賞

岡田 正弘（おかだ まさひろ）
1974年生まれ。中部大学応用生物学部環境生物科学科准教授。
名古屋大学大学院生命農学研究科博士課程後期満了（2004年）。博士（農学）（2005年）。
専門分野：天然物化学
受賞：日本農芸化学会奨励賞（2010年）他。

金政　真（かなまさ　まこと）
1976年生まれ。中部大学応用生物学部環境生物科学科講師。
大阪府立大学大学院農学生命科学研究科博士後期課程修了（2003年）。博士（農学）。専門分野：応用微生物学、微生物の分子生物学。

小島 晶子（こじま しょうこ）
1969年生まれ。中部大学応用生物学部環境生物科学科講師。
名古屋大学理学研究科博士課程前期修了(1994年)。博士（理学）(2003年)。専門分野：植物分子生物学、分子遺伝学。
著書：「遺伝学事典」(2005年、共著、朝倉書店)
受賞：日本植物生理学会論文賞(2004年) 受賞

白子 智康（しらこ ともやす）
1987年生まれ。中部大学大学院応用生物学研究科。
中部大学大学院応用生物学研究科博士後期課程修了(2015年)。博士(応用生物学)。専門分野：分子生態学。
受賞：日本生態学会中部地区大会優秀ポスター賞(2012年)

鈴木　茂（すずき　しげる）
1948年生まれ。中部大学応用生物学部 環境生物科学科教授。
横浜国立大学工学部(1972年)。学位：博士(工学)（横浜国立大学)。専門分野：環境化学、有機質量分析、分析化学。
主な著書：「環境ホルモンのモニタリング技術」（共著）、「有害大気汚染物質測定の実際」（共著）、「LC/MSを用いた化学物質分析法開発マニュアル」（共著）、「有害物質分析ハンドブック」（編著、近日刊）
受賞：環境庁環境保健部長表彰(化学物質環境調査功労賞、1997年)、日本環境化学会環境化学論文賞(1996年)、日本環境化学会環境化学学術賞—論文部門(1992年)、川崎市長表彰(大気中農薬の一斉分析法開発、1992年)

宗宮 弘明（そうみや　ひろあき）
1946年生まれ。中部大学応用生物学部環境生物科学科教授。
名古屋大学大学院農学研究科博士課程満了。農学博士。専門分野：魚類生物学。
主な著書：「魚の科学事典」編著　　その他：魚からヒトまでの生物学を目指している！

中西 一弘（なかにし　かずひろ）
1945年生まれ。中部大学応用生物学部環境生物科学科教授。
京都大学大学院工学研究科修士課程化学工学専攻。工学博士。専門分野：応用生物化学、食品生物工学。
主な著書：「新版生物化学工学」「生物分離工学」「食品工学講座第 2 巻」など
受賞：農芸化学会奨励賞(1986年)、日本食品工学会賞(2005年)
その他：学生時代は固体触媒を、京都大学農学部及び岡山大学工学部においては、食品、酵素や微生物を対象とする基礎的および応用研究を行った。

中村 研三（なかむら　けんぞう）
1947年生まれ。中部大学応用生物学部応用生物化学科教授。名古屋大学名誉教授。
名古屋大学大学院農学研究科博士課程修了(1976年)、農学博士。専門分野：植物分子生物学。
主な著書：「新生化学実験講座、第13巻バイオテクノロジー」(1993年、東京化学同人、共著)、「植物ゲノム機能のダイナミズム—転写因子による発現制御」(2001年、シュプリンガー・フェアラーク東京、共著)
受賞：農芸化学会奨励賞(1988)

長谷川 浩一（はせがわ　こういち）
1978年生まれ。中部大学応用生物学部環境生物科学科講師。
京都大学大学院農学研究科博士後期課程修了(2008年)。博士(農学)。専門分野：応用昆虫学・線虫学・遺伝学。
主な著書：「Pine Wilt Disease」共著
その他：微生物、線虫、昆虫、植物の間でみられる「寄生」「共生」といった生物間相互関係のメカニズムおよび進化について研究をしている。

南　基泰（みなみ　もとやす）
1964年生まれ。中部大学応用生物学部環境生物科学科教授。
近畿大学大学院農学専攻博士後期課程満期退学(1996年)。農学博士(1997年)。専門分野：分子生態学、薬用植物学。
主な著書：毎日新聞「里山ナビ」連載(2003年)、「根の研究」（著）、「恵那からの花綴り」（編著）
受賞その他：日本生薬学会論文賞(2004年)、在日韓国技術者協会奨励賞(2003年)、「根の研究会」奨励賞(1998年)、愛知県生態系ネットワーク協議会、多治見市環境基本法市民策定委員長

矢島 正晴（やじま　まさはる）
1947年生まれ。中部大学応用生物学部環境生物科学科教授。
九州大学大学院農学研究科博士課程単位満了(1974年)。農学博士(1977年)。専門分野：植物生産生理学、農業気象学。
主な著書：「新編農学大辞典」(2004年、共著、養賢堂)、「平成の大凶作」(1994年、共著、農林統計会)等
その他：1974年、農林省農事試験場研究員、農業環境技術研究所室長、東北農業研究センター研究部長、同研究管理監、等を経て2011年より現職。

山木 昭平（やまき　しょうへい）
1944年生まれ。中部大学応用生物学部環境生物科学科教授。
名古屋大学大学院農学研究科博士課程修了(1973年)、農学博士。専門分野：園芸学。
主な著書：「園芸生理学」編著
受賞：日本農学賞・読売農学賞(2007年) 受賞

山田 邦夫（やまだ　くにお）
1970年生まれ。中部大学応用生物学部環境生物科学科准教授。
名古屋大学大学院生命農学研究科博士課程後期課程修了(1999年)。博士(農学)。専門分野：園芸学
受賞：園芸学会奨励賞(2010年) 受賞

山根 恒夫（やまね　つねお）
1941年生まれ。中部大学客員教授。
京都大学大学院工学研究科修士課程修了(1966年)。工学博士。専門分野：生物工学。
主な著書：「生物反応工学」「バイオプロセスの知的制御」（編著）
受賞：日本油化学会学会賞(1995年)、日本生物工学会「生物工学賞」(2001年)、アメリカ油化学会"Biotechnology Lifetime Achievement Award"（2002年）

環境生物学序論 改訂版

2015 年 3 月 21 日　第 1 刷発行	（定価はカバーに表示してあります）
2020 年 4 月 11 日　第 2 刷発行	

編　者　　　南　　基泰

　　　　　　上野　　薫

　　　　　　山木　昭平

発行者　　　山口　　章

発行所　　名古屋市中区上前津 2-9-14　久野ビル　　　風媒社
　　　　　振替 00880-5-5616 電話 052-331-0008
　　　　　http://www.fubaisha.com/

乱丁・落丁本はお取り替えいたします。　　＊印刷・製本／モリモト印刷
ISBN978-4-8331- 4121- 5